21世纪高等学校系列教材

JICHU GONGCHENG

基础工程

（第二版）

主　编　王晓鹏

副主编　张军强　潘明远

编　写　申中原　陈晓梅　刘　娜

主　审　张　利

中国电力出版社

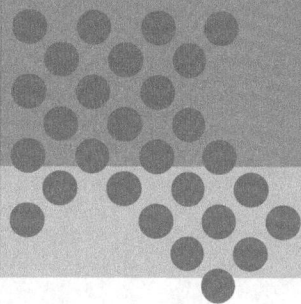

CHINA ELECTRIC POWER PRESS

内 容 提 要

本书是 21 世纪高等学校系列教材。本书系统介绍了土木工程中各种常用类型基础的设计原理和计算方法。本书除绪论外共分六章，包括天然地基上的浅基础、桩基础、沉井基础、软土地基处理、特殊地基上的基础工程、基坑工程及附录等，每章末均附有思考题和习题。本书参照最新国家结构规范和规程编写，重点介绍基础工程的设计原理及国内外成熟的先进技术和施工工艺，体系完整，内容精练，文字通畅，图表准确。

本书可作为普通高等院校土木工程专业教材，也可作为从事土木工程勘察、设计和施工的技术人员参考用书。

图书在版编目(CIP)数据

基础工程/王晓鹏主编. —2 版. —北京：中国电力出版社，2010.2(2023.1 重印)

21 世纪高等学校规划教材

ISBN 978-7-5083-9909-6

Ⅰ.①基… Ⅱ.①王… Ⅲ.①地基—基础(工程)—高等学校—教材 Ⅳ.①TU47

中国版本图书馆 CIP 数据核字(2009)第 236424 号

中国电力出版社出版、发行

（北京市东城区北京站西街 19 号　100005　http://www.cepp.sgcc.com.cn）

北京天泽润科贸有限公司印刷

各地新华书店经售

*

2005 年 8 月第一版

2010 年 2 月第二版　2023 年 1 月北京第八次印刷

787 毫米×1092 毫米　16 开本　18.25 印张　441 千字

定价 52.00 元

前　言

　　本书为 21 世纪高等学校系列教材。本次修订是按照新颁布的国家行业标准《公路桥涵地基与基础设计规范》（JTC D63—2007）、《建筑桩基技术规范》（JGJ 94—2008）等相关规范，结合近年来本学科工程技术的发展，进行了增补和修改，其中部分章节重新进行了编写。重点介绍基础工程的设计原理及国内外成熟的先进技术和施工工艺，编写中力求体系完整、内容精练、文字通畅、图表准确。

　　本书在编写过程中，以土木工程专业（建筑工程、交通工程）的基础工程内容为主，兼顾其他。本书内容覆盖面广，各院校可根据具体教学情况进行取舍。

　　本书由王晓鹏主编，张军强、潘明远副主编。其中绪论、第一章由王晓鹏编写；第二章由王晓鹏、陈晓梅编写；第三章由张军强、陈晓梅编写；第四章由刘娜编写；第五章由潘明远编写；第六章由申中原编写。张利对全书进行了审阅，提出了许多宝贵意见，在此表示感谢！

　　限于编写水平和能力，书中难免有不妥之处，欢迎读者批评指正。

2010 年 1 月

第一版前言

基础工程是土木工程专业的主干课程。随着我国建筑事业的突飞猛进，基础工程的理论和技术在不断发展和完善，为适应 21 世纪人才培养的需要，特编写了本教材。

本教材参照最新国家结构规范和规程编写，重点介绍基础工程的设计原理和国内外成熟的先进技术及施工工艺，编写过程中力求体系完整、内容精练、语言通畅、图表准确。

在教材编写过程中，以土木工程专业（建筑工程、路桥工程）的基础工程内容为主，兼顾其他。本书内容覆盖面广，各院校可根据具体情况进行取舍。

在第二章"桩基础"的编写中，引入《建筑地基基础设计规范》（GB 50007—2002）、《建筑桩基技术规范》（JGJ 94—1994）和《公路桥涵地基与基础设计规范》（JTJ 024—1985）等中的计算方法。在教学中，可根据专业方向的不同有所选择。

本书由王晓鹏、郑桂兰任主编，申中原任副主编，张利主审。其中绪论、第一章由王晓鹏编写；第二章由郑桂兰编写；第三章由庞传琴编写；第四章由李长雨、曲祖光编写；第五、六章由申中原编写。全书由王晓鹏负责统稿。

由于编者水平和能力所限，书中难免有不妥之处，恳请各位读者批评指正。

编 者

2005 年 6 月

目　　录

绪　　论

一、地基及基础的概念

任何建筑物都要建造在地面以下一定深度的土层或岩层上（统称地层），建筑物通过其下部结构将荷载传递到地层中去。通常把受建筑物荷载影响的地层称为地基。未经加固处理就能满足设计要求的地基称为天然地基。采用天然地基的基础可缩短工期，降低造价。若地基土质软弱，无法满足上部结构对地基承载力和变形要求时，需对其进行加固处理，这种地基称为人工地基。

基础是指建筑物向地基传递荷载的下部结构（图0-1）。基础应埋入地下一定深度，进入较好土层以保证其有足够的稳定性。根据埋置深度的不同可将基础分为浅基础和深基础两类。通常把埋深不大，只需经过挖槽、排水等普通施工程序就可建造起来的基础称为浅基础，如墙下条形基础、柱下独立基础等；反之，若浅层土质不良，而需采用特殊的施工方法将基础埋置于较深的好土层，此类基础称为深基础，如桩基础、沉井基础和地下连续墙等。

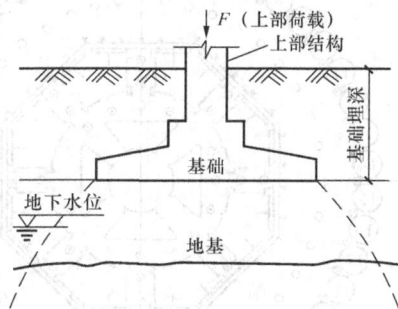

图 0-1　地基、基础示意图

在荷载作用下，地基、基础和上部结构三者之间彼此联系、相互制约。设计时应根据勘察资料，综合考虑三者间的相互作用、变形协调及施工条件，进行经济技术比较，选取安全可靠、经济合理、技术先进和施工简便的地基基础方案。基础工程设计必须满足三个基本条件：①作用于地基上的基底压力不得超过地基承载力特征值，保证建筑物不因地基承载力不足造成整体破坏或影响正常使用；②基础沉降不得超过地基变形容许值，保证建筑物不因地基变形而损坏或影响正常使用；③对经常受水平荷载作用的高层建筑，以及建造在斜坡上或边坡附近的建筑物，应计算地基的稳定性。

基础工程勘察、设计和施工质量直接影响建筑物的安全和正常使用。基础工程施工常在地下或水下进行，往往需挡土排水，施工难度大，在一般的多、高层建筑中，其造价约占总造价的 25%，工期约占总工期的 25%～30%。如需采用人工地基或深基础，其造价和工期所占比例会更大。

由于基础属于地下隐蔽工程，一旦出现事故，事后补救十分困难。国内外由于地基基础设计或施工不当，导致建筑物失效和造成重大经济损失的例子屡见不鲜。例如1913年建成的加拿大特朗斯康谷仓（图0-2），由65个圆柱形筒

图 0-2　加拿大特朗斯康谷仓事故示意图

仓组成，高 31m，平面尺寸 23.5m×59.4m，基础为钢筋混凝土筏板基础，厚 0.6m。谷仓装谷物后，出现明显下沉，在 24h 内西端下沉 8.8m，东端上抬 1.5m，谷仓整体倾斜 26°53′，事后勘察发现，基础下有厚达 16m 的高塑性软黏土，谷物及谷仓重在基底处产生的平均压力为 330kPa，远远超过了地基承载力 251 kPa，从而造成地基整体破坏。因谷仓整体性很高，谷仓虽倾斜但完好无损。采取的补救措施是在谷仓下做了 70 多个支承于基岩上的混凝土墩，使用了 388 个 50t 的千斤顶及支撑系统，才把仓体纠正，但其标高比原来降低了 4m。

苏州虎丘塔是国家级重点文物保护单位，该塔落成于宋太祖建隆二年（公元 961年），共 7 层，高 47.5m。虎丘塔平面呈八角形，由外壁、回廊与塔心三部分组成。塔倾斜历史悠久，近年加剧，塔顶偏离中心线 2.31m，经勘察，塔基覆盖层西南为 2.8m，东北为 5.8m，在塔底层直径 13.7m 范围内土层厚度相差 3m。虎丘塔位于山坡上，该塔没有做扩大基础，塔向东倾斜后，底层东部产生垂直裂缝、西部产生水平裂缝，裂缝长达几十厘米，宽度数毫米。造成塔倾斜的原因：①地基土的压缩层厚度不等，使基础倾斜；②塔的东北方向地基土流失和水平变形。采取的补救措施是用挖孔桩的方法建造桩排式地下连续墙，即在塔外墙 3m 处布置 44 根桩，直径 1.4m，伸入基岩 500mm，按一定施工顺序开挖并浇注混凝土，桩之间用素混凝土搭接防渗，在桩排上浇注钢筋混凝土圈梁，把桩顶连成整体，塔内部做树根桩（图 0-3）。

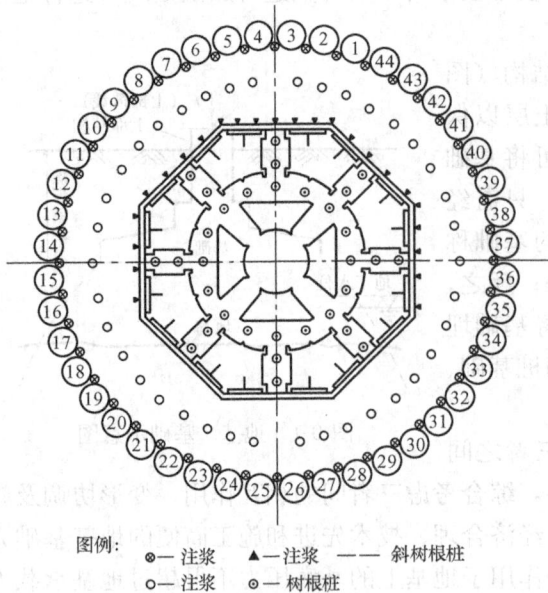

图例：⊗—注浆　▲—注浆　———斜树根桩
　　　○—注浆　—树根桩

图 0-3　虎丘塔地基加固平面图

从以上工程实例可见，基础工程实属百年大计，必须慎重对待。只有深入了解场地地基情况，掌握勘察资料，经过精心设计与施工，才能使基础工程做到既经济合理，又安全可靠。

二、地基基础设计原则

（一）一般规定

地基基础设计的内容和要求与建筑物的设计等级有关，根据地基复杂程度、建筑物规模和功能特征，以及由于地基问题可能造成建筑物破坏或影响正常使用的程度，将地基基础设计分为三个等级，设计时应根据具体情况，按表 0-1 选用。

（二）地基基础设计基本规定

根据建筑物地基基础设计等级及长期荷载作用下地基变形对上部结构的影响程度，地基基础设计应符合下列规定：

（1）所有建筑物的地基计算均应满足承载力计算的有关规定。

（2）设计等级为甲级、乙级的建筑物，均应按地基变形设计。

表 0-1　　　　　　　　　　　　　　地基基础设计等级

设计等级	建筑物和地基类型
甲　级	重要的工业与民用建筑物 30 层以上的高层建筑物 体型复杂、层数相差超过 10 层的高低层连成一体的建筑物 大面积的多层地下建筑物（如地下车库、商场、运动场等） 对地基变形有特殊要求的建筑物 复杂地质条件下的坡上建筑物（包括高边坡） 对原有工程影响较大的新建建筑物 场地和地基条件复杂的一般建筑物 位于复杂地质条件及软土地区的 2 层及 2 层以上地下室的基坑工程
乙　级	除甲级、丙级以外的工业与民用建筑物
丙　级	场地和地基条件简单、荷载分布均匀的 7 层及以下民用及一般工业建筑物；次要的轻型建筑物

（3）表 0-2 所列范围内设计等级为丙级的建筑物可不作变形验算，如有下列情况之一时，仍应作变形验算。

1）地基承载力特征值小于 130kPa，且体型复杂的建筑物。

2）在基础上及其附近有地面堆载或相邻基础荷载差异较大，可能引起地基产生过大的不均匀沉降。

3）软弱地基上的建筑物存在偏心荷载。

4）相邻建筑物距离过近，可能发生倾斜。

5）地基内有厚度较大或厚薄不均的填土，其自重固结未完成。

（4）对经常受水平荷载作用的高层建筑物、高耸结构和挡土墙等，以及建造在斜坡上或边坡附近的建筑物和构筑物，尚应计算其的稳定性。

（5）基坑工程应进行稳定性验算。

（6）当地下水埋藏较浅，建筑物地下室或地下构筑物存在上浮问题时，尚应进行抗浮验算。

表 0-2　　　　　　　可不作地基变形计算、设计等级为丙级的建筑物范围

地基主要受力层情况				$60 \leqslant f_{ak}$ <80	$80 \leqslant f_{ak}$ <100	$100 \leqslant f_{ak}$ <130	$130 \leqslant f_{ak}$ <160	$160 \leqslant f_{ak}$ <200	$200 \leqslant f_{ak}$ <300
	地基承载力特征值 f_{ak}(kPa)								
	各土层坡度(%)			$\leqslant 5$	$\leqslant 5$	$\leqslant 10$	$\leqslant 10$	$\leqslant 10$	$\leqslant 10$
建筑类型	砌体承重结构、框架结构(层数)			$\leqslant 5$	$\leqslant 5$	$\leqslant 5$	$\leqslant 6$	$\leqslant 6$	$\leqslant 7$
	单层排架结构(6m 柱距)	单跨	吊车额定其重量(t)	5～10	10～15	15～20	20～30	30～50	50～100
			厂房跨度(m)	$\leqslant 12$	$\leqslant 18$	$\leqslant 24$	$\leqslant 30$	$\leqslant 30$	$\leqslant 30$
		多跨	吊车额定其重量(t)	3～5	5～10	10～15	15～20	20～30	30～75
			厂房跨度(m)	$\leqslant 12$	$\leqslant 18$	$\leqslant 24$	$\leqslant 30$	$\leqslant 30$	$\leqslant 30$

续表

地基主要受力层情况	地基承载力特征值 f_{ak}（kPa）		$60 \leqslant f_{ak}$ <80	$80 \leqslant f_{ak}$ <100	$100 \leqslant f_{ak}$ <130	$130 \leqslant f_{ak}$ <160	$160 \leqslant f_{ak}$ <200	$200 \leqslant f_{ak}$ <300
	各土层坡度（%）		$\leqslant 5$	$\leqslant 5$	$\leqslant 10$	$\leqslant 10$	$\leqslant 10$	$\leqslant 10$
建筑类型	烟　囱	高度（m）	$\leqslant 30$	$\leqslant 40$	$\leqslant 50$	$\leqslant 75$	$\leqslant 100$	
	水　塔	高度（m）	$\leqslant 15$	$\leqslant 20$	$\leqslant 30$	$\leqslant 30$	$\leqslant 30$	
		容积（m³）	$\leqslant 50$	$50 \sim 100$	$100 \sim 200$	$200 \sim 300$	$300 \sim 500$	$500 \sim 1000$

注　1. 地基主要受力层系指条形基础底面下深度为 $3b$（b 为基础底面宽度），独立基础下为 $1.5b$ 且厚度均不小于 5m 的范围（二层以下一般的民用建筑除外）。

　　2. 地基主要受力层中如有承载力特征值小于 130kPa 的土层时，表中砌体承重结构的设计，应符合《建筑地基基础设计规范》（GB 5007—2002）第七章的有关要求。

　　3. 表中砌体承重结构和框架结构均指民用建筑，对于工业建筑可按厂房高度、荷载情况折合成与其相当的民用建筑层数。

　　4. 表中吊车额定起重量、烟囱高度和水塔容积的数值系指最大值。

从以上规定可知，基础工程设计时必须对地基的承载力、变形及地基基础的稳定性进行计算。

（三）荷载效应最不利组合与相应的抗力限值

（1）按地基承载力确定基础底面积及埋深或按单桩承载力确定桩数时，传至基础或承台底面上的荷载效应应按正常使用极限状态下荷载效应的标准组合。相应的抗力应采用地基承载力特征值或单桩承载力特征值。

（2）计算地基变形时，传至基础底面上的荷载效应应按正常使用极限状态下荷载效应的准永久组合，不应计入风荷载和地震作用。相应的限值应为地基变形允许值。

（3）计算挡土墙土压力、地基或斜坡稳定及滑坡推力时，荷载效应应按承载能力极限状态下荷载效应的基本组合，但其分项系数均为 1.0。

（4）在确定基础或桩台高度、支挡结构截面、计算基础或支挡结构内力、确定配筋和验算材料强度时，上部结构传来的荷载效应组合和相应的基底反力，应按承载能力极限状态下荷载效应的基本组合，采用相应的分项系数。

当需要验算基础裂缝宽度时，按正常使用极限状态下荷载效应标准组合。

（5）基础设计安全等级、结构设计使用年限、结构重要性系数应按有关规范的规定采用，但结构重要性系数 γ_0 不应小于 1.0。

对于承载能力极限状态，应按荷载效应的基本组合进行荷载（效应）组合，并应采用下列设计表达式进行设计：

$$\gamma_0 S \leqslant R \tag{0-1}$$

式中　γ_0——结构重要性系数；

　　　S——荷载效应组合的设计值；

　　　R——结构构件抗力的设计值，应按各有关建筑结构设计规范的规定确定。

对于基本组合，荷载效应组合的设计值 S 应从下列组合值中取最不利值确定：

（1）由可变荷载效应控制的组合：

$$S = \gamma_G S_{Gk} + \gamma_{Q1} S_{Q1k} + \sum_{i=2}^{n} \gamma_Q \psi_{ci} S_{Qik} \tag{0-2}$$

式中　　γ_G——永久荷载的分项系数，按现行《建筑结构荷载规范》(GB 50009—2001)(以下简
　　　　　　称《荷载规范》)的规定取值；

　　　　　γ_Q——第 i 个可变荷载的分项系数，按现行《荷载规范》的规定取值；

　　　　S_{Gk}——按永久荷载标准值 G_k 计算的荷载效应值；

　　　　S_{Qk}——按可变荷载标准值 Q_{ik} 计算的荷载效应值，其中 S_{Q1k} 为诸可变荷载效应中起控
　　　　　　制作用者；

　　　　ψ_{ci}——可变荷载 Q_i 的组合值系数，按现行《荷载规范》的规定取值。

　　(2) 由永久荷载效应控制的组合：

$$S = \gamma_G S_{Gk} + \sum_{i=1}^{n} \gamma_{Qi} \psi_{ci} S_{Qik} \qquad (0\text{-}3)$$

　　对于正常使用极限状态，应根据不同的设计要求，采用荷载的标准组合或准永久组合，并应按下列设计表达式进行设计：

$$S \leqslant C \qquad (0\text{-}4)$$

式中　　C——结构或构件达到正常使用要求的规定限值，例如变形、裂缝等的限值，应按各
　　　　　　有关建筑结构设计规范的规定采用。

　　对于标准组合，荷载效应组合的设计值 S 应按下式采用：

$$S = S_{Gk} + S_{Q1k} + \sum_{i=2}^{n} \psi_{ci} S_{Qik} \qquad (0\text{-}5)$$

　　对于准永久组合，荷载效应组合的设计值 S 可按下式采用：

$$S = S_{Gk} + \sum_{i=1}^{n} \psi_{qi} S_{Qik} \qquad (0\text{-}6)$$

式中　　ψ_{qi}——可变荷载 Q_i 的准永久值系数，按现行《荷载规范》的规定取值。

　　地基基础设计的荷载必须与上部结构设计的荷载组合和取值一致。但由于地基基础设计与上部结构设计在概念和设计方法上存在差异，在设计原则上也不完全统一，造成了地基基础设计荷载规定中的某些方面与上部结构设计中的习惯并不完全一致，为了进行地基基础设计，在荷载计算时，需进行三种组合（基本组合、标准组合和准永久组合），其计算结果各适用于不同的计算项目。

三、地基基础设计所需资料

一般情况下，进行地基基础设计时，需具备下列资料：

(1) 建筑场地的工程地质勘察报告；

(2) 上部结构的类型及相应的荷载；

(3) 建筑场地环境，邻近建筑物类型与埋深，地下管线分布；

(4) 与本工程相关的结构设计规范和规程；

(5) 当地的建筑经验。

四、基础工程学科发展概况

基础工程学既是一门古老的工程技术，又是一门年轻的应用科学。我国历代修建的无数建筑充分体现了古代劳动人民在地基基础方面的高超水平，如举世闻名的万里长城、宏伟壮丽的宫殿和寺院及巍然挺立的高塔等，都是因为有了坚固的地基基础，方可经历无数次的地

震和强风暴而保留至今。北京的故宫、天安门、前门不仅在建筑风格上体现了中国古代建筑的独特风格，而且在基础的建造上也达到了很高水平。在这组建筑群中，前门采用木筏基础；天安门采用群桩；故宫三大殿采用灰土台基。

作为本学科理论基础的土力学始于 18 世纪欧洲兴起的工业革命，该革命推动了铁路、水利、城市建设等事业的迅猛发展，随之出现了许多与土相关的问题，促进了土力学的产生和发展。1773 年，法国的 C. A. 库仑（Coulomb）根据试验创立了著名的砂土抗剪强度公式，提出了计算挡土墙土压力的滑楔理论。1857 年，英国的 W. J. M 朗肯（Rankine）又从另一途径提出了挡土墙的土压力理论，有力地推动了土体理论的发展。此外，1856 年，法国工程师 H. 达西（Darcy）根据砂土的渗透试验，提出了水在土中的渗透规律——达西定律。1885 年，法国的 J. 布辛奈斯克（Boussinesq）提出了弹性半空间体在竖向集中荷载作用下的应力和变形的理论解答。1922 年，瑞典工程师费兰纽斯（Fellenius）提出了土坡稳定分析方法。1925 年，K. 太沙基（Terzaghi）在总结归纳前人的研究成果并结合自己的研究成果后，出版了一本土力学专著，较系统和完整地论述了土力学与基础工程的基本理论和方法，标志着土力学与基础工程学科的诞生。继 K. 太沙基之后，各国涌现一批学者，为本学科的发展作出了巨大的贡献。

随着计算理论和计算技术的迅猛发展，土力学与基础工程的研究也进入了崭新阶段，许多复杂的工程问题均得以解决。在大量理论研究和实践经验积累的基础上，有关基础工程的各种设计与施工规范、规程也在不断完善，为基础工程设计与施工做到技术先进、经济合理、安全适用、保护环境、确保质量提供了充分的理论依据。

五、本课程的特点和学习要求

本课程是一门理论性和实践性均较强的课程，内容涉及工程地质学、工程力学、土力学、建筑结构和施工技术等几个学科领域，内容广泛、综合性强。

我国地域辽阔，由于自然地理环境的不同，分布着各种性质不同的土类。如软弱土、湿陷性黄土、膨胀土、红黏土、多年冻土等。不同场地、不同深度的地基土，其性质也会有较大的差异，故在基础工程设计之前，必须通过勘察和测试手段取得场地土层分布以及土性指标等资料，在基础工程设计中应针对土的特性采取相应的措施，以保证建筑物的安全和正常使用。

在学习过程中，注意理论联系实际，才能提高分析问题和解决问题的能力。此外，基础工程几乎找不到完全相同的实例，在基础设计或处理基础工程问题时，必须运用土力学、基础工程设计原理，深入调查研究，针对不同情况进行具体分析。

第一章　天然地基上的浅基础

第一节　概　　述

地基基础设计是整个建筑结构设计的一个重要组成部分，包括地基设计和基础设计两部分。地基设计包括确定地基承载力特征值、计算地基变形和地基稳定性等；基础设计包括选择基础类型和埋置深度、计算基底尺寸、进行基础结构计算等。地基基础设计必须根据建筑物的用途和安全等级、建筑布置和上部结构类型，充分考虑建筑场地的工程地质条件和水文地质条件，结合当地的建筑经验和施工条件，选择合理的地基基础方案。

浅基础由于埋深不大，用料较省，又无需复杂的施工设备，所以，基础工程工期短、造价低。当建筑场地土质较好时，应优先选择浅基础方案。当建筑场地土质较差采用浅基础无法满足设计要求时，可考虑采用深基础方案或人工地基。

天然地基上浅基础设计的内容和步骤：

（1）选择基础的类型、材料和平面布置方式。

（2）确定基础的埋置深度。

（3）确定地基承载力特征值。

（4）根据地基承载力特征值和上部结构的荷载，计算基础的底面尺寸。

（5）必要时进行地基变形和稳定性验算。

（6）进行基础结构设计，以保证基础具有足够的强度、刚度和耐久性。

（7）绘制基础施工图，并提出必要的技术说明。

以上各方面的内容是相互关联、相互制约的，因此，基础设计往往按上述步骤进行反复修改，才能取得满意的结果。对规模较大的工程，宜进行多方案的技术和经济比较，择优采用。

第二节　浅基础的类型

基础可按所用材料及结构型式分类。不同类型的基础有不同的特点和适用范围，了解各种基础的特点和适用范围，以便合理地选择基础类型。

一、按材料分类

（一）砖基础

砖基础具有能就地取材、价格低、施工简便等特点，在很多地区被广泛使用。砖基础的剖面为阶梯形，俗称大放脚。为保证基础在基底反力作用下不致发生破坏，大放脚可采用"两皮一收"和"二一间隔收"两种砌法（图 1-1）。"两皮一收"的砌法是每砌两皮砖，收进 1/4 砖长，而"二一间隔收"是先砌两皮砖，收进 1/4 砖长，再砌一皮砖，收进 1/4 砖长，如此反复，直到符合设计要求为止。

砖基础的强度和抗冻性较差，根据地区的潮湿程度和寒冷程度对砖与砂浆有不同的要求。按照《砌体结构设计规范》（GB 50003—2001）的规定，地面以下或防潮层以下的砌

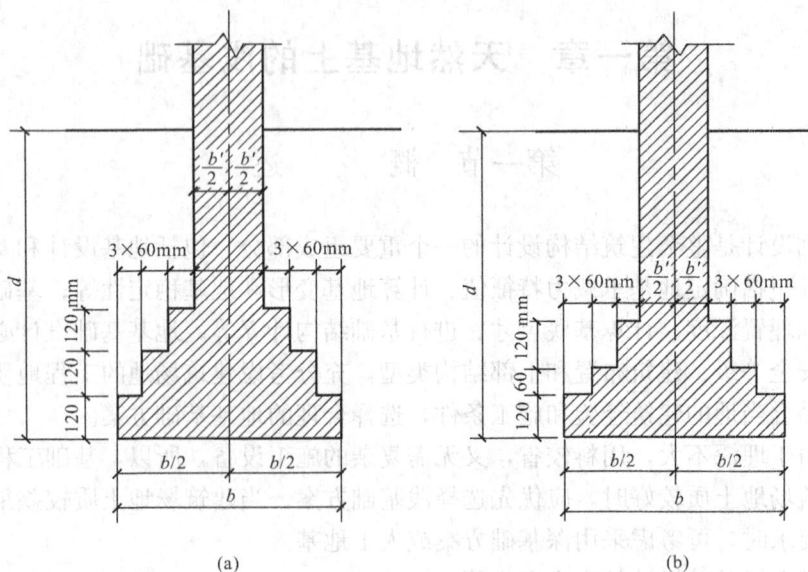

图 1-1 砖基础

（a）两皮一收；（b）二一间隔收

体，所用材料的最低强度等级应符合表 1-1 的要求。

表 1-1   地面以下或防潮层以下的砌体、潮湿房间墙所用材料最低强度等级

地基土的潮湿程度	烧结普通砖、蒸压灰砂砖		混凝土砌块	石　材	水泥砂浆
	严寒地区	一般地区			
稍潮湿的	MU10	MU10	MU7.5	MU30	M5
很潮湿的	MU15	MU10	MU7.5	MU30	M7.5
含水饱和的	MU20	MU15	MU10	MU40	M10

注　1. 在冻胀地区，地面以下或防潮层以下的砌体，不宜采用多孔砖，如采用时，其孔洞应用水泥砂浆灌实。当采用混凝土砌块时，其孔洞应用强度等级不低于 Db20 的混凝土灌实。

2. 对安全等级为一级或设计使用年限大于 50 年的房屋，表中材料强度等级应至少提高一级。

砖基础一般用于六层及六层以下的民用建筑和砖墙承重的轻型厂房。

（二）毛石基础

毛石是指未经加工凿平的石料。毛石的抗冻性和耐久性较好。石材和砌筑砂浆的最低强度等级应符合表 1-1 的要求。由于毛石尺寸差异较大，为便于砌筑和保证砌筑质量，毛石基础每一台阶的外伸宽度不应大于 200mm，每一台阶的高度不应小于 400mm，基础的最小宽度不应小于 500mm（图 1-2）。由于毛石基础的抗冻性能较好，所以，在北方地区广为应用，可用于七层及七层以下的民用建筑。

（三）灰土基础

灰土是用熟化的石灰和黏土按一定比例配制而成，其体积比为 3：7 或 2：8，一般采用 3：7，加水拌匀，然后铺入基坑内，每层虚铺 220～250mm，夯至 150mm 为一步，一般铺 2～3 步。在其上砌筑大放脚（图 1-3）。

灰土基础适用于地下水位较深，五层及五层以下的民用建筑。

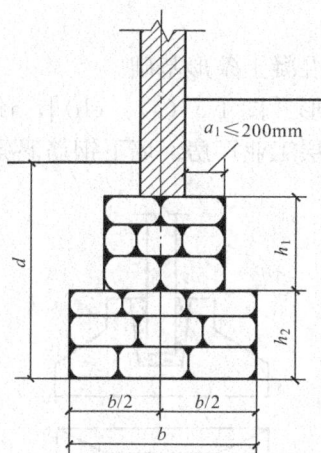

图 1-2　毛石基础

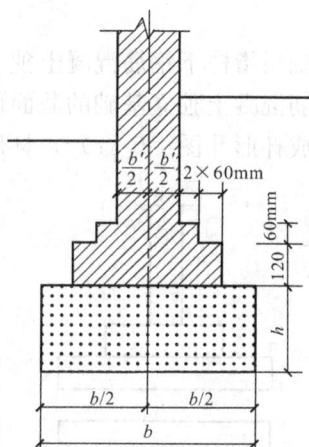

图 1-3　灰土（三合土）基础

（四）三合土基础

三合土是用石灰、砂、碎石或碎砖按一定比例配制而成，其体积比为 1：2：4 或 1：3：6，加水拌匀，然后铺入基坑内，每层虚铺 220mm，夯至 150mm。铺至设计标高后再在其上砌筑大放脚（图 1-3）。

三合土基础在我国南方部分地区使用，由于基础的强度较低，适用于四层及四层以下的民用建筑。

（五）混凝土和毛石混凝土基础

混凝土基础的强度、耐久性、抗冻性和整体性都较好。当基础上的荷载较大或位于地下水位以下时，常采用混凝土基础，但混凝土强度等级不小于 C15。混凝土基础造价比砖、石基础高。当基础体积较大时，为了降低混凝土用量，在浇注混凝土时，掺入占基础体积 25%～30% 的毛石，做成毛石混凝土基础（图 1-4）。所掺入的毛石尺寸不得大于 300mm，使用前须冲洗干净。

（六）钢筋混凝土基础

钢筋混凝土基础强度大，耐久性、抗冻性和整体性都很好，且具有良好的抗弯性能。在相同的基础宽度下，基础高

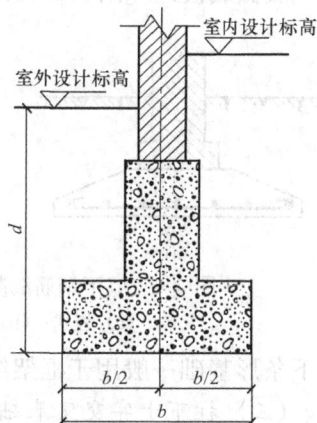

图 1-4　毛石混凝土基础

度远小于砖、石及混凝土基础，基础的埋深可以大为减小，降低了基础造价。当基础上的荷载较大或地基土质较差时，常采用这类基础。

二、按结构型式分类

（一）无筋扩展基础和扩展基础

无筋扩展基础是由砖、毛石、混凝土或毛石混凝土、灰土和三合土等材料组成的，且不需配置钢筋的墙下条形基础或柱下独立基础。由于基础材料的抗拉、抗弯、抗剪强度较低，为了满足强度要求，基础的高度必须做得很大，在基底反力作用下几乎不发生弯曲变形。习

惯上把这种基础称为刚性基础。无筋扩展基础主要应用于砌体结构。当基础上的荷载较大而地基承载力较低，需要加大基底面积但又不能增大基础高度和埋置深度时，可采用扩展基础。

扩展基础系指柱下钢筋混凝土独立基础和墙下钢筋混凝土条形基础。

柱下钢筋混凝土独立基础的截面可做成阶梯形和锥形 ［图 1-5 （a）、（b）］，预制柱下的基础一般做成杯形 ［图 1-5 （c）］，杯形基础主要用于单层工业厂房。墙下钢筋混凝土条形基

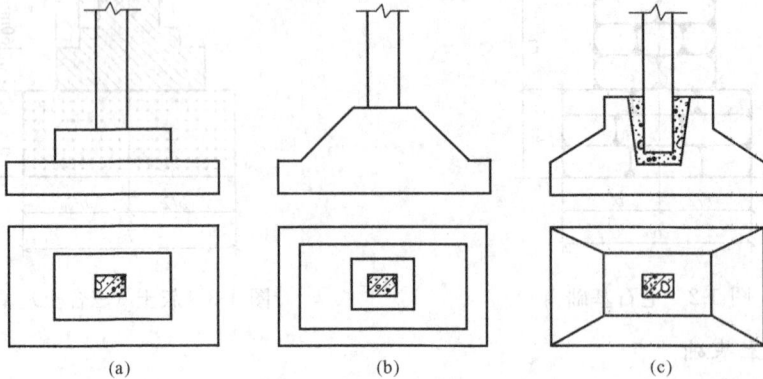

图 1-5　柱下独立基础
（a）阶梯形基础；（b）锥形基础；（c）杯形基础

础一般做成板式 ［图 1-6 （a）］，但当墙体荷载和地基土的压缩性不均匀时，为了增加基础的整体性和抗弯能力，减小不均匀沉降，也可做成梁式的条形基础 ［图 1-6 （b）］。

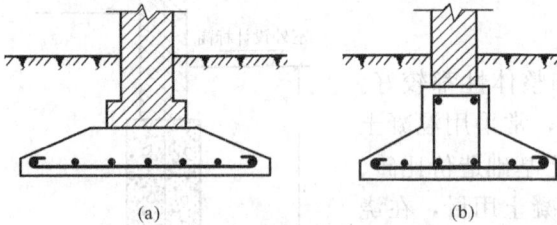

图 1-6　墙下钢筋混凝土条形基础
（a）板式；（b）梁式

（二）柱下条形基础

当地基软弱而荷载较大时，若采用柱下独立基础，可能因基础底面很大而使基础边缘相互接近甚至重叠，为增加基础的整体性并方便施工，可将同一排的柱基连通做成钢筋混凝土条形基础（图 1-7）。

柱下条形基础一般用于框架结构和框架-剪力墙结构。

（三）柱下十字交叉基础

建造在软弱地基上的高层框架结构和框架-剪力墙结构房屋，为了增加基础的整体刚度，减小基础的不均匀沉降，可在柱网下纵横两个方向设置柱下条形基础，形成十字交叉基础（图 1-8）。

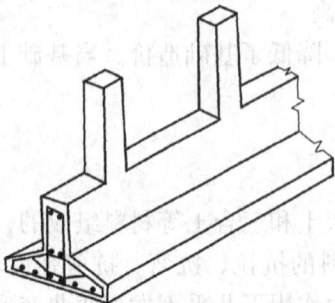

图 1-7　柱下钢筋混凝土条形基础

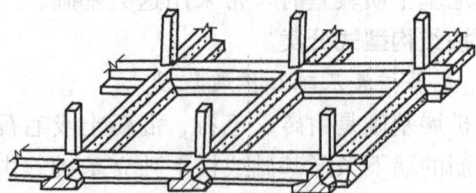

图 1-8　柱下十字交叉基础

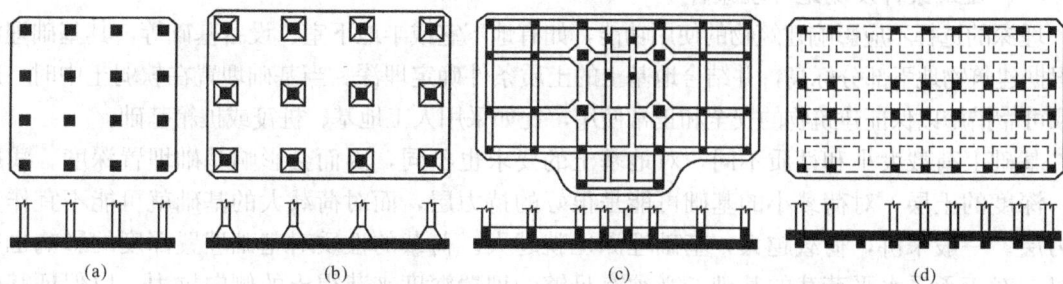

图 1-9　筏板基础
(a)、(b) 平板式；(c)、(d) 梁板式

（四）筏板基础

当地基软弱而上部荷载又很大，采用十字交叉基础仍不能满足设计要求或需建造地下室时，可采用筏板基础（图 1-9）。按构造的不同分为平板式和梁板式两种，其中梁板式又有两种形式，一种是梁在板上，另一种是梁在板下，可根据使用要求、防水要求及施工条件选择。

（五）箱形基础

高层建筑由于使用功能和结构受力等要求，常采用箱形基础。这种基

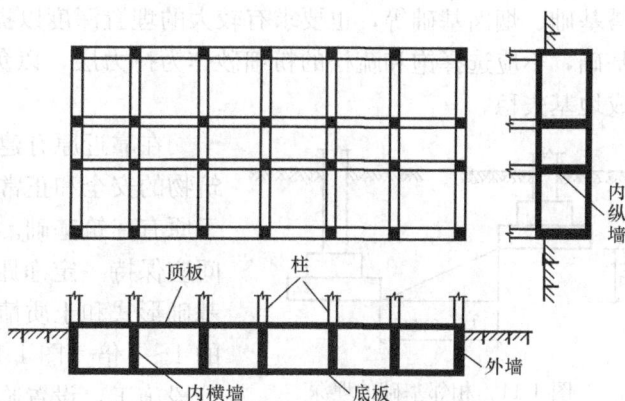

图 1-10　箱形基础

础是由钢筋混凝土底板、顶板和纵横交错的内外墙组成的空间结构（图 1-10），具有很大的整体刚度，只产生均匀沉降和整体倾斜。箱形基础可根据需要做成多层，其中空部分可作为地下室使用。但是，箱形基础的钢筋、水泥用量大，造价高，施工技术复杂；尤其是进行深基坑开挖时，要考虑降低地下水位、坑壁支护及对邻近建筑的影响等问题。所以，采用箱形基础时，应与其他基础方案作经济、技术比较后确定。

第三节　基础埋置深度的确定

基础埋置深度是指从基础底面至室外设计地面的距离。

基础埋置深度的大小对建筑物的安全和正常使用、基础施工技术、施工工期及工程造价等影响很大。选择基础合理的埋置深度，必须深入调查研究，详细分析工程地质勘察资料、建筑物荷载大小、使用要求及相邻基础的影响，按技术和经济的最佳方案确定。

选择基础埋深的原则是：在满足地基稳定和变形要求的前提下，基础应尽量浅埋，除岩石地基外，基础埋深不宜小于 0.5m。为了保护基础不受人类和其他生物活动等影响，基础顶面应低于室外设计地面 0.1m。

基础埋深的选择应综合考虑以下几个条件：

一、建筑条件及场地环境条件

埋深的选择不应影响建筑物的使用功能，如有地下室或半地下室、设备基础等，其基础埋深应根据建筑物地下部分标高，并结合地基土的土质条件确定埋深。当基础埋置在软弱土中时，应采取可靠措施以保证建筑物的安全和正常使用，比如采用人工地基、桩筏或桩箱基础。

基础上荷载大小和性质不同，对地基土的要求也不同，因而会影响基础埋置深度。浅层某一深度的土层，对荷载小的基础可能是很好的持力层，而对荷载大的基础就可能不宜作为持力层。一般来讲，荷载越大，基础埋深也就越大。荷载的性质对基础埋置深度的影响也很明显。对于承受水平荷载的基础，必须有足够的埋置深度来获得土的侧向抗力，以保证基础的稳定性，减小建筑物的整体倾斜，防止倾覆及滑移。例如，高层建筑基础的埋置深度，在采用天然地基上的箱形或筏形基础时一般不宜小于建筑物高度的 1/15；在采用桩箱或桩筏基础时一般不宜小于建筑物高度的 1/18～1/20（不计桩长）。对于承受上拔力的基础，如输电塔基础、烟囱基础等，也要求有较大的埋置深度以提供足够的抗拔阻力。对于承受动荷载的基础，不应选择饱和疏松的粉细砂作为持力层，以免该土层由于振动液化而丧失承载力，造成地基失稳。

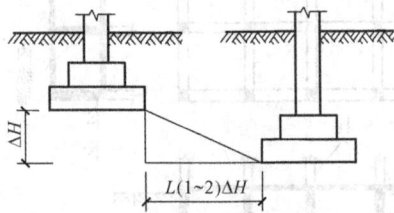

图 1-11　相邻基础的埋深

在靠近原有建筑物修建新基础时，为了保证原有建筑物的安全和正常使用，新建建筑物的基础埋深不宜大于原有建筑基础。当埋深大于原有建筑基础时，两基础间应保持一定净距，其数值应根据原有建筑荷载大小、基础形式和土质情况确定，一般不应小于基础底面高差的 1～2 倍（图 1-11）。当上述要求不能满足时，应采取分段施工，设置临时加固支撑，打板桩，修建地下连续墙或加固原有建筑物地基等施工措施。

二、工程地质条件

地基一般由多种性质不同的土层组成，把直接支承基础的土层称为持力层，其下的各土层称为下卧层。为了保证建筑物的安全，必须根据工程地质资料、建筑物荷载的大小和性质，给基础选择可靠的持力层。

当上层土的承载力能满足设计要求时，可选择浅埋，以降低基础造价；若其下存在软弱下卧层时，则应对地基受力层范围内的软弱下卧层进行承载力验算。当上层土的承载力低于下层土时，应视上层软弱土层的厚度，决定基础埋置深度。若软弱土层较薄，厚度不大于 3m，应将下层土作为持力层；若软弱土层较厚，可考虑采用人工地基、桩基础或其他深基础方案。

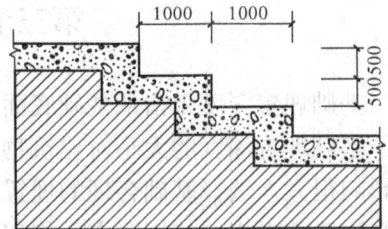

图 1-12　阶形过渡基础

当地基土在水平方向的分布很不均匀时，同一建筑物的基础埋深可不相同。对于墙下条形基础，可沿墙长将基础底面分段做成高低不同的台阶状，分段长度不宜小于相邻两段面高差的 1～2 倍，且不应小于 1m（图 1-12）。

三、水文地质条件

选择基础埋深时，应注意地下水的埋藏条件和动态。当有地下水存在时，基础应尽量埋置在地下水位以上，当必须埋在地下水位以下时，在设计和施工中应考虑地下水对基础材料的侵蚀性、地下室防渗、结构抗浮、基坑排水、坑壁围护以及出现涌土、流砂现象的可能性等问题。

若持力层为黏土隔水层，而其下存在承压水时，为了保证在开挖基坑中隔水层不被承压水冲破，要求坑底以下土的自重应力大于地下水的承压力（图1-13），则基底至承压含水层顶面的距离满足下式要求：

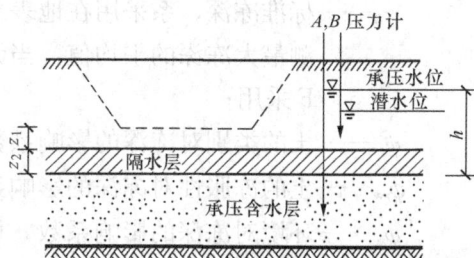

图 1-13 基坑下埋藏有承压含水层的情况

$$h_0 > \frac{\gamma_w}{\gamma_0} \cdot \frac{h}{k} \tag{1-1}$$

式中 h——承压水位高度（从承压含水层顶面起算），m；

γ_0——基底至承压含水层顶面范围内土的加权平均容重，kN/m^3；

k——系数，一般取1.0，对宽基坑宜取0.7。

当不满足上式要求时，应减小基础埋置深度或降低承压水头。

四、地基冻融条件

地面以下一定范围内，土层的温度随气候而变化。当地层温度低于0℃时，土中水冻结而形成冻土。冻土可分为季节性冻土和多年冻土两类。季节性冻土是指一年内冻融交替出现的土层，而多年冻土是指土层常年处于冻结状态，且冻结时间连续在三年以上。季节性冻土在我国分布很广，东北、华北及西北地区的季节性冻土厚度在0.5m以上，最大的可达2.6m。多年冻土主要分布在青藏高原、昆仑山脉，在内蒙古和黑龙江的东北部也有少量分布。

当土层温度降至0℃以下时，土中的自由水首先结冰，随着土层温度继续下降，结合水的外层也开始冻结，因而结合水膜变薄，附近未冻结区土粒较厚的水膜便会迁移至水膜变薄的未冻结区参与冻结。如地下水位较高，地下水也会沿着毛细孔上升参与冻结，从而导致冻胀。当基础埋置在冻结深度以内时，将受到土体因冻胀而产生的冻胀力，若冻胀力大于作用在基底的竖向力，则基础将被抬起，宜引发建筑物墙体开裂，严重时会造成建筑物破坏。当土层解冻时，土体软化，强度降低，压缩性增大，建筑物将产生附加沉降，称为融陷。土体的冻胀也会造成路基隆起，使路面鼓包、开裂。路基土融陷后，在车辆反复碾压下出现路面开裂和翻浆现象。

土的冻胀性与土性、含水量和地下水位高低有关。《建筑地基基础设计规范》（GB 5007—2002）根据土的类别、冻前含水量、地下水位高低及平均冻胀率，将地基土分为不冻胀、弱冻胀、冻胀、强冻胀和特强冻胀五类（表1-2）。

对于冻胀性土应考虑冻胀对基础埋置深度的影响，当建筑基础底面以下允许有一定厚度的冻土层时，可按下式计算基础的最小埋深

$$d_{min} = z_d - h_{max} \tag{1-2}$$

$$z_d = z_0 \psi_{zs} \psi_{zw} \psi_{ze} \tag{1-3}$$

式中 d_{min}——基底最小埋置深度，m；

z_d——设计冻深，m；

z_0——标准冻深，系采用在地表平坦、裸露、城市之外的空旷场地中不少于 10 年实测最大冻深的平均值，当无实测资料时，按《建筑地基基础设计规范》附录 F 采用；

ψ_{zs}——土的类别对冻深的影响系数，可按表 1-3 确定；

ψ_{zw}——土的冻胀性对冻深的影响系数，可按表 1-4 确定；

ψ_{ze}——环境对冻深的影响系数，可按表 1-5 确定；

h_{max}——基础底面以下允许残留冻土层最大厚度，可按表 1-6 确定。

当有充分依据时，基础底面以下允许残留冻土层厚度也可根据当地经验确定。

表 1-2　　　　　　　　　　　　　　地基土的冻胀性分类

土 的 名 称	冻前天然含水量 ω	冻结期间地下水位距冻结面的最小距离 h_w (m)	平均冻胀率 η（%）	冻胀等级	冻胀类别
碎（卵）石，砾、粗、中砂（粒径小于 0.075mm 颗粒含量大于 15%），细砂（粒径小于 0.075mm 颗粒含量大于 10%）	$\omega \leqslant 12$	>1.0	$\eta \leqslant 1$	I	不冻胀
		≤1.0	$1<\eta \leqslant 3.5$	II	弱冻胀
	$12<\omega \leqslant 18$	>1.0			
		≤1.0	$3.5<\eta \leqslant 6$	III	冻胀
	$\omega >18$	>0.5			
		≤0.5	$6<\eta \leqslant 12$	IV	强冻胀
粉 砂	$\omega \leqslant 14$	>1.0	$\eta \leqslant 1$	I	不冻胀
		≤1.0	$1<\eta \leqslant 3.5$	II	弱冻胀
	$14<\omega \leqslant 19$	>1.0			
		≤1.0	$3.5<\eta \leqslant 6$	III	冻胀
	$19<\omega \leqslant 23$	≤1.0	$6<\eta \leqslant 12$	IV	强冻胀
	$\omega >23$	不考虑	$\eta >12$	V	特强冻胀
粉 土	$\omega \leqslant 19$	>1.5	$\eta \leqslant 1$	I	不冻胀
		≤1.5	$1<\eta \leqslant 3.5$	II	弱冻胀
	$19<\omega \leqslant 22$	>1.5			
		≤1.5	$3.5<\eta \leqslant 6$	III	冻胀
	$22<\omega \leqslant 26$	>1.5			
		≤1.5	$6<\eta \leqslant 12$	IV	强冻胀
	$26<\omega \leqslant 30$	>1.5			
		≤1.5			
	$\omega >30$	不考虑	$\eta \leqslant 12$	VI	特强冻胀

续表

土的名称	冻前天然含水量 ω	冻结期间地下水位距冻结面的最小距离 h_w（m）	平均冻胀率 η（%）	冻胀等级	冻胀类别
黏性土	$\omega\leq\omega_p+2$	>2.0	$\eta\leq1$	I	不冻胀
		≤2.0	$1<\eta\leq3.5$	II	弱冻胀
	$\omega_p+2<\omega\leq\omega_p+5$	>2.0			
		≤2.0	$3.5<\eta\leq6$	III	冻胀
	$\omega_p+5<\omega\leq\omega_p+9$	>2.0			
		≤2.0	$6<\eta\leq12$	IV	强冻胀
	$\omega_p+9<\omega\leq\omega_p+15$	>2.0			
		≤2.0	$\eta>12$	V	特强冻胀
	$\omega>\omega_p+15$	不考虑			

注 1. ω_p 为塑限含水量（%）；ω 为在冻土层内冻前天然含水量的平均值。

2. 盐渍化冻土不在表列。

3. 塑性指数大于22时，冻胀性降低一级。

4. 粒径小于0.005mm的颗粒含量大于60%时，为不冻胀土。

5. 碎石当充填物大于全部质量的40%，其冻胀性按充填物土的类别判断。

6. 碎石，砾、粗、中砂（粒径小于0.075mm颗粒含量不大于15%），细砂（粒径小于0.075mm颗粒含量不大于10%）均按不冻胀考虑。

表 1-3　　土的类别对冻深的影响系数 ψ_{zs}

土的类别	影响系数 ψ_{zs}	土的类别	影响系数 ψ_{zs}
黏性土	1.00	中、粗、砾砂	1.30
细砂、粉砂、粉土	1.20	碎石	1.40

表 1-4　　土的冻胀性对冻深的影响系数 ψ_{zw}

冻胀性	影响系数 ψ_{zw}	冻胀性	影响系数 ψ_{zw}
不冻胀	1.00	强冻胀	0.85
弱冻胀	0.95	特强冻胀	0.80
冻胀	0.90		

表 1-5　　环境对冻深的影响系数 ψ_{ze}

周围环境	影响系数 ψ_{ze}	周围环境	影响系数 ψ_{ze}
村、镇、旷野	1.00	城市市区	0.90
城市近郊	0.95		

注 环境影响系数一项，当城市市区人口为20~50万时，按城市近郊取值；当城市市区人口大于50万小于或等于100万时，按城市市区取值；当城市市区人口超过100万时，按城市市区取值；5km以内的郊区应按城市近郊取值。

表 1-6　　　　　　　　　　　　建筑基底下允许残留冻土层厚度 h_{max}　　　　　　　　　　　　m

冻胀性	基础形式	采暖情况	基底平均压力 (kPa)						
			90	110	130	150	170	190	210
弱冻胀土	方形基础	采　暖	—	0.94	0.99	1.04	1.11	1.15	1.20
		不采暖		0.78	0.84	0.91	0.97	1.04	1.10
	条形基础	采　暖		>2.50	>2.50	>2.50	>2.50	>2.50	>2.50
		不采暖		2.20	2.50	>2.50	>2.50	>2.50	>2.50
冻胀土	方形基础	采　暖		0.64	0.70	0.75	0.81	0.86	—
		不采暖		0.55	0.60	0.65	0.69	0.74	
	条形基础	采　暖		1.55	1.79	2.03	2.26	2.50	
		不采暖		1.15	1.35	1.55	1.75	1.95	
强冻胀土	方形基础	采　暖		0.42	0.47	0.51	0.56	—	
		不采暖		0.36	0.40	0.43	0.47		
	条形基础	采　暖		0.74	0.88	1.00	1.13		
		不采暖		0.56	0.66	0.75	0.84		
特强冻胀土	方形基础	采　暖	0.30	0.34	0.38	0.41	—		
		不采暖	0.24	0.27	0.31	0.34			
	条形基础	采　暖	0.43	0.52	0.61	0.70			
		不采暖	0.33	0.40	0.47	0.53			

注　1. 本表只计算法向冻胀力，如果基侧存在切向冻胀力，应采取防切向力措施。

　　2. 本表不适用于宽度小于 0.6m 的基础，矩形基础可取短边尺寸按方形基础计算。

　　3. 表中数据不适用于淤泥、淤泥质土和欠固结土。

　　4. 表中基底平均压力数值为永久荷载标准值乘以 0.9，可以内插。

《公路桥涵地基与基础设计规范》（JTG D63—2007）对基础埋置深度作如下规定：

（1）桥涵墩台基础（不包括桩基础）基底埋置深度应符合下列规定。

1）当墩台基底设置在不冻胀土层中，基底埋深可不受冻深的限制。

2）当上部为超静定结构的桥涵基础，其地基为冻胀性土时，应将基底埋入冻结线以下不小于 0.25m。

3）当墩台基础设置在季节性冻胀土层中时，基底的最小埋置深度可按下式确定

$$h = z_d - h_{max} \tag{1-4}$$

$$z_d = \psi_{zs} \psi_{zw} \psi_{ze} \psi_{zg} \psi_{zf} z_0 \tag{1-5}$$

式中　z_d——设计冻深，m；

　　　z_0——标准冻深，m，当无实测资料时，可按本规范附录 H.0.1 条采用；

　　　ψ_{zs}——土的类别对冻深的影响系数，按表 1-3 查取；

　　　ψ_{zw}——土的冻胀性对冻深的影响系数，按表 1-4 查取；

　　　ψ_{ze}——环境对冻深的影响系数，按表 1-5 查取；

　　　ψ_{zg}——地形坡对冻深的影响系数，按表 1-7 查取；

　　　ψ_{zf}——基础对冻深的影响系数，取 $\psi_{zf} = 1.1$；

　　　h_{max}——基础底面下容许最大冻层厚度，m，按表 1-8 查取。

表 1-7 　　　　　　　地形坡对冻深的影响系数 ψ_{zg} 　　　　　　　　　　　m

周围环境	平 坦	阳 坡	阴 坡
ψ_{zg}	1.00	0.9	1.1

表 1-8 　　　不同冻胀土类别在基础底面下容许最大冻层厚度 h_{max} 　　　m

冻胀土类别	弱冻胀	冻胀	强冻胀	特强冻胀	极强冻胀
h_{max}	$0.38z_0$	$0.28z_0$	$0.15z_0$	$0.08z_0$	0

注　z_0—标准冻深，m。季节性冻胀土分类见本规范附录表 H.0.2。

4）涵洞基础设置在季节冻土地基上时，出入口和自两端洞口向内各 2m 范围内（或可采用不小于 2m 的一段涵节长度）涵身基底的埋置深度可按式（1-4）计算确定（见图 1-14）。涵洞中间部分的基础埋深，可根据地区施工经验确定。严寒地区，当涵洞中间部分的基础埋深与洞口埋深相差较大时，其连接处应设置过渡段。冻结较深地区，也可采用将基底至冻结线处的地基土换填为粗颗粒土（包括碎石土、砾砂、粗砂、中砂，但其中粉黏粒含量不大于 15%，或粒径小于 0.1mm 的颗粒不大于 25%）的措施。

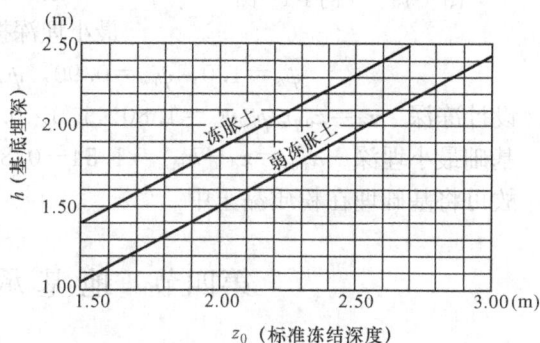

图 1-14　基底埋置深度

5）桥涵基础，在无冲刷处（岩石地基除外），应设在地面或河床底以下埋深不小于 1m 外；如有冲刷，基底埋深应在局部冲刷线以下不少于 1m；如河床上有铺砌层时，基础底面宜设置在铺砌层顶面以下不小于 1m。

6）非岩石河床桥梁墩台基底埋深安全值，可按表 1-9 确定。

表 1-9 　　　　　　　　　　基底埋深安全值 　　　　　　　　　　　m

桥梁类别＼总冲刷深度	0	5	10	15	50
大桥、中桥、小桥（不铺砌）	1.5	2.0	2.5	3.0	3.5
特大桥	2.0	2.5	3.0	3.5	4.0

注　1. 总冲刷深度为自河床底面算起的河床自然演变冲刷、一般冲刷与局部冲刷深度。

　　2. 表列数值为墩台埋入总冲刷深度以下的最小值，若对设计流量、水位和原始断面资料无把握或不能获得河床演变准确资料时，其值宜适当加大。

　　3. 若桥位上下游有已建桥梁，应调查已建桥梁的特大洪水冲刷情况，新建桥梁墩台基础埋置深度不宜小于已建桥梁的冲刷深度且酌加必要的安全值。

　　4. 如河床上有铺砌层时，基础底面宜设置在铺砌层顶面以下不小于 1m。

7）岩石河床墩台基底最小埋置深度可参考《公路工程水文勘测设计规范》（JTG C30—2002）附录 C 确定。

8）位于河槽的桥台，当其最大冲刷深度小于桥墩总冲刷深度时，墩台基底的埋深应与桥墩基底相同。当桥台位于河滩时，对河槽摆动不稳定河流，桥台基底高程应与桥墩基底高程相同；在稳定河流上，桥台基底高程可按照桥台冲刷结果确定。

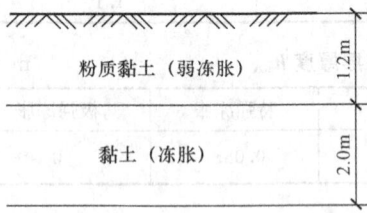

图 1-15　　[例 1-1] 图

（2）墩台基础顶面标高宜根据桥位情况、施工难易程度、美观与整体协调综合确定。

【例 1-1】　某建筑物采用柱下独立基础，基底压力约为 190kPa，该建筑物位于城市近郊，标准冻深 1.80m，场地土的分布及土的冻胀性如图 1-15 所示，试确定基础的最小埋深。

解　一般情况下，基础埋深接近标准冻深，故基础最小埋深按黏土确定。由已知条件查表 1-3～表 1-6 得

$$\psi_{zs}=1.0,\ \psi_{zw}=0.90,\ \psi_{ze}=0.95,\ h_{max}=0.86m$$

设计冻深　$z_d = z_0 \psi_{zs} \psi_{zw} \psi_{ze} = 1.80 \times 1.0 \times 0.90 \times 0.95 = 1.54m$

基础最小埋深　$d_{min} = z_d - h_{max} = 1.54 - 0.86 = 0.68m > 0.5m$

故可将基础埋在粉质黏土中。

第四节　地基承载力的确定

地基承载力是指在保证强度、变形和稳定性能满足设计要求的条件下，地基土所能承受的最大荷载。地基承载力的确定在地基基础设计中是一个非常重要而又十分复杂的问题。说其重要是因为地基承载力确定的正确与否，关系到建筑物的安危和基础工程造价；说其复杂是因为地基承载力不仅与土的物理、力学性质有关，而且还与基础类型、基底尺寸、基础埋深、建筑结构类型及施工速度等因素有关。确定地基承载力的方法有三种：①按土的抗剪强度指标以理论公式计算；②按地基载荷试验及其他原位试验结果确定；③按规范提供的承载力公式确定。

地基承载力特征值是指由载荷试验测定的地基土压力变形曲线线性变形阶段内规定的变形所对应的压力值，其最大值为比例界限值。现行《建筑地基基础设计规范》（GB 50007—2002）采用"特征值"一词，用于表示正常使用极限状态计算时采用的地基承载力，其含义是在发挥正常使用功能时所允许采用的抗力设计值。地基承载力特征值可由载荷试验或其他原位测试、公式计算并结合工程实践经验等方法综合确定。

一、按土的抗剪强度指标确定

按土的抗剪强度指标确定地基承载力方法较多，常用方法是将极限承载力除以安全系数，即

$$f_a = \frac{p_u A'}{KA} \tag{1-6}$$

式中　f_a——地基承载力特征值，kPa；

　　　p_u——地基的极限承载力（可采用太沙基公式、魏锡克公式、汉森公式计算），kPa；

　　　A'——与地基土接触的有效基底面积，m²；

　　　A——基底面积，m²；

　　　K——安全系数，一般取 2～3。

二、按地基载荷试验确定

载荷试验是一种原位测试技术，由载荷板向地基土施加荷载，通过仪器测出地基土的应力与变形关系曲线、地基土的沉降量等。在加荷很大时，还可判断出地基土的破坏形式。该试验准确反映出载荷板下应力主要范围内的土性特征，从而根据试验成果确定出地基承载力特征值。

对于密实砂土、硬塑黏性土等低压缩性土，其 $p\sim s$ 曲线上通常有较明显的起始直线段和极限值，呈"陡降型"；对于松砂、可塑黏性土等中、高压缩性土，其 $p\sim s$ 曲线上无明显转折点，但曲线斜率随荷载的增大而逐渐增大，呈"缓变型"（图 1-16）。

利用上述载荷试验成果 $p\sim s$ 曲线确定地基承载力特征值。

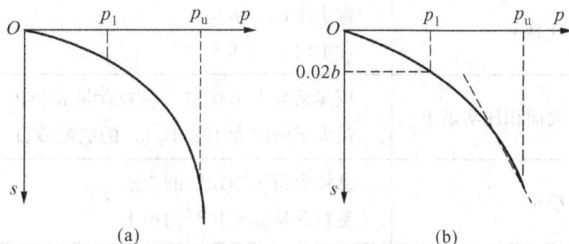

图 1-16 按载荷试验成果确定地基承载力
(a) 低压缩性土；(b) 高压缩性土

（1）当 $p\sim s$ 曲线上有明显的比例界限 p_1 时，取该比例界限所对应的荷载作为地基承载力特征值。

（2）当极限荷载 p_u 能确定，且 $p_u<1.5p_1$ 时，取极限荷载值的一半作为地基承载力特征值。

（3）当不能按上述两种方法确定时，当承压板面积为 $0.25\sim0.50\text{m}^2$，可取 $s/b=0.01\sim0.015$ 所对应的荷载作为地基承载力特征值，但其值不应大于最大加载量的一半。

同一土层参加统计的试验点不应少于三点，当试验实测值的极差不超过其平均值的 30% 时，取此平均值作为该土层的地基承载力特征值 f_{ak}。

载荷试验结果可靠，但试验设备复杂、试验历时较长、费用较高，故只对重要建筑物场地采用载荷试验。

由于建筑物基础面积、埋置深度及影响深度与载荷试验承压板面积和测试深度差别很大，当基础宽度大于 3m 或埋置深度大于 0.5m 时，从载荷试验或其他原位测试、经验值等方法确定的地基承载力特征值，尚应按下式修正

$$f_a = f_{ak} + \eta_b\gamma(b-3) + \eta_d\gamma_m(d-0.5) \tag{1-7}$$

式中　f_a——修正后的地基承载力特征值，kPa；

f_{ak}——地基承载力特征值，kPa；

η_b、η_d——基础宽度和埋深的地基承载力修正系数，按基底下土的类别查表 1-10 取值；

γ——基础底面以下土的天然容重，地下水位以下取浮容重，kN/m^3；

b——基础底面宽度，当基宽小于 3m 时按 3m 取值，大于 6m 时按 6m 取值；

γ_m——基础底面以上土的加权平均容重，地下水位以下取浮容重，kN/m^3；

d——基础埋置深度，一般自室外地面标高算起。在填方整平地区，可自填土地面标高算起，当填土在上部结构施工后完成时，应从天然地面标高算起。对于地下室，如采用箱形基础或筏基时，基础埋置深度自室外地面标高算起；当采用独立基础或条形基础时，应从室内地面标高算起，m。

表 1-10　　　　　　　　　　　　　　　　承载力修正系数

土 的 类 别		η_b	η_d
淤泥和淤泥质		0	1.0
人工填土 e 或 I_L 大于或等于 0.85 的黏性土		0	1.0
红黏土	含水比 $\alpha_w>0.8$	0	1.2
	含水比 $\alpha_w\leqslant0.8$	0.15	1.4
大面积压实填土	压实系数大于 0.95、黏粒含量 $\rho_c\geqslant10\%$ 的粉土	0	1.5
	最大干密度大于 2.1t/m³ 的级配砂石	0	2.0
粉土	黏粒含量 $\rho_c\geqslant10\%$ 的粉土	0.3	1.5
	黏粒含量 $\rho_c<10\%$ 的粉土	0.5	2.0
e 及 I_L 均小于 0.85 的黏性土		0.3	1.6
粉砂、细砂（不包括很湿与饱和时的稍密状态）		2.0	3.0
中砂、粗砂、砾砂和碎石土		3.0	4.4

注　1. 强风化和全风化的岩石，可参照所风化成的相应土类取值，其他状态下的岩石不修正。
　　2. 地基承载力特征值按《建筑地基基础设计规范》（GB 50007—2002）附录 D 深层平板载荷试验确定时 η_d 取 0。

三、按《建筑地基基础设计规范》公式确定

《规范》在 $p_{1/4}$ 荷载公式的基础上结合实测结果，提出下列地基承载力特征值 f_a 的计算公式

$$f_a = M_b\gamma b + M_d\gamma_m d + M_c c_k \tag{1-8}$$

式中　　　　f_a——由土的抗剪强度指标确定的地基承载力特征值，kPa；

M_b、M_d、M_c——承载力系数，按 φ_k 查表 1-11；

b——基础底面宽度，大于 6m 时按 6m 取值，对于砂土小于 3m 时按 3m 取值；

φ_k、c_k——基底下一倍基宽深度内土的内摩擦角、黏聚力标准值；

γ——基础底面以下土的天然容重，地下水位以下取浮容重；

γ_m——基础埋深范围内土的加权平均容重，kN/m³。

上述公式即为 $p_{1/4}$，所不同的是当 $\varphi_k\geqslant24°$ 时，M_b 已根据载荷试验资料加以修正，其值比理论值大许多，以便更合理地发挥土的承载力。由于 $p_{1/4}$ 公式是按均布荷载导出，所以，《规范》规定采用式（1-8）确定地基承载力特征值时，荷载偏心距不得大于 0.033 倍基础底面宽度。

表 1-11　　　　　　　　　　　　承载力系数 M_b、M_d、M_c

土的内摩擦角标准值 φ_k (°)	M_b	M_d	M_c
0		1.00	3.14
2	0.03	1.12	3.32
4	0.06	1.25	3.51
6	0.10	1.39	3.71
8	0.14	1.55	3.93
10	0.18	1.73	4.17
12	0.23	1.94	4.42

续表

土的内摩擦角标准值 φ_k（°）	M_b	M_d	M_c
14	0.29	2.71	4.69
16	0.36	2.43	5.00
18	0.43	2.72	5.31
20	0.51	3.06	5.66
22	0.61	3.44	6.04
24	0.80	3.87	6.45
26	1.10	4.37	6.90
28	1.40	4.93	7.40
30	1.90	5.59	7.95
32	2.60	6.35	8.55
34	3.40	7.21	9.22
36	4.20	8.25	9.97
38	5.00	9.44	10.80
40	5.80	10.84	11.73

注　φ_k 为基底下一倍基宽深度内土的内摩擦角标准值。

　　《公路桥涵地基与基础设计规范》（JTG D63—2007）采用荷载标准值按容许应力进行计算。桥涵的地基承载力容许值，可根据地质勘测、原位测试、野外荷载试验、邻近旧桥涵调查对比，以及既有的建筑物经验和理论公式的计算综合分析确定。

　　当基础宽度 $b \leqslant 2m$，埋置深度 $h \leqslant 3m$ 时，各类地基土承载力容许值可从规范表格查取。一般黏性土按液性指数和孔隙比查表 1-12；砂土按密实度和湿度查表 1-13；碎石土按密实度查表 1-14。

表 1-12　　　　　　　　　一般黏性土的容许承载力 $[\sigma_0]$

σ_0 (kPa) $\diagdown$ I_L e	0	0.1	0.2	0.3	0.4	0.5	0.6	0.7	0.8	0.9	1.0	1.1	1.2
0.5	450	440	430	420	400	380	350	310	270	240	220	—	—
0.6	420	410	400	380	360	340	310	280	250	220	200	180	—
0.7	400	370	350	330	310	290	270	240	220	190	170	160	150
0.8	380	330	300	280	260	240	230	210	180	160	150	140	130
0.9	320	280	260	240	220	210	190	180	160	140	130	120	100
1.0	250	230	220	210	190	170	160	150	140	120	110	—	—
1.1		160	150	140	130	120	110	100	90				

注　1. 一般黏性土是指第四纪全新世（Q_4）（文化期以前）沉积的黏性土，一般为正常沉积的黏性土。

　　2. 土中含有粒径大于 2mm 的颗粒重量超过全部重量 30% 以上的，$[\sigma_0]$ 可酌量提高。

　　3. 当 $e<0.5$ 时，取 $e=0.5$；$I_L<0$ 时，取 $I_L=0$。此外，超过表列范围的一般黏性土，$[\sigma_0]$ 可按下式计算

$$[\sigma_0] = 57.22 E_s^{0.57}$$

　　　　式中　E_s——土的压缩模量（MPa）；

　　　　　　　$[\sigma_0]$——一般黏性土的容许承载力（kPa）。

　　4. 黏性土的状态按液性指数（即稠度系数）I_L 划分。

表 1-13   砂土的容许承载力 $[\sigma_0]$

土 名	$[\sigma_0]$ 密实度 (kPa) 湿度	密 实	中 密	松 散
砾砂、粗砂	与湿度无关	550	400	200
中 砂	与湿度无关	450	350	150
细 砂	水 上	350	250	100
细 砂	水 下	300	200	—
粉 砂	水 上	300	200	—
粉 砂	水 下	200	100	—

表 1-14   碎石土的容许承载力 $[\sigma_0]$

土 名	$[\sigma_0]$ 密实程度 (kPa)	密 实	中 密	松 散
卵 石		1200~1000	1000~600	500~300
碎 石		1000~800	800~500	400~200
圆 砾		800~600	600~400	300~200
角 砾		700~500	500~300	300~200

注   1. 由硬质岩组成，填充砂土者取高值；由软质岩组成，填充黏性土者取低值。

      2. 半胶结的碎石土，可按密实的同类土的 $[\sigma_0]$ 值提高 10%~30%。

      3. 松散的碎石土在天然河床中很少遇见，需特别注意鉴定。

      4. 漂石、块石的 $[\sigma_0]$ 值，可参照卵石、碎石适当提高。

当基础宽度 b 超过 2m，基础埋置深度 h 超过 3m，且 $h/b \leqslant 4$ 时，地基的容许承载力按式 (1-9) 计算

$$[f_a] = [f_{a0}] + k_1\gamma_1(b-2) + k_2\gamma_2(h-3) \tag{1-9}$$

式中 $[f_a]$——修正后的地基承载力容许值，kPa。

       $[f_{a0}]$——按表查得的地基土承载力基本容许值，kPa。

           b——基础底面的最小边宽（或直径）；当 $b<2m$ 时，取 $b=2m$；当 $b>10m$ 时，取 $b=10m$。

           h——基底埋置深度，m，自天然地面算起，有水流冲刷时自一般冲刷线算起；当 $h<3m$ 时，取 $h=3m$；当 $h/b>4$ 时，取 $h=4b$。

    k_1、k_2——基础宽度、深度的修正系数，根据基底持力层土的类别按表 1-15 确定。

         γ_1——基底持力层土的天然容重，kN/m³，若持力层在水面以下且为透水者，应采用浮重。

         γ_2——基底以上土层的加权平均重度，kN/m³，换算时若持力层在水面以下，且不透水时，不论基底以上土的透水性如何，一律取饱和重度，当透水时，水中部分土层则采用浮重度。

表 1-15　地基土承载力宽度、深度修正系数

土类\系数	黏性土				粉土	砂土								碎石土			
	老黏性土	一般黏性土		新近沉积黏性土	—	粉砂		细砂		中砂		砾砂、粗砂		碎石、圆砾、角砾		卵石	
		$I_L \geqslant 0.5$	$I_L < 0.5$			中密	密实	中密	密实	中密	密实	中密	密实	中密	密实	中密	密实
				—	—												
k_1	0	0	0	0	0	1.0	1.2	1.5	2.0	2.0	3.0	3.0	4.0	3.0	4.0	3.0	4.0
k_2	2.5	1.5	2.5	1.0	1.5	2.0	2.5	3.0	4.0	4.0	5.5	5.0	6.0	5.0	6.0	6.0	10.0

注　1. 对于稍密和松散状态的砂、碎石土，k_1、k_2 值可采用表列中密值的 50%。

　　2. 强风化和全风化的岩石，可参照所风化成的相应土类取值；其他状态下的岩石不修正。

软土地基的容许承载力可按下式计算。

（1）根据原状土天然含水量 w，按表 1-16 确定软土地基承载力基本容许值 $[f_{a0}]$，然后按式（1-10）计算修正后的地基承载力容许值

$$[f_a] = [f_{a0}] + \gamma_2 h \tag{1-10}$$

表 1-16　软土地基承载力基本容许值 $[f_{a0}]$

天然含水量 w（%）	36	40	45	50	55	65	75
$[f_{a0}]$（kPa）	100	90	80	70	60	50	40

（2）根据原状土强度指标确定软土地基承载力容许值 $[f_a]$，即

$$[f_a] = \frac{5.14}{m} k_p \cdot c_u + \gamma_2 h \tag{1-11}$$

$$k_p = \left(1 + 0.2 \frac{b}{l}\right)\left(1 - \frac{0.4}{bl} \frac{H}{c_u}\right) \tag{1-12}$$

式中　m——抗力修正系数，可视软土灵敏度及基础长宽比等因素选用（一般为 1.5～2.5）；

　　　c_u——地基土不排水抗剪强度标准值，kPa；

　　　k_p——系数；

　　　H——由作用（标准值）引起的水平力，kN；

　　　b——基础宽度，m，有偏心作用时，取 $l - 2e_b$；

　　　l——垂直于 b 边的基础长度，m，有偏心作用时，取 $l - 2e_l$；

　e_b、e_l——偏心作用在宽度和长度方向的偏心距，m。

地基承载力的确定方法较多，应根据具体情况选用。

【例 1-2】 某建筑物柱下独立基础的基底尺寸为 $l \times b = 2.6\text{m} \times 2.0\text{m}$，埋深 $d = 1.8\text{m}$，场地地质条件为：第（1）层，杂填土，厚 1.2m，$\gamma = 17.5\text{kN/m}^3$；第（2）层，黏土，厚 4.5m，$\gamma = 19.5\text{kN/m}^3$，$e = 0.76$，$I_L = 0.64$，地基承载力特征值 $f_{ak} = 185\text{kPa}$。试计算修正后的地基承载力特征值。

解　基础埋深 $d = 1.8\text{m}$，故持力层为黏土，由 $e = 0.76$，$I_L = 0.64$ 查表 1-10 得

$$\eta_b = 0.3, \eta_d = 1.6$$

基底以上土的加权平均重度 $\gamma_m = \dfrac{\sum \gamma_i h_i}{\sum h_i} = \dfrac{17.5 \times 1.2 + 19.5 \times 0.6}{1.2 + 0.6} = 18.17\text{kN/m}^3$

则　　　　$f_a = f_{ak} + \eta_b\gamma(b-3) + \eta_d\gamma_m(d-0.5)$

$\qquad\qquad = 185 + 0.3 \times 19.5 \times (3-3) + 1.6 \times 18.17 \times (1.8-0.5) = 222.79\text{kPa}$

【例 1-3】　某建筑物柱下独立基础的基底尺寸为 $l \times b = 3.0\text{m} \times 2.4\text{m}$，埋深 $b = 2.0\text{m}$，承受中心荷载，地基土为粉质黏土，土的物理力学性质指标：$\gamma = 18.6\text{kN/m}^3$，$c_k = 6.5\text{kPa}$，$\varphi_k = 24°$。试计算持力层地基承载力特征值。

解　由于基础承受中心荷载作用，可由规范推荐公式计算地基承载力特征值，由 $\varphi_k = 24°$ 查表 1-11 得：$M_b = 0.08$，$M_d = 3.87$，$M_c = 6.45$

则　　　　$f_a = M_b\gamma b + M_d\gamma_m d + M_c c_k$

$\qquad\qquad = 0.08 \times 18.6 \times 2.4 + 3.87 \times 18.6 \times 2.0 + 6.45 \times 6.5 = 189.46\text{kPa}$

第五节　基础底面的确定及地基验算

在选定基础类型和埋置深度后，可以根据上部结构传来的荷载和持力层承载力计算基础底面尺寸。若在地基主要受力层范围内存在软弱下卧层时，尚应验算软弱下卧层的承载力。必要时，还应验算地基的变形和稳定性。

一、按持力层承载力计算基底尺寸

（一）中心荷载作用下的基础

在中心荷载作用下，通常假定基底压力呈均匀分布（图 1-17）。为防止地基发生强度破坏，要求基底压力不超过持力层承载力，即

$$p_k \leqslant f_a \tag{1-13}$$

式中　p_k——相应于荷载效应标准组合时，基础底面处的平均压力值，kPa；

$\qquad f_a$——修正后的地基承载力特征值，kPa。

现将 $p_k = (F_k + G_k)/A$，$G_k = \gamma_G A\overline{d}$ 代入，整理后可得在中心荷载作用下的基础底面积的计算公式

$$A \geqslant \frac{F_k}{f_a - \gamma_G\overline{d}} \tag{1-14}$$

式中　F_k——相应于荷载效应标准组合时，上部结构传至基础顶面的竖向力值，kN；

$\qquad \gamma_G$——基础及其台阶上回填土的平均容重，一般取 20kN/m^3，地下水位以下取 10kN/m^3，kN/m³；

$\qquad \overline{d}$——基础平均埋深，m。

对于独立基础，按上式计算出 A 后，可假定 $b \leqslant 3\text{m}$，则 $l = A/b$，一般 $l/b \leqslant 1.5$。若 A 很大，则 $b > 3\text{m}$，此时应对 f_a 进行宽度修正，重新计算。总之，基础埋深、基底宽度和地基承载力特征值之间应协调一致。

对于条形基础，通常沿基础长度方向取 1m 为计算单元，由式（1-14）求得就是基础宽度 b，即

$$b \geqslant \frac{F_k}{f_a - \gamma_G\overline{d}} \tag{1-15}$$

式中　F_k——相应于荷载效应标准组合时，沿长度方向 1m 范围内上部结构传至基础顶面的竖向力值，kN。

（二）偏心荷载作用下的基础

在偏心荷载作用下，通常假定基底压力呈线性分布（图 1-18）。为防止地基发生强度破坏，除应符合式（1-13）要求外，还应符合下式要求

$$p_{kmax} \leqslant 1.2 f_a \tag{1-16}$$

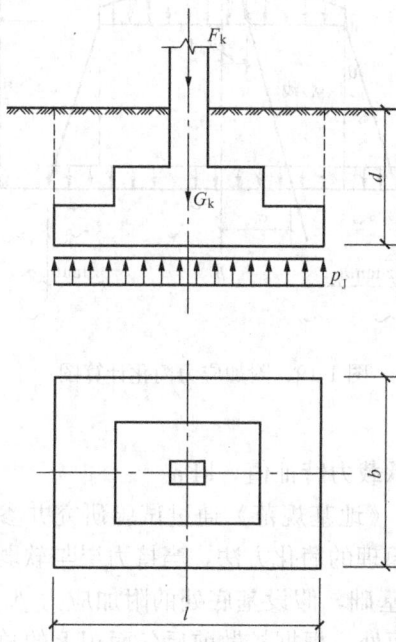

图 1-17　中心荷载作用下的基础　　　　图 1-18　单向偏心荷载作用下的基础

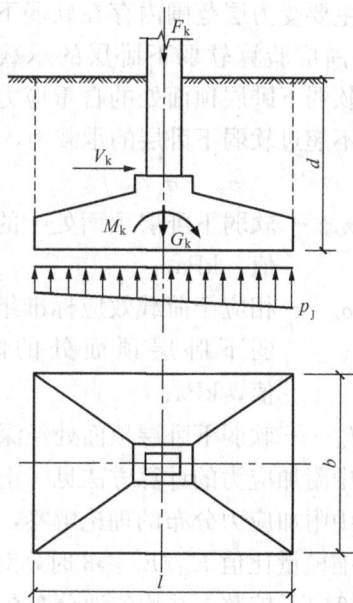

基础底面边缘的最大压力 p_{kmax} 和最小压力 p_{kmin}，按下式计算

$$p_{kmax} = \frac{F_k + G_k}{A} + \frac{M_k}{W} = \frac{F_k + G_k}{lb}\left(1 + \frac{6e_k}{l}\right) \tag{1-17}$$

$$p_{kmin} = \frac{F_k + G_k}{A} - \frac{M_k}{W} = \frac{F_k + G_k}{lb}\left(1 - \frac{6e_k}{l}\right) \tag{1-18}$$

式中　M_k——相应于荷载效应标准组合时，作用于基础底面的力矩值，kN·m；

　　　　W——基础底面的抵抗距，m³；

　　　　e_k——偏心距，$e_k = M_k/(F_k + G_k)$，m；

　　　　l——力矩作用方向的基础底面边长，m；

　　　　b——垂直于力矩作用方向的基础底面边长，m。

对于偏心荷载作用下的基础，若联立式（1-13）、式（1-16）求解基底尺寸，比较烦琐，通常按试算方法确定，即：

（1）先按中心荷载作用下的式（1-14）计算基底面积 A。

（2）根据偏心荷载的大小，将基底面积增大 10%～40%，即 $A' = (1.1 \sim 1.4)A$，对矩形基础，由 A' 初步选择基础底面长度 l 和宽度 b，一般 $l/b \leqslant 2$。

（3）计算基底平均压力 p 及基础底面边缘的最大压力 p_{kmax} 和最小压力 p_{kmin}，验算是否满足式（1-13）和式（1-16）的要求。若不满足，可调整基底尺寸直到满足为止。

在基础设计中，应控制荷载偏心距不宜过大，以保证基础不致产生过分倾斜，即要求偏

心距 $e_k \leqslant l/6$；对于低压缩性土上的基础，当考虑短期作用的荷载时，对偏心距 e_k 的要求可适当放宽，但也应控制在 $l/4$ 以内。

二、软弱下卧层验算

在按持力层承载力确定基底尺寸后，如果在地基主要受力层范围内存在软弱下卧层（图1-19），尚应验算软弱下卧层的承载力，要求作用在软弱下卧层顶面处的自重应力与附加应力之和不超过软弱下卧层的承载力，即

$$\sigma_{cz} + \sigma_z \leqslant f_{az} \qquad (1-19)$$

式中　σ_{cz}——软弱下卧层顶面处土的自重应力值，kPa；

　　　σ_z——相应于荷载效应标准组合时，软弱下卧层顶面处的附加应力值，kPa；

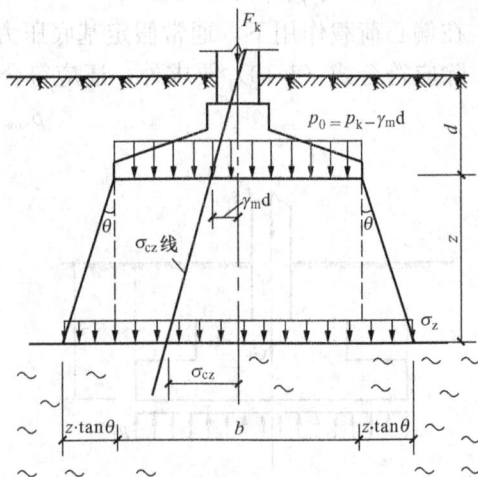

图 1-19　附加应力简化计算图

　　　f_{az}——软弱下卧层顶面处经深度修正后的地基承载力特征值，kPa。

土中附加应力的计算方法见《土力学》有关内容，《地基规范》通过试验研究并参照双层地基中附加应力分布的理论解答，提出了按扩散角原理的简化方法，当持力层与软弱下卧层的压缩模量比值 $E_{s1}/E_{s2} \geqslant 3$ 时，对矩形基础和条形基础，假设基底处的附加应力 p_0 按某一角度 θ 向下扩散，并均匀地分布在软弱下卧层的顶面处，根据扩散前后各面积上的总压力相等的条件，可得

矩形基础　　　　　　$$\sigma_z = \frac{p_0 lb}{(l + 2z\tan\theta)(b + 2z\tan\theta)} \qquad (1-20)$$

条形基础　　　　　　$$\sigma_z = \frac{p_0 b}{b + 2z\tan\theta} \qquad (1-21)$$

$$p_0 = p_k - \sigma_c$$

式中　b——矩形基础或条形基础底面宽度，m；

　　　l——矩形基础底面长度，m；

　　　p_0——基底附加应力，kPa；

　　　σ_c——基础底面处土的自重应力，kPa；

　　　z——基础底面至软弱下卧层顶面的距离，m；

　　　θ——地基压力扩散角，可按表1-17采用，(°)。

当基础受偏心荷载作用时，p_k 取平均基底压力。当不满足式（1-19）的要求时，应增大基底面积或减小基础埋深。

【例1-4】　某柱下独立基础，相应于荷载效应标准组合时，基础上的荷载为 $F_k = 1600kN$，$M_k = 200kN \cdot m$，$V_k = 35kN$，其他参数见图1-20。试根据持力层地基承载力确定基础底面尺寸。

解　1. 计算地基承载力特征值 f_a

由 $e = 0.68$，$I_L = 0.60$ 查表1-10得 $\eta_b = 0.3$，$\eta_d = 1.6$

基底以上土的加权平均重度 $\gamma_m = \dfrac{\Sigma \gamma_i h_i}{\Sigma h_i} = \dfrac{17.6 \times 1.0 + 19.4 \times 0.7}{1.0 + 0.7} = 18.34 \text{kN/m}^3$

由于基础宽度未知，故先不考虑进行基础宽度修正。

表 1-17　　　地基压力扩散角 θ

E_{s1}/E_{s2}	z/b	
	0.25	0.50
3	6°	23°
5	10°	25°
10	20°	30°

注　1. E_{s1} 为上层土压缩模量；E_{s2} 为下层土压缩模量。
　　2. $z/b < 0.25$ 时取 $\theta = 0°$，必要时，宜由试验确定；$z/b >$ 0.50 时 θ 值不变。

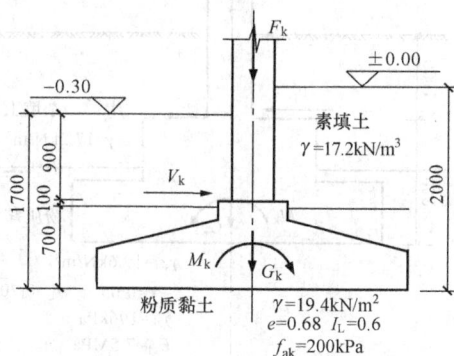

图 1-20　　[例 1-4] 图

则　　　　　$f_a = f_{ak} + \eta_b \gamma (b - 3) + \eta_d \gamma_m (d - 0.5)$

$= 200 + 0 + 1.6 \times 18.34 \times (1.7 - 0.5) = 235.21 \text{kPa}$

2. 初步选择基底尺寸

基础的平均埋深

$$\bar{d} = \frac{1.7 + 2.0}{2} = 1.85 \text{m}$$

先按中心荷载作用下的式（1-14）计算基底面积 A

$$A \geqslant \frac{F_k}{f_a - \gamma_G \bar{d}} = \frac{1600}{235.21 - 20 \times 1.85} = 8.07 \text{m}^2$$

根据偏心荷载的大小，将基底面积增大 30%，即

$$A' = 1.3A = 1.3 \times 8.07 = 10.49 \text{m}^2$$

初步选择基底尺寸 $b = 2.8 \text{m}$，$l = 3.75 \text{m}$，则

$$A' = lb = 3.75 \times 2.8 = 10.5 \ (\approx 10.49) \ \text{m}^2$$

$b = 2.8 \text{m} < 3 \text{m}$，不需对 f_a 进行基础宽度修正。

3. 持力层地基承载力验算

基础及回填土重

$$G_k = \gamma_G A \bar{d} = 20 \times 10.5 \times 1.85 = 388.5 \text{kN}$$

偏心距

$$e_k = \frac{M_k}{F_k + G_k} = \frac{200 + 35 \times 0.8}{1600 + 388.5} = 0.11 \text{m} < \frac{l}{6} = 0.625 \text{m}$$

即 $p_{kmin} > 0$ 满足。

基底最大压力 $p_{max} = \dfrac{F_k + G_k}{A} \left(1 + \dfrac{6e_k}{l}\right) = \dfrac{1600 + 388.5}{10.5}\left(1 + \dfrac{6 \times 0.11}{3.75}\right) = 222.71 \text{kPa} <$

$1.2 f_a = 282.25 \text{kPa}$

满足要求。

基础底面尺寸确定为 $b = 2.8 \text{m}$，$l = 3.75 \text{m}$。

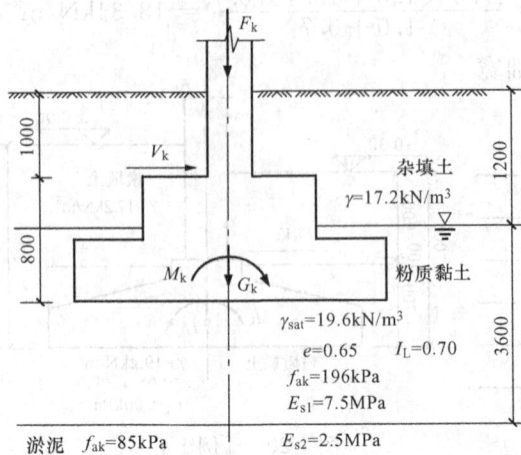

图 1-21　［例 1-5］图

【例 1-5】　某柱下独立基础的底面尺寸 $l×b=3.2\text{m}×2.4\text{m}$，相应于荷载效应标准组合时，基础上的荷载为 $F_k=1450\text{kN}$，$M_k=180\text{kN·m}$，$V_k=26\text{kN}$，其他参数见图 1-21。验算基础底面尺寸是否满足地基承载力要求。

解　1. 持力层地基承载力验算

由 $e=0.65$，$I_L=0.70$ 查表 1-10 得：$\eta_b=0.3$，$\eta_d=1.6$。

基底以上土的加权平均重度

$$\gamma_m=\frac{\sum\gamma_ih_i}{\sum h_i}$$
$$=\frac{17.2×1.2+(19.6-10)×0.6}{1.2+0.6}$$
$$=14.67\text{kN/m}^3$$

持力层承载力特征值

$$f_a=f_{ak}+\eta_b\gamma(b-3)+\gamma_d\gamma_m(d-0.5)$$
$$=196+0+1.6×14.67×(1.8-0.5)$$
$$=226.51\text{kPa}$$

基础及回填土重

$$G_k=\gamma_G A\bar{d}$$
$$=(20×1.2+10×0.6)×3.2×2.4$$
$$=230.40\text{kN}$$

偏心距

$$e_k=\frac{M_k}{F_k+G_k}=\frac{180+26×0.8}{1450+230.40}=0.12\text{m}<\frac{l}{6}=0.533\text{m}$$

即 $p_{kmin}>0$ 满足要求。

平均基底压力

$$p_k=\frac{F_k+G_k}{A}=\frac{1450+230.40}{3.2×2.4}=218.80\text{kPa}<f_a$$

满足要求。

基底最大压力 $p_{max}=\dfrac{F_k+G_k}{A}\left(1+\dfrac{6e_k}{l}\right)=\dfrac{1450+230.40}{7.68}\left(1+\dfrac{6×0.12}{3.2}\right)=268.03\text{kPa}$

$<1.2f_a=271.81\text{kPa}$

满足要求。

2. 软弱下卧层承载力验算

软弱下卧层顶面以上土的加权平均容重

$$\gamma_m=\frac{\sum\gamma_ih_i}{\sum h_i}=\frac{17.2×1.2+(19.6-10)×3.6}{1.2+3.6}=11.50\text{kN/m}^3$$

由淤泥查表 1-10 得：$\eta_b=0$，$\eta_d=1.0$。

软弱下卧层承载力特征值

$$f_{az} = f_{ak} + \eta_d \gamma_m (d - 0.5) = 85 + 1.0 \times 11.50 \times (4.8 - 0.5) = 134.45 \text{kPa}$$

软弱下卧层顶面处土的自重应力

$$\sigma_{cz} = \Sigma \gamma_i h_i = 17.2 \times 1.2 + (19.6 - 10) \times 3.6 = 55.20 \text{kPa}$$

由 $E_{s1}/E_{s2} = 3$，以及 $z/b > 0.5$ 查表 1-17 得：$\theta = 23°$。

软弱下卧层顶面处的附加应力

$$\sigma_z = \frac{p_0 lb}{(l + 2z\tan\theta)(b + 2z\tan\theta)} = \frac{(218.80 - 17.2 \times 1.2 - 9.6 \times 0.6) \times 3.2 \times 2.4}{(3.2 + 2 \times 3 \times \tan 23°)(2.4 + 2 \times 3 \times \tan 23°)}$$

$$= 51.98 \text{kPa}$$

$\sigma_{cz} + \sigma_z = 55.20 + 51.98 = 107.18 \text{kPa} < f_{az} = 134.45 \text{kPa}$

满足要求。

三、地基变形及稳定性验算

（一）地基变形验算

《地基规范》规定：设计等级为甲级、乙级的建筑物以及荷载较大、土质软弱的丙级建筑物，除满足地基承载力要求外，还应进行地基变形验算。地基变形验算的要求是，地基变形的某一特征值不大于相应的地基变形允许值，即

$$\Delta \leqslant [\Delta] \tag{1-22}$$

式中　Δ——地基变形的某一特征值；

$[\Delta]$——相应的地基变形允许值，按表 1-18 采用。

表 1-18　　　　　　　　　　建筑物的地基变形允许值

变　形　特　征	地　基　土　类　别	
	中、低压缩性土	高压缩性土
砌体承重结构基础的局部倾斜	0.002	0.003
工业与民用建筑相邻柱基的沉降差		
（1）框架结构	0.002l	0.003l
（2）砌体墙填充的边排柱	0.0007l	0.001l
（3）当基础不均匀沉降时不产生附加应力的结构	0.005l	0.005l
单层排架结构（柱距为6m）柱基沉降量（mm）	(120)	200
桥式吊车轨顶的倾斜（按不调整轨道考虑）		
纵向	0.004	
横向	0.003	
多层和高层建筑的整体倾斜　　　　　　　$H_g \leqslant 24$	0.004	
$24 < H_g \leqslant 60$	0.003	
$24 < H_g \leqslant 60$	0.003	
$60 < H_g \leqslant 100$	0.0025	
$H_g > 100$	0.002	

续表

变 形 特 征		地 基 土 类 别	
		中、低压缩性土	高压缩性土
体型简单的高层建筑基础的平均沉降量（mm）		200	
高耸结构基础的倾斜	$H_g \leqslant 20$	0.008	
	$20 < H_g \leqslant 50$	0.006	
	$50 < H_g \leqslant 100$	0.005	
	$100 < H_g \leqslant 150$	0.004	
	$150 < H_g \leqslant 200$	0.003	
	$200 < H_g \leqslant 250$	0.002	
高耸结构基础的沉降量（mm）	$H_g \leqslant 100$	400	
	$100 < H_g \leqslant 200$	300	
	$200 < H_g \leqslant 250$	200	

注 1. 本表数值为建筑物地基实际最终变形允许值。

2. 有括号者仅适用于中压缩性土。

3. l 为相邻柱基的中心距离（mm）；H_g 为自室外地面起算的建筑物高度（m）。

4. 倾斜指基础倾斜方向两端点的沉降差与其距离的比值。

5. 局部倾斜指砌体承重结构沿纵向 6～10m 内基础两点的沉降差与其距离的比值。

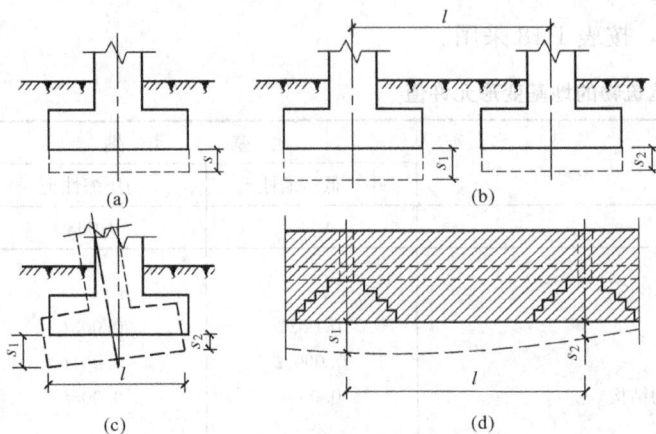

图 1-22 地基特征变形

(a) 沉降量 s；(b) 沉降差 $s_1 - s_2$；(c) 倾斜 $\dfrac{s_1 - s_2}{l}$；

(d) 局部倾斜 $\dfrac{s_1 - s_2}{l}$

从表 1-18 可见，地基变形允许值对于不同类型的建筑物、不同的上部结构对不均匀沉降的敏感程度以及不同的结构安全储备要求等，是有所不同的。

地基变形特征可分为沉降量、沉降差、倾斜和局部倾斜四种（图 1-22）：

（1）沉降量：指基础中心的沉降量。

（2）沉降差：指两相邻独立基础沉降量之差。

（3）倾斜：指基础倾斜方向两端点的沉降差与其距离的比值。

（4）局部倾斜：指砌体承重结构沿纵向 6～10m 内基础两点的沉降差与其距离的比值。

由于建筑地基不均匀、荷载差异较大、体型复杂等因素引起的地基变形，对于砌体承重结构应由局部倾斜值控制；对于框架结构和单层排架结构应由相邻柱基的沉降差控制；对于多层或高层建筑以及高耸结构应由倾斜值控制。

在某些情况下，需要分别预估建筑物在施工期间和使用期间的地基变形值，以便预留建筑物有关部分之间的净空，考虑连接方法和施工顺序。一般建筑物在施工期间完成的沉降量，对于砂土可认为其最终沉降量已完成 80％以上；对于低压缩性土可认为已完成最终沉降量的 50％～80％；对于中压缩性土可认为已完成 20％～50％；对于高压缩性土可认为已完成 5％～20％。

当不满足式（1-22）的要求时，应加大基底尺寸，以减小基底压力，但应注意到加大基底尺寸会增加地基压缩层厚度，地基变形也有可能满足不了要求。此时可采取其他措施，如减小基础埋置深度、增加上部结构的刚度，或改变基础类型。

（二）地基稳定性验算

《地基规范》规定：对经常受水平荷载作用的高层建筑、高耸结构和挡土墙等，以及建造在斜坡上或边坡附近的建筑物和构筑物，尚应计算其稳定性。

在竖向和水平荷载共同作用下，地基失稳形式有两种：一种是沿基础底面滑动；另一种是地基沿某一滑动面整体滑动（图 1-23）。

目前常用的地基稳定分析方法是安全系数法。

1. 基础抗滑动稳定性验算

在水平荷载作用下，建筑物可能沿基础底面发生滑动。为保证建筑物的稳定，要求基底的抗滑安全系数（抗滑动力与滑动力之比）$K_s \geqslant 1.3$，即

$$K_s = \frac{\Sigma F \cdot \mu}{H} \geqslant 1.3 \tag{1-23}$$

式中 ΣF——作用在基底上的总竖向荷载标准值，kPa；

H——作用在基础顶面上的总水平荷载标准值，kPa；

μ——基础与地基土的摩擦系数，可按表 1-19 采用。

上述经验公式偏于保守，因为忽略了基础侧面的土阻力。

表 1-19 基础与地基土的摩擦系数

土 的 类 别		摩擦系数 μ	土 的 类 别	摩擦系数 μ
黏性土	可 塑	0.25～0.30	中砂、粗砂、砾砂	0.40～0.50
	硬 塑	0.30～0.35	碎石土	0.40～0.60
	坚 硬	0.35～0.45	软质岩	0.40～0.60
粉 土		0.30～0.40	表面粗糙的硬质岩	0.65～0.75

2. 地基抗滑动稳定性验算

当水平荷载较大而地基内存在软土或夹层时，地基可能发生整体滑动而失稳。通常情况下，地基整体滑动的滑裂面为曲面，但对于均质土可将曲面简化为圆弧滑动面（图 1-24）。为保证地基的稳定，要求抗滑安全系数（抗滑力矩与滑动力矩之比）$K_t \geqslant 1.2$，即

$$K_t = \frac{M_R}{M_S} \geqslant 1.2 \tag{1-24}$$

式中 M_R——抗滑力矩，kN·m；

M_S——滑动力矩，kN·m。

关于圆弧滑动法可参阅《土力学》的有关内容。

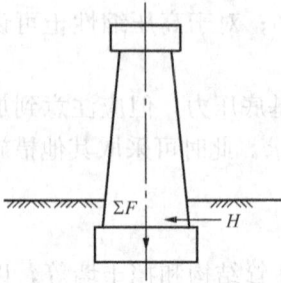

图 1-23　基础的稳定
验算示意图

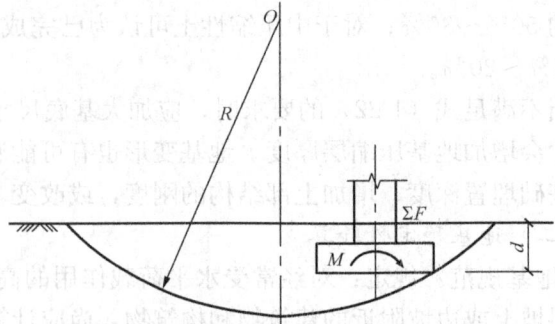

图 1-24　基础稳定圆弧滑动验算示意图

第六节　无筋扩展基础和扩展基础设计

一、无筋扩展基础

无筋扩展基础是由砖、毛石、混凝土或毛石混凝土、灰土和三合土等材料组成的，且不需配置钢筋的墙下条形基础或柱下独立基础。在基础设计中除了应满足地基承载力要求外，还应保证基础不发生强度破坏，即必须保证基础内的拉应力、剪应力不超过基础材料的抗拉、抗剪强度。基础内的最大弯曲拉应力和最大剪应力必定产生在变阶处和墙、柱根部（图 1-25），其值与基础台阶的宽高比和基底反力有关。宽高比越大，在同样的作用下，截面上的弯曲拉应力和剪应力也越大；基底反力越大，截面上的弯曲拉应力和剪应力也

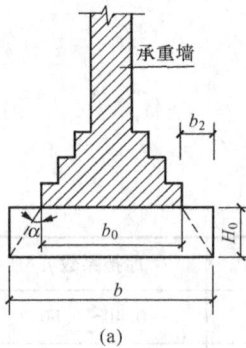

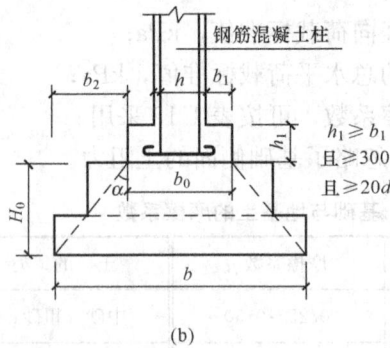

图 1-25　无筋扩展基础构造示意图

越大。而基础的抗拉、抗剪强度取决于材料强度等级。因此，刚性基础的结构设计可以通过规定材料强度或质量等级、限制基础台阶宽高比来满足基础的强度条件，而不需进行内力分析和截面强度计算。

刚性基础台阶宽高比应满足下列要求

$$\frac{b_i}{H_i} \leqslant \tan\alpha \qquad (1-25)$$

式中　b_i——基础台阶宽度，m；

　　　H_i——相应于 b_i 的基础或台阶高度，m；

　　　$\tan\alpha$——基础台阶宽高比的允许值，可按表 1-20 选用。

若基础采用一种材料，无论台阶设置是否均匀，只需验算宽高比最大的台阶即可。有

时，刚性基础由两种材料叠合而成，如上层用砖砌体，下层用混凝土或灰土等，均应满足台阶宽高比要求。

表 1-20　　　　　　　　　　　**无筋扩展基础台阶宽高比的允许值**

基 础 材 料	质 量 要 求	台阶宽高比的允许值		
		$p_k \leqslant 100$	$100 < p_k \leqslant 200$	$200 < p_k \leqslant 300$
混凝土基础	C15 混凝土	1∶1.00	1∶1.00	1∶1.25
毛石混凝土基础	C15 混凝土	1∶1.00	1∶1.25	1∶1.50
砖基础	砖不低于 MU10，砂浆不低于 M5	1∶1.50	1∶1.50	1∶1.50
毛石基础	砂浆不低于 M5	1∶1.25	1∶1.50	—
灰土基础	体积比为 3∶7 或 2∶8 的灰土，其最小干密度： 粉土 1.55t/m³ 粉质黏土 1.50t/m³ 黏土 1.45t/m³	1∶1.25	1∶1.50	—
三合土基础	体积比为 1∶2∶4～1∶3∶6（石灰∶砂∶骨料），每层约虚铺 220mm，夯至 150mm	1∶1.50	1∶2.00	—

注　1. p_k 为荷载效应标准组合时基础底面处的平均压力值（kPa）。

　　2. 阶梯形毛石基础的每阶伸出宽度，不宜大于 200mm。

　　3. 当基础由不同材料叠合组成时，应对接触部分作抗压验算。

　　4. 基础底面处的平均压力值超过 300kPa 的混凝土基础，尚应进行抗剪验算。

【例 1-6】　某四层住宅楼，承重砖墙厚 240mm，地基土表层为杂填土，厚 0.65m，容重 $\gamma = 17.4$kN/m³，其下为粉质黏土，容重 $\gamma = 19.5$kN/m³，孔隙比 $e = 0.74$，液性指数 $I_L = 0.68$，地基承载力特征值 $f_{ak} = 185$kPa。地下水位在地表下 1.0m 处。若已知上部墙体传来的竖向荷载标准值 $F_k = 220$kN/m，试设计该承重墙下的条形基础。

解　1. 确定基础埋置深度

为便于施工，基础宜建在地下水位以上，选择粉质黏土作为持力层，初选基础埋深 $d = 1.0$m。

2. 确定基底宽度

由 $e = 0.74$，$I_L = 0.68$ 查表 1-10 得：$\eta_b = 0.3$，$\eta_d = 1.6$。

基底以上土的加权平均重度为

$$\gamma_m = \frac{\sum \gamma_i h_i}{\sum h_i} = \frac{17.4 \times 0.65 + (19.5 - 10) \times 0.35}{0.65 + 0.35} = 14.64 \text{kN/m}^3$$

条形基础宽度一般不超过 3m，故只进行基础埋深的修正，即

$$f_a = f_{ak} + \eta_d \gamma_m (d - 0.5) = 185 + 1.6 \times 18.14 \times (1.0 - 0.5) = 199.51 \text{kPa}$$

则基底宽度为

$$b \geqslant \frac{F_k}{f_a - \gamma_G \bar{d}} = \frac{220}{199.51 - 20 \times 1.0} = 1.23 \text{m}$$

取 $b = 1.44$m。

3. 选择基础材料和剖面构造

按不同方案考虑：

（1）方案1：采用"二一间隔收"砖基础，MU10砖、M5水泥砂浆，基底下做C10混凝土垫层，厚100mm。

基础自墙边伸出的宽度

$$b_i = \frac{1440-240}{2} = 600\text{mm}$$

砖基础台阶数为10，基础高度

$$H = 5 \times 120 + 5 \times 60 = 900\text{mm}$$

基础顶面距室外设计地面的距离取100mm，则基坑的最小开挖深度为

$$d_{\min} = 100 + 900 + 100 = 1100\text{mm}$$

该深度已深入地下水位以下，会给施工带来麻烦，且此时基础埋深已超过前面选择的1.0m，可见方案1不合理。

（2）方案2：基础上层采用"二一间隔收"砖基础，材料同方案1，下层做350mm厚C15混凝土基础。

混凝土基础设计

$$p_k = \frac{F_k + G_k}{A} = \frac{220 + 20 \times 1.44 \times 1}{1.44} = 172.78\text{kPa}$$

查表1-20得，基础台阶宽高比的允许值为$\tan\alpha = 1:1$，所以混凝土基础外伸宽度不应超过350mm。

砖大放脚底宽为$b_z = 1440 - 2 \times 350 = 740\text{mm}$。

砖基础台阶数$\frac{740-240}{2\times 60} = 4.2$，取5。

基础高度：$H = 3 \times 120 + 2 \times 60 + 350 = 830\text{mm}$。则基础顶面距室外设计地面的距离为$1000 - 830 = 170\text{mm}$，满足要求。

4. 基础剖面图（图1-26）

二、扩展基础

扩展基础系指柱下钢筋混凝土独立基础和墙下钢筋混凝土条形基础。

（一）扩展基础的构造要求

1. 一般构造要求

（1）基础边缘高度。锥形基础的边缘高度，不宜小于200mm；阶梯形基础的每阶高度，宜为300～500mm（图1-27）。

（2）垫层厚度。基础下通常设置素混凝土垫层，以便绑扎钢筋，垫层的厚度不宜小于70mm，垫层的混凝土强度等级应为C10。垫层两端伸出基础100mm。

（3）钢筋。扩展基础底板受力钢筋的最小直径不宜小于10mm；间距不宜大于200mm，也不宜小于100mm。墙下钢筋混凝土条形基础纵向分布钢筋的直径

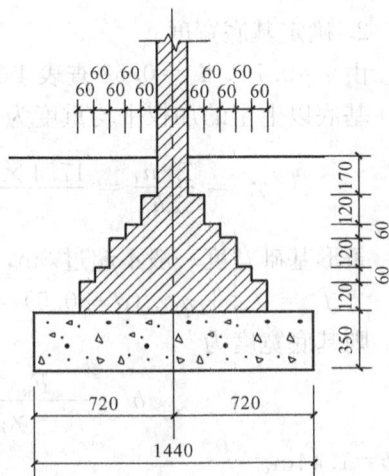

图1-26　［例1-6］图

不宜小于 8mm；间距不宜大于 300mm；每延米分布钢筋的面积不小于受力钢筋面积的 1/10。当柱下钢筋混凝土独立基础的边长和墙下钢筋混凝土条形基础的宽度大于或等于 2.5m 时，底板受力钢筋的长度可取边长或宽度的 0.9，并宜交错布置（图 1-28），当有垫层时钢筋保护层的厚度不小于 40mm；无垫层时不小于 70mm。

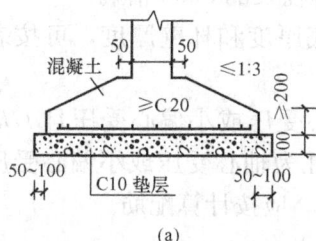
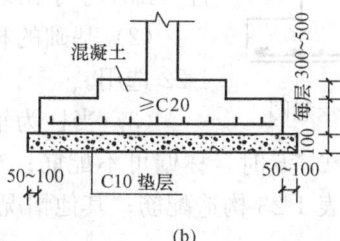
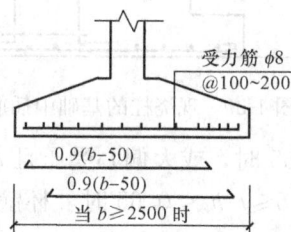

图 1-27　扩展基础剖面构造
(a) 锥形基础；(b) 阶梯形基础

图 1-28　扩展基础钢筋配置

（4）基础混凝土强度等级不应低于 C20。

（5）钢筋混凝土条形基础底板在 T 形及十字形交接处，底板横向受力钢筋仅沿一个主要受力方向通长布置，另一方向的横向受力钢筋可布置到主要受力方向底板宽度 1/4 处，如图 1-29（a）所示。在拐角处底板横向受力钢筋应沿两个方向布置，如图 1-29（b）所示。

2. 现浇柱基础

（1）钢筋混凝土柱和剪力墙纵向受力钢筋在基础内的锚固长度 l_a 应根据钢筋在基础的最小保护层厚度，按现行《混凝土结构设计规范》（GB 50012—2002）的有关规定确定。

有抗震设防要求时，纵向受力钢筋的最小锚固长度 l_{aE} 应按下式计算：

一、二级抗震等级　$l_{aE}=1.15l_a$　(1-26)

三级抗震等级　　　$l_{aE}=1.05l_a$　(1-27)

四级抗震等级　　　$l_{aE}=l_a$　　　　(1-28)

式中　l_a——纵向受力钢筋的锚固长度。

（2）现浇柱基础，其插筋的数量、直径及钢筋种类应与柱内纵向受力钢筋相同。插筋的锚固长度应满足上述（1）的要求，

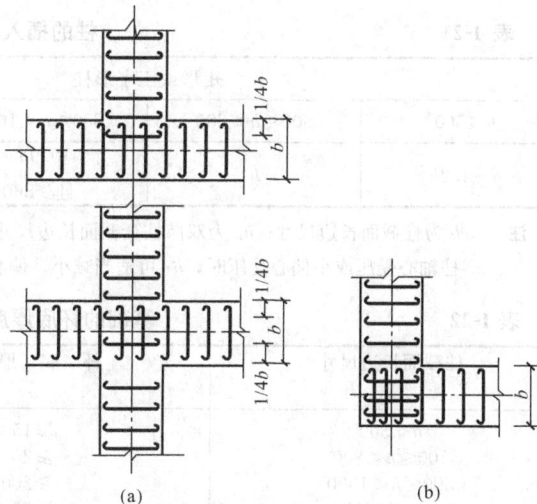

图 1-29　扩展基础底板受力钢筋布置示意图

插筋与柱的纵向受力钢筋的连接方法，应符合现行《混凝土结构设计规范》的有关规定确定。插筋的下端宜作成直钩放在基础底板钢筋网上，应有上下两个箍筋固定。当符合下列条件之一时，可仅将四角的插筋伸至底板钢筋网上，其余插筋锚固在基础下 l_a 或 l_{aE} 处（图1-30）。

1）柱为轴心受压或小偏心受压，基础高度大于等于 1200mm。

2）柱为大偏心受压，基础高度大于等于 1400mm。

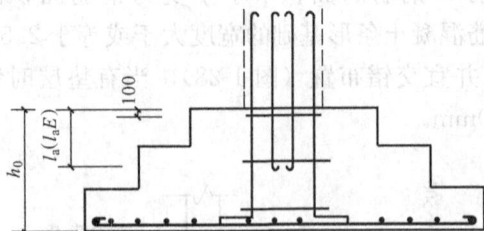

图 1-30　现浇柱的基础中插筋构造示意图

3. 预制钢筋混凝土柱与杯口基础的连接要求（图 1-31）

（1）柱的插入深度，可按表 1-21 选用，并应满足钢筋锚固长度的要求及吊装时柱的稳定性（即不小于吊装时柱长的 0.05 倍）。

（2）基础的杯底厚度和杯壁厚度，可按表 1-22 选用。

（3）当柱为轴心受压或小偏心受压且 $t/h_2 \geqslant 0.65$ 时，或大偏心受压且 $t/h_2 \geqslant 0.75$ 时，杯壁可不配筋；当柱为轴心受压或小偏心受压且 $0.5 \leqslant t/h_2 < 0.65$ 时，杯壁可按表 1-23 构造配筋；其他情况下，应按计算配筋。

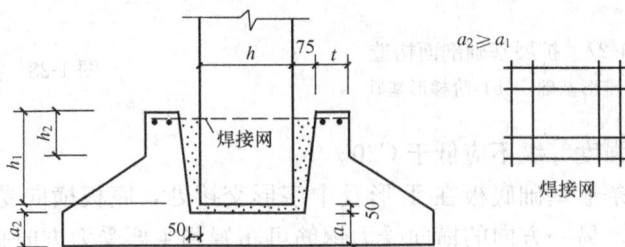

图 1-31　预制钢筋混凝土柱独立基础示意图

表 1-21　　　　　　　　　　　**柱的插入深度 h_1**　　　　　　　　　　　mm

矩形或工字形柱				双肢柱
$h<500$	$500 \leqslant h<800$	$800 \leqslant h<1000$	$h>1000$	
$h \sim 1.2h$	h	$0.9h$ 且 $\geqslant 800$	$0.8h$ 且 $\geqslant 1000$	$(1/3 \sim 2/3)\,h_a$ $(1.5 \sim 1.8)\,h_b$

注　1. h 为柱截面长边尺寸；h_a 为双肢柱全截面长边尺寸；h_b 为双肢柱全截面短边尺寸。

　　2. 柱轴心受压或小偏心受压时，h_1 可适当减小，偏心距大于 2h 时，h_1 应适当加大。

表 1-22　　　　　　　　　　　**基础的杯底厚度和杯壁厚度**　　　　　　　　　　　mm

柱截面长边尺寸 h	杯 底 厚 度 a_1	杯 壁 厚 度 t
$h<500$	$\geqslant 150$	$150 \sim 200$
$500 \leqslant h<800$	$\geqslant 200$	$\geqslant 200$
$800 \leqslant h<1000$	$\geqslant 200$	$\geqslant 300$
$1000 \leqslant h<1500$	$\geqslant 250$	$\geqslant 350$
$1500 \leqslant h<2000$	$\geqslant 300$	$\geqslant 400$

注　1. 双肢柱的杯底厚度值，可适当加大。

　　2. 当有基础梁时，基础梁下的杯壁厚度，应满足其支承宽度的要求。

　　3. 柱子插入杯口部分的表面应凿毛，柱与杯口之间的空隙，应用比基础混凝土强度等级高一级的细石混凝土充填密实，当达到材料设计强度的 70% 以上时，方能进行上部吊装。

表 1-23　　　　　　　　　　　**杯壁构造配筋**　　　　　　　　　　　mm

柱截面长边尺寸	$h<1000$	$1000 \leqslant h<1500$	$1500 \leqslant h \leqslant 2000$
钢筋直径	$8 \sim 10$	$10 \sim 12$	$12 \sim 16$

注　表中钢筋置于杯口顶部，每边两根（图 1-31）。

4. 墙下条形基础的构造要求

墙下钢筋混凝土条形基础按外形可分为板式和梁式两种。墙下板式条形基础的高度 h 应按剪切条件计算确定。一般要求 $h \geqslant \dfrac{b}{8}$，且不宜小于 300mm。当基础底板厚度小于等于 400mm 时，可做成等厚度底板；当基础底板厚度大于 400mm 时，可做成变等厚度底板，坡度 $i \leqslant 1 : 3$，板的边缘厚度不应小于 200mm。板中受力钢筋按计算确定，纵向分布钢筋不应小于 $\phi 8@300$（图 1-32）。

当地基软弱或墙上荷载分布不均匀时，应增加基础刚度以减小不均匀沉降，可采用梁式条形基础。梁中纵向钢筋和箍筋一般按经验确定。

（二）扩展基础的计算

扩展基础结构计算的主要内容包括计算基础的内力、确定基础高度和基础底板配筋。在确定基础高度和基础底板配筋时，上部结构传至基础上的荷载效应应按承载能力极限状态下荷载效应的基本组合。

1. 墙下钢筋混凝土条形基础

墙下钢筋混凝土条形基础在基底净反力 p_j（不包括基础自重和基础台阶上回填土重所引起的反力）作用下，受力情况如同一倒置的悬臂板（图 1-33），在其根部（I-I 截面）内力最大，沿基础方向取 1m 为计算单元，则

$$V = p_j b_1 \tag{1-29}$$

$$M = \frac{1}{2} p_j b_1^2 \tag{1-30}$$

式中　V——基础底板根部的剪力设计值，kN/m；

　　　M——基础底板根部的弯矩设计值，kN·m/m；

　　　b_1——截面 I-I 至基础边缘的距离，m；

　　　p_j——基底净反力，kPa。

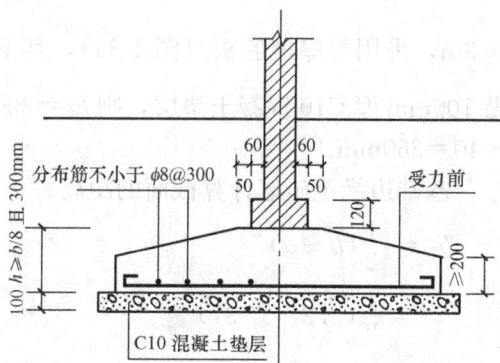

图 1-32　墙下钢筋混凝土条形基础的构造

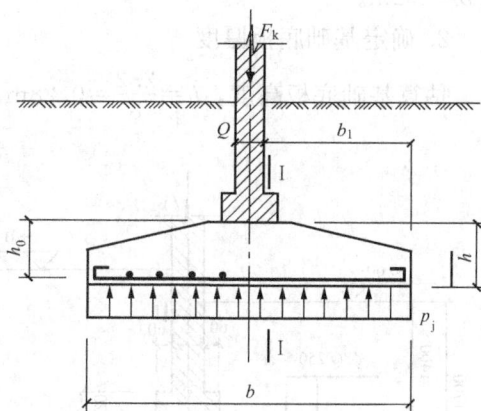

图 1-33　墙下钢筋混凝土条形基础受力分析

在中心荷载作用下，基底净反力 p_j 可按下式计算

$$p_j = \frac{F}{b} \tag{1-31}$$

式中　p_j——相应于荷载效应基本组合时，基底净反力设计值，kPa；

　　　F——上部结构传至基础顶面的竖向荷载设计值，kN；

　　　b——基础宽度，m。

为了防止因剪力 V、弯矩 M 作用而使基础底板发生剪切破坏和弯曲破坏，应进行基础底板厚度和配筋计算。

（1）基础底板厚度。为防止基础底板发生剪切破坏，要求作用在底板上的剪力 V 满足下列条件

$$V \leqslant 0.7\beta_h f_t h_0 \tag{1-32}$$

$$\beta_h = \left(\frac{800}{h_0}\right)^{1/4} \tag{1-33}$$

式中　β_h——截面高度影响系数，当 $h_0 < 800mm$ 时，取 $h_0 = 800mm$，当 $h_0 > 2000mm$ 时，取 $h_0 = 2000mm$；

　　　f_t——混凝土轴心抗拉强度设计值，N/mm²；

　　　h_0——基础底板有效高度，m。

（2）基础底板配筋。基础底板配筋可按《混凝土结构》受弯构件计算。

【例 1-7】　试设计某综合楼外墙基础。外墙厚 370mm，墙体传至基础顶面的竖向荷载标准值 $F_k = 268kN/m$，竖向荷载设计值 $F = 340kN/m$，室内外高差 0.60m，基础埋深 1.7m，修正后的地基承载力特征值 $f_a = 165kPa$，基础材料：混凝土强度等级 C20（$f_c = 9.6N/mm^2$，$f_t = 1.1N/mm^2$），HPB235 钢筋（$f_y = 210N/mm^2$）。

解　1. 确定基础宽度

$$b \geqslant \frac{F_k}{f_a - \gamma_G \bar{d}} = \frac{268}{165 - 20 \times 1.8} = 2.1m$$

取 $b = 2.2m$。

2. 确定基础底板厚度

估算基础底板高度，$h = \frac{2.2}{8} = 0.28m$，取 $h = 0.3m$，采用等厚度底板（图 1-34），其下做 100mm 厚 C10 混凝土垫层，则 $h_0 = 300 - 40 = 260mm$。

基础边缘至砖墙计算截面的距离

$$b_1 = \frac{1}{2}(b - a)$$
$$= \frac{1}{2}(2.2 - 0.37)$$
$$= 0.92m$$

基底净反力

$$p_j = \frac{F}{b} = \frac{340}{2.2} = 154.55kPa$$

按式（1-29）计算 Ⅰ—Ⅰ 截面的剪力设计值

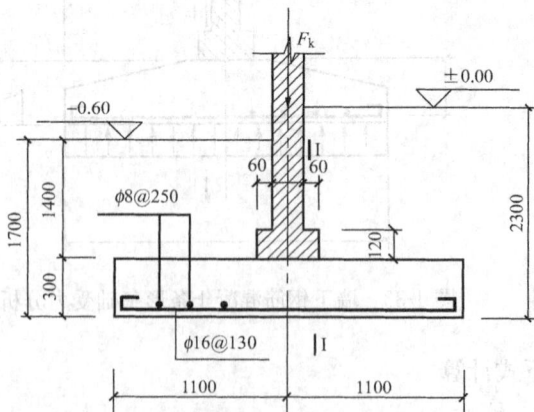

图 1-34　[例 1-7] 图

$$V = p_j b_1 = 154.55 \times 0.92 = 142.2 \text{kN/m}$$

因 $h_0 < 800 \text{mm}$，故 $\beta_h = 1.0$。

基础底板抗剪承载力

$$0.7\beta_h f_t h_0 = 0.7 \times 1.0 \times 1.1 \times 10^3 \times 0.26 = 200.2 \text{kN/m} > V$$
$$= 142.2 \text{kN/m}$$

基础底板厚度满足要求。

3. 底板配筋计算

按式（1-30）计算 I—I 截面的弯矩设计值

$$M = \frac{1}{2} p_j b_1^2 = \frac{1}{2} \times 154.55 \times 0.92^2 = 65.4 \text{kN} \cdot \text{m/m}$$

$$A_s = \frac{M}{0.9 f_y h_0} = \frac{65.4 \times 10^6}{0.9 \times 210 \times 260} = 1331 \text{mm}^2/\text{m}$$

选用 $\phi16@130$（实配 $A_s = 1547 \text{mm}^2/\text{m}$），分布钢筋选用 $\phi8@250$。

2. 柱下钢筋混凝土独立基础

（1）中心荷载作用。

1）基础底板厚度。在柱中心荷载作用下，如果基础高度或台阶高度不足，则将沿着柱周边或阶梯高度变化处产生冲切破坏，即从柱子周边或阶梯高度变化处周边起，沿着 45°斜面拉裂，形成冲切角锥体（图 1-35）。因此，应对柱与基础交接处和基础变阶处进行冲切计算，要求冲切破坏锥体以外的基底净反力所产生的冲切力小于冲切面处混凝土的抗冲切能力。对于矩形基础，柱短边一侧冲切破坏较柱长边一侧危险，所以，只需根据短边一侧冲切破坏条件来确定底板厚度，基础受冲切承载力按下列公式计算

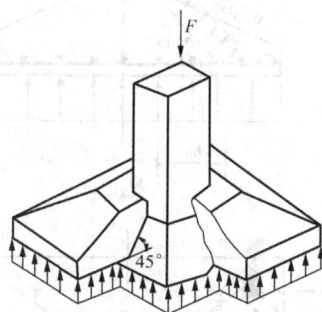

图 1-35　冲切破坏

$$F_l \leq 0.7\beta_{hp} f_t a_m h_0 \tag{1-34}$$

$$a_m = \frac{a_t + a_b}{2} \tag{1-35}$$

$$F_l = p_j A_l \tag{1-36}$$

式中　β_{hp}——受冲切承载力截面高度影响系数，当 h 不大于 800mm 时，β_{hp} 取 1.0，当 h 大于等于 2000mm 时，β_{hp} 取 0.9，其间按线性内插法取用；

f_t——混凝土轴心抗拉强度设计值，N/mm^2；

h_0——基础冲切破坏锥体的有效高度，m；

a_m——冲切破坏锥体最不利一侧计算长度，m；

a_t——冲切破坏锥体最不利一侧斜截面的上边长（当计算柱与基础交接处的受冲切承载力时，取柱宽；当计算基础变阶处的受冲切承载力时，取上阶宽），m；

a_b——冲切破坏锥体最不利一侧斜截面在基础底面积范围内的下边长（当冲切破坏锥体的底面落在基础底面以内 [图 1-36（b）]，计算柱与基础交接处的受冲切承载力时，取柱宽加两倍基础有效高度；当计算基础变阶处的受冲切承载力时，取上阶宽加两倍该处的基础有效高度。当冲切破坏锥体的底面在 b 方向落

在基础底面以外，即 $b_c + 2h_0 \geqslant b$ 时 [图 1-36（c）]，$a_b = b$），m；

F_l——相应于荷载效应基本组合时作用在 A_l 上的地基土净反力设计值，kN；

p_j——扣除基础自重及其上土重后相应于荷载效应基本组合时的地基土单位面积净反力，对偏心受压基础可取基础边缘处最大地基土单位面积净反力，kPa；

A_l——冲切验算时取用的部分基底面积 [图 1-36（b）、（c）]，m²。

当冲切破坏锥体的底面落在基础底面以内，即 $b > b_c + 2h_0$ 时

$$A_l = \left(\frac{l}{2} - \frac{a_c}{2} - h_0 \right) b - \left(\frac{b}{2} - \frac{b_c}{2} - h_0 \right)^2$$

$$(1\text{-}37)$$

当冲切破坏锥体的底面在 b 方向落在基础底面以外，即 $b \leqslant b_c + 2h_0$ 时

$$A_l = \left(\frac{l}{2} - \frac{a_c}{2} - h_0 \right) b$$

$$(1\text{-}38)$$

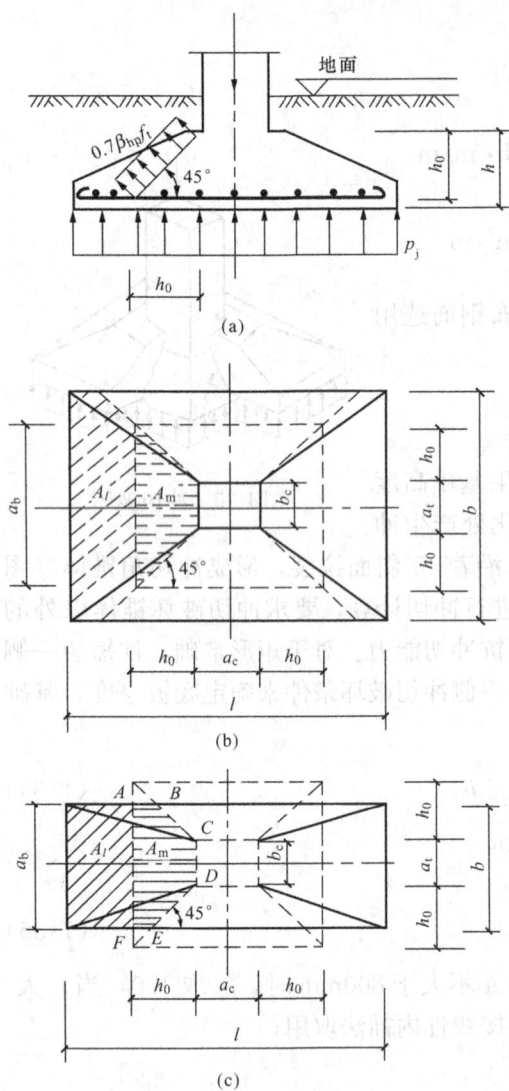

图 1-36 中心受压基础底板厚度的计算

（a）、（b）当 $b \geqslant a_t + 2h_0$ 时；（c）当 $b < a_t + 2h_0$ 时

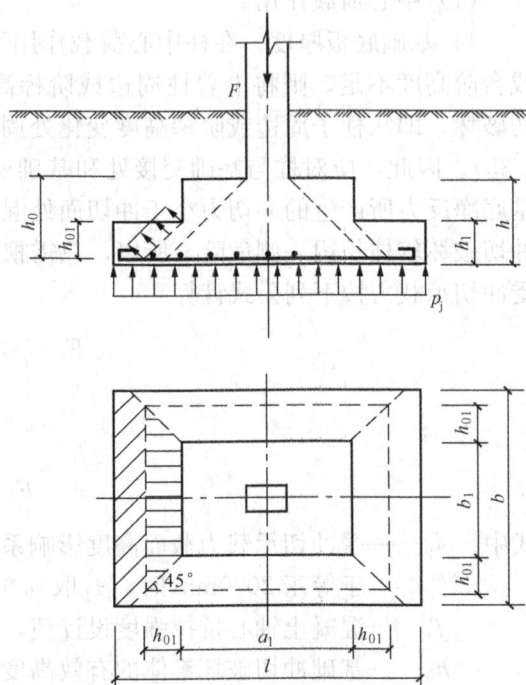

图 1-37 阶梯形基础底板厚度的计算

基础变阶处的冲切计算方法同上，但式（1-34）、式（1-35）中的 h_0、a_c、b_c 换成 h_{01} 和上阶尺寸 a_1、b_1（图 1-37）。

2）基础底板配筋。独立基础底板在地基土净反力 p_j 作用下，在两个方向均发生弯曲，为防止基础发生弯曲破坏，应在基础底板两个方向配置钢筋（图 1-38）。

柱边（Ⅰ-Ⅰ截面）

$$M_{\mathrm{I}} = \frac{p_{\mathrm{j}}}{24}(l - a_{\mathrm{c}})^2(2b + b_{\mathrm{c}}) \tag{1-39}$$

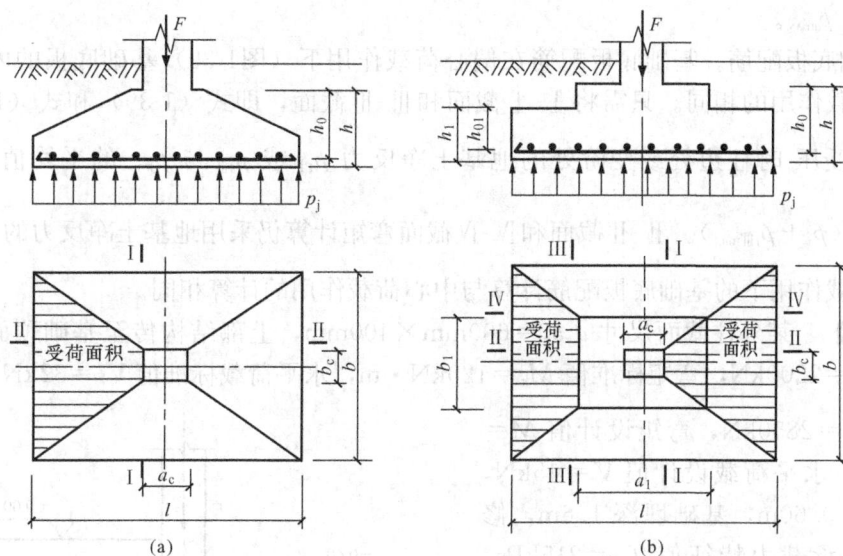

图 1-38　中心受压基础底板配筋计算

(a) 锥形基础；(b) 阶梯形基础

柱边（Ⅱ-Ⅱ截面）

$$M_{\mathrm{II}} = \frac{p_{\mathrm{j}}}{24}(b - b_{\mathrm{c}})^2(2l + a_{\mathrm{c}}) \tag{1-40}$$

变阶处（Ⅲ-Ⅲ截面）

$$M_{\mathrm{III}} = \frac{p_{\mathrm{j}}}{24}(l - a_1)^2(2b + b_1) \tag{1-41}$$

变阶处（Ⅳ－Ⅳ截面）

$$M_{\mathrm{IV}} = \frac{p_{\mathrm{j}}}{24}(b - b_1)^2(2l + a_1) \tag{1-42}$$

基础底板长度方向的受力钢筋面积按下式计算

$$A_{\mathrm{sI}} = \frac{M_{\mathrm{I}}}{0.9 f_{\mathrm{y}} h_0} \tag{1-43}$$

$$A_{\mathrm{sIII}} = \frac{M_{\mathrm{III}}}{0.9 f_{\mathrm{y}} h_{01}} \tag{1-44}$$

基础底板宽度方向的受力钢筋面积按下式计算

$$A_{\mathrm{sII}} = \frac{M_{\mathrm{II}}}{0.9 f_{\mathrm{y}} h_0} \tag{1-45}$$

$$A_{\mathrm{sIV}} = \frac{M_{\mathrm{IV}}}{0.9 f_{\mathrm{y}} h_{01}} \tag{1-46}$$

在求出钢筋面积后，按同方向较大钢筋面积进行配筋。

（2）偏心荷载作用。

1）基础底板厚度。偏心受压基础底板厚度计算方法与中心受压基础相同，只需将公式中的 p_j 改为 p_{jmax}。

2）基础底板配筋。基础底板配筋在偏心荷载作用下（图1-39），基础底板的内力计算方法与中心荷载作用的相同。只需将 I-I 截面和 III-III 截面，即式（1-39）和式（1-41）中的 p_j 换成偏心受压时柱边处或变阶处的地基土净反力 p_{jI} 或 p_{jIII} 与 p_{jmax} 的平均值 $\frac{1}{2}(p_{jI}+p_{jmax})$ 或 $\frac{1}{2}(p_j+p_{jIII max})$。II-II 截面和 IV-IV 截面弯矩计算仍采用地基土净反力的平均值 p_j。

偏心荷载作用下的基础底板配筋计算与中心荷载作用的计算相同。

【例1-8】　　某外柱截面尺寸 $a_c b_c = 600mm \times 400mm$，上部结构传至基础顶面的竖向荷载标准值 $F_k = 2200kN$，弯矩标准值 $M_k = 120kN \cdot m$，水平荷载标准值 $V_k = 32kN$，竖向荷载设计值 $F = 2850kN$，弯矩设计值 $M = 160kN \cdot m$，水平荷载设计值 $V = 45kN$，室内外高差 0.60m，基础埋深 1.6m，修正后的地基承载力特征值 $f_a = 215kPa$，基础材料：混凝土强度等级 C20（$f_c = 9.6 N/mm^2$，$f_t = 1.1N/mm^2$），HRB335 钢筋（$f_y = 300N/mm^2$）。试设计此柱基础（图1-40）。

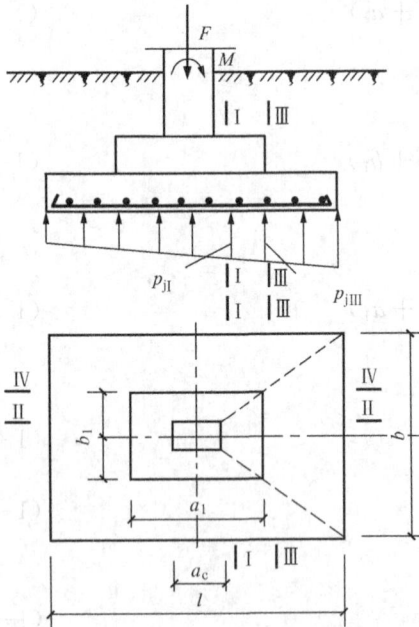

图 1-39　偏心受压基础底板配筋计算

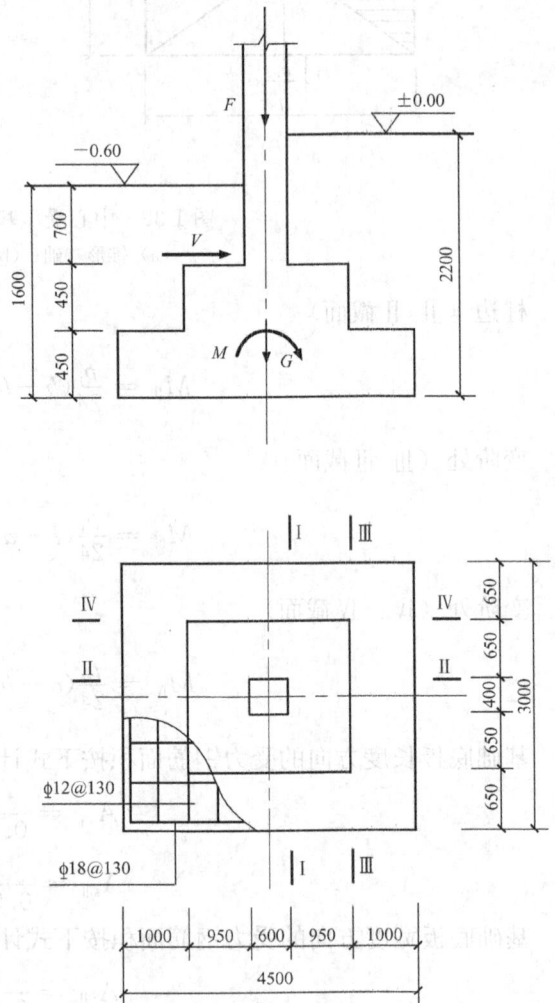

图 1-40　［例1-8］图

解　1. 确定基础底面尺寸

基础的平均埋深

$$\overline{d} = \frac{1.6 + 2.2}{2} = 1.9\text{m}$$

先按中心荷载作用下的式（1-14）计算基底面积

$$A \geqslant \frac{F_k}{f_a - \gamma_G \overline{d}} = \frac{2200}{215 - 20 \times 1.9} = 12.43\text{m}^2$$

考虑到偏心荷载不大，现将基底面积增大 10%，即

$$A' = 1.1A = 1.1 \times 12.43 = 13.67\text{m}^2$$

初步选择基底尺寸

$$b = 3.0\text{m}, \quad l = 4.5\text{m}, \quad A' = l \cdot b = 4.5 \times 3.0 = 13.5 \ (\approx 13.67)\ \text{m}^2$$

基础及回填土重

$$G_k = \gamma_G A \overline{d} = 20 \times 4.5 \times 3.0 \times 1.9 = 513.0\text{kN}$$

持力层承载力验算：

偏心距

$$e_k = \frac{M_k}{F_k + G_k} = \frac{120 + 32 \times 0.9}{2200 + 513.0} = 0.05\text{m} < \frac{l}{6} = 0.75\text{m}$$

即 $p_{kmin} > 0$ 满足要求。

平均基底压力

$$p_k = \frac{F_k + G_k}{A} = \frac{2200 + 513.0}{4.5 \times 3.0} = 201.0\text{kPa} < f_a$$

满足要求。

基底最大压力

$$p_{max} = \frac{F_k + G_k}{A}\left(1 + \frac{6e_k}{l}\right) = \frac{2200 + 513.0}{13.5}\left(1 + \frac{6 \times 0.05}{4.5}\right) = 214.4\text{kPa} < 1.2f_a = 258.0\text{kPa}$$

满足要求。

2. 确定基础高度

设基础高度 $h = 900\text{mm}$，分两阶，每阶高 450mm。地基土净反力计算：

偏心距

$$e_j = \frac{M}{F} = \frac{160 + 45 \times 0.9}{2850} = 0.07\text{m}$$

基础边缘处的最大和最小净反力

$$p_{jmax} = \frac{F}{lb}\left(1 + \frac{6e_j}{l}\right) = \frac{2850}{4.5 \times 3.0}\left(1 + \frac{6 \times 0.07}{4.5}\right) = 230.81\text{kPa}$$

$$p_{jmin} = \frac{F}{lb}\left(1 - \frac{6e_j}{l}\right) = \frac{2850}{4.5 \times 3.0}\left(1 - \frac{6 \times 0.07}{4.5}\right) = 191.40\text{kPa}$$

（1）柱与基础交接处的冲切计算

$$b = 3.0 > b_c + 2h_0 = 0.4 + 2 \times 0.86 = 2.12\text{m}$$

$$a_m = \frac{a_t + a_b}{2} = \frac{0.4 + 2.12}{2} = 1.26\text{m}$$

$$A_l = \left(\frac{l}{2} - \frac{a_c}{2} - h_0\right)b - \left(\frac{b}{2} - \frac{b_c}{2} - h_0\right)^2$$

$$= \left(\frac{4.5}{2} - \frac{0.6}{2} - 0.86\right) \times 3.0 - \left(\frac{3.0}{2} - \frac{0.4}{2} - 0.86\right)^2 = 3.08\text{m}^2$$

冲切力

$$F_l = p_{jmax}A_l = 230.81 \times 3.08 = 710.89\text{kN}$$

基础高度

$$h = 0.9\text{m}, \quad \beta_{hp} = 0.99$$

抗冲切力

$0.7\beta_{hp}f_t a_m h_0 = 0.7 \times 0.99 \times 1.1 \times 10^3 \times 1.26 \times 0.86 = 826.0\text{kN} > 710.89\text{kN}$，满足。

（2）基础变阶处的冲切计算

$$b = 3.0 > b_1 + 2h_{01} = 1.7 + 2 \times 0.41 = 2.52\text{m}$$

$$a_m = \frac{a_t + a_b}{2} = \frac{1.7 + 2.52}{2} = 2.11\text{m}$$

$$A_l = \left(\frac{l}{2} - \frac{a_1}{2} - h_{01}\right)b - \left(\frac{b}{2} - \frac{b_1}{2} - h_{01}\right)^2$$

$$= \left(\frac{4.5}{2} - \frac{2.5}{2} - 0.41\right) \times 3.0 - \left(\frac{3.0}{2} - \frac{1.7}{2} - 0.41\right)^2 = 1.71\text{m}^2$$

冲切力

$$F_l = p_{jmax}A_l = 230.81 \times 1.71 = 394.69\text{kN}$$

基础高度

$$h = 0.45\text{m} < 0.8\text{m}, \quad \beta_{hp} = 1.0$$

抗冲切力

$0.7\beta_{hp}f_t a_m h_{01} = 0.7 \times 1.0 \times 1.1 \times 10^3 \times 2.11 \times 0.41 = 666.13\text{kN} > 394.69\text{kN}$，满足。

3. 配筋计算

（1）基础长边方向。

1）柱边（Ⅰ—Ⅰ截面）

$$p_{jl} = p_{jmin} + \frac{l + a_c}{2l}(p_{jmax} - p_{jmin}) = 191.40 + \frac{4.5 + 0.6}{2 \times 4.5} \times (230.81 - 191.40)$$

$$= 213.73\text{kPa}$$

$$M_I = \frac{1}{24}\left(\frac{p_{jmax} + p_{jl}}{2}\right)(l - a_c)^2(2b + b_c) = \frac{1}{24}\left(\frac{230.81 + 213.73}{2}\right)(4.5 - 0.6)^2(2 \times 3.0 + 0.4)$$

$$= 901.53\text{kN} \cdot \text{m}$$

$$A_{sI} = \frac{M_I}{0.9f_y h_0} = \frac{901.53 \times 10^6}{0.9 \times 300 \times 860} = 3883\text{mm}^2$$

2）变阶处（Ⅲ-Ⅲ截面）

$$p_{j\text{Ⅲ}} = p_{j\min} + \frac{l+a_1}{2l}(p_{j\max} - p_{j\min}) = 191.40 + \frac{4.5+2.5}{2\times4.5}\times(230.81-191.40)$$

$$=222.05\text{kPa}$$

$$M_{\text{Ⅲ}} = \frac{1}{24}\left(\frac{p_{j\max}+p_{j\text{Ⅲ}}}{2}\right)(l-a_1)^2(2b+b_1)$$

$$=\frac{1}{24}\left(\frac{230.81+222.05}{2}\right)$$

$$(4.5-2.5)^2(2\times3.0+1.7)$$

$$=290.6\text{kN}\cdot\text{m}$$

$$A_{s3} = \frac{M_{\text{Ⅲ}}}{0.9f_yh_{01}} = \frac{290.6\times10^6}{0.9\times300\times410} = 2625\text{mm}^2$$

长边方向按 $A_{s\text{Ⅰ}}$ 配筋，实配Φ18@130，$A_s=4072\text{mm}^2$。

（2）基础短边方向。

1）柱边（Ⅱ-Ⅱ截面）

$$p_j = \frac{p_{j\max}+p_{j\min}}{2} = \frac{230.81+191.40}{2} = 211.11\text{kPa}$$

$$M_{\text{Ⅱ}} = \frac{p_j}{24}(b-b_c)^2(2l+a_c) = \frac{211.11}{24}\times(3.0-0.4)^2(2\times4.5+0.6)$$

$$=570.84\text{kN}\cdot\text{m}$$

$$A_s = \frac{M_{\text{Ⅱ}}}{0.9f_yh_0} = \frac{570.84\times10^6}{0.9\times300\times860} = 2458\text{mm}^2$$

2）变阶处（Ⅳ-Ⅳ截面）

$$M_{\text{Ⅳ}} = \frac{p_j}{24}(b-b_1)^2(2l+a_1) = \frac{211.11}{24}\times(3.0-1.7)^2(2\times4.5+2.5)$$

$$=170.96\text{kN}\cdot\text{m}$$

$$A_s = \frac{M_{\text{Ⅳ}}}{0.9f_yh_{01}} = \frac{170.96\times10^6}{0.9\times300\times410} = 1544\text{mm}^2$$

短边方向按 $A_{s\text{Ⅱ}}$ 配筋，实配Φ12@130，$A_s=2601.3\text{mm}^2$。

第七节　条形基础设计

一、柱下钢筋混凝土条形基础的构造要求

柱下钢筋混凝土条形基础的构造如图 1-41 所示。其横截面一般为倒 T 形，由肋梁和翼板组成，柱下条形基础的构造，除满足扩展基础的一般构造要求外，尚应符合下列规定：

（1）柱下条形基础梁的高度宜为柱距的 1/4～1/8，通常取柱距的 1/6，翼板厚度不应小于 200mm。当翼板厚度大于 250mm 时，宜采用变厚度翼板，其坡度宜小于或等于 1∶3。

（2）条形基础的端部应向外伸出，其外伸长度宜为第一跨距的 0.25 倍。

（3）现浇柱与条形基础梁的交接处，其平面尺寸不应小于图1-50（c）的规定。在一般情况下，基础梁宽度等于柱宽加 100mm，即每边多出 50mm，当柱截面边长大于或等于肋宽时，可仅在柱位处将肋部加宽。

（4）条形基础梁顶部和底部的纵向受力钢筋除满足计算要求外，顶部钢筋按计算配筋全

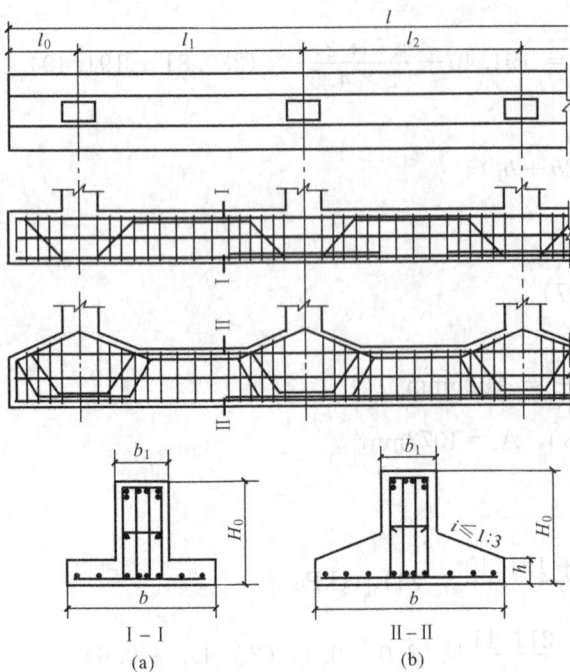

图 1-41 柱下条形基础的构造

部贯通，底部通长钢筋不应少于底部受力钢筋截面总面积的 1/3。肋梁内的箍筋应做成封闭式，直径不小于 8mm；当肋梁宽 $b_1 \leqslant 350mm$ 时采用双肢箍，当 $350 < b_1 \leqslant 800mm$ 时采用四肢箍，当 $b_1 > 8000mm$ 时采用六肢箍。当肋梁高度大于 700mm 时，应在梁的侧面设置直径不小于 10mm 的腰筋。翼板受力钢筋按计算确定，直径不小于 10mm，间距 100～200mm。

（5）柱下条形基础的混凝土强度等级，不应低于 C20。

二、柱下条形基础的简化计算

柱下条形基础的设计计算方法主要有两种：一种是考虑地基基础与上部结构相互作用的弹性地基梁法；另一种是工程中常用的简化计算方法。

《建筑地基基础设计规范》规定：在比较均匀的地基上，上部结构刚度较好，荷载分布较均匀，且条形基础梁的高度不小于 1/6 柱距时，地基反力可按直线分布，条形基础梁的内力可按连续梁计算，否则，按弹性地基梁计算。

1. 基础底面尺寸的确定

基础长度 l 等于边柱轴线间距离加上两端外伸长度。通过调整基础两端外伸长度，使荷载合力作用点尽可能与基础形心重合。

中心荷载作用时

$$p_k = \frac{\Sigma F_k + G_k}{lb} \leqslant f_a \tag{1-47}$$

由上式即可求出基础宽度 b。

偏心荷载作用时，先按式（1-49）计算基础宽度并根据偏心荷载的大小将基础宽度适当加大，然后按下列公式验算地基承载力，即

$$p_{kmax} = \frac{\Sigma F_k + G_k}{lb} + \frac{6\Sigma M_k}{bl^2} \leqslant 1.2 f_a \tag{1-48}$$

$$p_{kmin} = \frac{\Sigma F_k + G_k}{lb} - \frac{6\Sigma M_k}{bl^2} > 0 \tag{1-49}$$

$$p_k = \frac{\Sigma F_k + G_k}{lb} \leqslant f_a \tag{1-50}$$

式中　ΣF_k——相应于荷载效应标准组合时上部结构传至基础顶面的竖向力总和，kN；

　　　　G_k——基础和回填土的重力，kN；

　　　　ΣM_k——相应于荷载效应标准组合时上部荷载对基底形心力矩的总和，kN·m。

2. 翼板的计算

翼板在基底净反力作用下，受力情况如同一倒置的悬臂板（图 1-42），按悬臂结构计算内力及配筋。基底净反力可按下列公式计算

$$p_{\text{jmax}} = \frac{\Sigma F}{lb} + \frac{6\Sigma M'}{b^2 l} \tag{1-51}$$

$$p_{\text{jmin}} = \frac{\Sigma F}{lb} - \frac{6\Sigma M'}{b^2 l} \tag{1-52}$$

式中　ΣF——相应于荷载效应基本组合时上部结构传至基础顶面的竖向力总和，kN；

　　　$\Sigma M'$——相应于荷载效应基本组合时上部横向荷载对基底形心力矩的总和，kN·m。

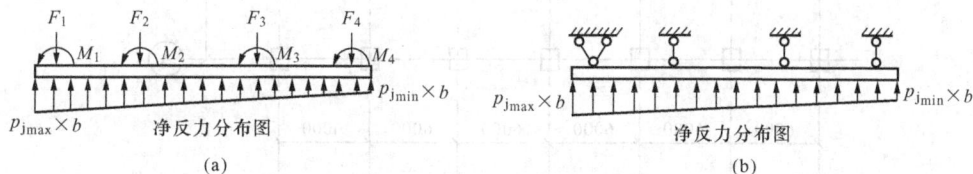

图 1-42　基础翼板上的净反力

若各柱横向荷载产生的力矩相差不大时，也可取单元（一般为一个柱距）进行计算。翼板厚度和配筋计算与墙下钢筋混凝土条形基础相同。

3. 内力计算方法

简化的内力计算方法有两种，一种是倒梁法；另一种是静定分析法。这两种方法都是按线性分布的基底净反力计算基础梁的内力。

（1）倒梁法。倒梁法是假定基底反力呈线性分布，以柱子作为梁的固定铰支座，基底净反力作为荷载，将基础视为倒置的连续梁计算内力。

1）计算基底净反力。根据上部结构传来的荷载（图 1-43），按下列公式计算基础梁边缘的最大和最小净反力

$$p_{\text{jmax}} = \frac{\Sigma F}{lb} + \frac{6\Sigma M}{bl^2} \tag{1-53}$$

$$p_{\text{jmin}} = \frac{\Sigma F}{lb} - \frac{6\Sigma M}{bl^2} \tag{1-54}$$

式中　ΣF——相应于荷载效应基本组合时上部结构传至基础顶面的竖向力总和，kN；

　　　ΣM——相应于荷载效应基本组合时上部荷载对基底形心力矩的总和，kN·m。

图 1-43　用倒梁法计算地基梁简图

（a）基底反力分布；（b）按连续梁求内力

2）内力计算。对于多跨连续梁按力矩分配法计算内力。按此方法计算的支座反力一般不等于柱轴力，这主要是由于没有考虑地基与基础以及上部结构的共同工作，只考虑出现于柱间的局部弯曲，忽略了基础发生的整体弯曲，假定基底反力按直线分布与实际不符等原因。为了解决这个问题，可采用"基底反力局部调整法"，即：将支座处的不平衡力均匀分布在本支座两侧各 1/3 跨度范围内，然后再进行连续梁分析，反复几次，直到支座反力接近

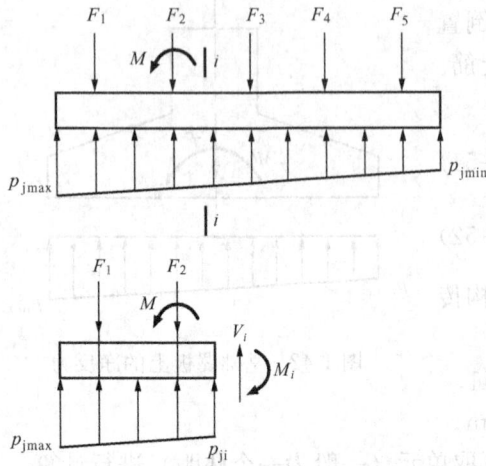

图 1-44　静力平衡法示意图

柱轴力为止。

（2）静定分析法。按式（1-53）、式(1-54)计算基底净反力，再根据静力平衡条件求出任意截面上的弯矩和剪力（图 1-44）。

静定分析法仍未考虑地基与基础以及上部结构的共同工作，仅考虑基础在荷载和基底反力作用所发生的整体弯曲，与其他方法比较，计算所得的基础不利截面上弯矩绝对值一般较大。故此种方法适用于上部为柔性结构、且自身刚度较大的条形基础。

实测表明，基础两端部的基底反力一般比直线分布的反力大，此时边跨跨中弯矩及第一内支座的弯矩宜乘以 1.2 的系数。

【例 1-9】　某建筑物的柱网布置如图 1-45所示，边柱截面 450mm×450mm，内柱截面 500mm×500mm，Ⓑ轴线上边柱荷载标准值 $F_{1k}=1250$kN，设计值 $F_1=1630$kN，内柱荷载标准值 $F_{2k}=2100$kN，设计值 $F_2=2730$kN，柱距 6m，初选基础埋深 $d=1.6$m，修正后的地基承载力特征值 $f_a=165$kPa。试设计Ⓑ轴线上条形基础。

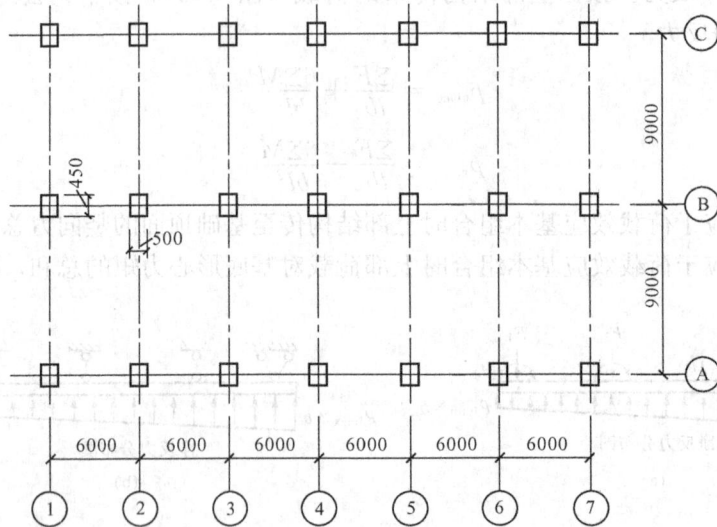

图 1-45　［例 1-9］图

解　1. 确定基底尺寸

基础两端的挑出长度

$$l_0=\frac{l_1}{4}=\frac{6}{4}=1.5 \text{m}$$

基础总长度

$$l = 6 \times 6 + 2 \times 1.5 = 39\text{m}$$

基础底面宽度

$$b \geqslant \frac{\Sigma F_k}{l(f_a - \gamma_G \overline{d})} = \frac{2 \times 1250 + 5 \times 2100}{39 \times (165 - 20 \times 1.6)} = 2.51\text{m}$$

取 $b = 2.6$m。

2. 基础内力计算

在对称荷载作用下，基底反力呈均匀分布，单位长度的基底净反力

$$p_j = \frac{2 \times 1630 + 5 \times 2730}{39} = 434\text{kN/m}$$

取对称结构（图 1-46），采用力矩分配法，计算基础内力。

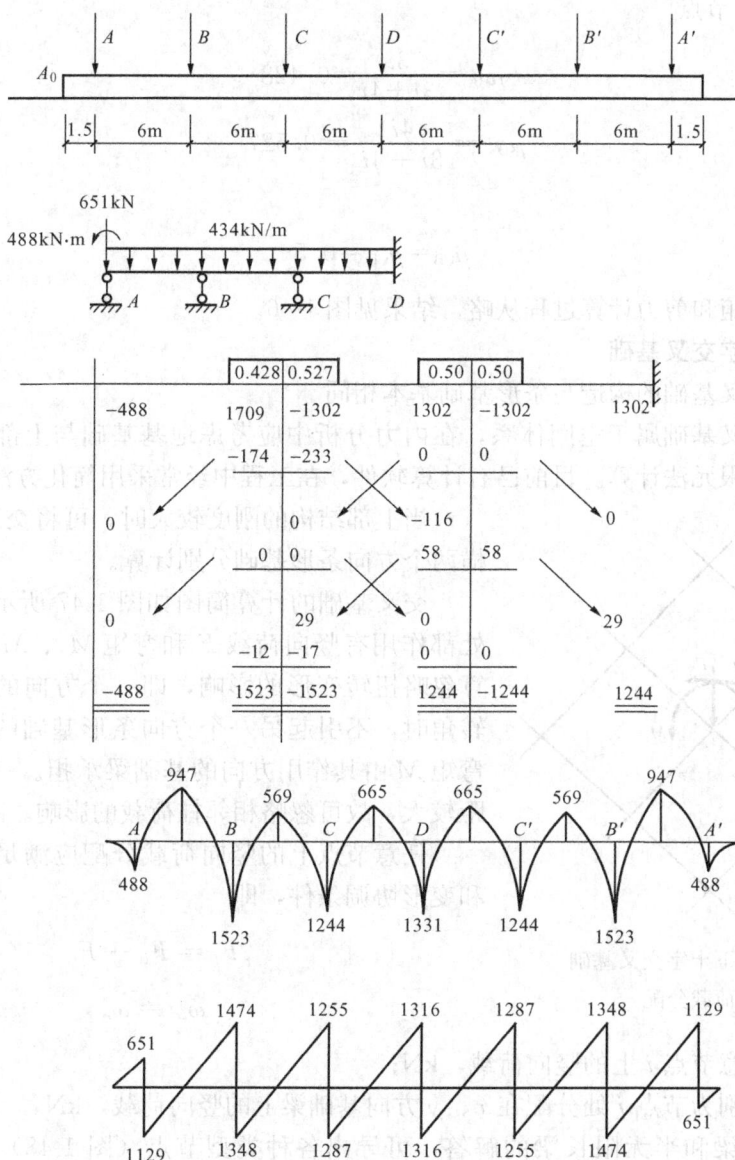

图 1-46 基础梁内力分析

固端弯矩

$$M_{AA_0} = -488\text{kN} \cdot \text{m}$$

$$M_{BA} = \frac{ql^2}{8} - \frac{M_{AA_0}}{2} = 1709\text{kN} \cdot \text{m}$$

$$M_{BC} = -M_{CB} = -\frac{ql^2}{12} = -1302\text{kN} \cdot \text{m}$$

$$M_{CD} = -M_{DC} = -\frac{ql^2}{12} = -1302\text{kN} \cdot \text{m}$$

弯矩分配系数

设 $\frac{EI}{6} = i$，B 节点

$$\mu_{BA} = \frac{3i}{3i+4i} = 0.428$$

$$\mu_{BC} = \frac{4i}{3i+4i} = 0.527$$

C 节点

$$\mu_{CB} = \mu_{CD} = 0.5$$

基础梁的弯矩和剪力计算过程从略，结果见图 1-46。

三、柱下十字交叉基础

柱下十字交叉基础的构造与条形基础基本相同。

柱下十字交叉基础属于空间体系，在内力分析中应考虑地基基础与上部结构的共同工作，通常采用有限元法计算。目前已有计算软件，在工程中经常采用简化方法。

当上部结构的刚度较大时，可将交叉基础分为纵、横两个方向条形基础分别计算。

交叉基础的计算简图如图 1-47 所示，每个交叉点处都作用有竖向荷载 F 和弯矩 M_x、M_y。为了便于计算忽略扭转变形的影响，即一个方向的条形基础出现转角时，不引起另一个方向条形基础的内力，也就是弯矩 M 由其作用方向的基础梁承担。一般情况下，柱距较大，故可忽略相邻柱荷载的影响。

任意节点上的竖向荷载分配应满足静力平衡条件和变形协调条件，即

$$F_i = F_{ix} + F_{iy} \tag{1-55}$$

$$\omega_{ix} = \omega_{iy} \tag{1-56}$$

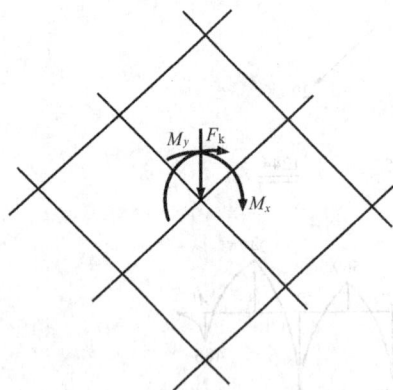

图 1-47　柱下十字交叉基础
　　　节点荷载分配

式中　F_i——任意节点 i 上的竖向荷载，kN；

F_{ix}、F_{iy}——分别为节点 i 处分配在 x、y 方向基础梁上的竖向荷载，kN。

根据无限长梁和半无限长梁的解答，可导出各种类型节点（图 1-48）竖向荷载分配公式：

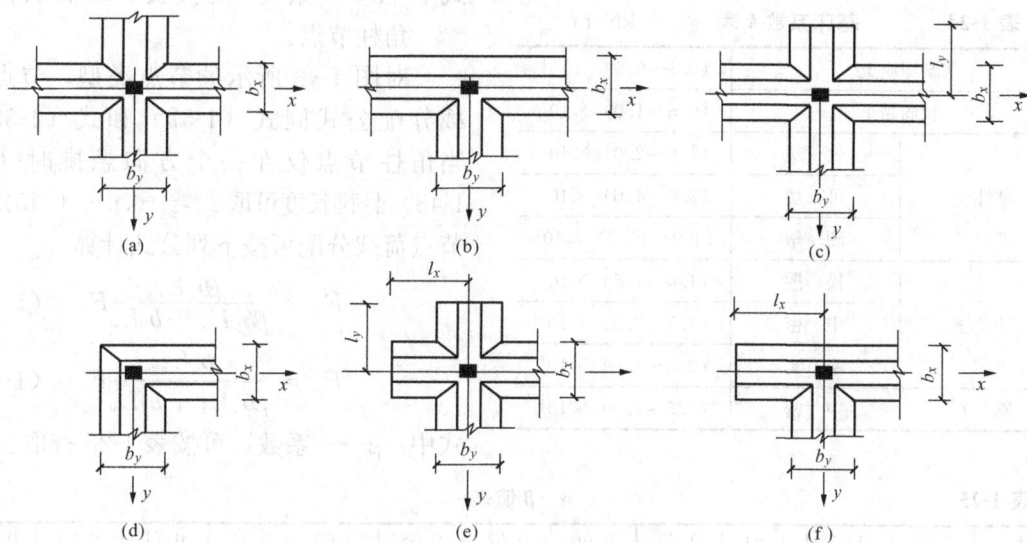

图 1-48　柱下十字交叉基础节点类型

中柱节点

$$F_{ix} = \frac{b_x L_x}{b_x L_x + b_y L_y} F_i \tag{1-57}$$

$$F_{iy} = \frac{b_y L_y}{b_x L_x + b_y L_y} F_i \tag{1-58}$$

式中　b_x、b_y——分别为 x、y 方向基础梁的宽度，m；

　　L_x、L_y——分别为 x、y 方向基础梁特征长度，m。

可按下列公式计算

$$L_x = \sqrt[4]{\frac{4EI_x}{kb_x}} \tag{1-59}$$

$$L_y = \sqrt[4]{\frac{4EI_y}{kb_y}} \tag{1-60}$$

式中　k——地基土的基床系数，可按表 1-24 选用。

边柱节点

$$F_{ix} = \frac{4b_x L_x}{4b_x L_x + b_y L_y} F_i \tag{1-61}$$

$$F_{iy} = \frac{b_y L_y}{4b_x L_x + b_y L_y} F_i \tag{1-62}$$

对边柱有悬挑的情况，如图 1-48（c）所示。悬挑长度可取 $l_y = (0.6 \sim 0.75)L_y$，节点荷载分配可按下列公式计算

$$F_{ix} = \frac{\alpha b_x L_x}{\alpha b_x L_x + b_y L_y} F_i \tag{1-63}$$

$$F_{iy} = \frac{b_y L_y}{\alpha b_x L_x + b_y L_y} F_i \tag{1-64}$$

表 1-24		基床系数 k 表	kN/m³
淤泥质土			$(0.1\sim0.5)\times10^4$
软弱黏土			$(0.5\sim1.0)\times10^4$
黏性土	软 塑		$(1.0\sim2.0)\times10^4$
	可 塑		$(2.0\sim4.0)\times10^4$
	硬 塑		$(4.0\sim10.0)\times10^4$
砂 土	松 散		$(1.0\sim1.5)\times10^4$
	中 密		$(1.5\sim2.5)\times10^4$
	密 实		$(2.5\sim4.0)\times10^4$
砾 石	中 密		$(2.5\sim4.0)\times10^4$

式中 α——系数，可按表 1-23 查取。

角柱节点：

对图 1-48 所示的节点类型，节点荷载分配公式同式（1-57）和式（1-58）。当角柱节点仅在一个方向悬挑时（图 1-48）。悬挑长度可取 $l_y=(0.6\sim0.75)L_y$，节点荷载分配可按下列公式计算

$$F_{ix}=\frac{\beta b_x L_x}{\beta b_x L_x+b_y L_y}F_i \qquad (1\text{-}65)$$

$$F_{iy}=\frac{b_y L_y}{\beta b_x L_x+b_y L_y}F_i \qquad (1\text{-}66)$$

式中 β——系数，可按表 1-25 查取。

表 1-25 α、β 值表

l/L	0.60	0.62	0.64	0.65	0.66	0.67	0.68	0.69	0.70	0.71	0.73	0.75
α	1.43	1.41	1.38	1.36	1.35	1.34	1.32	1.31	1.30	1.29	1.26	1.24
β	2.80	2.84	2.91	2.94	2.97	3.00	3.03	3.05	3.08	3.10	3.18	3.23

注 l 为 x 或 y 方向的悬挑长度；L 为 x 或 y 方向的特征长度。

第八节 筏板基础设计

多层及高层建筑物由于上部结构荷载很大，采用一般类型的基础（如条形基础、十字交叉基础），往往不能满足地基承载力或地基变形的要求，可考虑采用筏板基础。筏板基础分平板式和梁板式两类。一般应根据工程地质、上部结构体系、柱距、荷载大小以及施工条件等因素选择基础类型。

一、构造要求

1. 筏板基础底面形状和尺寸的确定

筏板基础底面形状和尺寸取决于上部结构的布置及荷载大小和性质，应尽可能使上部结构荷载的合力点接近基础底面的形心。一般通过调整筏板的外伸长度实现，但外伸长度从轴线算起横向不宜大于 1.5m，纵向不宜大于 1.0m，且同时宜将肋梁伸至筏板边缘（图 1-49）。无外伸肋梁的筏板，伸出长度可适当减小。对单栋建筑物，在地基土比较均匀的条件下，基底平面形心宜与结构竖向永久荷载重心重合。当不能重合时，在荷载效应准永久组合下，偏心距 e 宜符合下式要求

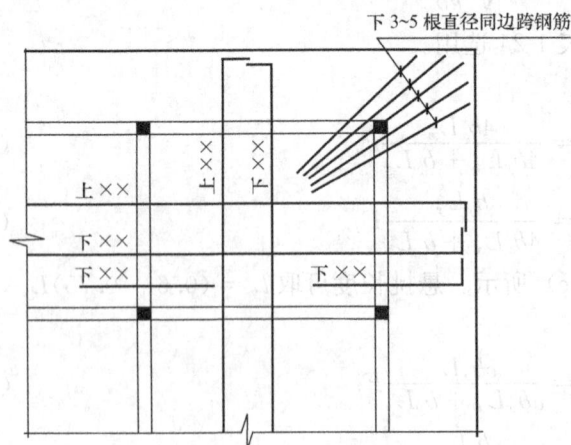

下 3~5 根直径同边跨钢筋

图 1-49 筏板基础构造图

$$e \leqslant 0.1W/A \tag{1-67}$$

式中　W——与偏心距方向一致的基础底面边缘抵抗距，m^3；

　　　A——基础底面积，m^2。

2. 筏板厚度

筏板厚度应根据抗冲切、抗剪切条件确定。梁板式筏基的板厚与板格的最小跨度之比不宜小于 1/20，且筏板厚度不宜小于 300mm。对 12 层以上建筑的梁板式筏基，其底板厚度与最大双向板格的短边净跨之比不应小于 1/14，且板厚不宜小于 400mm。平板式筏基的板厚不宜小于 400mm。对高层建筑的平板式筏基的板厚可取 1~3m。

3. 混凝土

筏板基础的混凝土强度等级不应低于 C30。当有地下室时应采用防水混凝土，防水混凝土的抗渗等级应根据地下水的最大水头与防渗混凝土厚度的比值，按表 1-26 选用。

4. 钢筋

梁板式筏基的底板和基础梁的配筋除满足计算要求外，纵横方向的底部钢筋尚应有 1/2~1/3 贯通全跨，且其配筋率不应低于 0.15%，顶部钢筋按计算配筋全部连通。平板式筏基柱下板带和跨中板带的底部钢筋应有 1/2～1/3 贯通全跨，且其配筋率不应低于 0.15%，顶部钢筋按计算配筋全部连通。当筏板的厚度大于 2m 时，宜在板厚中间部位设置直径不小于 12mm、间距不大于 300mm 的双向钢筋网。

双向悬挑的筏基，应在板底配置辐射状的附加钢筋（图 1-49）。

表 1-26　　　　　　　　　箱形和筏形基础防水混凝土的抗渗等级

最大水头（H）与防水混凝土厚度（h）的比值	设计抗渗等级（MPa）	最大水头（H）与防水混凝土厚度（h）的比值	设计抗渗等级（MPa）
$\dfrac{H}{h}<10$	0.6	$25\leqslant\dfrac{H}{h}<35$	1.6
$10\leqslant\dfrac{H}{h}<15$	0.8	$\dfrac{H}{h}\geqslant35$	2.0
$15\leqslant\dfrac{H}{h}<25$	1.2		

5. 采用筏板基础的地下室

地下室钢筋混凝土外墙厚度不应小于 250mm，内墙厚度不应小于 200mm。墙的截面设计除满足承载力要求外，尚应考虑变形、抗裂防渗等要求。墙体内应设置双面钢筋，竖向和水平钢筋的直径不应小于 12mm，间距不应大于 300mm。

6. 地下室底层柱、剪力墙与梁板式筏基的基础梁连接的构造

（1）柱、墙的边缘至基础梁边缘的距离不应小于 50mm（图 1-50）。

（2）交叉基础梁的宽度小于柱截面的边长时，交叉基础梁连接处应设八字角，柱角与八字角之间的净距不宜小于 50mm [图 1-50 （a）]。

（3）单向基础梁与柱的连接，可按图 1-50 （b）～（d）采用。

（4）基础梁与剪力墙的连接，可按图 1-50 （e）采用。

二、筏板基础计算

（一）地基承载力验算

为防止地基破坏，要求基底压力应满足下列要求

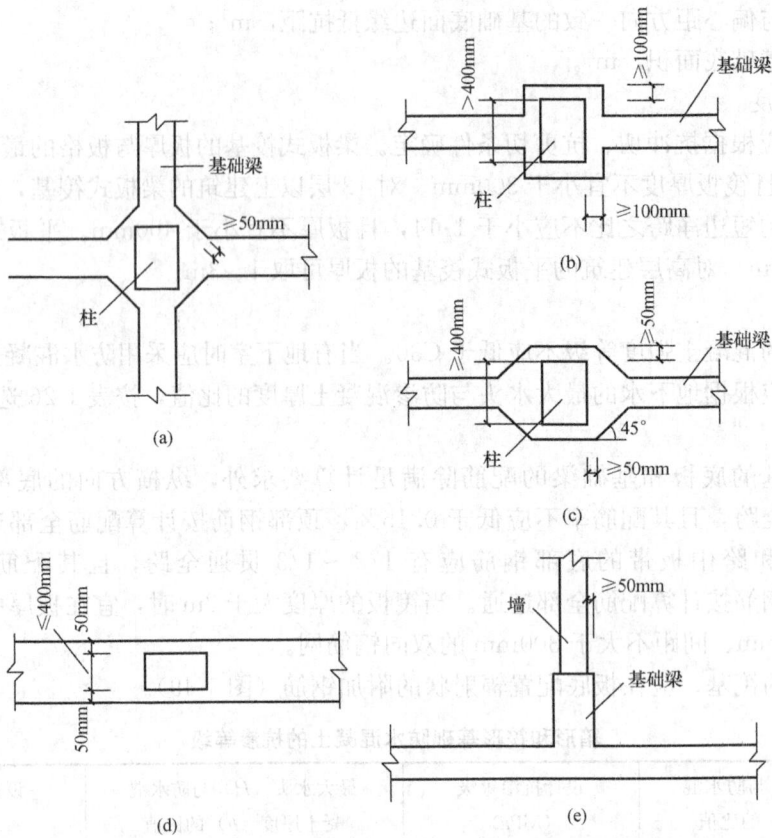

图 1-50　地下室底层柱或剪力墙与基础梁连接的构造要求

$$p_k \leqslant f_a \tag{1-68}$$

$$p_{kmax} \leqslant 1.2 f_a \tag{1-69}$$

$$p_{kmin} \geqslant 0 \tag{1-70}$$

式中　p_k——相应于荷载效应标准组合时，基础底面处的平均压力值，kPa；

　　　f_a——修正后的地基承载力特征值，kPa；

　　　p_{kmax}——相应于荷载效应标准组合时，基础底面边缘的最大压力，kPa；

　　　p_{kmin}——相应于荷载效应标准组合时，基础底面边缘的最小压力，kPa。

　　对于抗震设防的建筑，箱形和筏形基础的基底压力除应符合式（1-68）和式（1-69）的要求外，尚应按下列公式进行地基土抗震承载力的验算

$$p_k \leqslant f_{aE} \tag{1-71}$$

$$p_{kmax} \leqslant 1.2 f_{aE} \tag{1-72}$$

$$f_{aE} = \zeta_a f_a \tag{1-73}$$

式中　p_k——相应于地震作用效应标准组合时，基础底面处的平均压力值，kPa；

　　　p_{kmax}——相应于地震作用效应标准组合时，基础底面边缘的最大压力，kPa；

　　　f_{aE}——调整后的地基土承载力特征值，kPa；

　　　ζ_a——地基抗震承载力调整系数，按表 1-27 采用。

表 1-27	地基抗震承载力调整系数	
岩 土 名 称 和 性 状		ζ_a
岩石，密实的碎石土，密实的砾、粗、中砂，$f_{ak} \geqslant 300\text{kPa}$ 的黏性土和粉土		1.5
中密、稍密的碎石土，中密、稍密的砾、粗、中砂，密实和中密的细、粉砂，$150 \leqslant f_{ak} < 300\text{kPa}$ 的黏性土和粉土，坚硬黄土		1.3
稍密的细、粉砂，$100 \leqslant f_{ak} < 150\text{kPa}$ 的黏性土和粉土，可塑黄土		1.1
淤泥、淤泥质土，松散的砂，杂填土，新近堆积黄土及流塑黄土		1.0

高宽比大于 4 的高层建筑，在地震作用下基础底面不宜出现拉应力；其他建筑，基础底面与地基土之间零应力区面积不应超过基础底面面积的 15%。

（二）地基变形计算

凡带有地下室的建筑物均属甲级或乙级的建筑物，按《建筑地基基础设计规范》（GB 50007—2002）的规定：设计等级为甲级、乙级的建筑物，均应进行地基变形计算。

对于筏板基础和箱形基础，其最终沉降量可按以下方法计算。

当采用土的压缩模量计算时

$$s = \sum_{i=1}^{n} \left(\psi' \frac{p_c}{E'_{si}} + \psi_s \frac{p_0}{E_{si}} \right) (z_i \bar{a}_i - z_{i-1} \bar{a}_{i-1}) \tag{1-74}$$

式中 s——最终沉降量，m；

ψ'——考虑回弹影响的沉降计算经验系数，可按地区经验确定，当无经验时取 $\psi' = 1$；

ψ_s——沉降计算经验系数，按地区经验采用，当缺乏地区经验采用时，可按现行国家标准《建筑地基基础设计规范》（GB 50007—2002）的有关规定采用；

p_c——基础底面处地基土的自重应力值，kPa；

p_0——相应于荷载效应准永久组合时的基础底面处的附加压力，kPa；

n——地基沉降计算深度范围内所划分的土层数；

E'_{si}、E_{si}——基础底面下第 i 层土的回弹再压缩模量和压缩模量，按《高层建筑箱形与筏形基础技术规范》（JGJ 6—1999）相关试验要求取值，MPa；

z_i、z_{i-1}——基础底面至第 i 层土、第 $i-1$ 层土底面的距离，m；

$\bar{a}_i$、$\bar{a}_{i-1}$——基础底面计算点至第 i 层土、第 $i-1$ 层土底面范围内平均附加应力系数，按《高层建筑箱形与筏形基础技术规范》附表 A 采用。

地基沉降计算深度可按现行国家标准《建筑地基基础设计规范》（GB 50007—2002）的有关规定确定。

式（1-74）中第一部分为地基的回弹再压缩变形。该变形主要取决于基础的埋深，如果建筑物的基础埋深小，该变形很小，可以忽略不计。此时地基的变形就是地基的固结沉降，可按现行《建筑地基基础设计规范》（GB 50007—2002）推荐方法计算。在高层建筑中由于基础埋深较大，因此，地基的回弹再压缩变形在总沉降中所占比重较大。有些高层建筑若设置 3~4 层（甚至更多层）地下室时，总荷载 p 有可能等于或小于 p_c，这样的高层建筑地基沉降变形将仅由地基回弹再压缩变形决定。

当采用土的变形模量计算时

$$s = p_k b \eta \sum_{i=1}^{n} \frac{\delta_i - \delta_{i-1}}{E_{0i}} \tag{1-75}$$

式中 p_k——相应于荷载效应准永久组合时的基础底面处的平均压力，kPa；

b——基础底面宽度，m；

δ_i、δ_{i-1}——与基础长宽比 L/b 及基础底面至第 i 层土、第 $i-1$ 层土底面的距离深度 z 有关的无因次系数，按表 1-28 采用；

E_{0i}——基础底面下第 i 层土变形模量，通过试验或按本地区经验确定，MPa；

η——修正系数，可按表 1-29 确定。

表 1-28　　　　　　　　　　　　　　**δ 系 数**

$m=\dfrac{2z}{b}$	$n=\dfrac{L}{b}$						$n\geqslant 10$
	1	1.4	1.8	2.4	3.2	5	
0.0	0.000	0.000	0.000	0.000	0.000	0.000	0.000
0.4	0.100	0.100	0.100	0.100	0.100	0.100	0.104
0.8	0.200	0.200	0.200	0.200	0.200	0.200	0.208
1.2	0.299	0.300	0.300	0.300	0.300	0.300	0.311
1.6	0.380	0.394	0.397	0.397	0.397	0.397	0.412
2.0	0.446	0.472	0.482	0.486	0.486	0.486	0.511
2.4	0.499	0.538	0.556	0.565	0.567	0.567	0.605
2.8	0.542	0.592	0.618	0.635	0.640	0.640	0.687
3.2	0.577	0.637	0.671	0.696	0.707	0.709	0.763
3.6	0.606	0.676	0.717	0.750	0.768	0.772	0.831
4.0	0.630	0.708	0.756	0.796	0.820	0.830	0.892
4.4	0.650	0.735	0.785	0.837	0.867	0.883	0.949
4.8	0.668	0.759	0.819	0.873	0.908	0.932	1.001
5.2	0.683	0.780	0.834	0.904	0.948	0.977	1.050
5.6	0.697	0.798	0.867	0.933	0.981	1.018	1.096
6.0	0.708	0.814	0.887	0.958	1.011	1.056	1.138
6.4	0.719	0.828	0.904	0.980	1.031	1.090	1.178
6.8	0.728	0.841	0.920	1.000	1.065	1.122	1.215
7.2	0.736	0.852	0.935	1.019	1.088	1.152	1.251
7.6	0.744	0.863	0.948	1.036	1.109	1.180	1.285
8.0	0.751	0.872	0.960	1.051	1.128	1.205	1.316
8.4	0.757	0.881	0.970	1.065	1.146	1.229	1.347
8.8	0.762	0.888	0.980	1.078	1.162	1.251	1.376
9.2	0.768	0.896	0.989	1.089	1.178	1.272	1.404
9.6	0.772	0.902	0.998	1.100	1.192	1.291	1.431
10.0	0.777	0.908	1.005	1.110	1.205	1.309	1.465
11.0	0.786	0.922	1.022	1.132	1.238	1.349	1.506
12.0	0.794	0.933	1.037	1.151	1.257	1.384	1.550

注　L、b 分别为矩形基础的长度与宽度；z 为基础底面至该层土底面的距离。

表 1-29 修 正 系 数 η

$m=2z_n/b$	$0<m\leqslant0.5$	$0.5<m\leqslant1$	$1<m\leqslant2$	$2<m\leqslant3$	$3<m\leqslant5$	$5<m\leqslant\infty$
η	1.00	0.95	0.90	0.80	0.75	0.70

按公式计算沉降时，沉降计算深度 z_n 应按下式计算

$$z_n = (z_m + \xi b)\beta \tag{1-76}$$

式中 z_m——与基础长宽比有关的经验值，按表 1-30 确定；

ξ——折减系数，按表 1-30 确定；

β——调整系数，按表 1-31 确定。

表 1-30 z_m 值和折减系数 ξ

L/b	$\leqslant1$	2	3	4	$\geqslant5$
z_m	11.6	12.4	12.5	12.7	13.2
ξ	0.42	0.49	0.53	0.60	1.00

表 1-31 调 整 系 数 β

土 类	碎 石	砂 土	粉 土	黏性土	软 土
β	0.30	0.50	0.60	0.75	1.00

（三）筏板基础的内力计算

规范规定：当地基土比较均匀、上部结构刚度较好、梁板式筏基梁的高跨比或平板式筏基板的厚跨比不小于 1/6，且相邻柱荷载及柱间距的变化不超过 20％时，筏形基础可仅考虑局部弯曲作用。筏形基础的内力，可按基底反力直线分布进行计算，计算时基底反力应扣除底板自重及其上填土的自重。当不满足上述要求时，筏形基础的内力应按弹性地基梁板方法进行分析计算。

筏形基础的内力可按倒楼盖法计算。即将筏形基础视为倒置的楼盖，柱、墙作为支座，地基净反力作为外荷载，按肋梁楼盖、无梁楼盖计算内力。按基底反力直线分布计算的梁板式筏基，其基础梁边跨跨中弯矩和第一内支座的弯矩值宜乘以 1.2 的系数。

（四）筏形基础结构承载力计算

梁板式筏基底板除计算正截面受弯承载力外，其厚度尚应满足受冲切承载力、受剪切承载力的要求。

底板受冲切承载力按下式计算

$$F_l \leqslant 0.7\beta_{hp}f_t u_m h_0 \tag{1-77}$$

式中 F_l——作用在图 1-52 中阴影部分面积上的地基土平均净反力设计值，kPa；

β_{hp}——受冲切承载力截面高度影响系数，当 h 不大于 800mm 时，β_{hp} 取 1.0，当 h 大于等于 2000mm 时，β_{hp} 取 0.9，其间按线性内插法取用；

u_m——距基础梁边 $h_0/2$ 处冲切临界截面的周长，见图 1-51，mm。

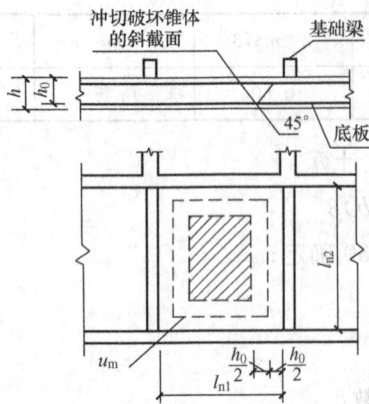

图 1-51 底板冲切计算示意图　　　　　图 1-52 底板剪切计算示意图

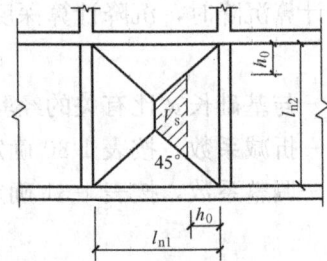

当底板区格为矩形双向板时，底板受冲切所需厚度 h_0 按下式计算

$$h_0 = \frac{(l_{n1} + l_{n2}) - \sqrt{(l_{n1} + l_{n2})^2 - \dfrac{4pl_{n1}l_{n2}}{p + 0.7\beta_{hp}f_t}}}{4} \qquad (1\text{-}78)$$

式中　l_{n1}、l_{n2}——计算板格的短边和长边的净长度，m；

　　　　p——相应于荷载效应基本组合的地基土平均净反力设计值，kPa。

底板斜截面受剪承载力应符合下式要求

$$V_s \leqslant 0.7\beta_{hs}f_t(l_{n2} - 2h_0)h_0 \qquad (1\text{-}79)$$

$$\beta_{hs} = \left(\frac{800}{h_0}\right)^{1/4} \qquad (1\text{-}80)$$

式中　V_s——距梁边缘 h_0 处，作用在图1-52中阴影部分面积上的地基土平均净反力设计
　　　　值，kPa；

　　　　β_{hs}——受剪切承载力截面高度影响系数。

当按式（1-80）计算时，板的有效高度 h_0 小于 800mm 时，h_0 取 800mm；h_0 大于 2000mm 时，h_0 取 2000mm。

平板式筏基的板厚应满足受冲切承载力的要求。计算时应考虑作用在冲切临界面重心上的不平衡弯矩产生的附加剪力。距柱边 $h_0/2$ 处冲切临界截面的最大剪应力 τ_{max} 应按式(1-81)计算，且应满足式（1-82）要求

$$\tau_{max} = F_l/u_m h_0 + \alpha_s M_{unb}c_{AB}/I_s \qquad (1\text{-}81)$$

$$\tau_{max} \leqslant 0.7(0.4 + 1.2/\beta_s)\beta_{hp}f_t \qquad (1\text{-}82)$$

$$\alpha_s = 1 - \frac{1}{1 + \dfrac{2}{3}\sqrt{(c_1/c_2)}} \qquad (1\text{-}83)$$

式中　F_l——相应于荷载效应基本组合时的集中力设计值（对内柱取轴力设计值减去筏板冲
　　　　切破坏锥体内的地基反力设计值；对边柱和角柱，取轴力设计值减去筏板冲切
　　　　临界截面范围内的地基反力设计值；地基反力设计值应扣除底板自重），kN；

　　　　u_m——距柱边 $h_0/2$ 处冲切临界截面的周长，按现行《建筑地基基础设计规范》

(GB 50007—2002)附录 P 计算；

h_0——筏板的有效高度；

M_{unb}——作用在冲切临界截面重心上的不平衡弯矩设计值，kN·m；

c_{AB}——沿弯矩作用方向，冲切临界截面重心至冲切临界截面最大剪应力点的距离，按现行《建筑地基基础设计规范》(GB 50007—2002)附录 P 计算；

I_s——冲切临界截面对其重心的极惯性矩，按现行《建筑地基基础设计规范》(GB 50007—2002)附录 P 计算；

β_s——柱截面长边与短边的比值，当 $\beta_s < 2$ 时，取 2，当 $\beta_s > 4$ 时，取 4；

c_1——与弯矩作用方向一致的冲切临界截面的边长，按现行《建筑地基基础设计规范》(GB 50007—2002)附录 P 计算；

c_2——垂直于 c_1 的冲切临界截面的边长，按现行《建筑地基基础设计规范》(GB 50007—2002)附录 P 计算；

α_s——不平衡弯矩通过冲切临界截面上的偏心剪力来传递的分配系数。

当柱荷载较大，等厚度筏板的受冲切承载力不能满足要求时，可在筏板上面增设柱墩或在筏板下局部增加板厚或采用抗冲切箍筋来提高受冲切承载力。

实际上，影响筏板基础受冲切承载力的因素很多。规范仅以混凝土抗拉强度作为影响冲切承载力的主要因素，而忽略了钢筋的抗力，因此计算结果是偏于安全的。

第九节 箱形基础设计

箱形基础是由顶板、底板、外墙及一定数量的纵横内隔墙组成的整体刚度较好的钢筋混凝土基础。

箱形基础的优点是：具有较大的刚度和整体性，能适应局部软弱地基，可以调整基础的不均匀沉降；抗震性能好。

一、箱形基础的构造

(1) 箱形基础的平面尺寸。通常是根据上部结构布置和荷载分布情况，经地基承载力、沉降和倾斜验算后确定。应尽可能使上部结构荷载的合力点接近基础底面的形心，当偏心较大时，可将箱基底板外伸以调整基底形心位置。偏心距应符合式（1-65）的要求。

(2) 箱形基础的高度。应满足结构承载力、刚度和使用要求，一般为建筑物高度的 $1/8 \sim 1/12$，也不宜小于箱形基础长度的 $1/20$，且不小于 3m。

(3) 箱形基础的墙体布置。外墙沿建筑物四周布置，内墙一般沿上部结构柱网和剪力墙纵横均匀布置。墙体水平截面总面积不宜小于箱形基础外墙外包尺寸的水平投影面积的 $1/10$。

(4) 墙体厚度应根据实际受力情况及防水要求确定。外墙厚度不应小于 250mm；内墙厚度不应小于 200mm。墙体内设置双面钢筋，竖向和水平钢筋不应小于 Φ10@200。其中纵墙配筋量不得小于总配筋量的 3/5。除上部为剪力墙外，内外墙的墙顶处宜配置两根直径不小于 20mm 的通长构造钢筋以增强墙体的抗弯能力。

(5) 箱形基础顶板、底板的厚度。应根据荷载大小、跨度、整体刚度、防水要求等条件确定。顶板厚度不小于 200mm。当箱基兼作人防地下室时，应根据人防等级，按实际情况计算确定。底板厚度不小于 300mm，且板厚与最大双向板区格的短边尺寸之比不小于 1/14。

（6）箱形基础的墙体应尽量不开洞或少开洞。必须开设洞口时，门洞应设置在墙体剪力较小的部位，并应避免开偏洞和边洞。洞边至柱中心的距离不宜小于 1.2m，洞口上过梁的高度不宜小于层高的 1/5，洞口面积不宜大于柱距与箱基高度乘积的 1/6。墙体洞口周围应设置加强钢筋，钢筋面积按计算确定。每侧附加钢筋面积应不小于洞口宽度内被切断钢筋面积的一半，且不小于 2φ16，此钢筋应从洞口边缘处延长 40d（d 为钢筋直径）。洞口较大时，应在洞口四周应设置暗柱和暗梁。

（7）底层柱纵向钢筋伸入箱形基础的长度。应符合下列规定：

1）柱下三面或四面有箱形基础墙的内柱，除四角钢筋应直通基底外，其余钢筋可终止在顶板底面以下 40 倍钢筋直径处。

2）外柱、与剪力墙相连的柱及其他内柱的纵向钢筋应直通到基底。

（8）后浇缝设置。当箱基长度大于 40m 时，应设置一道贯通顶板、底板及墙板的施工后浇缝，缝宽不宜小于 800mm，且宜设置在柱距三等分的中间范围内。后浇缝底板及外墙宜采用附加防水层；后浇混凝土宜在其两侧混凝土浇灌完毕两个月后再进行浇灌，其强度等级应提高一级，且宜采用早强、补偿收缩的混凝土。

（9）箱形基础的混凝土强度等级不应低于 C30。当有防水要求时，混凝土抗渗等级应根据地下水最大水头与防水混凝土厚度的比值按表 1-26 采用。必要时可设置架空排水层。

二、箱形基础的计算

（一）地基承载力计算

箱基地基承载力计算方法见筏形基础。

箱基埋深较大，在大多数地区会遇到地下水。当箱基部分或全部处于地下水中时，计算基底压力应考虑地下水的浮力。若地下水有季节性变化，则应考虑基底压力的最不利情况，即地下水下降到基底以下，此时不应考虑地下水的浮力。

箱基考虑地下水的浮力后，基底压力应符合下式要求

$$p_k - \gamma_w h_w \leqslant f_a \tag{1-84}$$

$$p_{kmax} - \gamma_w h_w \leqslant 1.2 f_a \tag{1-85}$$

$$p_{kmin} - \gamma_w h_w \geqslant 0 \tag{1-86}$$

（二）地基变形计算

箱形基础沉降计算方法同筏形基础。

（三）箱形基础的内力计算

箱形基础除了承受上部结构传来的荷载及地基不均匀反力所引起的整体弯矩外，其顶、底板还承受由顶板荷载、地基反力产生的局部弯矩。合理的分析方法应考虑地基、基础和上部结构的共同工作。但计算十分复杂，离实际应用尚有一定距离。实测资料和理论研究表明，箱形基础受力过程可分为两个阶段①第一阶段即加载初期阶段，此时上部结构刚度尚未形成，箱形基础的整体弯曲应力达到最大值；②第二阶段，由于上部结构参与基础的共同工作，分担了整个体系的弯曲应力，基础内力将随上部结构刚度增加而减小，但箱基底板的局部弯曲应力因地基反力增加而达到最大值。在总结箱基研究成果和箱基设计经验的基础上，《高层建筑箱形与筏形基础技术规范》（JGJ 6—1999）对箱基的内力计算作如下规定：

（1）当地基压缩层深度范围内的土层在竖向和水平方向较均匀、且上部结构为平立面布

置较规则的剪力墙、框架、框架—剪力墙体系时，箱形基础的顶、底板可仅按局部弯曲计算，计算时底板反力应扣除板的自重。顶、底板钢筋配置量除满足局部弯曲的计算要求外，纵横方向的支座钢筋尚应有 1/2～1/3 贯通全跨，且贯通钢筋的配筋率分别不应小于 0.15%、0.10%；跨中钢筋应按实际配筋全部连通。

（2）当不符合上述条件的箱形基础，箱基内力计算应同时考虑整体弯曲和局部弯曲的作用。

计算整体弯曲时应考虑上部结构与箱形基础的共同作用。箱形基础承受的整体弯矩可按下列公式计算（图 1-53）

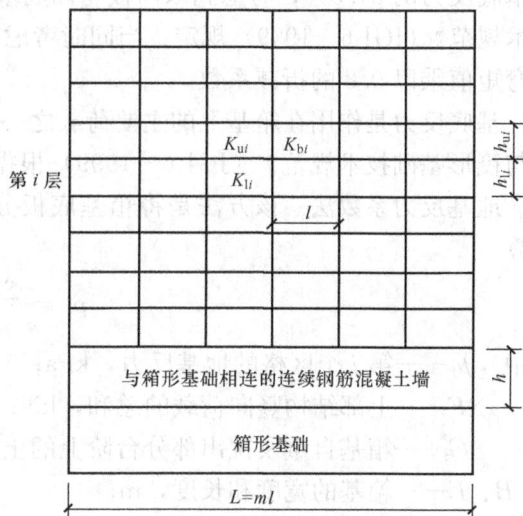

图 1-53　框架结构示意图

$$M_F = M \frac{E_F I_F}{E_F I_F + E_B I_B} \qquad (1-87)$$

$$E_B I_B = \sum_{i=1}^{n} \left[E_b I_{bi} \left(1 + \frac{K_{ui} + K_{li}}{2K_{bi} + K_{ui} + K_{li}} m^2 \right) \right] + E_w I_w \qquad (1-88)$$

式中　　M_F——箱形基础承受的整体弯矩，kN·m；

　　　　M——建筑物整体弯曲产生的弯矩，可按静定梁分析或采用其他有效方法计算；

　　$E_F I_F$——箱形基础的刚度，其中 E_F 为箱形基础的混凝土弹性模量，I_F 为按工字形截面计算的箱形基础截面惯性距，工字形截面的上、下翼缘宽度分别为箱形基础顶、底板的全宽，腹板厚度为在弯曲方向的墙体厚度的总和；

　　$E_B I_B$——上部结构的总折算刚度；

　　　　E_b——梁、柱的混凝土弹性模量，kN/m²；

K_{ui}、K_{li}、K_{bi}——第 i 层上柱、下柱和梁的线刚度，其值分别为 $\dfrac{I_{ui}}{h_{ui}}$、$\dfrac{I_{li}}{h_{li}}$、$\dfrac{I_{bi}}{l}$，m³；

　I_{ui}、I_{li}、I_{bi}——第 i 层上柱、下柱和梁的截面惯性距，m⁴；

　　h_{ui}、h_{li}——第 i 层上柱及下柱的高度，m；

　　　　l——上部结构弯曲方向的柱距，m；

　　　　E_w——在弯曲方向与箱形基础相连的连续钢筋混凝土墙的弹性模量，kN/m²；

　　　　I_w——在弯曲方向与箱形基础相连的连续钢筋混凝土墙的截面惯性距，其值为 $\dfrac{th^3}{12}$，m⁴；

　　　　t——在弯曲方向与箱形基础相连的连续钢筋混凝土墙体厚度的总和；

　　　　h——在弯曲方向与箱形基础相连的连续钢筋混凝土墙体的高度，m。

式（1-87）适用于等柱距的框架结构。对柱距相差不超过 20% 的框架结构也可适用，此时，l 取柱距的平均值。

顶板按实际荷载计算内力，底板按基底反力计算内力。由于基础墙体的刚度远大于底板，墙下基底反力会出现集中现象。实测表明：箱形基础双向板的跨中基底反力约为墙下平

均基底反力的 84.5%，考虑到双向板与四周基础墙体连成整体，《高层建筑箱形与筏形基础技术规范》（JGJ 6—1999）规定：当同时考虑整体弯曲和局部弯曲作用时，局部弯曲所产生的弯矩值乘以 0.8 的折减系数。

　　基底反力是作用在箱基上的主要荷载之一，正确计算基底反力非常重要。《高层建筑箱形与筏形基础技术规范》（JGJ 6—1999）根据实测资料，提出了地基反力的实用计算方法——地基反力系数法。该方法是将箱基底板分成若干个区格，每个区格的地基反力按下式计算

$$p_i = \frac{\Sigma F + G}{BL} \alpha_i \tag{1-89}$$

式中　　p_i——第 i 个区格的地基反力，kPa；

　　　　ΣF——上部结构竖向荷载的总和，kN；

　　　　G——箱基自重及挑出部分台阶上的土重，kN；

　　B、L——箱基的宽度和长度，m；

　　　　α_i——地基反力系数，由《高层建筑箱形与筏形基础技术规范》（JGJ 6—1999）附录　　　　　　　3 确定。

　　地基反力系数是根据实测总压力资料经统计分析得出的，因而在利用反力系数计算箱形基础整体弯曲应力时，荷载应取总压力。

　　整体弯曲的配筋量与局部弯曲的配筋量叠加，即为顶、底板的最终配筋量，在箱形基础顶、底板配筋时，应综合考虑承受整体弯曲的钢筋与局部弯曲的钢筋的配置部位，以充分发挥各截面钢筋的作用。

　　（四）箱形基础结构承载力计算

　　箱形基础的底板厚度应根据实际受力情况、整体刚度及防水要求确定。底板除计算正截面受弯承载力外，其厚度尚应满足受冲切承载力、受剪切承载力的要求。计算方法同梁板式筏基底板。

　　箱形基础的内、外墙，除与剪力墙连接着外，由柱根传给各片墙的竖向剪力设计值，可按相交于该柱下各片墙的刚度进行分配。墙身的受剪截面应符合下式要求

$$V_w \leqslant 0.25 f_c A_w \tag{1-90}$$

式中　V_w——由柱根轴力传给各片墙的竖向剪力设计值，按相交的各片墙的刚度进行分　　　　　　配，kN；

　　　f_c——混凝土轴心抗压强度设计值，kN/m^2；

　　　A_w——墙体竖向有效截面积，m^2。

思　考　题

1-1　简述地基基础设计的基本原则和基础设计内容。

1-2　浅基础有哪些类型和特点？

1-3　确定基础埋深要考虑哪些因素？

1-4　什么是地基承载力特征值？其内涵是什么？

1-5　确定地基承载力的方法有哪些？

1-6　基础底面尺寸怎样确定？为什么要验算软弱下卧层的承载力？

1-7　简述刚性基础的设计要点？扩展基础有哪些构造要求？

1-8　地基变形按其特征分为几种？分别适用于何种情况？

1-9　简述筏形基础和箱形基础内力分析要点？

习　　　题

1-1　某建筑柱下基底尺寸为 3.2m×4.5m，埋深 1.6m，地基表层土为素填土，厚度 0.8m，天然容重 17.6kN；第 2 层为粉质黏土，很厚，天然容重 19.4kN，孔隙比 0.6，液性指数 0.56，地基承载力特征值 168kPa。试计算修正后的地基承载力特征值。

1-2　某办公楼一内柱基础，埋深 2.0m，上部结构传至基础顶面的荷载标准值 1600kN，场地地质条件：第（1）层，杂填土，厚度 1.0m，天然容重 17.6kN/m³；第（2）层为黏土，厚度 4.5m，天然重度 19.4kN，孔隙比 0.7，液性指数 0.68，地基承载力特征值 155kPa。试确定基础底面尺寸。

1-3　试设计某内墙基础。该墙体厚 240mm，传至基础顶面的荷载标准值 170kN/m，地基土表层为杂填土，厚度 1.0m，天然容重 17.2kN/m³；其下为黏土，天然容重 19.6kN/m³，孔隙比 0.64，液性指数 0.66，地基承载力特征值 155kPa，地下水位在地表下 1.2m 处。

1-4　某柱下独立基础，相应于荷载效应标准组合时上部结构传至基础顶面的荷载标准值 1200kN，地基资料如图 1-54 所示。试确定该基础的底面尺寸。

1-5　某建筑场地条件如图 1-55 所示，墙体厚 370mm，由墙体传至基础顶面的荷载标准值 230kN/m，荷载设计值 390kN/m，基础埋深 2.0m。试设计该承重墙下的条形基础。

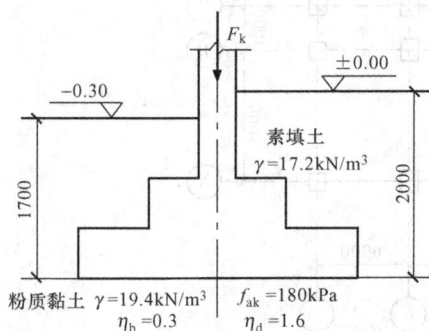

图 1-54　习题 1-4

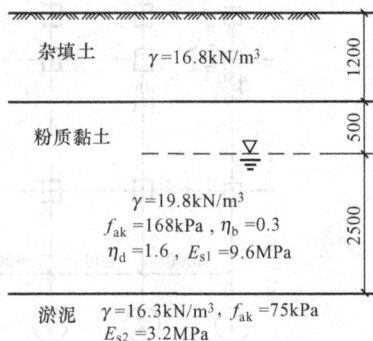

图 1-55　习题 1-5

1-6　某建筑外柱基础，基底尺寸 $l×b=3m×2.5m$，上部结构传至基础顶面的竖向荷载标准值 1320kN，弯矩 160kN·m，水平剪力 45kN，场地条件如图 1-56 所示。试验算基础底面尺寸是否满足要求。

1-7　某框架结构中柱截面 $a_c×b_c=600mm×400mm$，传至基础顶面的荷载标准值 $F_k=1800kN$，弯矩 $M_k=160kNm$，水平剪力 $V_k=45kN$，荷载设计值 $F=2350kN$，弯矩 $M=230kN·m$，剪力 $V=55kN$，基础埋深 $d=2.0m$，场地条件如图 1-57 所示，混凝土强度等级 C20，HRB335 钢筋。试设计此基础。

1-8 某框架结构柱网布置如图 1-58 所示，已知 B 轴线上荷载设计值边柱＝1100kN，中柱 1520kN，基础埋深 1.5m，修正后的地基承载力 135kPa。试设计 B 轴线上的条形基础，并绘出基础的配筋图。

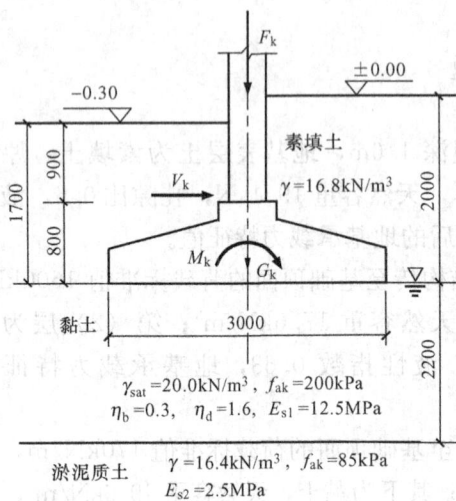

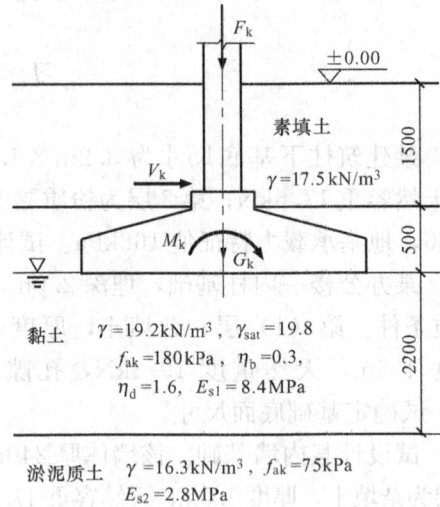

图 1-56 习题 1-6　　　　　　　　　　　图 1-57 习题 1-7

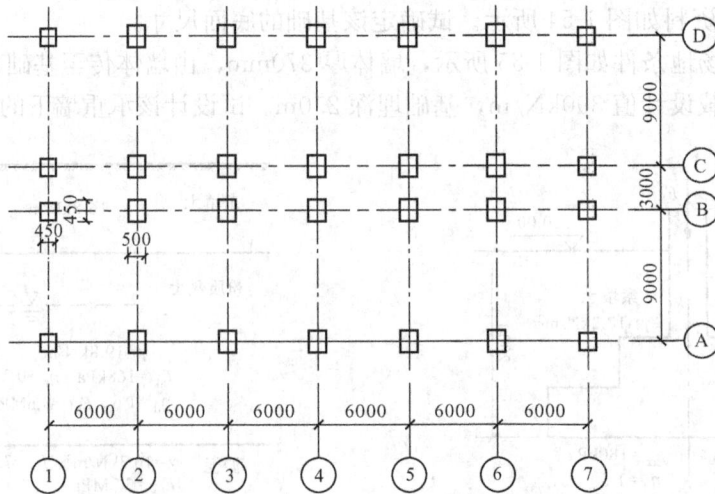

图 1-58 习题 1-8

第二章 桩 基 础

第一节 概 述

建筑物在选择地基基础方案时，应从安全、合理和经济等角度出发，充分利用地基土的承载力，尽量采用天然地基上的浅基础。当地基浅层土质不良，采用浅基础无法满足结构物对地基强度、变形、稳定性的要求时，可利用深部较为坚实的土层或岩层作为持力层，采用深基础方案。桩基础是常用的一种深基础，它不仅可以作为结构物的基础，还可用作软弱地基的加固和地下支挡结构物。

一、桩基础的组成与特点

桩基础由若干根桩和承台两部分组成。桩在平面排列上可成为一排或几排，所有桩的顶部由承台联成一整体并传递荷载。在承台上再修筑上部结构或桥墩（台），如图 2-1 所示。桩身可全部或部分埋入地基土中，如桩身露在地面上较高时，在桩之间应加横系梁，以加强各桩的横向联系。

桩基础的作用是将承台以上结构物传来的外力通过承台，由桩传到较深的地基持力层中去，承台将各桩连成一整体共同承受荷载。各桩所承受的荷载由桩侧阻力和桩端土阻力传递到桩周土层中去，如图 2-1（b）所示。

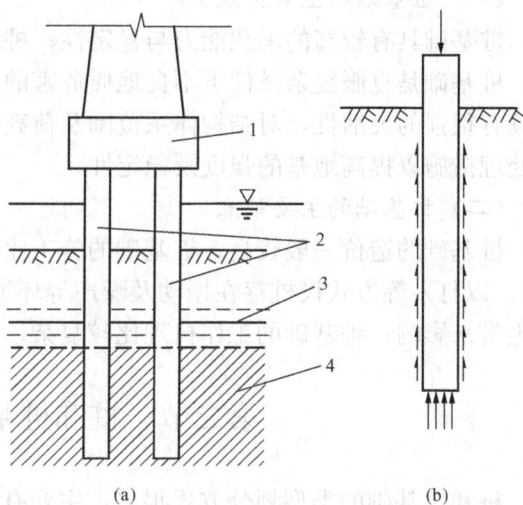

图 2-1 桩基础

1—承台；2—基桩；3—软弱土层；4—持力层

桩基础具有承载力高、稳定性好、沉降量小而均匀，耗材少，施工简便等特点。在深水河道中，可避免或减少水下工程，简化施工设备和技术要求，加快施工速度并改善施工条件。如今，伴随着桩与桩基础工厂化生产和机械化施工水平的不断提高，桩基础在现代各类建筑物基础中被广泛应用。

二、桩基础的适用条件

桩基础的适用范围十分广泛，可概括为以下几种情况：

（1）大桥、特大桥、高层建筑、高耸构筑物、重型厂房等荷载较大，地基上部土层软弱，适宜的地基持力层位置较深，采用浅基础在技术上、经济上不合理时。

（2）无论是陆域还是水域，当施工方法、经济条件及施工工期等受到限制不适于进行软土地基处理，也不适于采用沉井、沉箱、地下连续墙等深基础，此时采用桩基础是比较适宜的方案。

（3）河床冲刷较大，河道不稳定或冲刷深度不易计算，采用浅基础施工困难或不能保证基础安全时。

（4）当地基计算沉降过大，或结构物对不均匀沉降敏感时，采用桩基础穿过松软土层，将荷载传到较坚实土层，从而减少结构物沉降并使沉降较均匀。

（5）当施工水位或地下水位较高时，采用桩基础可减小施工困难和避免水下施工。

（6）地震区，在可液化地基中，采用桩基础可增加结构物的抗震能力，消除或减少地震对结构物的影响。

另外，当地基存在震陷性、湿陷性、膨胀性、冻胀性或侵蚀性的不良土层时，不能满足建筑物对地基的要求，而软土层下面为较好的土层时，应考虑采用桩基础穿过这些不良土层，将荷载传递到相对坚硬而稳定的深土层中。

三、桩基础的优缺点

（一）桩基础的主要优点

桩基础具有较高的承载能力与稳定性；桩基础是减少建筑物沉降与不均匀沉降的良好措施；桩基础是克服复杂条件下不良地质危害的重要措施，具有良好的抗震、抗爆性能；桩基础具有很强的灵活性，对结构体系范围及荷载变化等有较强的适应能力，而设桩也可作为地基处理措施以提高地基的强度及稳定性。

（二）桩基础的主要缺点

桩基础的造价一般较高；桩基础的施工比一般浅基础复杂（但比沉井、沉箱等深基础简单）；以打入等方式设桩存在振动及噪声等环境问题，而以成孔灌注方式设桩常对场地环境卫生带来影响；桩基础的工作机理比较复杂，其设计计算方法尚不完善。

第二节　桩和桩基础的类型及构造

桩和桩基础的类型划分方式很多，主要有按桩身材料分、按施工方法分、按桩受力条件分、按承台位置分等。

一、按桩体材料分类

按制桩材料，桩可分为木桩、混凝土桩和钢桩。

1. 木桩

木桩常用挺直的松木、杉木等硬质木材做成。桩长一般为 4～6m 。木桩在古代及本世纪初有大量应用，随着建筑物向高、重、大方向发展，木桩因其长度较小、不易接桩、承载力较低以及在干、湿交替变化环境易腐烂等缺点而受到很大限制。目前只在少数应急工程中采用。

2. 混凝土桩

混凝土桩是工程中大量应用的一类桩。混凝土桩还可分为素混凝土桩、钢筋混凝土桩及预应力混凝土桩三种。素混凝土桩受到混凝土抗压强度高而抗拉强度低的局限，一般只在桩承压条件下采用，不适于荷载条件复杂多变的情况，因而其应用已很少。钢筋混凝土桩应用最多。钢筋混凝土桩的长度主要受到设桩方法的限制，其截面形式可以是方形、圆形或三角形等；可以是实心的，也可以是空心的。这种桩一般做成等截面的，也有因土层性质变化而采用变截面的桩体。钢筋混凝土桩具有桩体抗压、抗拉强度均较高的特点，可适应较复杂的荷载情况，因而得到广泛应用。预应力钢筋混凝土桩通常在地表预制，其截面多是圆形的。由于在预制过程中对桩体施加预应力，使得桩体在抗弯、抗拉及抗裂等方面比普通的钢筋混凝土桩有较大的优越性，尤其适用于冲击与振动荷载情况，在海港、码头等工程中已有普遍使用，在工业与民用建筑工程中也在逐渐推广。

3. 钢桩

采用各种型钢制作。常用的有大直径开口钢管桩、宽翼缘工字钢等。钢桩的主要优点是桩身抗压、抗弯强度高，重量轻，特别适用于桩身自由度大的高桩码头结构；其次是其贯入性能好，能穿越相当厚度的硬土层，以提供很高的竖向承载力；另外，钢桩施工比较方便，易于接长，工艺质量比较稳定，施工速度快。钢桩的最大缺点是价格昂贵，目前只在特别重大的或特殊的工程项目中应用。另外，钢桩尚存在环境腐蚀等问题，在设计与施工中需做特殊考虑。例如：金茂大厦为世界第三高度大厦，其主楼高 420.5m，共 88 层，群房 5 层，地下 3 层，是一座集贸易、游乐、宾馆、金融、办公于一体的多功能大厦。金茂大厦基础为桩基。其中主楼桩基为 ϕ914.4mm 的钢管桩，壁厚 20mm，设计桩长 65mm，桩尖标高 78.50mm，主楼桩基总数 429 根；群房桩基为 ϕ609.6mm 的钢管桩，壁厚 14mm，设计桩长 33mm，桩尖标高 $-$43.0mm，群房桩基总数 640 根。

二、按施工方法分类

桩按施工方法可分为预制桩和灌注桩。

(一) 预制桩

预制桩是指在桩体投入地基之前在预制厂或现场制作的桩。预制桩成桩质量比较稳定、可靠。预制桩除木桩、钢桩外，目前大量应用的是钢筋混凝土桩。预制桩的长度比较灵活，只受制桩设备能力限制，但可以分段制作然后在设桩过程中接桩；其断面依材料类别也有很大的灵活性，但多用方形和圆形两种，图 2-2 为预制钢筋混凝土方桩的一般图示。

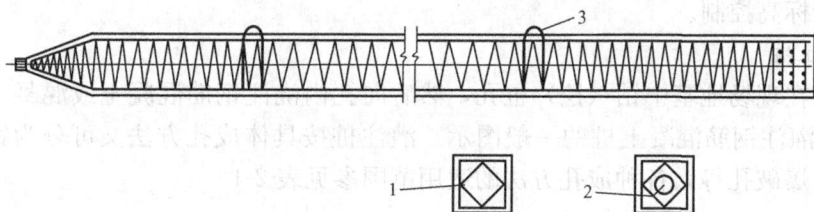

图 2-2 预制钢筋混凝土方桩
1—实心方桩；2—空心方桩；3—吊环

预制桩的施工方法是：将各种预制好的桩（钢筋混凝土或预应力混凝土实心或管桩，或钢桩或木桩）以不同的沉桩方式（图 2-3）沉入地基内达到要求的深度。按不同的沉桩方式又细分为：

1. 打入桩（锤击桩）

打入桩［图 2-3（a）］是通过锤击（或以高压射水辅助）将预制桩沉入地基中。这种施工方式适用于桩径较小，地基土质为可塑黏性土、砂土、粉土、细砂及松散的不含大卵石或漂石的碎卵石类土。打入桩的振动和噪声较大，对周围环境的影响较大。

2. 静力压桩

静力压桩［图 2-3（b）］是用静力压桩机将桩压入土中，无噪声和振动。适用于匀质软黏性土地基。

3. 旋入桩

旋入桩［图 2-3（c）］是在桩端处设一螺旋板，利用外部机械的扭力将其逐渐旋转入地基中。

4. 振动下沉桩

振动下沉桩［图 2-3（d）］是将大功率的振动打桩机安装在桩顶，一方面利用振动减小土对桩的阻力，另一方面用向下的振动力使桩沉入土中。振动下沉桩适用于可塑的黏性土和砂土。

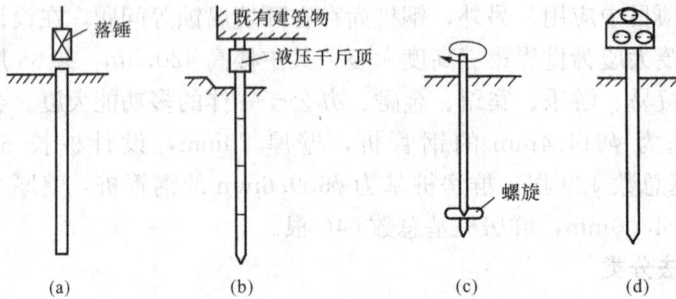

图 2-3 沉桩按施工方法分类

沉桩深度一般应根据地质资料及结构设计要求估算。施工时以最后贯入度和桩端设计标高控制。最后贯入度是指桩沉至某标高时，每次锤击的沉入量，通常以最后每阵的平均贯入度表示。锤击法以 10 次锤击为一阵，振动法以 1min 为一阵。最后贯入度根据地区经验或试桩确定，一般可取最后两阵的平均贯入度为 20～50mm/阵。对于静压管桩，施工时以终压值和桩端设计标高控制。

（二）灌注桩

灌注桩是在现场地基中钻（挖）桩孔，然后向孔内浇注钢筋混凝土或混凝土而成的桩，图 2-4 为就地灌注钢筋混凝土桩的一般图示。灌注桩按具体成孔方法又可分为钻孔、挖孔、冲孔、挤孔、爆破孔等，各种成孔方法的适用范围参见表 2-1。

表 2-1 各种成孔方法的适用范围

成孔方法		桩径（mm）	桩长（m）	适 用 范 围
泥浆护壁成孔	冲抓	≥800	≤30	碎石土、砂类土、粉土、黏性土及风化岩。当进入中等风化和微风化岩层时，冲击成孔的速度比回转钻快
	冲击		≤50	
	回转钻		≤80	
	潜水钻	500～800	≤50	黏性土、淤泥、淤泥质土及砂类土
干作业成孔	螺旋钻	300～800	≤30	地下水位以上的黏性土、粉土、砂类土及人工填土
	钻孔扩底	300～600	≤30	地下水位以上坚硬、硬塑的黏性土及中密以上砂类土
	机动洛阳铲	300～500	≤20	地下水位以上的黏性土、粉土、黄土及人工填土

续表

成孔方法		桩径（mm）	桩长（m）	适 用 范 围
沉管成孔	锤击	340~800	≤30	硬塑的黏性土、粉土及砂类土，桩径大于600mm的可达强风化岩
	振动	400~500	≤24	可塑硬黏土、中细砂
爆破成孔		≤350	≤12	地下水位以上的黏性土、黄土、碎石土及风化岩
人工挖孔		≥800	≤40	黏性土、粉土、黄土及人工填土

1. 钻孔灌注桩

钻孔灌注桩是指用钻机成孔，然后清除孔底残渣，放入钢筋笼，最后灌注混凝土而成的桩。钻孔灌注桩施工简单，操作方便，施工的工艺过程如图2-5所示。

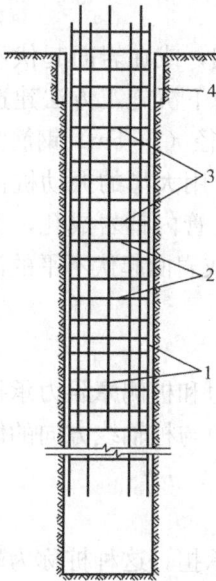

钻孔桩几乎适用于任何复杂地层，尤其是可以穿透地基中的坚硬夹层把桩端置于坚实可靠的岩土层上。钻孔桩在桩径选择上比较灵活，小的在0.6m左右，大的可达2m以上。对高层建筑、特大桥等采用钻孔嵌岩桩往往是一种较好的选择。

2. 挖孔灌注桩

挖孔灌注桩是依靠人工（用部分机械配合）或机械在地基中挖出桩孔，然后浇注钢筋混凝土或混凝土而成的桩。

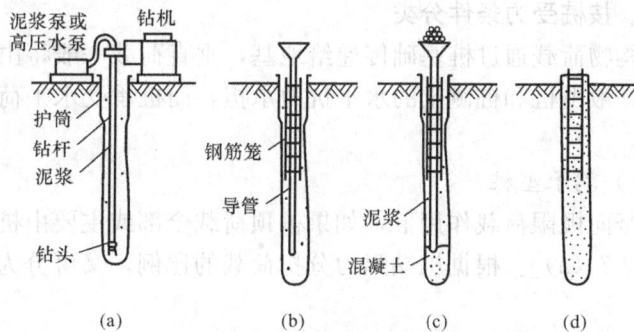

图 2-4 就地灌注
钢筋混凝土桩

1—主筋；2—箍筋；
3—加劲箍筋；4—护筒

图 2-5 钻孔灌注桩施工程序
(a) 成孔；(b) 下导管和钢筋笼；(c) 浇筑水下混凝土；(d) 成桩

当采用人工挖孔时，其桩径不宜小于0.8m。为防止塌孔，每挖约1m深，制作一节灌注桩护壁，护壁内的环向钢筋按需要设置，上下节护壁间用插筋连接。挖孔灌注桩的优点是可直接观察地层情况，孔底清除干净，施工设备简单，无噪声、振动或泥泞污染，无挤土作用，场区内各桩可同时施工。适用于无水或渗水量较小的地层。

3. 沉管灌注桩

沉管灌注桩是指用锤击或振动的方法把带有钢筋混凝土桩尖或带有活瓣式桩尖（沉管时桩尖闭合，拔管时活瓣张开）的钢套管沉入土层中成孔，然后在套管内放置钢筋笼，并边灌注混凝土边拔套管而形成的灌注桩。沉管灌注桩的桩径一般在300~600mm之间，桩长受桩架高度限制一般不超过25m。这种桩的施工设备简单，打桩速度快，用钢量少，造价低，因此得到广泛应用。沉管灌注桩一般存在缩径、断桩、夹泥、混凝土离析和强度偏低等质量

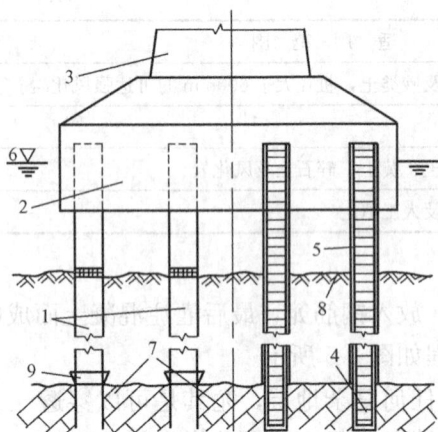

图 2-6　管柱基础

1—管柱；2—承台；3—墩身；4—嵌固于
岩层；5—钢筋骨架；6—低水位；7—岩
层；8—覆盖层；9—钢管靴

问题。引起这些质量问题的原因是多方面的，沉管挤土引起的孔隙水压力增大是一个重要原因；成桩初期，混凝土桩的侧压力不足以抵消桩周土的缩孔压力也是一个原因；邻桩沉管时的挤土引起地面抬升产生的拉力更是导致断桩的直接原因。为了避免上述质量事故的发生，除在设计中应取较大的桩距外，在施工中还要求有较高的灌注充盈系数和较低的拔管速度。即使这样，穿越淤泥和淤泥质土的沉管灌注桩的质量问题仍时有发生，对桩径在400mm 以下的沉管桩尤其如此，故应慎重对待。

（三）管柱基础

大跨径桥梁的深水基础，或在岩面起伏不平的河床上的基础，可采用振动下沉施工方法建造管柱基础。管柱是将预制的大直径（1～5m）钢筋混凝土或预应力混凝土或钢管柱，用大型的振动桩锤沿导向振动下沉到基岩，然后在管内钻岩成孔，下放钢筋笼骨架，灌注混凝土，将管柱嵌固于岩层。大跨径的桥梁深水基础或岩面起伏不平的河床基础均可采用，如图 2-6 所示。

三、按桩受力条件分类

结构物荷载通过桩基础传递给地基，垂直荷载一般将由桩端阻力和桩侧摩阻力承担。水平荷载一般由桩和桩侧土的水平抗力承担，而桩承受水平荷载的能力与桩轴线方向的倾斜度有关系。

（一）端承型桩

在竖向极限荷载作用下，如果桩顶荷载全部或主要由桩端阻力承担，这种桩称为端承型桩 [图 2-7 (a)]。根据桩端阻力分担荷载的比例，又可分为端承桩（柱桩）和摩擦端承桩两种。

（1）端承桩：桩顶极限荷载全部由桩端阻力承担，桩侧阻力忽略不计。桩的长径比较小，桩端设置在密实砂类、碎石类土层中的桩及嵌岩桩为端承桩。

（2）摩擦端承桩：桩顶极限荷载由桩侧阻力和桩端阻力共同承担，但桩端阻力分担的荷载较大。这种桩的桩端进入中密砂类、碎石类土层中或位于中、微风化基岩顶面。

（二）摩擦型桩

在竖向极限荷载作用下，如果桩顶荷载全部或主要由桩侧阻力承担，这种桩称为摩擦型桩 [图 2-7 (b)]。根据桩侧阻力分担荷载的比例，又可分为摩擦桩和端承摩擦桩两种。

（1）摩擦桩：桩顶极限荷载全部由桩侧阻力承担，桩端阻力忽略不计。桩的长径比很大，桩顶荷载只通过桩身压缩产生的桩侧阻力传递给桩周土；桩端下无较坚实的土层等均

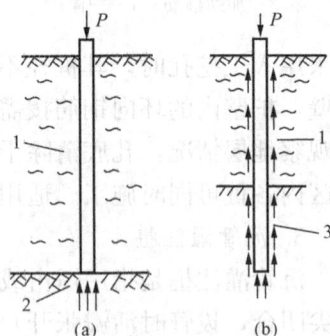

图 2-7　端承桩与摩擦桩

1—软弱土层；2—岩层霍
英土层；3—中等硬度土层

可视为摩擦桩。

（2）端承摩擦桩：桩顶极限荷载由桩侧阻力和桩端阻力共同承担，但桩侧阻力分担的荷载较大。桩的长径比较大，桩端土为较坚实的黏性土、粉土层等为端承摩擦桩。

（三）竖直桩和斜桩

桩按桩轴方向可分为竖直桩［图 2-8（a）］、单向斜桩［图 2-8（b）］、多向斜桩［图 2-8（c）］。斜桩的特点是能承受较大的水平荷载，但需要有相应的施工设备和工艺。

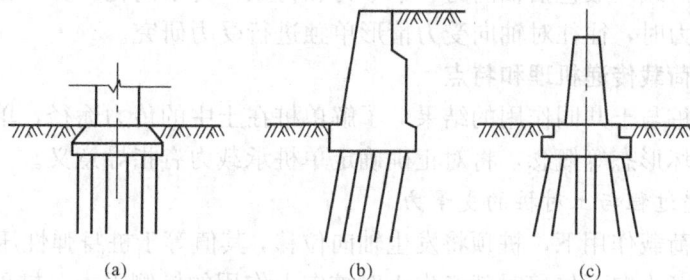

(a)　　　　　　　(b)　　　　　　　(c)

图 2-8　竖直桩与斜桩

在桥梁工程中的拱桥墩台等推力体系结构物中的桩基础往往需要设置斜桩以承受上部结构传来的较大水平荷载。

（四）桩墩

桩墩是通过在地基中成孔后灌注混凝土形成的大口径断面柱形深基础，即以单个桩墩代替群桩及承台。桩墩基础底端可支承于基岩之上，也可嵌入基岩或较坚硬土层之中，分为端承桩墩和摩擦桩墩。对于上部结构传递的荷载较大，且要求基础墩身面积较小时，可采用桩墩。

四、高桩承台基础和低桩承台基础

桩基础按承台位置可以分为高桩承台基础和低桩承台基础，如图 2-9 所示。

高桩承台基础的承台底面位于地面或冲刷线以上，而低桩承台基础的承台底面位于地面或冲刷线以下。高桩承台基础的结构特点是基桩部分桩身沉入土中，部分桩身外露在地面以上（称为桩的自由长度），而低桩承台基础的基桩全部桩身沉入土中。

高桩承台基础由于承台位置较高或设在施工水位以上，可减少墩台的圬工数量，可避免或减少水下作业，施工较为方便，且经济。但是，高桩承台基础刚度较小，在水平力作用下，由于承台及基桩露出地面的一段自由长度周围无土来共同承受水平外力，桩身内力及位移都将大于在同样受力条件下的低桩承台基础，在稳定性方面低桩承台基础也较高桩承台基础好。

近年来随着大直径钻孔灌注桩的采用，桩的刚度、强度都较大，因而高桩承台基础在土木工程中已得到广泛应用。

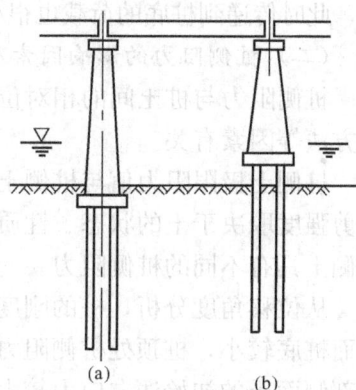

图 2-9　高桩承台基础和
低桩承台基础
(a) 低桩承台；(b) 高桩承台

第三节　单桩轴向荷载作用下的工作性能

桩基础是由若干根基桩组成的，在设计桩基础时，应从分析单桩入手，即首先确定单桩的承载力，然后结合桩基础的结构和构造形式进行桩基础的受力分析，最后检验桩基础的承载力及变形。

作用在桩顶的荷载一般包括轴向力、水平力和力矩。为了简化计算，在研究桩的受力性能及计算桩基承载力时，往往对轴向受力情形单独进行受力研究。

一、单桩轴向荷载传递机理和特点

桩的承载力是桩与土共同作用的结果，了解单桩在土中的传力途径，单桩承载力的构成特点及单桩受力破坏形态等概念，将对正确确定单桩承载力有指导意义。

（一）荷载传递过程与土对桩的支承力

桩在轴向压力荷载作用下，桩顶将发生轴向位移，其值等于桩身弹性压缩和桩端土层压缩之和。当桩相对于土向下位移时就产生土对桩向上作用的桩侧阻力，桩顶荷载沿桩身向下传递的过程中，必须不断地克服这种阻力，这样桩身轴向力就随深度逐渐减小，传至桩底的轴向力也即桩端阻力，它等于桩顶荷载减去全部桩侧阻力。桩顶荷载是桩通过桩侧阻力和桩端阻力传递给土体的。

因此，可以认为土对桩的支承力是由桩侧阻力和桩端阻力两部分组成，桩的极限荷载就等于桩侧极限阻力和桩端极限阻力之和。桩侧阻力和桩端阻力并非同时发挥作用：桩端阻力的充分发挥需要有较大的位移值，在黏性土中约为桩端直径的 25％，在砂性土中约为 8％～10％，而桩侧阻力只要桩土间有不太大的相对位移就能得到充分发挥，具体数量目前认识尚不能有一致的意见，但一般认为黏性土为 4～6mm，砂性土为 6～10mm。因此在确定桩的承载力时，应考虑到这一特点。

对于端承桩，桩端阻力占桩支承力的绝大部分，桩侧阻力很小可忽略不计。对于摩擦桩，桩端阻力发挥到极限值，需要比发生桩侧极限摩阻力大得多的位移值。对于桩长很大的摩擦桩，也因桩身压缩变形大，桩端阻力尚未达到极限值，桩顶位移已超过使用要求所容许的范围，此时传递到桩底的荷载也很小，因此确定桩的承载力时桩端极限阻力不宜取值过大。

（二）桩侧阻力的影响因素及其分布

桩侧阻力与桩土间的相对位移、土的性质、桩的刚度、时间因素和土中应力状态以及施工方法等因素有关。

桩侧土极限阻力值与桩侧土的剪切强度有关，随着土的抗剪强度的增大而增加。而土的抗剪强度取决于土的状态、性质和剪切面上的法向应力。不同类别、性质、状态和深度处的桩侧土具有不同的桩侧阻力。

从位移角度分析，桩的刚度对桩侧阻力也有影响。桩的刚度较小时，桩顶截面的位移较大而桩底较小，桩顶处桩侧阻力常较大；当桩刚度较大时，桩身各截面位移较接近，由于桩下部侧面土的初始法向应力较大，土的抗剪也较大，下部桩侧摩阻力大于桩上部。

由于桩端地基土的压缩是逐渐完成的，因此桩侧阻力所承担的荷载将随时间由桩身上部向桩下部转移，有时间效应。

影响桩侧阻力的诸因素中，土的类别、性状是主要因素。在分析基桩承载力等问题时，各因素对桩侧摩阻力大小与分布的影响，应分别不同情况予以注意。

桩侧阻力的大小及其分布决定着桩身轴向力随深度的变化及其数值，因此，了解桩侧摩阻力的分布规律，对研究和分析桩的工作状态有重要作用。影响桩侧阻力的因素即桩土间的相对位移、土中的侧向应力、土质分布及性状均随深度变化，因此要精确地用物理力学方程描述桩侧摩阻力沿深度分布的规律较为复杂。

试验表明，在黏性土中打入桩的桩侧阻力沿深度分布的形状近乎抛物线，在桩顶处的摩阻力等于零，桩身中段处的摩阻力比桩的下段大；钻孔灌注桩从地面起的桩侧阻力呈线性增加，其深度仅为桩径的5～10倍，而沿桩长的阻力分布则比较均匀。为简化起见，近似假设打入桩桩侧阻力在地面处为零，沿桩入土深度成线性分布，而钻孔灌注桩则近似假设桩，其侧摩阻力沿桩身均匀分布。

（三）桩端阻力的影响因素及其深度效应

桩端阻力与土的性质、覆盖土层厚度、桩径、桩底作用力、时间及桩端进入持力层深度等有关。其主要影响因素仍为桩端地基土的性质。桩端地基土的受压刚度和抗剪强度大，则桩端阻力也大，桩端极限阻力取决于持力层土的抗剪强度和上覆荷载及桩径大小。由于桩端地基土层受压固结作用是逐渐完成的，因此桩端阻力将随土层固结度提高即随着时间而增长。

桩的承载力（主要指桩底阻力）随着桩的入土深度，特别是进入持力层的深度而变化，这种特性称为深度效应。

桩端进入砂土层或硬黏土层时，桩的极限阻力随着进入持力层的深度线性增加，达到一定深度后，桩底阻力的极限值保持稳定值。这一深度称为临界深度 h_c。它与持力层的上覆荷载和持力层土的密度有关。上覆荷载越小、持力层土密度越大，则 h_c 越大。

二、单桩在轴向荷载作用下的破坏模式

单桩在轴向荷载作用下，其破坏模式主要取决于桩周土的抗剪强度、桩端支承情况、桩的类型等因素。

（一）屈曲破坏

当桩底支承在坚硬的土层，桩侧土为软土层时，桩在轴向荷载作用下，如同一根压杆出现纵向挠曲破坏。在荷载—沉降（p-s）曲线上呈现出明确的破坏荷载［图 2-10（a）］。桩的承载力取决于桩身的材料强度。

（二）整体剪切破坏

当具有足够强度的桩穿过抗剪强度较低的土层而达到强度较高的土层时，桩在轴向荷载作用下，桩底土体能形成滑动面出现整体剪切破坏［图 2-10（b）］，这是因为桩底持力层以上的软弱土层不能阻止滑动土楔体的形成。在 p-s 曲线上可求得明确的破坏荷载。桩的承载力主要取决于桩端土的支承力。

（三）刺入破坏

当桩的入土深度较大或桩周土层抗剪强度较均匀时，桩在轴向荷载作用下，将会出现刺入式破坏［图 2-10（c）］。根据荷载大小和土质不同，试验中得到的 p-s 曲线上可能没有明显的转折点也可能有明显的转折点（表示破坏荷载）。桩所受荷载主要由桩侧阻力支承。因此，桩的承载力取决于桩周土的强度。

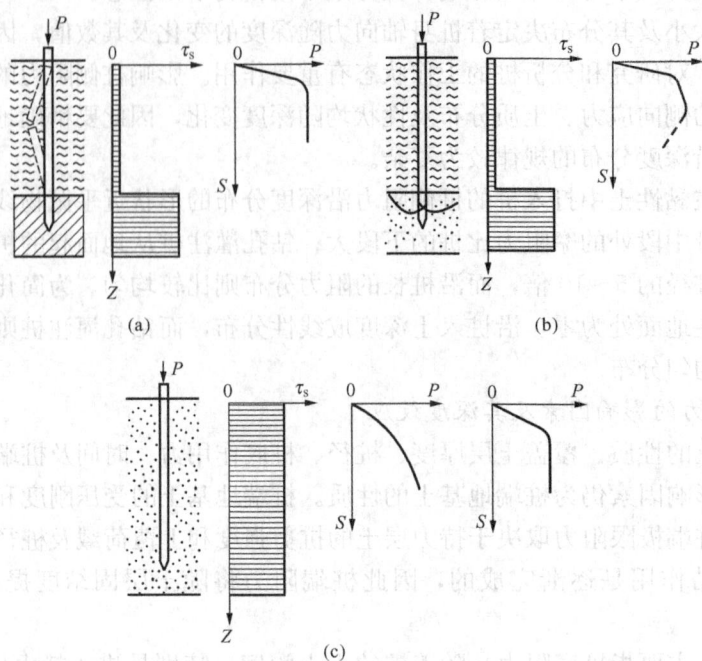

图 2-10　桩的破坏模式

三、桩的竖向荷载传递

如图 2-11 所示桩基础，设桩顶竖向荷载为 P，桩侧总阻力为 P_s，桩端总阻力为 P_p，取桩为脱离体，由静力平衡条件可得

$$P = P_s + P_p$$

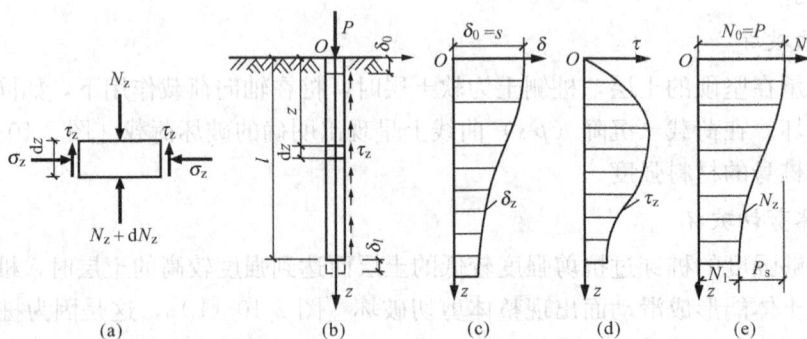

图 2-11　桩竖向荷载传递

（a）传力图式；（b）轴向受压单桩；（c）沉降分布；（d）摩擦力分布；（e）轴力分布

当桩顶荷载加大到极限值时，上式为

$$P_u = P_{su} + P_{pu} \tag{2-1}$$

式中　P_u——单桩竖向极限荷载，kN；

P_{su}——单桩总极限侧阻力，kN；

P_{pu}——单桩总极限端阻力，kN。

在某一深度 z 处取一微桩段 dz，其竖向受力平衡方程为（忽略桩体自重）

$$N_z - \tau_z u dz - (N_z + dN_z) = 0$$

整理上式得

$$\tau_z = -\frac{1}{u} \cdot \frac{dN_z}{dz} \tag{2-2}$$

式中 N_z——z 深度处桩身轴力，kN；

u——桩身断面周长，m；

τ_z——z 深度处单位侧摩阻力，kPa。

由式（2-2）表明，任意深度处单位侧摩阻力 τ_z 的大小与该处轴力 N_z 的变化率成正比。负号表明当 τ_z 方向向上时，桩身轴力 N_z 将随深度的增加而减少。

微桩段 dz 的轴向压缩变形 ds_z 和桩身轴力 N_z 的关系可按材料力学方法确定如下

$$N_z = -EA \frac{ds_z}{dz} \tag{2-3}$$

式中 s_z——桩身沉降，m；

E——桩身弹性模量，kPa；

A——桩身断面积，m^2。

将式（2-3）代入式（2-2）得

$$\tau_z = -\frac{EA}{u} \cdot \frac{d^2 s_z}{dz^2} \tag{2-4}$$

如已知 τ_z，则可得出桩身轴力 N_z 的分布为

$$N_z = P - \int_0^z u\tau_z dz \tag{2-5}$$

上式当 $z=0$ 时，$N_0 = P$ 为桩顶荷载；当 $z=l$ 时，$N_l = P - \int_0^l u\tau_z dz = P_p$ 为桩端阻力。当桩顶作用有轴向荷载 P 时，其桩顶截面位移 s_0（即桩顶沉降 s）一般由两部分组成，一部分为桩端下沉量 s_1，另一部分为桩身材料在轴力 N_z 作用下产生的压缩变形 s_s，可表示为 $s_0 = s_1 + s_s$。

由式（2-4）积分可得

$$s_z = s_0 - \frac{1}{EA} \int_0^z N_z dz \tag{2-6}$$

上式当 $z=0$ 时，$s_z = s_0$ 为桩顶沉降；当 $z=l$ 时，$s_1 = s_0 - \frac{1}{EA}\int_0^l N_z dz = s_p$ 为桩端沉降。

令 $\Delta s_p = \frac{1}{EA}\int_0^l N_z dz$ 即为桩长范围内桩身轴向压缩变形，如图 2-11 所示。

第四节 单桩竖向承载力

单桩承载力是指单桩在荷载作用下，地基土和桩本身的强度和稳定性均能得到保证，变形也在容许范围内，以保证结构物正常使用所能承受的最大荷载。

国际标准 ISO 2349《结构可靠性总原则》中采用了术语"特征值"，《建筑地基基础设计规范》（GB 5007—2002）（以下简称《建筑地基规范》）与此相一致，称单桩承载力为单桩承载力特征值。单桩竖向承载力特征值是指桩按正常使用极限状态计算时所采用的单桩承载力值，也就是桩在发挥正常使用功能时所允许采用的单桩抗力设计值。

《建筑桩基技术规范》（JGJ 94—2008）（以下简称《建筑桩基规范》）规定的单桩竖向承载力特征值是指单桩在荷载作用下到达破坏状态前，或出现不适于继续承载的变形时所对应的最大荷载（即单桩竖向极限承载力标准值），除以安全系数后的承载力值。

《建筑桩基规范》规定：设计等级为甲级的建筑桩基，单桩竖向极限承载力标准值应通过单桩荷载试验确定。设计等级为乙级的建筑桩基，当地质条件简单时，可参照地质条件相同的试桩资料，结合静力触探等原位测试和经验参数综合确定。其余均按通过单桩荷载试验确定。设计等级为丙级的建筑桩基，可根据原位测试和经验参数确定单桩竖向极限承载力标准值。

《公路桥涵地基与基础设计规范》（JTG D 63—2007）（以下简称《公路桥规》）规定单桩轴向容许承载力是指单桩在轴向荷载作用下，地基土和桩本身的强度和稳定性均得到满足，变形也在容许范围之内时所容许承受的最大荷载，它以单桩轴向极限承载力考虑必要的安全度后求得。由此可见，《建筑桩基规范》的单桩承载力设计值与《公路桥规》的单桩容许承载力的意义是一致的。由于不同的设计规范在计算单桩承载力时所采用的经验系数不同，计算的结果有些差距。

确定单桩承载力的方法很多，考虑到地基土具有多变性、复杂性和地域性等特点，往往需要选用几种方法作综合考虑和分析，从而合理确定单桩轴向承载力。

一、单桩竖向承载力确定

（一）按静载试验确定单桩轴向承载力

静载试验是评价单桩承载力最为直观、最为可靠的方法，其除了考虑到地基土的支撑能力外，也计入了桩身材料强度对地基承载力的影响。对于甲级建筑桩基，必须通过静载试验确定单桩承载力。且在同一条件下的试桩根数，不宜少于总数的 1%，并不应少于 3 根。当桩端持力层为密实砂卵石或其他承载力类似的土层时，单桩承载力很高的大直径端承桩，可采用深层平板荷载试验确定桩端土的承载力。

打桩时土中产生的孔隙水压力有待消散，且打桩扰动而降低的强度也有待随时间而部分恢复。对于预制桩间歇时间：砂类土不少于 10 天，黏性土和粉土不得小于 15 天，饱和黏性土不得小于 25 天；对于灌注桩，尚应待桩身混凝土达到设计强度后，才能进行试验。

1. 试验装置

锚桩法是常用的一种加载装置，如图 2-12 所示，主要设备由锚桩梁、横梁和油压千斤顶组成。桩顶沉降常用百分表或位移计量测读。观测装置的固定点如基准桩应与试锚桩保持适当距离以避免受到试锚桩位移的干扰。

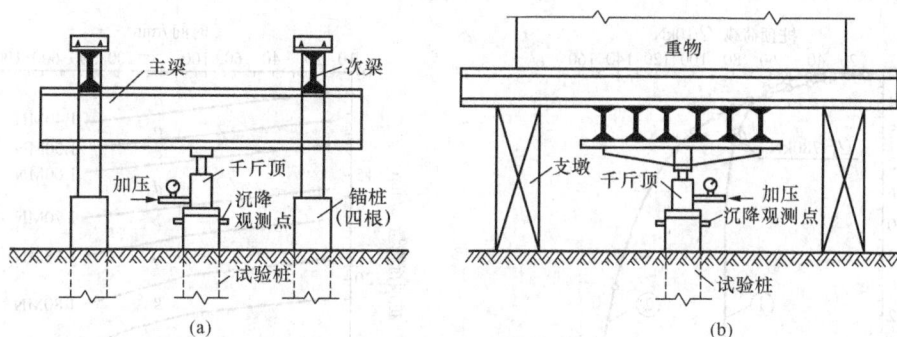

图 2-12 单桩静载试验的加载装置

(a) 锚桩横梁反力装置；(b) 压重平台反力装置

2. 测试方法

试桩加载可以分级进行，每级荷载约为预估的破坏荷载的 1/10～1/15；有时也可采用递变加载方式，开始阶段每级荷载取预估破坏荷载的 1/2.5～1/5，终了阶段取 1/10～1/15。

测读沉降时间为在每级荷载加荷后的第 1h 内，按 2、5、15、30、45、60min 测读一次，以后每隔 30min 测读一次，直至沉降稳定为止。

沉降稳定的标准通常规定为：对砂性土为 30min 内沉降不超过 0.1mm；对黏性土为 1h 内沉降不超过 0.1mm。待沉降稳定后，方可施加下一级荷载。循环加载观测，直至桩达到破坏状态，终止试验。

当出现下列情况之一时，一般认为桩已达破坏状态，所相应施加的荷载即为破坏荷载：

（1）当荷载 Q-s 曲线（图 2-13）上有可判定极限承载力的陡降段，且桩顶总沉降量超过 40mm。

（2）某级荷载下桩的沉降量为前一级荷载下沉降量的 2 倍，且经 24h 桩的沉降未达到稳定。

（3）25m 以上的非嵌岩桩，Q-s 曲线呈缓变型时，桩顶总沉降量大于 60～80mm。

3. 单桩竖向承载力的确定

（1）Q-s 曲线法

《建筑地基规范》规定：单桩竖向极限承载力应按下列方法确定：

1）当 Q-s 曲线上有明显的陡降段时，取相应于陡降段起点的荷载值；

2）对符合终止加载条件之二的，取前一级荷载值；

3）Q-s 曲线呈缓变型时，取桩顶总沉降量 $s=40$mm 所对应的荷载值，当桩长大于 40m 时，宜考虑桩身的弹性压缩。

参加统计的试桩，当满足其极差不超过平均值的 30% 时，可取其平均值为单桩竖向极限承载力 $\overline{Q}_u$。

单桩竖向承载力特征值 R_a 按下式计算

$$R_a = \frac{\overline{Q}_u}{K} \tag{2-7}$$

式中　$\overline{Q}_u$——单桩竖向极限承载力，kN；

　　　K——安全系数，一般为 2。

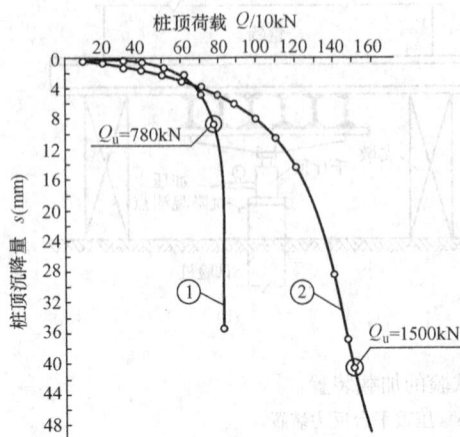

图 2-13　Q-s 曲线

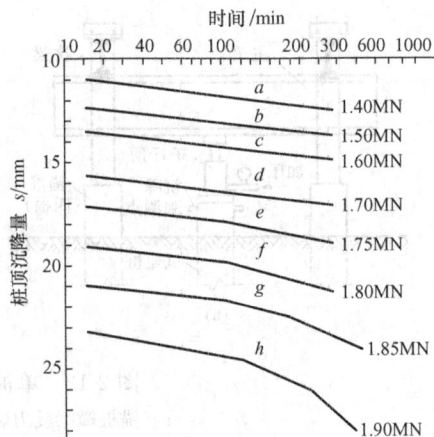

图 2-14　S-$\lg t$ 曲线

（2）S-$\lg t$ 法（沉降速率法）

按沉降随时间的变化特征来确定极限荷载的依据是认为在破坏荷载以前，桩的每级下沉量 S 与时间 t 的对数成线性关系（图 2-14），即

$$S = m\lg t \tag{2-8}$$

直线的斜率 m 在某种程度上反映了沉降速率。m 值不是常数，它随着桩上荷载增加而增大，m 越大则桩的沉降速率越大。当桩上荷载继续增大时，如发现绘得的 S-$\lg t$ 曲线不是直线而是折线时，则说明在该级荷载作用下桩沉降骤增，此为地基土塑性变形骤增的结果也即为桩破坏的标志。因此可将相应于 S-$\lg t$ 曲线由直线变为折线的那一级荷载定为该桩的破坏荷载。

（二）按设计规范经验公式确定单桩竖向承载力

我国现行的各种规范都规定了以经验公式计算单桩竖向承载力的方法。这是一种较简便的方法，规范根据全国各地大量的静载试验资料，经过理论分析和统计整理，给出了不同类型的桩，按土的类别、密实度、埋置深度等条件下桩侧阻力及桩端阻力的经验系数和数据，从而列出公式。下面分别对《公路桥规》、《建筑桩基规范》所用经验公式加以说明。以下公式除特别说明外，均适用于钢筋混凝土桩、混凝土桩及预应力混凝土桩。

1.《公路桥规》确定单桩轴向受压容许承载力

（1）摩擦桩。

1）钻（挖）孔灌注桩的轴向受压容许承载力为

$$[R_a] = \frac{1}{2}\left(u\sum_{i=1}^{n} q_{ik}l_i + A_p q_r\right) \tag{2-9}$$

$$q_r = m_0\lambda\{[f_{a0}] + k_2\gamma_2(h-3)\} \tag{2-10}$$

式中　$[R_a]$——单桩轴向受压容许承载力，kN，桩身自重与置换自重（当自重计入浮力时，置换土重也计入浮力）的差值作为荷载考虑。

u——桩身周长，m。

A_p——桩端截面面积，m^2，对于扩底桩，取扩底截面面积。

n——土的层数。

l_i——承台底面或局部冲刷线以下各土层的厚度，m，扩孔部分不计。

q_{ik}——与 l_i 对应的各土层桩侧的摩阻力标准值，kPa，宜采用单桩摩阻力试验确定，当无试验条件时按表 2-2 选用。

q_r——桩端处土的承载力容许值，kPa，当持力层为砂土、碎石土时，若计算值超过下列值，宜按下列值采用：粉砂 1000kPa；细砂 1150kPa；中砂、粗砂、砾砂 1450kPa；碎石土 2750kPa。

$[f_{a0}]$——桩端处土的承载力基本容许值，kPa，按《公路桥规》第 3.3.3 条确定。

h——桩端的埋置深度，m，对于有冲刷的桩基，埋深由一般冲刷线起算；对于无冲刷的桩基，埋深由天然地面线或实际开挖后的地面线起算；h 的计算值不大于 40m，当大于 40m 时，按 40m 计算。

k_2——容许承载力随深度的修正系数，根据桩端处持力层土类按《公路桥规》表 3.3.4 选用。

γ_2——桩端以上各土层的加权平均重度，kN/m³，若持力层在水位以下且不透水时，不论桩端以上土层的透水性如何，一律取饱和重度；当持力层透水时，则水中部分土层取浮重度。

λ——修正系数，按表 2-3 选用。

m_0——清底系数，按表 2-4 选用。

表 2-2　　　　　　　　　　钻孔桩桩侧土的极限摩阻力标准值 q_{ik}

土　类		q_{ik} (kPa)
中密炉渣、粉煤灰		40～60
黏　性　土	流塑 $I_L > 1$	20～30
	软塑 $0.75 < I_L \leqslant 1$	30～50
	可塑、硬塑 $0 < I_L \leqslant 0.75$	50～80
	坚硬 $I_L \leqslant 0$	80～120
粉　土	中密	30～55
	密实	55～80
粉砂、细砂	中密	35～55
	密实	55～70
中　砂	中密	45～60
	密实	60～80
粗砂、砾砂	中密	60～90
	密实	90～140
圆砾、角砾	中密	120～150
	密实	150～180
碎石、卵石	中密	160～220
	密实	220～400
漂石、块石		400～600

注 挖孔桩的摩阻力标准值可参照本表采用。

表 2-3 修 正 系 数 λ 值

桩端土情况 \ h/d	4~20	20~25	>25
透水性土	0.70	0.70~0.85	0.85
不透水性土	0.65	0.65~0.72	0.72

表 2-4 清 底 系 数 m_0 值

t/d	0.3~0.6
m_0	0.7~1.0

注 1. t、d 分别为桩端沉渣厚度和桩的直径。

2. $d \leqslant 1.5$m 时，$t \leqslant 300$mm；$d > 1.5$m 时，$t \leqslant 500$mm 且 $0.1 < t/d < 0.3$。

2) 沉入桩的轴向受压容许承载力为

$$[R_a] = \frac{1}{2}\left(u\sum_{i=1}^{n}\alpha_i l_i q_{ik} + \alpha_r A_p q_{rk}\right) \tag{2-11}$$

式中　q_{ik}——与 l_i 对应的各土层桩侧的摩阻力标准值，kPa，宜采用单桩摩阻力试验确定或通过静力触探试验测定，当无试验条件时按表 2-5 选用。

q_{rk}——桩端处土的承载力容许值，kPa，宜采用单桩试验确定或通过静力触探试验测定，当无试验条件时按表 2-6 选用。

α_i、α_r——振动沉桩对各土层桩侧摩阻力和桩端承载力的影响系数，按表 2-7 采用；对于锤击、静压沉桩其值均取为 1.0。

表 2-5 沉桩桩侧土的摩阻力标准值 q_{ik}

土 类	土 的 状 态	极限摩阻力 q_{ik} 值（kPa）
黏 性 土	$1.5 \geqslant I_L \geqslant 1.0$	15~30
	$1.0 > I_L \geqslant 0.75$	30~45
	$0.75 > I_L \geqslant 0.5$	45~60
	$0.5 > I_L \geqslant 0.25$	60~75
	$0.25 > I_L \geqslant 0$	75~85
	$0 > I_L$	85~95
粉 土	稍密	20~35
	中密	35~65
	密实	65~80
粉、细砂	稍密	20~35
	中密	35~65
	密实	65~80
中 砂	中密	55~75
	密实	75~90
粗 砂	中密	70~90
	密实	90~105

注 表中 I_L 为土的液性指数，是按 76g 平衡锥测定的数值。

表 2-6   沉桩桩端处土的承载力标准值 q_{rk}

土类	状态	桩端承载力标准值 q_{rk}（kPa）		
黏 性 土	$I_L \geqslant 1$	1000		
	$1 > I_L \geqslant 0.65$	1600		
	$0.65 > I_L \geqslant 0.635$	2200		
	$0.35 > I_L$	3000		
		桩尖进入持力层的相对深度		
		$\dfrac{h_c}{d} < 1$	$1 \leqslant \dfrac{h_c}{d} < 4$	$\dfrac{h_c}{d} \geqslant 4$
粉 土	中密	1700	2000	2300
	密实	2500	3000	3500
粉 砂	中密	2500	3000	3500
	密实	5000	6000	7000
细 砂	中密	3000	3500	4000
	密实	5500	6500	7500
中、粗砂	中密	3500	4000	4500
	密实	6000	7000	8000
圆 砾 石	中密	4000	4500	5000
	密实	7000	8000	9000

注 h_c 为桩底进入持力层的深度（不包括桩靴）；d 为桩的直径或边长。

表 2-7   系数 α_i、α_r 值

系数 α_i、α_r ＼ 土类 桩径或边宽（m）	黏 土	粉质黏土	粉 土	砂 土
$d \leqslant 0.8$	0.6	0.7	0.9	1.1
$0.8 < d \leqslant 2.0$	0.6	0.7	0.9	1.0
$d > 2.0$	0.5	0.6	0.7	0.9

（2）支撑在基岩上或嵌入基岩内的钻（挖）孔桩、沉桩的单桩轴向受压容许承载力 $[R_a]$，可按下式计算

$$[R_a] = c_1 A_p f_{rk} + u \sum_{i=1}^{m} c_{2i} h_i f_{rki} + \frac{1}{2} \zeta_s u \sum_{i=1}^{n} l_i q_{ik} \tag{2-12}$$

式中 c_1——根据清孔情况、岩石破碎程度等因素而定的端阻发挥系数，按表 2-8 采用；

　　　f_{rk}——桩端岩石饱和单轴抗压强度标准值，kPa，黏土质岩取天然湿度单轴抗压强度

标准值，当 f_{rk} 小于 2MPa 时按摩擦桩计算；

c_2——根据清孔情况、岩石破碎程度等因素而定的第 i 层岩层的侧阻发挥系数，按表 2-8 采用；

u——各土层或各岩层部分的桩身周长，m；

h_i——桩嵌入各岩层部分的厚度，m，不包括强风化层和全风化层；

m——岩层的层数，不包括强风化层和全风化层；

ζ_s——覆盖层土的侧阻力发挥系数，根据桩端 f_{rk} 确定：当 2MPa≤f_{rk}<15MPa 时，ζ_s=0.8；当 15MPa≤f_{rk}<30MPa 时，ζ_s=0.5；f_{rk}>30MPa 时，ζ_s=0.2；

q_{ik}——桩侧第 i 层土的侧阻力标准值，kPa，宜采用单桩摩阻力试验值，当无试验条件时，对于钻（挖）孔桩按表 2-2 选用，对于沉桩按表 2-5 选用；

n——土层的层数，强风化和全风化岩层按土层考虑。

表 2-8　　　　　　　　　　　　　　　系数 c_1、c_2 值

岩石层情况	c_1	c_2
完整、较完整	0.6	0.05
较破碎	0.5	0.04
破碎、极破碎	0.4	0.03

注 1. 当入岩深度小于或等于 0.5m 时，c_1 乘以 0.75 的折减系数，c_2=0。

2. 对于钻孔桩，系数 c_1、c_2 值应降低 20% 采用；桩端沉渣厚度 t 应满足以下要求：d≤1.5m 时，t≤50mm；d>1.5m 时，t≤100mm。

3. 对于中风化层作为持力层的情况，系数 c_1、c_2 应分别乘以 0.75 的折减系数。

2.《建筑桩基规范》确定单桩极限承载力

《建筑桩基规范》针对不同的常用桩型，推荐了以下不同的计算表达式。

（1）一般预制桩及中小直径灌注桩。

对预制桩及直径 d<800mm 的灌注桩，单桩竖向极限承载力标准值 Q_{uk} 可按下式计算

$$Q_{uk} = Q_{sk} + Q_{pk} = u\Sigma q_{sik}l_i + q_{pk}A_p \qquad (2\text{-}13)$$

式中　Q_{sk}——单桩总极限侧摩阻力标准值，kN；

Q_{pk}——单桩总极限端阻力标准值，kN；

q_{sik}——桩侧第 i 层土的极限侧摩阻力标准值，按当地经验值取用，如无经验数值，可根据成桩方法与工艺按表 2-9 取值，kPa；

q_{pk}——极限端阻力标准值，按当地经验值取用，如无经验数值，可根据成桩方法与工艺按表 2-10 取值。其余符号同前，kPa。

表 2-9　　　　　　　　　　　　　桩的极限侧摩阻力标准值 q_{sik}

土的名称	土的状态	混凝土预制桩	泥浆护壁钻（冲）孔桩	干作业钻孔桩
填土	—	22～30	20～28	20～28
淤泥	—	14～20	12～18	12～18
淤泥质土	—	22～30	20～28	20～28

续表

土的名称	土的状态		混凝土预制桩	泥浆护壁钻（冲）孔桩	干作业钻孔桩
黏 性 土	流塑	$I_L>1$	24～40	21～38	21～38
	软塑	$0.75<I_L\leqslant1$	40～55	38～53	38～53
	可塑	$0.50<I_L\leqslant0.75$	55～70	53～68	53～66
	硬可塑	$0.25<I_L\leqslant0.50$	70～86	68～84	66～82
	硬塑	$0<I_L\leqslant0.25$	86～98	84～96	82～94
	坚硬	$I_L\leqslant0$	98～105	96～102	94～104
红黏土		$0.7<\alpha_w\leqslant1$	13～32	12～30	12～30
		$0.5<\alpha_w\leqslant0.7$	32～74	30～70	30～70
粉 土	稍密	$e>0.9$	26～46	24～42	24～42
	中密	$0.75\leqslant e\leqslant0.9$	46～66	42～62	42～62
	密实	$e<0.75$	66～88	62～82	62～82
粉细砂	稍密	$10<N\leqslant15$	24～48	22～46	22～46
	中密	$15<N\leqslant30$	48～66	46～64	46～64
	密实	$N>30$	66～88	64～86	64～86
中砂	中密	$15<N\leqslant30$	54～74	53～72	53～72
	密实	$N>30$	74～95	72～94	72～94
粗砂	中密	$15<N\leqslant30$	74～95	74～95	70～90
	密实	$N>30$	95～116	95～116	90～110
砾砂	稍密	$5<N_{63.5}\leqslant15$	70～110	50～90	60～100
	中密（密实）	$N_{63.5}>15$	116～138	116～130	112～130
圆砾、角砾	中密密实	$N_{63.5}>10$	160～200	135～150	135～150
碎石、卵石	中密密实	$N_{63.5}>10$	200～300	140～170	150～170
全风化软质岩	—	$30<N\leqslant50$	100～120	80～100	80～100
全风化硬质岩	—	$30<N\leqslant50$	140～160	120～140	120～150
强风化软质岩	—	$N_{63.5}>10$	160～240	140～200	140～220
强风化硬质岩	—	$N_{63.5}>10$	220～300	160～240	160～260

注 1. 对于尚未完成自重固结的填土和以生活垃圾为主的杂填土，不计算其侧阻力；

2. α_w 为含水比，$\alpha_w=w/w_L$；

3. N 为标准贯入击数；$N_{63.5}$ 为重型圆锥动力触探击数；

4. 全风化、强风化软质岩和全风化、强风化硬质岩是指其母岩分别为 $f_{rk}\leqslant15MPa$、$f_{rk}>30$。

表 2-10　桩的极限端阻力标准值 q_{pk}

土的名称	土的状态	桩型	混凝土预制桩桩长 l(m)				泥浆护壁钻(冲)孔桩桩长 l(m)				干作业钻孔桩桩长 l(m)		
			$l\leq9$	$9<l\leq16$	$16<l\leq30$	$l>30$	$5\leq l<10$	$10\leq l<15$	$15\leq l<30$	$l\geq30$	$5\leq l<10$	$10\leq l<15$	$l\geq15$
粘性土	软塑	$0.75<I_L\leq1$	210~850	650~1400	1200~1800	1300~1900	150~250	250~300	300~450	300~450	200~400	400~700	700~950
	可塑	$0.50<I_L\leq0.75$	850~1700	1400~2200	1900~2800	2300~3600	350~450	450~600	600~750	750~800	500~700	800~1100	1000~1600
	硬可塑	$0.25<I_L\leq0.5$	1500~2300	2300~3300	2700~3600	3600~4400	800~900	900~1000	1000~1200	1200~1400	850~1100	1500~1700	1700~1900
	硬塑	$0<I_L\leq0.25$	2500~3800	3800~5500	5500~6000	6000~6800	1100~1200	1200~1400	1400~1600	1600~1800	1600~1800	2200~2400	2600~2800
粉土	中密	$0.75<e<0.9$	950~1700	1400~2100	1900~2700	2500~3400	300~500	500~650	650~750	750~850	800~1200	1200~1400	1400~1600
	密实	$e<0.75$	1500~2600	2100~3000	2700~3600	3600~4400	650~900	750~950	900~1100	1100~1200	1200~1700	1400~1900	1600~2100
粉砂	稍密	$10<N\leq15$	1000~1600	1500~2300	1900~2700	2100~3000	350~500	450~600	600~700	750~850	500~950	1300~1600	1500~1700
	中密、密实	$N>15$	1400~2200	2100~3000	3000~4500	3800~5500	600~750	750~900	900~1100	1100~1200	900~1000	1700~1900	1700~1900
细砂		$N>15$	2500~4000	3600~5000	4400~6000	5300~7000	650~850	750~900	900~1200	1200~1500	1200~1600	2000~2400	2400~2700
中砂	中密、密实	$N>15$	4000~6000	5500~7000	6500~8000	7500~9000	850~1050	1100~1500	1200~1900	1500~1900	1800~2400	2800~3800	3600~4400
粗砂		$N>15$	5700~7500	7500~8500	8500~10000	9500~11000	1500~1800	2100~2400	2400~2600	2600~2800	2900~3600	4000~4600	4600~5200
砾砂		$N>15$	6000~9500	6000~9500	9000~10500	9000~10500	1400~2000	1400~2000	2000~3000	2000~3000	3500~5000	3500~5000	3500~5000
角砾、圆砾	中密、密实	$N_{63.5}>10$	7000~10000	7000~10000	9500~11500	9500~11500	1800~2200	1800~2200	2200~3600	2200~3600	4000~5500	4000~5500	4000~5500
碎石、卵石		$N_{63.5}>10$	8000~11000	8000~11000	10500~13000	10500~13000	2000~3000	2000~3000	3000~4000	3000~4000	4500~6500	4500~6500	4500~6500
全风化软质岩		$30<N\leq50$	4000~6000	4000~6000	4000~6000	4000~6000	1000~1600	1000~1600	1000~1600	1000~1600	1200~2000	1200~2000	1200~2000
全风化硬质岩		$30<N\leq50$	5000~8000	5000~8000	5000~8000	5000~8000	1200~2000	1200~2000	1200~2000	1200~2000	1400~2400	1400~2400	1400~2400
强风化软质岩		$N_{63.5}>10$	6000~9000	6000~9000	6000~9000	6000~9000	1400~2200	1400~2200	1400~2200	1400~2200	1600~2600	1600~2600	1600~2600
强风化硬质岩		$N_{63.5}>10$	7000~11000	7000~11000	7000~11000	7000~11000	1800~2800	1800~2800	1800~2800	1800~2800	2000~3000	2000~3000	2000~3000

注　1. 砂土和碎石类土中桩的极限端阻力取值，宜综合考虑土的密实度，桩端进入持力层的深度比 h_b/d，土越密实，h_b/d 越大，取值越高；
　　2. 预制桩的岩石极限端阻力指桩端支撑于中、微风化基岩表面或进入强风化岩、软质岩一定深度条件下的极限端阻力；
　　3. 全风化、强风化软质岩和全风化、强风化硬质岩指其母岩分别为 $f_{rk}\leq15$MPa、$f_{rk}>30$MPa 的岩石。

（2）大直径灌注桩。

对于桩径大于等于 800mm 的大直径灌注桩，其侧阻及端阻要考虑尺寸效应。根据现有研究成果，大直径灌注桩单桩竖向极限承载力标准值 Q_{uk} 可按下式计算

$$Q_{uk} = Q_{sk} + Q_{pk} = u \sum \psi_{si} q_{sik} l_i + \psi_p q_{pk} A_p \qquad (2\text{-}14)$$

式中　q_{sik}——桩侧第 i 层土的极限侧摩阻力标准值，kPa，按当地经验值取用，如无经验数值，可按表 2-9 取值，对于扩底桩变截面以上 2d 长度范围不计侧阻力。

　　　　q_{pk}——桩径为 800mm 的极限端阻力标准值，kPa，可采用深层荷载板试验确定；如无试验资料，按当地经验值取用或按表 2-10 取值；对于清底干净的干作业桩，可按表 2-11 取值。

　　ψ_{si}、ψ_p——分别为大直径桩桩侧摩阻力、端阻力尺寸效应系数，可按表 2-12 取值。

对于混凝土护壁的大直径挖孔桩，计算单桩竖向承载力时，其计算桩径取护壁外直径。

表 2-11　　　　干作业桩（清底干净，$d=800$mm）极限端阻力标准值 q_{pk}

土的名称		土 的 状 态		
黏性土		$0.25 < I_L \leqslant 0.75$	$0 < I_L \leqslant 0.25$	$I_L \leqslant 0$
		$800 \sim 1800$	$1800 \sim 2400$	$2400 \sim 3000$
粉土		—	$0.75 \leqslant e \leqslant 0.9$	$e < 0.75$
		—	$1000 \sim 1500$	$1500 \sim 2000$
砂土和碎石类土		稍密	中密	密实
	粉砂	$500 \sim 700$	$800 \sim 1100$	$1200 \sim 2000$
	细砂	$700 \sim 1100$	$1200 \sim 1800$	$2000 \sim 2500$
	中砂	$1000 \sim 2000$	$2200 \sim 3200$	$3500 \sim 5000$
	粗砂	$1200 \sim 2200$	$2500 \sim 3500$	$4000 \sim 5500$
	砾砂	$1400 \sim 2400$	$2600 \sim 4000$	$5000 \sim 7000$
	圆砾、角砾	$1600 \sim 3000$	$3200 \sim 5000$	$6000 \sim 9000$
	卵石、碎石	$2000 \sim 3000$	$3300 \sim 5000$	$7000 \sim 11\,000$

注　1. q_{pk} 取值宜考虑桩端持力层土的状态及进入持力层的深度效应，当进入持力层深度 h_b 为：$h_b \leqslant d$、$d < h_b < 4d$、$h_b \geqslant 4d$ 时，q_{pk} 可分别取较低值、中值、较高值，d 为桩端扩底直径。

　　2. 砂土密实度可根据标准贯击数 N 判定，当 $N \leqslant 10$ 时为松散，$10 < N \leqslant 15$ 时为稍密，$15 < N \leqslant 30$ 时为中密，$N > 30$ 时为密实。

　　3. 当桩的长径比 $l/d \leqslant 8$ 时，q_{pk} 宜取较低值。

　　4. 当对沉降要求不严时，可适当提高 q_{pk} 值。

表 2-12　　　　大直径桩桩侧阻力尺寸效应系数 ψ_{si}、端阻力尺寸效应系数 ψ_p

土的类别	粉性土、粉土	砂土、碎石类土
ψ_{si}	$(0.8/d)^{1/5}$	$(0.8/d)^{1/3}$
ψ_p	$(0.8/D)^{1/4}$	$(0.8/D)^{1/3}$

注　当为等直径桩时，$D=d$。

（3）嵌岩桩。

嵌岩桩单桩极限承载力标准值，由桩周土总极限侧阻力和嵌岩段总极限阻力组成，可用下式表示

$$Q_{uk} = Q_{sk} + Q_{rk} = u\Sigma q_{sik}l_i + \zeta_r f_{rk}A_p \tag{2-15}$$

式中　Q_{sk}、Q_{rk}——分别为桩周土总极限侧阻力、嵌岩段总极限阻力标准值，kN；

　　　　f_{rk}——岩石饱和单轴抗压强度标准值，黏土岩取天然湿度单轴抗压强度标准值，kPa；

　　　　ζ_r——桩嵌岩段侧阻和端阻综合系数，与嵌岩深径比 h_r/d 有关，按表 2-13 取值；表中数值适用于泥浆护壁成桩，对于干作业成桩（清底干净）和泥浆护壁成桩后注浆，ζ_r 应取表列数值的 1.2 倍。

表 2-13　　　　　　　　　　　　桩嵌岩段侧阻和端阻综合系数 ζ_r

嵌岩深度比 h_r/d	0	0.5	1.0	2.0	3.0	4.0	5.0	6.0	7.0	8.0
极软岩、软岩	0.6	0.80	0.95	1.18	1.35	1.48	1.57	1.63	1.66	1.70
较硬岩、坚硬岩	0.45	0.50	0.81	0.90	1.00	1.04	—	—	—	—

注　h_r 为桩身嵌岩深度，当岩层表面倾斜时，以坡下方的嵌岩深度为准。

（4）混凝土空心桩。

当根据土的物理指标与承载力参数之间的经验关系，确定敞口预应力混凝土空心桩单桩竖向极限承载力标准值时，可按下列公式计算

$$Q_{uk} = Q_{sk} + Q_{pk} = u\Sigma q_{sik}l_i + q_{pk}(A_j + \lambda_p A_{p1}) \tag{2-16}$$

当 $h_b/d < 5$ 时

$$\lambda_p = 0.16 h_b/d \tag{2-17}$$

当 $h_b/d \geqslant 5$ 时

$$\lambda_p = 0.8 \tag{2-18}$$

式中　h_b——桩端进入持力层深度，m。

　　　　λ_p——桩端土塞效应系数。

　　　　A_j——空心桩桩端净面积，m²；管桩：$A_j = \dfrac{\pi}{4}(d^2 - d_1^2)$；空心方桩：$A_j = b^2 - \dfrac{\pi}{4}d_1^2$。

　　　　A_{p1}——空心桩敞口面积，m²。

　　　　d、b——分别为空心桩外径及边长，m。

　　　　d_1——空心桩内径，m。

【例 2-1】　某预制桩截面为 350mm×350mm，桩长 12.5m（自承台底面算起），桩长范围内有两种土，稍松散的粉细砂（厚度 5m）和黏性土（厚度 7.5m，液性指数 0.275），桩底以下仍为该黏性土，按打入法施工，试按《公路桥规》确定该桩的极限承载力，并按《建筑桩基规范》计算该桩的极限承载力。

解　1. 按《公路桥规》确定该桩的极限承载力

由于该桩穿过稍松散的粉细砂，支撑在黏土层上，可认为该桩为摩擦桩。按 $[R_a] = \dfrac{1}{2}\left(u\sum\limits_{i=1}^{n}\alpha_i l_i q_{ik} + \alpha_r A_p q_{rk}\right)$ 确定单桩的轴向容许承载力。

其中，$u = 0.35 \times 4 = 1.4$m，$l_1 = 5$m，取 $q_{1k} = 30$kPa，$l_2 = 7.5$m，$q_{2k} = 73.5$kPa（按直线内插计算），$A = 0.35 \times 0.35 = 0.122\,5$m²，$q_{rk} = 3000$kPa，$\alpha_1 = \alpha_2 = \alpha_r = 1.0$。

则单桩极限承载力为

$$Q_{uk} = 2[R_a]$$

$$= 2 \times \frac{1}{2}[1.4 \times (1.0 \times 5 \times 30 + 1.0 \times 7.5 \times 73.5) + 1.0 \times 0.122\,5 \times 3000]$$

$$= 1349.25\text{kN}$$

2. 按《建筑桩基规范》计算该桩的极限承载力

按 $Q_{uk} = u\Sigma q_{sik}l_i + q_{pk}A_p$ 计算单桩的极限承载力。

上式中 $q_{s1k} = 24\text{kPa}$，$l_1 = 5\text{m}$，$q_{s2k} = 80\text{kPa}$，$l_2 = 7.5\text{m}$，$u = 1.4\text{m}$，$A_p = 0.122\,5\text{m}^2$，$q_{pk} = 3000\text{kPa}$。代入上式得

$$Q_{uk} = u\Sigma q_{sik}l_i + q_{pk}A_p$$

$$= 1.4 \times (24 \times 5 + 80 \times 7.5) + 3000 \times 0.122\,5$$

$$= 1375.5\text{kN}$$

与按《公路桥规》计算的单桩极限承载力 1349.25kN 相比，计算的结果相差不大。

（三）按土的抗剪强度指标确定单桩竖向承载力

运用土力学的知识，首先根据土的极限平衡理论计算桩底极限端阻力 P_{pu}，再根据土的强度理论计算桩侧土的极限侧摩阻力 P_{su}，从而利用土的强度指标按下式计算桩的极限承载力 P_u，即

$$P_u = P_{su} + P_{pu} \tag{2-19}$$

1. 桩侧极限侧摩阻力的确定

桩侧单位面积的极限摩阻力取决于桩与桩侧土间的剪切强度。按库仑强度理论得知

$$\tau = \sigma_h\tan\delta + c_a = K\sigma_v\tan\delta + c_a \tag{2-20}$$

式中 τ——桩侧单位面积的极限摩阻力（即桩土间剪切面上的抗剪强度），kPa；

σ_h、σ_v——土的水平应力及竖向应力，kPa；

δ——桩、土间的内摩擦角；

c_a——桩、土间的黏结力，kPa；

K——土的侧压力系数。

在确定土的抗剪强度指标 c、φ 时，应区分总应力法和有效应力法两种情况。而在具体确定桩侧摩阻力时，上式中计算系数的表达式又有 α 法和 β 法两种表达方法。

（1）α 法。α 法又称总应力法。对于黏性土，根据桩的试验结果，认为桩侧极限摩阻力 τ 与土的不排水抗剪强度 c_u 有关，即

$$\tau = \alpha c_u \tag{2-21}$$

式中 α——黏结力系数，与土的类别、桩的类别、设置方法及时间效应等有关。一般取 $\alpha = 0.3 \sim 1.0$，软土取小值，硬土取大值。

（2）β 法。β 法亦称有效应力法，该法认为打桩后桩周土被扰动，土的内聚力减小，故 c_a 与 $\overline{\sigma_h}\tan\delta$ 相比很小，故可略去，则式（2-20）可改写为

$$\tau = \overline{\sigma_h}\tan\delta = K\overline{\sigma_v}\tan\delta = \beta\overline{\sigma_v} \tag{2-22}$$

式中 $\overline{\sigma_h}$、$\overline{\sigma_v}$——土的水平向有效应力及竖向有效应力，kPa；

β——系数，正常固结黏性土取 $\beta = 0.25 \sim 0.4$；软黏土取 $\beta = 0.2 \sim 0.3$。

2. 桩端极限阻力的确定

计算桩端极限阻力的方法是按极限平衡理论公式即将桩视为一宽度为 d，埋深为 l 的深基础，在桩顶加载至土体发生剪切破坏时，根据所假设的桩端附近土体不同滑裂面形状，运用塑性力学中的极限平衡理论，求得地基极限荷载（即桩底极限阻力）的理论公式。桩底地基土的破坏模式较常用的有太沙基型、梅耶霍夫型、别列赞采夫型及魏西克型等。各种假设所导得的桩底地基的极限荷载公式均可归纳为式（2-23）所列的一般形式，仅有关系数不同，详见土力学书籍。

$$\sigma_R = a_c N_c c + a_q N_q \gamma h \tag{2-23}$$

式中　σ_R——桩底地基土单位面积的极限荷载，kPa；

a_c、a_q——与桩底形状有关的系数；

N_c、N_q——承载力系数，与土的内摩擦角 φ 有关；

c——地基土的内聚力，kPa；

γ——桩端平面以上土的平均容重，kN/m^3；

h——桩的入土深度，m。

在确定土的抗剪强度指标 c、φ 时，应区分总应力法和有效应力法两种情况。若桩底土层为饱和黏土，排水条件较差，常按总应力法分析，此时 $\varphi=0$，c 采用土的不饱和抗剪强度 c_u，取 $N_q=1$ 代入公式计算。对于有较好的排水条件的砂性土，可采用有效应力法分析，此时 $c=0$，$q=\gamma h$ 取桩底处有效竖向应力 $\overline{\sigma}_v$ 代入公式计算。

3. 单桩轴向极限承载力确定

按下式确定单桩极限承载力

$$P_u = u \sum_{i=1}^{n} \tau_i l_i + A\sigma_R \tag{2-24}$$

式中符号同前。

（四）按桩身结构材料强度确定单桩的轴向承载力

根据桩身结构材料强度确定单桩轴向承载力，需按照与桩身材料相应的结构设计规范，如《公路钢筋混凝土及预应力混凝土桥涵设计规范》（JTG D62—2004）、《混凝土结构设计规范》（GB 50010—2002）等，并具体结合桩结构的受力特点进行。

1. 按轴心受压构件计算

（1）对配有普通箍筋的钢筋混凝土轴心受压构件，其正截面抗压承载力计算，应符合下列规定，即

$$\gamma_0 N_d \leqslant 0.90\varphi(f_{cd}A + f'_{sd}A'_s) \tag{2-25}$$

式中　N_d——轴向力组合设计值；

φ——轴压构件稳定系数；

A——构件毛截面面积，当纵向钢筋配筋率大于 3% 时，A 应改用 $A_n=A-A'_s$；

A'_s——全部纵向钢筋的截面面积。

（2）当采用螺旋式或焊接环式间接钢筋时的钢筋混凝土轴心受压构件（如管柱与部分沉入柱），且间接钢筋的换算截面面积 A_{s0} 不小于全部纵向钢筋截面面积的 25%；间距不大于 80mm 或 $d_{cor}/5$，构件长细比 $l_p/i \leqslant 48$ 时（i 为截面最小回转半径），其正截面抗压承载力计算应符合下列规定，即

$$\gamma_0 N_d \leqslant 0.90\varphi(f_{cd}A_{cor} + f'_{sd}A_s + kf_{sd}A_{s0}) \tag{2-26}$$

$$A_{s0} = \frac{\pi d_{cor}A_{s01}}{s}$$

式中　A_{cor}——构件核心截面面积；

$\quad\quad A_{s0}$——螺旋式或焊接环式间接钢筋的换算截面面积；

$\quad\quad d_{cor}$——构件截面的核芯直径；

$\quad\quad k$——间接钢筋影响系数，混凝土强度等级 C50 及以下时，取 $k=2.0$；C50～C80，取 $k=2.0～1.70$，中间值直线插入取用；

$\quad\quad A_{s01}$——单根间接钢筋的截面面积；

$\quad\quad s$——沿构件轴线方向间接钢筋的螺距或间距。

当间接钢筋的换算截面面积、间距及构件长细比不符合要求，或按式（2-26）算得的抗压承载力小于按式（2-25）算得的抗压承载力时，不应考虑间接钢筋的套箍作用，正截面抗压承载力应按式（2-25）计算。

按式（2-26）计算的抗压承载力设计值不应大于按式（2-25）计算的抗压承载力设计值的 1.5 倍。

2. 按偏心受压构件计算

对于偏心受压的情况，可按照相应的规范要求进行计算。应该注意的是，在利用上述规范计算时，应计算偏心距增大系数 η，此时考虑纵向弯曲时桩的计算长度 l_p 仍可按表 2-14 确定。

表 2-14　　　　　　　　　　　　　　　桩 的 计 算 长 度

单桩或单排桩				多 排 桩			
桩底支承于非岩石土中		桩底嵌固于岩石内		桩底支承于非岩石土中		桩底嵌固于岩石内	
$h > \frac{4.0}{a}$	$h \geqslant \frac{4.0}{a}$	$h > \frac{4.0}{a}$	$h \geqslant \frac{4.0}{a}$	$h > \frac{4.0}{a}$	$h \geqslant \frac{4.0}{a}$	$h > \frac{4.0}{a}$	$h \geqslant \frac{4.0}{a}$
$l_p = (l_0 + h)$	$l_p = 0.7$ $\left(l_0 + \frac{4.0}{a}\right)$	$l_p = 0.7$ $(l_0 + h)$	$l_p = 0.7$ $\left(l_0 + \frac{4.0}{a}\right)$	$l_p = 0.7$ $(l_0 + h)$	$l_p = 0.5$ $\left(l_0 + \frac{4.0}{a}\right)$	$l_p = 0.5$ $(l_0 + h)$	$l_p = 0.5$ $\left(l_0 + \frac{4.0}{a}\right)$

注　a 为桩的变形系数，见后述。

《建筑桩基规范》规定：当桩顶以下 $5d$ 范围的桩身螺旋式箍筋间距不大于 100mm，且符合桩基构造要求时，其正截面受压承载力可按下式计算

$$N \leqslant \psi_c f_c A_p + 0.90 f'_y A'_s \tag{2-27}$$

式中　N——荷载效应基本组合下，桩顶轴向压力设计值；

$\quad\quad \psi_c$——基桩成桩工艺系数，混凝土预制桩、预应力混凝土空心桩取 0.85；干作业非

挤土灌注桩取 0.9；泥浆护壁和套管护壁非挤土灌注桩、部分挤土灌注桩、挤土灌注桩取 0.7～0.8；软土地区挤土灌注桩取 0.6。

计算轴心受压混凝土桩正截面受压承载力时，一般取稳定系数 $\varphi=1.0$。对于高承台基桩、桩身穿越可液化土或不排水抗剪强度小于 10kPa 的软弱土层的基桩，应考虑压屈影响，可按式（2-27）计算所得桩身正截面受压承载力乘以 φ 折减。其稳定系数 φ 可根据桩身压屈计算长度 l_c 和桩径 d 确定。

（五）其他方法

1. 按静力触探法确定单桩承载力

静力触探是将圆锥形的金属探头，以静力方式按一定的速率压入土中，借助探头的传感器，测出探头侧阻及端阻，在探测出各种土层的参数后，由所取得资料与试桩结果相比较，通过大量资料的积累与分析研究，建立经验公式确定单桩轴向承载力。测试时，可采用单桥或双桥探头。

（1）按《公路桥规》确定。根据双桥探头资料确定的单桩轴向容许承载力采用式（2-11）计算，其中 q_{ik} 和 q_{rk} 取为

$$q_{ik} = \beta_i \, \overline{q_i} \tag{2-28}$$

$$q_{rk} = \beta_r \, \overline{q_r} \tag{2-29}$$

式中 $\overline{q_i}$——桩侧第 i 层土由静力触探测得的局部侧摩阻力的平均值，kPa，当 $\overline{q_i}$ 小于 5kPa 时，采用 5kPa。

$\overline{q_r}$——桩端（不包括桩靴）标高以上和以下各 $4d$ 范围内静力触探桩端的平均值，kPa；若桩端标高以上 $4d$ 范围内桩端的平均值大于桩端标高以下 $4d$ 的桩阻平均值时，则取桩端以下 $4d$ 范围内端阻的平均值。

β_i、β_r——侧摩阻和端阻的综合修正系数，其值按下面判别标准选用相应的计算公式；当土层的 $\overline{q_r}$ 大于 2000kPa 且小于或等于 0.014 时

$$\beta_i = 5.067 \, (\overline{q_i})^{-0.45}$$

$$\beta_r = 3.975 \, (\overline{q_r})^{-0.25}$$

如不满足上述 $\overline{q_r}$ 和 $\overline{q_i}/\overline{q_r}$ 条件时，则

$$\beta_i = 10.045 \, (\overline{q_i})^{-0.55}$$

$$\beta_r = 12.064 \, (\overline{q_r})^{-0.35}$$

上述综合修正系数计算公式不适用于城市杂填土条件下的短桩；综合修正系数用于黄土地区时，应做试桩校核。

（2）按《建筑桩基规范》确定。当按双桥探头静力触探资料确定预制桩单桩竖向极限承载力标准值时，对黏性土、粉土和砂土可按下式计算

$$Q_{uk} = \mu \Sigma \, l_i \beta_i f_{si} + \alpha q_c A_p \tag{2-30}$$

式中 f_{si}——第 i 层土的探头平均侧阻力；

q_c——桩端平面上、下探头阻力，取桩端平面以上 $4d$（d 为桩径）范围内按土层厚度的探头阻力加权平均值，再和桩端平面以下 $1d$ 范围内的探头阻力进行平均；

α——桩端阻力修正系数，对黏性土、粉土取 2/3，饱和砂土取 1/2；

β_i——第 i 层土桩侧阻力综合修正系数，黏性土、粉土为 $\beta_i = 10.04\ (f_{si})^{-0.55}$，砂土为 $\beta_i = 5.05\,(f_{si})^{-0.45}$。

2. 按动测法确定

动力试桩法是应用物体振动和应力波的传播理论来确定单桩竖向承载力及检验桩身完整性的一种方法。它与传统的静载试验相比，无论在试验设备、测试效率、工作条件及试验费用等方面，均具有明显的优越性。该法可对工程桩进行大量的普查，及时找出工程桩的隐患，防止重大安全质量事故的发生。

动测法是给桩顶施加一动荷载（用冲击、振动等方式施加），量测桩土系统的相应信号，然后分析计算桩的性能和承载力。可分为高应变动测法和低应变动测法两种。

低应变动测法由于施加于桩顶的荷载远小于桩的使用荷载，难以使桩土间发生相对位移，因而只能通过应力波沿桩身的传播和反射的原理作分析，检验桩身的质量，不宜作桩承载力测试。由于低应变法具有设备轻巧、测试过程简单、价格便宜等优点，因此在我国广泛用于检测桩的质量。

高应变动测法一般以重锤敲击桩顶，使桩贯入，桩土间发生相对位移，从而测定桩的极限承载力，也可检验桩体质量和完整性。高应变动测法确定单桩承载力的方法有锤击贯入法、波动方程法和打桩公式法。详细内容可参考有关资料。

二、单桩抗拔承载力确定

承受上拔力的结构类型很多，主要有高压输电线路塔架、高耸建筑物、受地下水浮力的地下结构物（如地下室、水池、深井泵等）、水平荷载作用下出现上拔力的结构物（如叉桩）以及膨胀土地基上的建筑物等。与单桩竖向抗压荷载传递相比，对桩在竖向上拔荷载传递机理的认识现在还很不充分，其设计计算的方法还很不成熟。

（一）影响单桩抗拔承载力的因素

影响桩基抗拔承载力的因素很多，主要有：

（1）桩的几何特性。如桩长、桩断面形状及尺寸、桩端扩底情况等。

（2）桩的施工方法。不同的施工方法对地基的影响不同，导致桩侧土体性质的改变不同。

（3）桩的材料特性。如材料类型、桩身强度等。

（4）桩侧土特性。如土的类别、软硬、密实程度及土层层位等。

（5）桩上荷载特性。如桩的加载历史以及桩上拔荷载大小及其与其他荷载组合情况等。

（二）确定单桩抗拔承载力的主要方法

一般情况下，桩在承受上拔荷载后，其抗力可来自三个方面，即桩侧的摩阻力、桩重及扩大端的桩端阻力。其中对于直桩而言，桩侧摩阻力是最主要的。除桩重以外，对其他两部分阻力的发挥机理及其估算方法研究的还不够，因此，主要以抗拔静载试验确定单桩抗拔承载力。对于重要工程均应进行现场抗拔试验。对于次要工程或无条件进行现场抗拔试验时，设计时可按经验公式估算单桩抗拔承载力。

1. 单桩抗拔静载试验

单桩抗拔静载试验的设备与抗压试验相似，加载分级、测读时间及稳定标准一般可参照抗压试验慢速法进行，但试验应进行到桩的上拔量不小于 25mm。

单桩抗拔极限承载力 T_u 取上拔荷载 T 与上拔量 s 关系曲线上明显转折点对应的荷载，

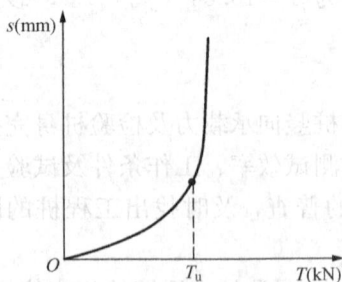

如图 2-15 所示。取安全系数 2，可确定出单桩抗拔承载力特征值 T_a。

2. 经验公式法

由于对单桩抗拔荷载传递机理的研究还不充分，一般经验公式多采用按承压桩摩阻力值打折扣并适当考虑桩体自重的有力作用来估算单桩抗拔极限承载力值，从而确定单桩轴向受拉容许承载力或单桩抗拔承载力特征值。

（1）《公路桥规》确定单桩轴向受拉容许承载力。单桩轴向受拉容许承载力可按下式计算

$$[R_t] = 0.3u \sum_{i=1}^{n} \alpha_i l_i q_{ik} \tag{2-31}$$

式中　$[R_t]$——单桩轴向受拉容许承载力，kN；

　　　u——桩身周长，m，对于等直径桩，$u = \pi d$，对于扩底桩，自桩端起算的长度 $\sum l_i \leqslant 5d$ 时，取 $u = \pi D$，其余长度均取 $u = \pi D$（其中 D 为桩的扩底直径，d 为桩身直径）。

　　　α_i——振动沉桩对各土层桩侧摩阻力的影响系数，按《公路桥规》表 5.3.3-6 采用；对于锤击，静压沉桩和钻孔桩，$\alpha_i = 1$。

计算作用于承台底面由外荷载引起的轴向力时，应扣除桩身自重值。

（2）《建筑桩基规范》确定单桩抗拔极限承载力。当群桩呈非整体破坏时，基桩的抗拔极限承载力标准值可按下式计算

$$T_{uk} = \sum \lambda_i q_{sik} u_i l_i \tag{2-32}$$

式中　T_{uk}——基桩抗拔极限承载力标准值，kN；

　　　u_i——桩身周长，对于等直径桩取 $u = \pi d$，对于扩底桩按表 2-15 取值；

　　　q_{sik}——桩侧表面第 i 层土的抗压极限侧阻力标准值，可按表 2-9 取值；

　　　λ_i——抗拔系数，可按表 2-16 取值。

表 2-15　　　　　　　　　　　　扩底桩破坏表面周长

自桩底起算的长度 l_i	$\leqslant (4 \sim 10)d$	$(4 \sim 10)d$
u_i	πD	πd

注　l_i 对于软土取低值，对于卵石、砾石取高值。

表 2-16　　　　　　　　　　　　抗　拔　系　数

自桩底起算的长度 l_i	λ 值
砂土	0.50 ~ 0.70
黏性土、粉土	0.70 ~ 0.80

注　桩长 l 与桩径 d 之比小于 20 时，λ 取小值。

当群桩呈整体破坏时，基桩的抗拔极限承载力标准值可按下式计算

$$T_{gk} = \frac{1}{n} u_l \sum \lambda_i q_{sik} u_i l_i \tag{2-33}$$

式中 u_l——桩群外围周长。

单桩抗拔承载力特征值 T_a 为

$$T_a = \frac{T_{uk}}{k} \tag{2-34}$$

式中 T_a——单桩抗拔承载力特征值，kN；

k——抗拔安全系数，一般取 $2.0 \sim 3.0$。

3. 按桩身材料强度确定单桩抗拔承载力

承受上拔荷载的桩体必须满足材料强度要求。对钢筋混凝土桩，应按受拉构件配筋，即

$$T_a = f_y A_s \tag{2-35}$$

式中 T_a——单桩抗拔承载力特征值，kN；

f_y——纵向钢筋抗拉强度，MPa；

A_s——纵向钢筋截面面积，mm^2。

对于特殊环境（如侵蚀性地下水或海水）中的混凝土桩及长期承受上拔力的桩，尚应验算抗裂安全度，验算方法见规范。

三、桩的负摩阻力

（一）负摩阻力的意义及产生原因

在一般情况下，桩受轴向荷载后，桩相对于桩侧土体作向下位移，使土对桩产生向上作用的摩阻力，称为正摩阻力，如图 2-16（a）所示。但是，当桩周土体因某种原因发生下沉，其沉降速率大于桩的下沉时，桩侧土体则相对于桩作向下位移，使土对桩产生向上作用的摩阻力，称为负摩阻力，如图 2-16（b）所示。

桩的负摩阻力的发生将使桩侧土的部分重力传递给桩，因此，负摩阻力不但不能成为桩承载力的一部分，反而成为施加在桩上的外荷载，对入土深度相同的桩，负摩阻力的产生，将使桩上的外荷载增加，桩的承载力降低，桩基础沉降加大。因此，在确定桩的承载力和桩基础设计中应予以注意。桥梁工程中，桥头路堤高填土的桥台桩基础将会使桥台台背和路堤填土间产生负摩阻力，可能使桩基础产生不均匀沉降，从而影响整个结构物的稳定性。

基桩负摩阻力产生的原因主要有：

（1）位于桩周的欠固结土或新填土在自重应力下产生固结。

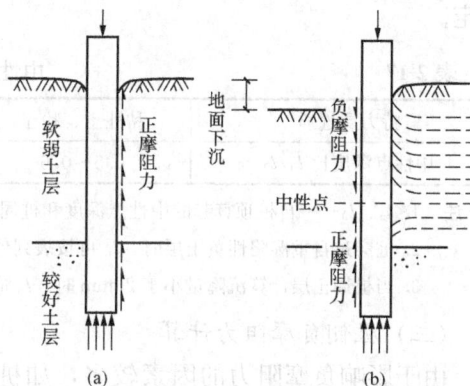

图 2-16 负摩阻力
(a) 产生正摩阻力的桩；(b) 产生负摩阻力的桩

（2）大面积地面堆载使桩周土层压密。

（3）正常固结土由于地下水位降低，致使有效应力增加，因而引起大面积沉降。

（4）在黄土、冻土中的桩，由于黄土湿陷、冻土融化产生地面下沉。

总之，当桩穿过软弱高压缩性土层而支承在坚硬的持力层上时，桩将产生负摩阻力。

（二）中性点及其位置的确定

桩身负摩阻力并不一定发生于整个软弱压缩土层中，产生负摩阻力的范围就是桩侧土层

相对于桩产生下沉的范围。由于土的沉降一般是自上而下逐渐减小的，而桩的沉降如忽略桩身的压缩变形，则近似为常量，因此，在某一深度处往往存在桩土沉降相同的点，称为中性点。在该点以上土体下沉大于桩身下沉，而在该点以下则桩身下沉大于土体下沉，即在该点上、下分别产生负、正摩阻力，在中性点处桩身轴力达到最大，如图 2-17 所示。

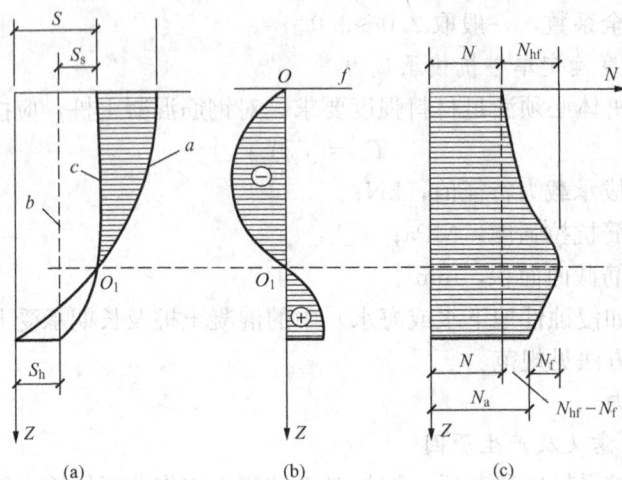

图 2-17　中性点位置

(a) 位移曲线；(b) 桩侧摩阻力分布曲线；(c) 桩身轴力分布曲线

中性点的深度 l_n 应按桩周土层沉降与桩沉降相等的条件计算确定，也可参照表 2-17 确定。

表 2-17　　　　　　　　　　　　中性点深度比 l_n/l_0

持力层性质	黏性土、粉土	中密以上砂	砾石、卵石	基岩
中性点深度比 l_n/l_0	0.5～0.6	0.7～0.8	0.9	1.0

注　1. l_n、l_0——自桩顶算起的中性点深度和桩周软弱土层下限深度；

　　2. 桩穿过自重湿陷性黄土层时，l_n 可按表列值增大 10%；

　　3. 当桩周土层计算沉降量小于 20mm 时，l_n 应按表列值乘以 0.4～0.8 折减。

（三）桩侧负摩阻力计算

由于影响负摩阻力的因素较多，如桩侧土与桩端土的变形与强度性质、土层的应力历史、桩侧土发生沉降的原因和范围及桩的类型与成桩工艺等，从理论上精确计算负摩阻力是复杂而困难的。下面介绍两种计算方法作为参考。

《建筑桩基规范》规定：中性点以上单桩桩周第 i 层负摩阻力标准值，可按下式计算

$$q_{si}^n = \xi_{ni}\sigma_i' \tag{2-36}$$

当填土、自重湿陷性黄土湿陷、欠固结土层产生固结和地下水降低时

$$\sigma_i' = \sigma_{\gamma i}' \tag{2-37}$$

当地面分布大面积荷载时

$$\sigma_i' = p + \sigma_{\gamma i}' \tag{2-38}$$

式中　σ_i'——桩周第 i 层土平均竖向有效应力，kPa；

$\sigma'_{\gamma i}$——由土自重引起的桩周第 i 层土平均竖向有效应力，桩群外围桩自地面算起，桩群内部桩自承台底算起；

p——地面均布荷载；

ξ_{ni}——桩周第 i 层土的负摩阻力系数，可按表 2-18 采用。

表 2-18 　　　　　　　　　　　　负摩阻力系数 ξ_{ni}

桩周土类	饱和软土	黏性土、粉土	砂土	自重湿陷性黄土
ξ_{ni}	0.15~0.25	0.25~0.40	0.35~0.50	0.20~0.35

注　1. 在同一类土中，对于挤土桩取表中大值，对于非挤土桩取表中小值；

　　2. 填土按其组成取表中同类土的较大值。

求得负摩阻力标准值 q_{si}^n 后，将其乘以产生负摩阻力深度范围内桩身表面积，即可得到作用于桩身上总的负摩阻力（下拉荷载）P_n，即

$$P_n = u\Sigma q_{si}^n l_i \tag{2-39}$$

式中各符号的意义同前。

国外有的学者认为，当桩穿过 15m 以上可压缩土层且地面每年下沉超过 20mm，或者为端承桩时，应计算下拉荷载 P_n，一般其安全系数可取 1.0。

（四）抵抗负摩阻力的工程措施

负摩阻力的存在对桩基的安全有不利影响，实际工程中应采取相应的措施以抵抗和减小这一不利影响，常用的方法有：

（1）套管法：利用套管隔离桩与桩侧土体，效果好，但施工复杂且费用高。

（2）涂层法：在桩身涂沥青等化合物以提高桩侧的光滑程度，此法工艺简单、造价低且效果好，适用于预制桩。

（3）扩孔法：在桩位预先做出比桩径大的孔，并在桩周灌入膨润土泥浆，适用于灌注桩。

此外，加强桩身刚度也可收到良好的效果。

第五节　单桩横轴向（水平）承载力的确定

桩的横轴向承载力是桩在与桩轴线垂直方向受力时的承载力。桩在横向力作用下仍然是从保证桩身材料和地基的稳定性与强度，以及桩顶位移满足使用要求的几个方面来分析。

一、在横轴向荷载作用下的破坏机理和特点

在横轴向荷载的作用下，桩身产生横向位移或挠曲，并与桩侧土协调变形。桩身对桩侧土产生侧向压应力，同时桩侧土反作用于桩身，产生侧向土抗力。桩土共同作用，互相影响。

桩在横向荷载作用下的工作性状和破坏机理有下列两种情况：

第一种情况：当桩径较大，入土深度较小或周围土层较松软，即桩的刚度远大于土层刚度时，由于桩的相对刚度较大，受横向荷载作用时桩身挠曲变形不明显，如同刚体一样围绕桩轴某一点转动，如图 2-18（a）所示。如果不断增大横向荷载，则可能由于桩侧土强度不够而失稳，使桩丧失承载能力或破坏。因此，基桩的横向承载力可能由桩侧土的强度及稳定

性决定。

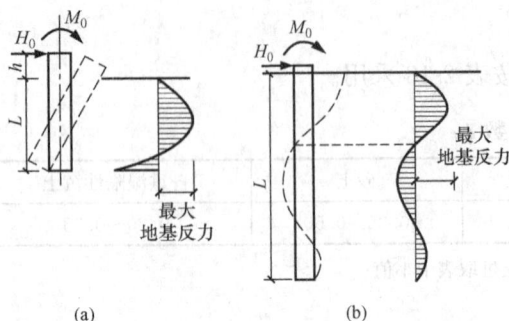

图 2-18　桩在横向力作用下变形示意图
（a）刚性桩；（b）弹性桩

第二种情况：当桩径较小，入土深度较大或周围土层较坚实，即桩的相对刚度较小时，由于桩侧土有足够大的抗力，桩身发生挠曲变形，其侧向位移随着入土深度增大而逐渐减小，以至达到一定深度后，几乎不受荷载影响。形成一端嵌固的地基梁，桩的变形呈图 2-18（b）所示的波状曲线。如果不断增大横向荷载，可使桩身在弯矩较大处发生断裂或使桩发生过大的侧向位移，超过了桩或结构物的容许变形值。因此，基桩的横向承载力将由桩身材料的抗弯强度或侧向变形条件决定。

以上是桩顶自由的情况，当桩顶受约束而呈嵌固条件时，桩的内力和位移情况及桩的横向承载力仍可由上述两种情况确定。

二、单桩横向容许承载力的确定方法

确定单桩横轴向容许承载力有水平静载试验和理论分析计算法两种途径。

（一）单桩水平静载试验

桩的水平静载试验是确定桩的横向承载力较可靠的方法。试验是在现场条件下进行，所确定的单桩水平承载力和地基土的水平抗力最符合实际情况。如果预先在桩身埋有量测元件，则可测定加载过程中桩身截面的内力和位移。

1. 试验装置

试验装置如图 2-19 所示。试验是采用千斤顶施加水平荷载，水平力作用点位置宜与实际受力点重合（地面标高应与实际工程桩基承台底面标高一致）。在千斤顶与试桩接触处宜安置一球形铰座，以保证千斤顶作用力能水平通过桩身轴线。桩的水平位移宜采用大量程百分表测量。固定百分表的基准桩宜设在试桩侧面靠位移的反方向，与试桩的净距不小于一倍的试桩直径。

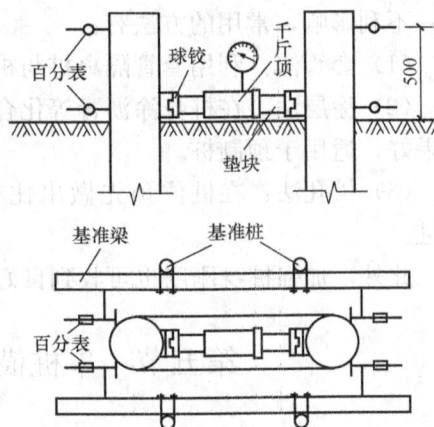

图 2-19　单桩的水平静载试验

2. 试验方法

宜采用单向多循环加卸载法和慢速连续加载法。对于个别受长期横向荷载作用的桩基也可采用慢速维持加载法进行试验。

（1）单向多循环加卸载法。这种方法可模拟基础承受反复水平荷载（风载、地震荷载、制动力和波浪冲击力等循环性荷载）。

试验加载分级，一般取预估横向极限荷载的 1/10～1/15 作为每级荷载的加载增量。根据桩径大小并适当考虑土层软硬，对于直径 300～1000mm 的桩，每级荷载增量可取 2.5～20kN。每级荷载施加后，恒载 4min 测读横向位移，然后卸载至零，停 2min 测读残余横向位移，至此完成一个加、卸载循环。5次循环后，开始加下一级荷载。当桩身折断或水平位移超过 30～40mm（软土取 40mm）时，终止试验。

（2）慢速维持加载法。试验荷载分级同上种方法。每级荷载施加后维持其恒定值，并按 5、10、15、30min…测读位移值，直至每小时位移小于 0.1mm，开始加下一级荷载。当加载至桩身折断或位移超过 30～40mm 时终止加载。卸载时按加载量的 2 倍逐级进行，每 30min 卸载一级，并于每次卸载前测读一次位移。

3. 单桩横向临界荷载与极限荷载的确定

根据试验数据可绘制荷载—时间—位移（H_0-T-U_0）曲线（图 2-20）、荷载—位移梯度 $\left(H_0 - \dfrac{\Delta U_0}{\Delta H_0}\right)$ 曲线 [图 2-21（a）]、荷载—位移（H_0-U_0）曲线 [图 2-21（b）]。据此可综合确定单桩横向临界荷载 H_{cr} 与横向极限荷载 H_u。

横向临界荷载 H_{cr} 系指桩身受拉区混凝土开裂退出工作前的最大荷载。取相应于 H_0-T-U_0 曲线出现突变点（相同荷载增量的条件下出现比前一级荷载明显增大的位移增量）的前一级荷载为横向临界荷载，或取 $H_0 - \dfrac{\Delta U_0}{\Delta H_0}$ 曲线第一直线段终点相对应的荷载为横向临界荷

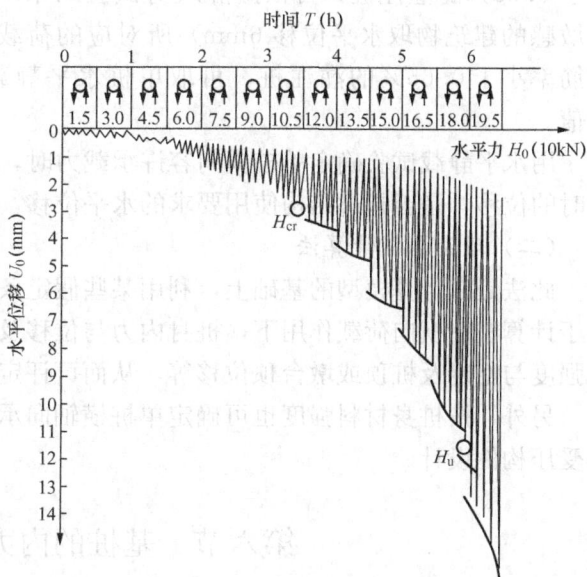

图 2-20 荷载—时间—位移（H_0-T-U_0）曲线

载，或取 H_0-U_0 曲线第一直线段终点相对应的荷载为横向临界荷载 H_{cr}，综合考虑。

横向极限荷载 H_u 系指桩身材料破坏或产生结构所能承受最大变形前的最大荷载，可取 H_0-T-U_0 曲线明显陡降（即图中位移包络线下凹）的前一级荷载作为极限荷载，或取 H_0-

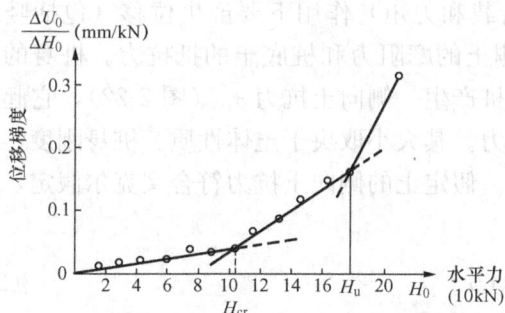

（a）

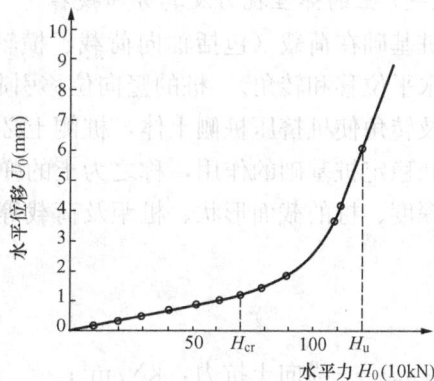

（b）

图 2-21 荷载—位移曲线

（a）荷载—位移梯度 $\left(H_0 - \dfrac{\Delta U_0}{\Delta H_0}\right)$ 曲线；（b）荷载—位移（H_0-U_0）曲线

$\frac{\Delta U_0}{\Delta H_0}$ 曲线第二直线段终点相对应的荷载作为极限荷载，或取 H_0-U_0 曲线明显陡降点的前一级荷载作为极限荷载，综合考虑。

通常将上述方法求得的极限荷载除以安全系数作为桩的横向容许承载力（水平承载力设计值），安全系数一般取 2。

《建筑桩基技术规范》规定：①对于钢筋混凝土预制桩、钢桩、桩身全截面配筋率不小于 0.65％ 的灌注桩，可根据静载荷试验结果取地面处水平位移为 10mm（对于水平位移敏感的建筑物取水平位移 6mm）所对应的荷载为单桩水平承载力设计值。②对于桩身配筋率小于 0.65％ 的灌注桩，可取单桩水平静载试验的临界荷载为单桩水平承载力设计值。

用水平静载试验确定单桩横向容许承载力时，还应注意到按上述强度条件确定的极限荷载时的位移，是否超过结构使用要求的水平位移，否则应按变形条件来控制。

（二）理论分析计算法

此法是在计算模型的基础上，利用某些假定条件得出的计算理论（如弹性地基梁理论），用于计算桩在横向荷载作用下，桩身内力与位移及桩对土的作用力，验算桩身材料和桩侧土的强度与稳定及桩顶或墩台顶位移等，从而可评定桩的横向容许承载力。

另外，按桩身材料强度也可确定单桩横轴向承载力，具体方法参见结构设计原理中的偏心受压构件设计。

第六节　基桩的内力和位移计算

关于桩在横向荷载作用下桩身内力与位移计算，国内外学者提出了许多方法。现在普遍采用的是将桩视为弹性地基上的梁，按文克尔假定（梁身任一点的土抗力和该点的位移成比例）的解法，简称弹性地基梁法。弹性地基梁的弹性挠曲微分方程的求解方法可用数值解法、差分法及有限元法。现在常用的是数值解法。

一、基本概念

（一）土的弹性抗力及其分布规律

桩基础在荷载（包括轴向荷载、横轴向荷载和力矩）作用下要产生位移（包括竖向位移、水平位移和转角）。桩的竖向位移引起桩侧土的摩阻力和桩底土的抵抗力。桩身的水平位移及转角使桩挤压桩侧土体，桩侧土必然对桩产生一侧向土抗力 σ_{zx}（图 2-22），它起抵抗外力和稳定桩基础的作用，称之为土的弹性抗力。其大小取决于土体性质、桩身刚度、桩的入土深度、桩的截面形状、桩距及荷载等因素。假定土的侧向土抗力符合文克尔假定，可表示为

$$\sigma_{zx} = Cx_z \tag{2-40}$$

式中　σ_{zx}——横向土抗力，kN/m²；

　　　C——地基系数，kN/m³；

　　　x_z——深度 z 处桩的横向位移，m。

地基系数 C 表示单位面积土在弹性限度内产生单位变形时所需施加的力。它的大小与

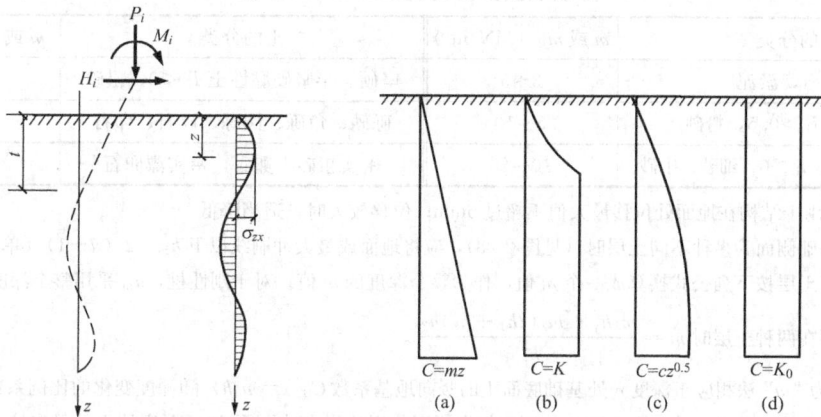

图 2-22　土抗力及地基系数的变化规律

地基土的类别、物理力学性质有关。

地基系数 C 值是通过对试桩在不同类别土质及不同深度进行实测 σ_{zx} 及 x_z 后反算得到的。大量的试验表明，地基系数 C 值不仅与土的类别及其性质有关，而且也随着深度而变化。由于实测的客观条件和分析方法不尽相同等原因，所采用的 C 值随深度的分布规律也各有不同。常采用的地基系数分布规律如图 2-22 所示的几种形式，相应产生了几种基桩内力和位移计算的方法。

1. "m" 法

假定地基系数 C 随深度成正比例地增长，即 $C=mz$，如图 2-22（a）所示，m 称为地基土比例系数（kN/m^4）。

2. "K" 法

假定地基系数 C 随深度呈折线变化即在桩身挠曲曲线第一挠曲零点 B［图 2-22（b）所示深度 t 处］以上地基系数 C 随深度增加呈凹形抛物线变化；在第一挠曲零点以下，地基系数 $C=K$（kN/m^3），不再随深度变化而为常数。

3. "C" 法

地基系数可分为两段变化，对 $\alpha h \leqslant 4.0$ 的定长桩，采用 $n=0.5$，地基系数随深度呈凸形曲线变化，$C_z=cz^{0.5}$；对换算桩长 $\alpha h>4.0$ 的桩长段，其地基系数为常数，如图 2-22（c）所示。该法是我国公路部门按与 "m" 法相同的试桩资料推求而来，其计算结果与 "m" 法基本相同。

4. "张有龄法"

假定地基系数 C 沿深度为均匀分布，不随深度而变化，即 $C=K_0$（kN/m^3）为常数，如图 2-22（d）所示。

上述四种方法均为按文克尔假定的弹性地基梁法，但各自假定的地基系数随深度分布规律不同，其计算结果也是有差异的。实测资料分析表明：宜根据土质特性来选择恰当的计算方法。本章介绍目前应用较广并列入《公路桥规》的 "m" 法。按 "m" 法计算时，地基土的比例系数 m 值可根据试验实测确定，无实测数据时可参考表 2-19 的数值选用；对于岩石地基系数 C_0，认为不随岩层面的埋藏深度而变，可参考表 2-20 采用。

表 2-19 非岩石类土的比例系数 m 和 m_0 值

土的分类	m 或 m_0（MN/m⁴）	土的分类	m 或 m_0（MN/m⁴）
流塑黏性土 $I_L>1$，淤泥	3~5	坚硬、半坚硬黏性土 $I_L<0$，粗砂	20~30
软塑黏性土 $1>I_L>0.5$，粉砂	5~10	砾砂、角砾、圆砾、碎石、卵石	30~80
硬塑黏性土 $0.5>I_L>0$，细砂、中砂	10~20	密实粗砂夹卵石，密实漂卵石	80~120

注　1. 本表用于结构在地面处位移最大值不超过 6mm；位移较大时，适当降低。

　　2. 当基础侧面为多种不同土层时（见图 2-23），应将地面或最大冲刷线以下 $h_m=2(d+1)$（单位：m）深度内的各土层按下列公式换算成一个 m 值，作为整个深度的 m 值。对于刚性桩，h_m 采用整个深度 h，当 h_m 深度内存在两种土层时 $m=\dfrac{m_1h_1^2+m_2(2h_1+h_2)h_2}{h_m^2}$。

　　3. m_0 为"m"法相应于深度 h 处基础底面土的竖向地基系数 C_0（$=m_0h$）随深度变化的比例系数，可按表 2-18 选用，当 $h\leqslant10m$ 时，$C_0=10m_0$，因为根据研究分析认为自地面至 10m 深度处土的竖向抗力几乎没有什么变化，所以 $C_0=10m_0$；当 $h>10m$ 时，土的竖向抗力几乎与水平抗力相等，所以 10m 深度以下取 $C_0=m_0h=mh$。

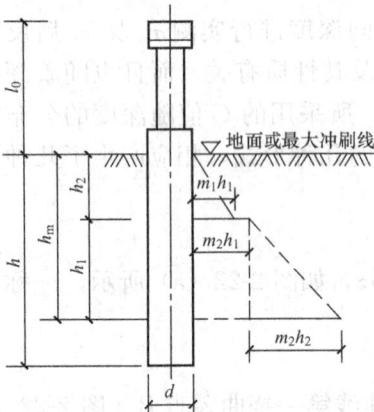

图 2-23　比例系数 m 的换算

表 2-20　岩石地基系数 C_0 值

R_a（MPa）	C_0（MN/m³）
1	3×10^2
25	150×10^2

（二）单桩、单排桩及多排桩

所谓单桩、单排桩是指在与水平外力 H 作用面相垂直的平面上，由单根或多根桩组成的单根（排）桩的桩基础，如图 2-24（a）、（b）所示，对于单桩来说，上部荷载全部由它承担。

对于单排桩［如图 2-25（a）所示桥墩］

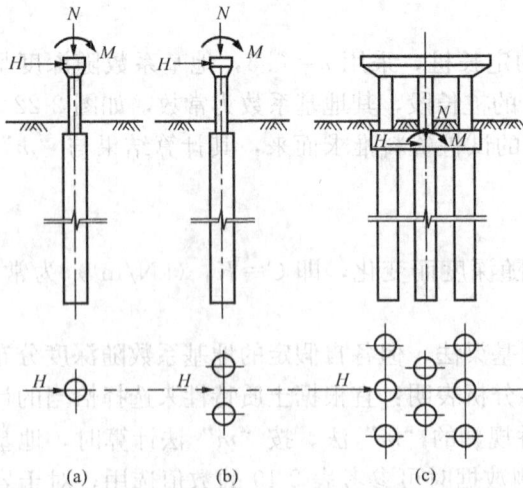

图 2-24　单桩、单排桩及多排桩

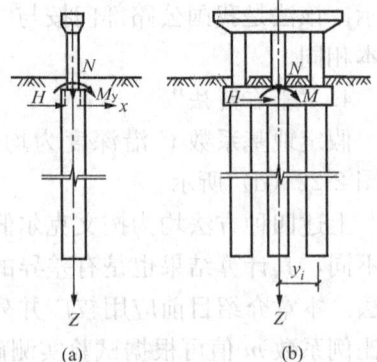

图 2-25　单排桩的计算

作纵向验算时，若作用于承台底面中心的荷载为 N、H、M，当 N 在承台横桥向无偏心时，则可以假定荷载平均分配在各桩上，作用在各根桩顶的竖向荷载 P_i、水平荷载 Q_i、弯矩 M_i 值可按下式计算

$$P_i = \frac{N}{n}, Q_i = \frac{H}{n}, M_i = \frac{M}{n} \tag{2-41}$$

式中 n——桩的根数。

当竖向力 N 在承台横桥向有偏心距 e 时，如图 2-25（b）所示，此时每根桩上的竖向作用力可按偏心受压计算，因此单桩及单排桩每根桩顶作用力可按下式计算。此后，即以单桩形式计算单桩的内力。

$$P_i = \frac{N}{n} \pm \frac{Ney_i}{\Sigma y_i^2}, Q_i = \frac{H}{n}, M_i = \frac{M}{n} \tag{2-42}$$

式中 y_i——第 i 根桩的中心至承台中心的距离。

多排桩［图 2-24（c）］指在水平外力作用平面内有二根以上的桩的桩基础（对单排桩作横桥向验算时也属此情况），不能直接应用上述公式计算各桩顶作用力，须应用结构力学方法计算（见后述）。

（三）桩的计算宽度

由试验研究分析得出，桩在水平外力作用下，除了桩身宽度范围内桩侧土受挤压外，在桩身宽度以外的一定范围内的土体都受到一定程度的影响（空间受力），且对不同截面形状的桩，土受到的影响范围大小也不同。为了将空间受力简化为平面受力，并综合考虑桩的截面形状及多排桩桩间的相互遮蔽作用，将桩的设计宽度（直径）应换算成相当于实际工作条件下矩形截面桩的宽度 b_1，b_1 称为桩的计算宽度。桩的计算宽度可按下式计算：

当 $d \geq 1.0\text{m}$ 时

$$b_1 = kk_f(d+1) \tag{2-43}$$

当 $d < 1.0\text{m}$ 时

$$b_1 = kk_f(1.5d + 0.5) \tag{2-44}$$

对单排桩或 $L_1 \geq 0.6h_1$ 的多排桩，$k = 1.0$；

对 $L_1 < 0.6h_1$ 的多排桩，$k = b_2 + \frac{1-b_2}{0.6} \times \frac{L_1}{h_1}$

式中 b_1——桩的计算宽度，m，$b_1 \leq 2d$；

d——桩径或垂直于水平外力作用方向桩的宽度，m。

k_f——桩形状换算系数，视水平力作用面（垂直于水平力作用方向）而定，圆形或圆端截面 $k_f = 0.9$；矩形截面 $k_f = 1.0$；对圆端形与矩形组合截面 $k_f = \left(1 - 0.1\frac{a}{d}\right)$（图 2-26）。

k——平行于水平力作用方向的桩间互相影响系数。

L_1——平行于水平力作用方向的桩间净距（图 2-27）；梅花形布桩时，若相邻两排桩中心距 c 小于（$d+1$）时，可按水平力作用面各桩间的投影距离计算（图 2-28）。

h_1——地面或局部冲刷线以下桩的计算埋入深度，可取 $h_1 = 3（d+1）$，但不得大于地面或局部冲刷线以下桩入深度 h（图 2-27）。

b_2——与平行水平力作用方向的一排桩的桩数 n 有关的系数，当 $n=1$ 时，$b_2=$
1.0；$n=2$ 时，$b_2=0.6$；$n=3$ 时，$b_2=0.5$；$n\geq4$ 时，$b_2=0.45$。

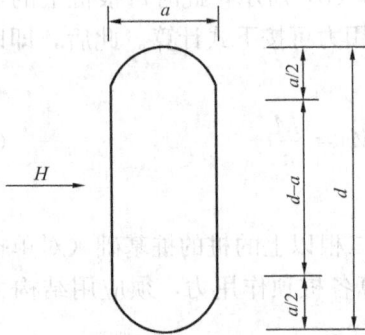

图 2-26　计算圆端形与
矩形组合截面 k_f 值示意图

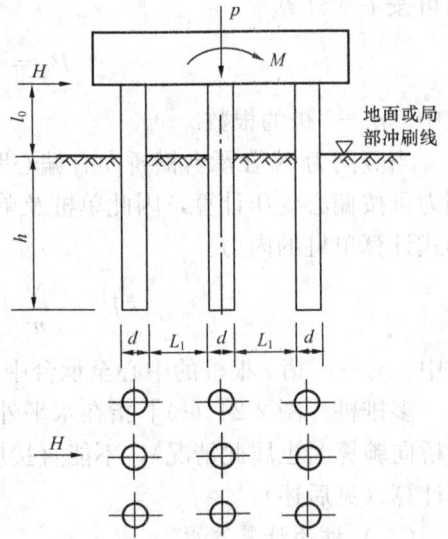

图 2-27　计算 k 值时桩基示意图

在桩平面布置中，若平行于水平力作用方向的各排桩数量不等，且相邻（任何方向）桩
间中心距等于或大于（$d+1$），则所验算各桩可取同一个桩间影响系数 k，其值按桩数量最
多的一排选取。此外，若垂直于水平力作用方向上有 n 根桩时，计算宽度取 nb_1，但须满足
$nb_1\leq B+1$ [B 为 n 根桩垂直于水平力作用方向的外边缘距离，以米计（见图 2-29）]。

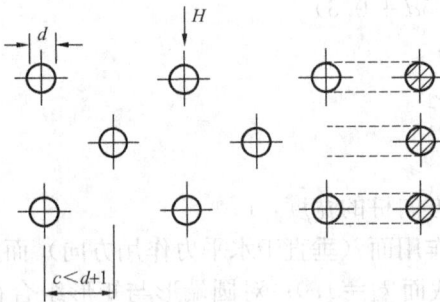

图 2-28　梅花形示意图

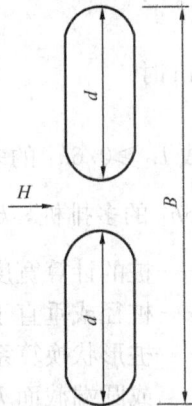

图 2-29　单桩宽度计算示意

（四）刚性桩与弹性桩

为了计算简便，按照桩与土的相对刚度，将桩分为刚性桩和弹性桩。当桩的入土深度
$h>\dfrac{2.5}{\alpha}$ 时，桩的相对刚度较小，必须考虑桩的实际刚度，按弹性桩考虑，桥梁桩基多属
弹性桩。其中 α 为桩的变形系数，$\alpha=\sqrt[5]{\dfrac{mb_1}{EI}}$。当桩的入土深度 $h\leq\dfrac{2.5}{\alpha}$ 时，桩的相对刚度较

大，按刚性桩考虑。

基桩内力和变形计算简化为一个弹性地基梁来计算，属于超静定结构，所以在计算土中基础变形系数 α 时的 EI 值应取用 $0.8E_cI$，其中 E_c 为桩的混凝土抗压弹性模量，I 为桩的毛截面惯性矩。

二、"m"法弹性单排桩基桩内力和位移计算

如前所述，弹性地基梁"m"法的基本假定是认为桩侧土为文克尔离散线性弹簧，不考虑桩土之间的黏着力和摩阻力，桩作为弹性构件考虑，当桩受到水平外力作用后，桩土协调变形，任一深度 z 处所产生的桩侧土水平抗力与该点水平位移 x_z 成比例，即 $\sigma_{zx}=Cx_z$，且地基系数 C 随深度成正比增长即 $C=mz$。

（一）基本公式推导

在公式推导和计算时，取图 2-30 和图 2-31 所示的坐标系统，对力和位移的符号作如下规定，横向位移顺 x 轴正方向为正值，转角逆时针方向为正值，弯矩当左侧纤维受拉时为正值，横向力顺 x 轴方向为正值。

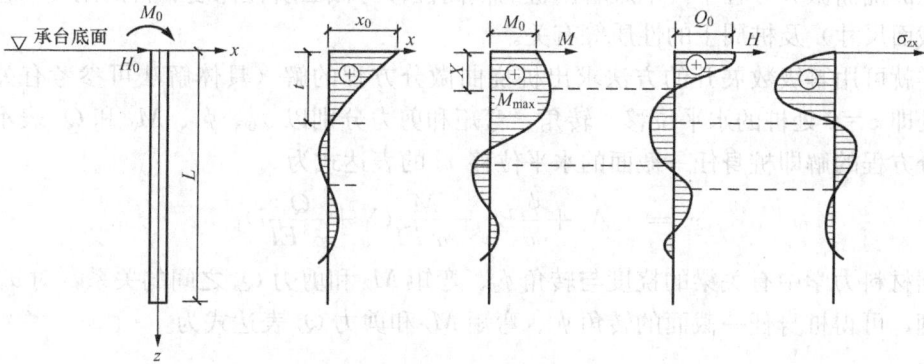

图 2-30　桩身受力图示

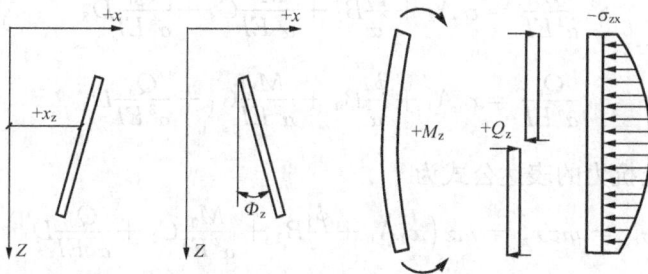

图 2-31　力与位移的符号规定

桩顶若与地面平齐（$z=0$），且已知桩顶作用有水平荷载 Q_0 及弯矩 M_0，此时桩将发生弹性挠曲，桩侧土将产生横向土抗力 σ_{zx}，如图 2-31 所示。从材料力学可知，梁轴的挠度和梁上分布荷载之间的关系，即梁的挠曲微分方程为

$$EI \frac{\mathrm{d}^4 x}{\mathrm{d}z^4} = -q \tag{2-45}$$

由此可以得到图 2-26 所示桩的挠曲微分方程为

$$EI \frac{\mathrm{d}^4 x_z}{\mathrm{d}z^4} = -q = -\sigma_{zx} b_1 = -m z x_z b_1$$

式中 E、I——桩的弹性模量及截面惯性矩；

σ_{zx}——桩侧土抗力，$\sigma_{zx} = C x_z = m z x_z$，$C$ 为地基系数；

b_1——桩的计算宽度；

x_z——桩在深度 z 处的横向位移（即桩的挠度）。

将上式整理得

$$\frac{\mathrm{d}^4 x_z}{\mathrm{d}z^4} + \frac{m b_1}{EI} z x_z = 0$$

或

$$\frac{\mathrm{d}^4 x_z}{\mathrm{d}z^4} + \alpha^5 z x_z = 0 \tag{2-46}$$

式中 α——桩的变形系数，$\alpha = \sqrt[5]{\dfrac{m b_1}{EI}}$；其余符号同上。

从桩的挠曲微分方程中，不难看出桩的横向位移与截面所在深度、桩的刚度（包括桩身材料和截面尺寸）及桩周土的性质等有关。

这样就可用幂级数展开的方法求出桩挠曲微分方程的解（具体解法可参考有关专著）。若地面处即 $z=0$ 处桩的水平位移、转角、弯矩和剪力分别以 x_0、ϕ_0、M_0 和 Q_0 表示，则桩挠曲微分方程的解即桩身任一截面的水平位移 x_z 的表达式为

$$x_z = x_0 A_1 + \frac{\phi_0}{\alpha} B_1 + \frac{M_0}{\alpha^2 EI} C_1 + \frac{Q_0}{\alpha^3 EI} D_1 \tag{2-47a}$$

根据材料力学中有关梁的挠度与转角 ϕ_z、弯矩 M_z 和剪力 Q_z 之间的关系，对 x_z 求导计算、整理，可得桩身任一截面的转角 ϕ_z、弯矩 M_z 和剪力 Q_z 表达式为

$$\frac{\phi_z}{\alpha} = x_0 A_2 + \frac{\phi_0}{\alpha} B_2 + \frac{M_0}{\alpha^2 EI} C_2 + \frac{Q_0}{\alpha^3 EI} D_2 \tag{2-47b}$$

$$\frac{M_z}{\alpha^2 EI} = x_0 A_3 + \frac{\phi_0}{\alpha} B_3 + \frac{M_0}{\alpha^2 EI} C_3 + \frac{Q_0}{\alpha^3 EI} D_3 \tag{2-47c}$$

$$\frac{Q_z}{\alpha^3 EI} = x_0 A_4 + \frac{\phi_0}{\alpha} B_4 + \frac{M_0}{\alpha^2 EI} C_4 + \frac{Q_0}{\alpha^3 EI} D_4 \tag{2-47d}$$

同时可得桩侧土抗力的表达公式为

$$\sigma_{zx} = m z x_z = m z \left(x_0 A_1 + \frac{\phi_0}{\alpha} B_1 + \frac{M_0}{\alpha^2 EI} C_1 + \frac{Q_0}{\alpha^3 EI} D_1 \right) \tag{2-47e}$$

以上公式中的 A_1、B_1、$\cdots$、D_4 为 16 个无量纲系数，《公路桥规》已根据不同的换算深度 $\bar{z} = \alpha z$ 制成表格，可以求算桩的内力、位移和土抗力。

以上公式中均含有 x_0、ϕ_0、M_0 和 Q_0 这四个参数。其中 M_0、Q_0 可由已知的桩顶受力情况确定，而另外两个参数 x_0、ϕ_0，则需根据桩底边界条件确定。由于不同类型桩的桩底边界条件不同，这就需要根据不同的边界条件求解 x_0、ϕ_0。

（二）x_0、ϕ_0 的计算

1. 桩底为非岩石类土或支撑在基岩面上

（1）桩底受力情况分析（图 2-32）。

桩底为非岩石类土或支撑在基岩面上，桩底将产生水平位移 x_h 和转角 ϕ_h，使桩底处产生竖向位移（压缩变形）$x\phi_h$，竖向地基系数为 C_0，则有

$$dN_x = x \cdot \phi_h \cdot C_0 \cdot dA \qquad (2\text{-}48)$$

其桩底总弯矩 M_h 为

$$M_h = \int_{A_0} x dN_x = -\int_{A_0} x \cdot x \cdot \phi_h \cdot C_0 dA_0$$

$$= -\phi_h C_0 \int_{A_0} x^2 dA_0 = -\phi_h C_0 I_0 \qquad (2\text{-}49)$$

式中 A_0——桩底面积；

I_0——桩底面积对其重心轴的惯性矩；

C_0——基底土的竖向地基系数，$C_0 = m_0 h$。

此外，由于忽略桩与桩底土之间的摩阻力，所以认为 $Q_h = 0$，即为另一个边界条件。

（2）单位"力"作用在地面或局部冲刷线处桩柱在该处产生的变位计算。

1）当仅有 $Q_0 = 1$ 作用时（图 2-33）。根据式（2-47b）代入桩的边界条件得

$$\frac{\phi_h}{\alpha} = x_0 A_2 + \frac{\phi_0}{\alpha} B_2 + \frac{1}{\alpha^3 EI} D_2 \qquad (2\text{-}50)$$

根据式（2-47c）代入桩的边界条件得

$$\frac{M_h}{\alpha^2 EI} = x_0 A_3 + \frac{\phi_0}{\alpha} B_3 + \frac{1}{\alpha^3 EI} D_3 \qquad (2\text{-}51)$$

根据桩底边界条件 $M_h = -\phi_h C_0 I_0$ 及 $Q_h = 0$，即可解出 x_0、ϕ_0，且 $x_0 = \delta_{QQ}^{(0)}$，$\phi_0 = -\delta_{MQ}^{(0)}$，得

$$\delta_{QQ}^{(0)} = \frac{1}{\alpha^3 EI} \cdot \frac{(B_3 D_4 - B_4 D_3) + K_h (B_2 D_4 - B_4 D_2)}{(A_3 B_4 - A_4 B_3) + K_h (A_2 B_4 - A_4 B_2)} \qquad (2\text{-}52)$$

$$\delta_{MQ}^{(0)} = \frac{1}{\alpha^2 EI} \cdot \frac{(A_3 D_4 - A_4 D_3) + K_h (A_2 D_4 - A_4 D_2)}{(A_3 B_4 - A_4 B_3) + K_h (A_2 B_4 - A_4 B_2)} \qquad (2\text{-}53)$$

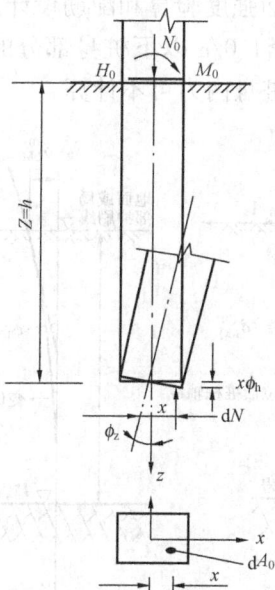

图 2-32 桩底受力情况图

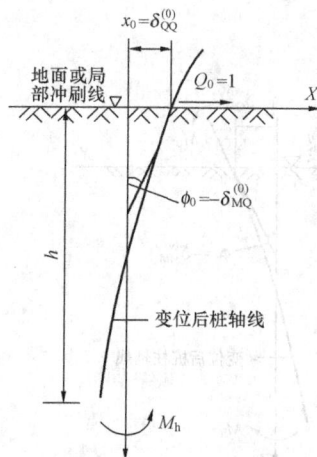

图 2-33 $Q_0 = 1$ 时桩的变位示意

2）当仅有 $M_0=1$ 作用时（图 2-34）。此时 $\phi_0=\delta_{MM}^{(0)}$、$x_0=\delta_{QM}^{(0)}$，用上述类似的方法得到

$$\delta_{MM}^{(0)}=\frac{1}{\alpha EI}\cdot\frac{(A_3C_4-A_4C_3)+K_h(A_2C_4-A_4C_2)}{(A_3B_4-A_4B_3)+K_h(A_2B_4-A_4B_2)} \tag{2-54}$$

$$\delta_{QM}^{(0)}=\delta_{MQ}^{(0)} \tag{2-55}$$

其中 $K_h=\dfrac{C_0I_0}{\alpha EI}$ 表示桩柱底面土因桩底转动而产生的竖向土抗力对 $\delta_{QQ}^{(0)}$、$\delta_{QM}^{(0)}=\delta_{MQ}^{(0)}$、$\delta_{MM}^{(0)}$ 的影响系数。当桩底置于非岩石类土上，且 $\alpha h\geqslant2.5$；或置于岩石上，且 $\alpha h\geqslant3.5$ 时，K_h 影响很小，可令 $K_h=0$。

2. 桩底嵌入基岩内

由于桩底嵌入基岩内一定深度，此时认为桩底因嵌固无水平位移和转角，即桩底边界条件为：$x_h=0$，$\phi_h=0$。仍然利用上面介绍的类似方法得到单位"力"作用在地面或局部冲刷线处图 2-35，桩柱在该处产生的变位计算式为

$$\delta_{QQ}^{(0)}=\frac{1}{\alpha^3 EI}\cdot\frac{(B_2D_1-B_1D_2)}{(A_2B_1-A_1B_2)} \tag{2-56}$$

$$\delta_{QM}^{(0)}=\delta_{MQ}^{(0)}=\frac{1}{\alpha^2 EI}\cdot\frac{(A_2D_1-A_1D_2)}{(A_2B_1-A_1B_2)} \tag{2-57}$$

$$\delta_{MM}^{(0)}=\frac{1}{\alpha EI}\cdot\frac{(A_2C_1-A_1C_2)}{(A_2B_1-A_1B_2)} \tag{2-58}$$

3. x_0、ϕ_0 计算

在 Q_0、M_0 作用下，地面线或局部冲刷线处桩的变位 x_0、ϕ_0 计算如下

$$x_0=Q_0\delta_{QQ}^{(0)}+M_0\delta_{QM}^{(0)} \tag{2-59}$$

$$\phi_0=-[Q_0\delta_{MQ}^{(0)}+M_0\delta_{MM}^{(0)}] \tag{2-60}$$

计算得 x_0、ϕ_0 后，即可求得桩身任意截面的内力和变位。

在实际应用中，主要计算桩身各截面弯矩，并绘制出弯矩沿深度的分布图（M_z-Z 图），从中找出最大弯矩截面位置及相应的 M_{max} 值，进行桩身截面强度验算和配筋设计。

计算表明，桩身在地面或局部冲刷线以下入土深度 $h\geqslant4.0/\alpha$ 以下桩身部分的内力 M_z、Q_z 均已很小（接近为零），所以规范规定，$h\geqslant4.0/\alpha$ 以下桩身内力可不计算。

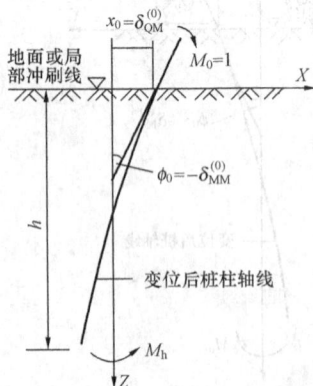

图 2-34　$M_0=1$ 时桩的变位示意

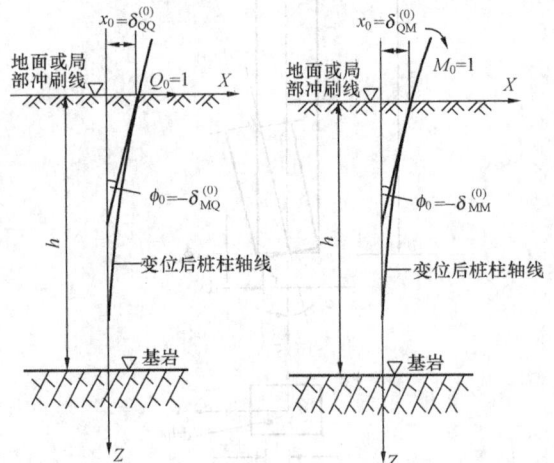

图 2-35　桩底嵌入基岩内时桩的变位

（三）桩端最大压应力验算

$$P_{\min}^{\max} = \frac{N_{hk}}{A_0} \pm \frac{M_{hk}}{W_0} \leqslant q_r（钻孔桩）\quad 或 \ \alpha_r q_{rk}（沉入桩） \tag{2-61}$$

式中　$P_{\min}^{\max}$——桩端最大、最小压应力；

$\quad\quad N_{hk}$——桩底面的轴向力标准值，对于非岩石类地基，$N_{hk} = P_k + G_k - T_k$；对于岩石类地基，$N_{hk} = P_k + G_k$；

$\quad\quad P_k$——桩柱顶面处轴向力标准值；

$\quad\quad G_k$——全部桩柱自重，对非岩石类地基钻（挖）孔桩，局部冲刷线以下部分为桩身自重减去置换土重（当桩重计入浮重时，置换土重也计入浮重）；

$\quad\quad T_k$——局部冲刷线以下桩侧面土的摩阻力标准值总和；

$\quad\quad M_{hk}$——桩底弯矩，令 $z = h$ 由式（2-47c）求得，当 $\alpha h \geqslant 4$ 时，取 $M_{hk} = 0$；

$\quad A_0$、W_0——桩端面积及面积抵抗矩；

$\quad\quad q_r$——桩端处土的承载力容许值，kPa，按《公路桥规》第 5.3.3 条规定计算；

$\quad\quad q_{rk}$——桩端处土的承载力标准值，kPa，按《公路桥规》表 5.3.3-5 取用；

$\quad\quad \alpha_r$——沉桩柱底承载力的影响系数，按《公路桥规》表 5.3.3-6 取用。

此外，对置于非岩石类土或岩石面上 $\alpha h > 3.5$，以及嵌入岩石中 $\alpha h > 4$ 的桩，认为桩底压力均匀分布，可不验算桩端土的压应力，但须满足单桩受压容许承载力要求。对支撑在基岩石面上的桩，当 $e > \rho$ 时（e 为荷载偏心矩，ρ 为桩底面核心半径），应考虑桩底的压力重分布；对嵌入基岩中的桩应验算嵌固处截面强度。

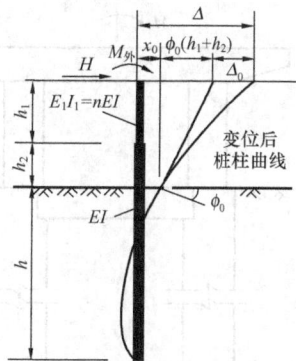

图 2-36　桩顶位移计算

（四）桩柱顶水平位移计算

一般在地面或局部冲刷线以上都有一段桩柱长度（图 2-36）。当计算得桩柱在地面或局部冲刷线处截面的水平位移 x_0 和转角 ϕ_0 后，则可用下式计算桩柱顶的水平位移 Δ 为

$$\Delta = x_0 - \phi_0(h_1 + h_2) + \Delta_0 \leqslant [\Delta] \tag{2-62}$$

$$\Delta_0 = \frac{H}{E_1 I_1}\left[\frac{1}{3}(nh_2^3 + h_1^3) + nh_2 h_1(h_1 + h_2)\right] + \frac{M_{外}}{2E_1 I_1}\left[h_1^2 + nh_2(2h_1 + h_2)\right] \tag{2-63}$$

式中　h_1——在地面或局部冲刷线上桩柱上段长度；

$\quad\quad h_2$——在地面或局部冲刷线上桩柱下段长度；

$\quad\quad \Delta_0$——将桩柱视为在地面或局部冲刷线处弹性嵌固，由桩柱顶荷载 H、$M_{外}$ 作用引起的柱顶弹性挠曲位移；

$\quad E_1 I_1$——桩柱上段的弹性模量和惯性矩的乘积；

$\quad\quad n$——桩柱上段与下段的刚度比，$n = E_1 I_1 / EI$。

（五）弹性单桩、单排桩设计计算步骤

（1）单桩、单排桩基础的初步设计方案拟订。根据上部结构的类型、荷载标准、水文地质资料、施工技术条件等情况综合分析考虑，初步拟定桩直径、材料、根数及排列布置，柱顶和桩顶标高等。

（2）单桩所受外荷载的分配。要注意单桩轴向容许承载力验算（确定桩长）时所受轴向

力 P_i 与进行桩身内力和变位计算时的 M_i、H_i 分配不是同一种作用布置组合。

（3）单桩轴向容许承载力的验算。根据地质条件桩长可确定时，直接进行单桩轴向容许承载力验算；当根据地质条件桩长不可确定时，可按单桩轴向容许承载力公式反算桩长。

（4）参数计算。计算确定 m、b_1、EI，然后计算土中基础变形系数 α，并判断是刚性桩还是弹性桩。

（5）桩身内力计算。按照 Q_0、$M_0 \to \delta_{QQ}^{(0)}$、$\delta_{QM}^{(0)} = \delta_{MQ}^{(0)}$、$\delta_{MM}^{(0)} \to x_0$、$\phi_0 \to M_z \to$ 绘制 M_z-Z 图的顺序进行内力计算（包括确定最大弯矩截面相对应的轴向力）。

（6）桩柱端最大压应力验算。

（7）桩柱顶水平位移验算。

（8）桩身强度验算与配筋设计。

三、单排桩算例

（一）基本设计资料

河床标高为 78.32m，桩顶与河床平齐，一般冲刷线标高为 75.94m，局部冲刷线标高为 73.62m。

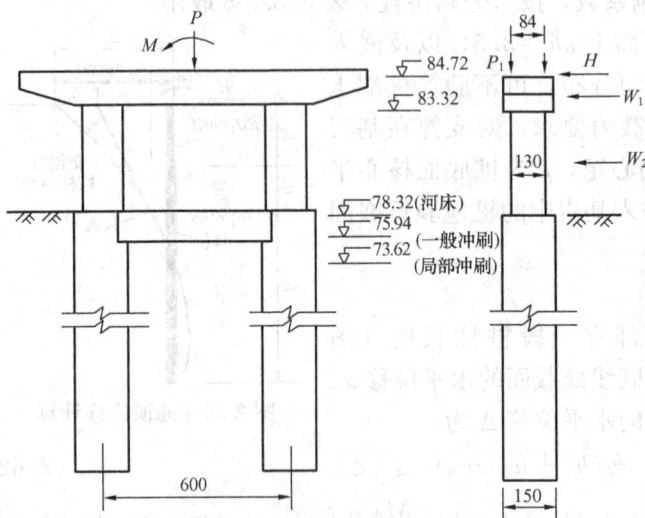

图 2-37　双柱式墩计算简图

地基土为中密砂砾土，地基土比例系数 $m = 10\ 000\text{kN/m}^4$；地基土极限摩阻力 $\tau = 60\text{kPa}$；地基容许承载力 $[\sigma] = 400\text{kPa}$，内摩擦角 $\phi = 20°$，土的浮重度 $\gamma' = 11.80\text{kN/m}^3$。

（二）墩柱及桩的尺寸

采用双柱式墩（图 2-37）。墩帽盖梁顶标高为 84.72m，墩柱顶标高为 83.32m；柱顶标高为 78.32m。墩柱直径 1.30m；桩的直径 1.50m。桩身用 C20 混凝土，其受压弹性模量 $E_h = 2.6 \times 10^7\text{kPa}$。

（三）荷载计算

上部结构为 30m 预应力钢筋混凝土 T 形梁，桥面净宽 $9\text{m} + 2 \times 0.75\text{m}$，设计汽车荷载为公路 I 级，人群荷载标准值为 3.0kN/m^2。以顺桥向计算为例：

双跨结构重力	$P_1 = 1468.00\text{kN}$	
盖梁自重反力	$P_2 = 264.60\text{kN}$	
一根墩柱自重	$P_3 = 165.92\text{kN}$	
系梁自重反力	$P_4 = 67.50\text{kN}$	
每一延米桩重	$q = 26.51\text{kN/m}$	（已考虑浮力）
两跨双列汽车荷载反力	$P_5 = 1184.84\text{kN}$	（考虑横桥向偏心影响，计算桩长用，取大值）
两跨人群荷载反力	$P_6 = 67.49\text{kN}$	
单跨双列汽车荷载反力	$P_7 = 281.10\text{kN}$	（考虑横桥向偏心影响，计算内力用，取小值）

单跨人群荷载反力　　　　　$P_8 = 32.81\text{kN}$

单跨双列汽车荷载弯矩　　　$M_1 = 118.06\text{kN·m}$

单跨人群荷载弯矩　　　　　$M_2 = 13.78\text{kN·m}$

水平制动力 $H_1 = 82.5\text{kN}$，制动力弯矩 $M_3 = 528\text{kN·m}$

风力水平力 $H_2 = 10.70\text{kN}$，风力弯矩 $M_4 = 44.24\text{kN·m}$

（四）桩长计算

由于地基土土层单一，根据地质情况桩长不可定，按单桩轴向容许承载力公式反算桩长。采用基本组合，除考虑永久作用外，还考虑汽车效应和人群荷载效应。

假设该桩埋入局部冲刷线以下深度为 h，一般冲刷线以下深度为 h_1，则

$$P = [P] = \frac{1}{2}U\Sigma l_i\tau_i + \lambda m_0 A\{[\sigma_0] + K_2\gamma_2(h_1 - 3)\}$$

其中，P 为一根桩所受全部外荷载，局部冲刷线以下桩重一半作为外荷载计，即

$$P = P_1 + P_2 + P_3 + P_4 + P_5 + l_0 q + \frac{1}{2}qh$$

$$= 1468.00 + 264.60 + 165.92 + 67.50 + 1184.84 + 67.49 + 26.51 \times 4.7 + \frac{1}{2} \times 26.51 \times h$$

$$= 3342.95 + 13.26h$$

计算 $[P]$ 时各参数如下取值：

桩的设计直径为 1.50m，冲抓锥成孔直径为 1.60m，桩周长 $U = 5.03\text{m}$，$A = 1.77\text{m}^2$，$\lambda = 0.7$，$m_0 = 0.8$，$K_2 = 3$，$[\sigma] = 400\text{kPa}$，$\gamma = 11.80\text{kN/m}^2$，则

$$[P] = \frac{1}{2} \times 5.03 \times 60 \times h + 0.7 \times 0.8 \times 1.77[400 + 3 \times 11.80 \times (h + 2.32 - 3)]$$

$$= 185.99h + 372.62$$

$$3342.95 + 13.26h = 185.99h + 372.62$$

$$h = 17.20\text{m}$$

取 $h = 17.50\text{m}$，桩底标高为 56.12m。

（五）桩身内力及变位计算

1. 局部冲刷线处 P_0、H_0、M_0 计算

汽车按一跨布荷考虑，由于内力是按承载能力极限状态下作用基本组合的效应组合计算，除汽车荷载效应外还考虑人群荷载、汽车制动力、风荷载的可变效应，即

$$\gamma_0 S_{\text{ud}} = \gamma_0\Big[\sum_{i=1}^{m}\gamma_{Gi}S_{Gik} + \gamma_{Q_1}S_{Q_1k} + \psi_c\sum_{j=2}^{n}\gamma_{Qj}S_{Qjk}\Big]$$

其中，$\gamma_{Gi} = 1.2$，$\gamma_{Q_1} = 1.4$，组合中除汽车荷载外，还包括人群、制动力、风荷载三项可变作用，$\psi_c 0.6$，$\gamma_{Qj} = 1.4$（但风荷载 $\gamma_{Qj} = 1.1$），P_0 计算时汽车荷载取用横桥向非偏心方向竖向力。

$$P_0 = 1.2 \times (1468.00 + 264.60 + 165.92 + 67.50 + 26.51 \times 4.7) + 1.4 \times 281.10$$

$$+ 0.6 \times 1.4 \times 32.81 = 2929.84\text{kN}$$

$$H_0 = 0.6 \times (1.4 \times 82.5 + 1.1 \times 10.70) = 76.36\text{kN}$$

$$M_0 = 1.4 \times 118.06 + 0.6 \times (1.4 \times 13.78 + 1.4 \times 528 + 1.4 \times 82.5 \times 4.7 + 1.1 \times 44.24$$
$$+ 1.1 \times 10.7 \times 4.7) = 1008.48\text{kN} \cdot \text{m}$$

2. 桩的各参数确定及 α 计算

确定桩的计算宽度　　　　　$b_1 = k k_f (d+1) = 1 \times 0.9 \times (1.5+1) = 2.25\text{m}$

地基土比例系数　　　　　　$m = 10\,000\text{kN/m}^4$

桩身截面惯性矩　　　　　　$I = 0.049 \times 1.5^4 = 0.248\text{m}^4$

计算土中基础变形系数，为弹性桩，即

$$\alpha = \sqrt[5]{\frac{mb_1}{EI}} = \sqrt[5]{\frac{10\,000 \times 2.25}{0.67 \times 2.6 \times 10^7 \times 0.248}} = 0.349\text{m}^{-1}$$

$$\alpha h = 0.349 \times 17.50 = 6.11 > 2.5，为弹性桩。$$

3. 单位"力"作用在局部冲刷线外，桩柱在该处产生变位计算

$$\delta_{QQ}^{(0)} = \frac{1}{\alpha^3 EI} \times \frac{B_3 D_4 - B_4 D_3}{A_3 B_4 - A_4 B_3} = \frac{2.441}{0.349^3 \times 0.432 \times 10^7} = 0.133 \times 10^{-4}\text{m} \cdot \text{kN}^{-1}$$

$$\delta_{MQ}^{(0)} = \delta_{QM} = \frac{1}{\alpha^2 EI} \times \frac{B_3 D_4 - B_4 D_3}{A_3 B_4 - A_4 B_3} = \frac{1.625}{0.349^2 \times 0.432 \times 10^7} = 0.031 \times 10^{-4}\text{kN}^{-1}$$

$$\delta_{MM}^{(0)} = \frac{1}{\alpha EI} \times \frac{A_3 C_4 - A_4 C_3}{A_3 B_4 - A_4 B_3} = \frac{1.751}{0.349^2 \times 0.432 \times 10^7} = 0.011\,6 \times 10^{-4}\ (\text{kN} \cdot \text{m})^{-1}$$

4. 局部冲刷线处桩柱变位计算

$$x_0 = H_0 \delta_{QQ}^{(0)} + M_0 \delta_{QM}^{(0)} = 76.36 \times 0.133 \times 10^{-4} + 1008.48 \times 0.031 \times 10^{-4}$$

$$= 0.414 \times 10^{-2} = 4.14 < 6\text{mm}$$

$$\varPhi_0 = -(H_0 \delta_{MQ}^{(0)} + M_0 \delta_{MM}^{(0)}) = -(76.36 \times 0.031 \times 10^{-4} + 1008.48 \times 0.011\,6 \times 10^{-4}$$

$$= -0.141 \times 10^{-2}\text{rad}$$

5. 局部冲刷线以下深度 Z 处桩身各截面内力计算

$$M_Z = \alpha^2 EI \left(x_0 A_3 + \frac{\varPhi_0}{3} B_3 + \frac{M_0}{\alpha^2 EI} C_3 + \frac{H_0}{\alpha^3 EI} D_3 \right)$$

$$= \alpha^2 EI x_0 A_3 + \alpha EI \varPhi_0 B_3 + M_0 C_3 + \frac{1}{\alpha} H_0 D_3$$

$$\alpha^2 EI x_0 = 0.349^2 \times 0.432 \times 10^7 \times 0.414 \times 10^{-2} = 0.218 \times 10^4$$

$$\alpha EI \varPhi_0 = 0.349 \times 0.432 \times 10^7 \times (-0.141 \times 10^{-2}) = -0.213 \times 10^4$$

$$\frac{1}{\alpha H_0} = \frac{1}{0.349} \times 76.36 = 218.80$$

则得　　　　$M_Z = 0.218 \times 10^4 A_3 - 0.213 \times 10^4 B_3 + 1008.45 C_3 + 218.80 D_3$

桩身截面配筋只需弯矩，不会发生剪力破坏，在此只计算弯矩。

A_3、B_3、C_3、D_3 可从规范中按 αz 查取，其计算列于表 2-21 中，绘制的桩身弯矩图见图 2-38。

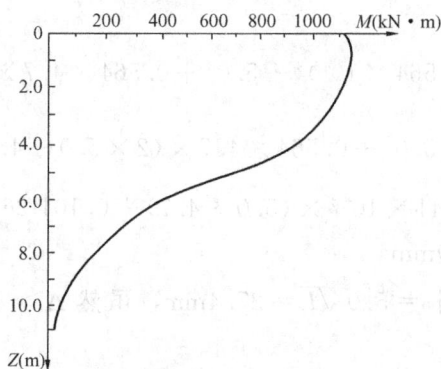

图 2-38 桩身弯矩图

表 2-21 桩身弯矩计算表

αz	Z	A_3	B_3	C_3	D_3	M_Z
0.2	0.57	−0.001 33	−0.001 33	0.999 99	0.200 00	1052.16
0.4	1.15	−0.010 67	−0.002 13	0.999 74	0.399 98	1077.01
0.6	1.72	−0.036 00	−0.010 80	0.998 06	0.599 74	1082.27
0.8	2.29	−0.085 32	−0.034 12	0.991 81	0.798 54	1061.62
1.0	2.87	−0.166 52	−0.083 29	0.975 01	0.994 45	1015.26
1.4	4.01	−0.455 15	−0.319 33	0.865 73	1.358 21	858.19
1.8	5.16	−0.955 64	−0.867 15	0.529 97	1.611 62	650.82
2.2	6.30	−1.693 34	−1.908 67	−0.270 87	1.575 38	439.12
2.6	7.45	−2.621 26	−3.599 87	−1.877 34	0.916 79	260.71
3.0	8.60	−3.540 58	−5.999 79	−4.687 88	−0.891 26	138.45
3.5	10.03	−3.919 21	−9.543 67	−10.340 40	−5.854 02	75.19
4.0	11.46	−1.614 28	−11.730 66	−17.918 60	−15.075 50	−98.11

从表 2-21 中可知，最大弯矩设计值为 $M_d = 1.082.28$ kN·m，$Z = 1.72$ m，其轴向力设计值 $N_d = 2929.84 + \frac{1}{2} \times 26.51 \times 1.72 - \frac{1}{2} \times 5.03 \times 60 \times 1.72 \times 1.2 = 2645.74$ kN

则可根据 M_d 和 N_d 按偏心受压构件进行配筋设计。具体配筋计算略。

6. 桩柱顶水平位移验算

$$\Delta = x_0 - \Phi_0(h_1 + h_2) + \Delta_0$$

$$\Delta_0 = \frac{H}{E_1 I_1}\left[\frac{1}{3}(nh_1^3 + h_2^3) + nh_2 h_1(h_1 + h_2)\right] + \frac{M_\text{外}}{2E_1 I_1}\left[h_2^2 + nh_1(2h_2 + h_1)\right]$$

其中　$H = 82.5 + 5.3 = 87.80$ kN

$$M_\text{外} = 118.06 + 13.78 + 82.5 \times 1.4 + 5.3 \times 0.8 = 251.58 \text{kN·m}$$

$$E_1 I_1 = 0.67 \times 2.6 \times 10^7 \times 0.049 \times 1.3^4 = 0.244 \times 10^7$$

$$n = \frac{E_1 I_1}{EI} = \frac{1.3^4}{1.5^4} = 0.564$$

$$h_1 = 4.7 \text{m}, h_2 = 5.0 \text{m}$$

则有

$$\Delta_0 = \frac{87.8}{0.244 \times 10^7}\left[\frac{1}{3}(0.564 \times 10^4)^3 + 5.0^3 + 0.564 \times 4.7 \times 5.0 \times (4.7 + 5.0)\right]$$

$$+ \frac{251.58}{2 \times 0.244 \times 10^7}[5.0^2 + 0.564 \times 4.7 \times (2 \times 5.0 + 4.7)] = 1.012\ 6 \times 10^{-2}\text{m}$$

$$\Delta_0 = 0.414 \times 10^{-2} + 0.141 \times 10^{-2} \times (5.0 + 4.7) + 0.101\ 26 \times 10^{-2}$$

$$= 2.79 \times 10^{-2} = 27.9\text{mm}$$

水平位移容许值为 $[\Delta] = 5.0\sqrt{L} = 27.4\text{mm}$，虽然 $\Delta > [\Delta]$，但不超过 5%，符合要求。

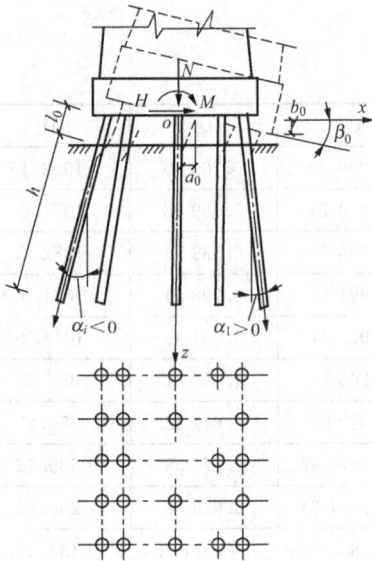

图 2-39　多排桩基础

四、"m" 法弹性多排桩基桩内力与位移计算

如图 2-39 所示多排桩基础，它具有一个对称面的承台，且外力作用于此对称平面内，在外力作用面内由几根桩组成，并假定承台与桩头的联结为刚性的。由于各桩与荷载的相对位置不尽相同，桩顶在外荷载作用下其变位就会不同，外荷载分配到桩顶上的 P_i，Q_i，M_i 也就不尽相同，因此，P_i，Q_i，M_i 的值就不能用简单的单排桩计算方法进行计算。一般将外力作用平面内的桩作为一平面框架，用结构位移法解出各桩顶的作用力 P_i，Q_i，M_i 后，就可应用单桩的计算方法来进行桩的承载力与强度验算。

（一）计算公式

为计算群桩在外荷载 N、H、M 作用下各桩桩顶的 P_i，Q_i，M_i 数值，先要求得承台的变位，并确定承台变位与桩顶变位的关系，然后再由桩顶的变位来求得各桩顶受力值。

假设承台为一绝对刚性体，桩头嵌固于承台内，当承台在外荷载作用下产生变位后，各桩顶之间的相对位置不变，各桩顶的转角与承台的转角相等。

设承台中心点 O 在外荷载 N、H、M 作用下，产生横轴向位移 a_0，竖轴向位移 b_0 及转角 β_0（a_0、b_0 以坐标轴正方向为正，β_0 以顺时针转动为正），如图 2-39 所示。则可得第 i 排桩桩顶（与承台联结处）沿 x 轴和 z 轴方向的线位移 a_{i0}、b_{i0} 和桩顶的转角 β_{i0} 分别为

$$\left.\begin{array}{l} a_{i0} = a_0 \\ b_{i0} = b_0 + x_i\beta_0 \\ \beta_{i0} = \beta_0 \end{array}\right\} \tag{2-64}$$

式中　x_i——第 i 排桩的桩顶至承台中心的水平距离。

设第 i 排桩桩顶处的轴向位移、横轴向位移、转角分别为 b_i，a_i，β_i，则

$$\left.\begin{array}{l} b_i = a_{i0}\sin\alpha_i + b_{i0}\cos\alpha_i = a_0\sin\alpha_i + (b_0 + x_i\beta_0)\cos\alpha_i \\ a_i = a_{i0}\cos\alpha_i - b_{i0}\sin\alpha_i = a_0\cos\alpha_i - (b_0 + x_i\beta_0)\sin\alpha_i \\ \beta_i = \beta_{i0} = \beta_0 \end{array}\right\} \tag{2-65}$$

式中　α_i——第 i 排桩的桩轴线与竖直线的夹角即倾斜角，如图 2-39 所示。

图 2-40 为桩的变位图式。令：① 当第 i 根桩桩顶处仅产生单位轴向位移（即 $b_i=1$）时，在桩顶引起的轴向力为 ρ_1；②当第 i 根桩桩顶处仅产生单位横轴向位移（即 $a_i=1$）时，在桩顶引起的横轴向力为 ρ_2；③当第 i 根桩桩顶处仅产生单位轴向位移（即 $a_i=1$）时，在桩顶引起的弯矩为 ρ_3；第 i 根桩桩顶处仅产生单位转角（即 $\beta_i=1$）时，在桩顶引起的横轴向力为 ρ_3；④当第 i 根桩桩顶处仅产生单位转角（即 $\beta_i=1$）时，在桩顶引起的弯矩为 ρ_4。

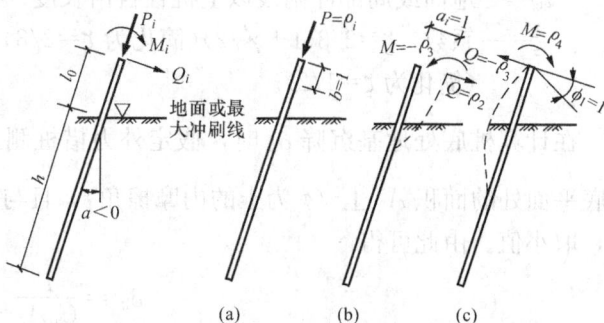

图 2-40 桩的变位图式

由此可得，当承台产生变位 a_0，b_0，β_0 时，第 i 根桩桩顶引起的轴向力 P_i、横轴向力 Q_i、弯矩 M_i 为

$$\left.\begin{aligned}
P_i &= \rho_1 b_i = \rho_1[a_0\sin\alpha_i + (b_0+x_i\beta_0)\cos\alpha_i] \\
Q_i &= \rho_2 a_i - \rho_3\beta_i = \rho_2[a_0\cos\alpha_i - (b_0+x_i\beta_0)\sin\alpha_i] - \rho_3\beta_0 \\
M_i &= \rho_4\beta_i - \rho_3 a_i = \rho_4\beta_0 - \rho_3[a_0\cos\alpha_i - (b_0+x_i\beta_0)\sin\alpha_i]
\end{aligned}\right\} \tag{2-66}$$

只要解出 a_0，b_0，β_0 和 ρ_1，ρ_2，ρ_3，ρ_4（单桩的桩顶刚度系数），即可由上式得到各桩顶的 P_i，Q_i，M_i 值，然后就可利用单桩的方法求出桩的内力和位移。

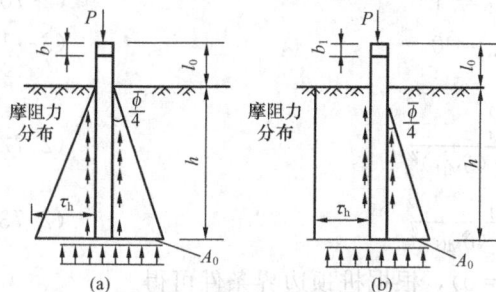

图 2-41 单桩轴向力作用下轴向位移计算示意
(a) 打入桩；(b) 灌注桩

1. ρ_1 的求解

桩顶的轴向位移 b_i 等于桩身材料的弹性压缩变形 δ_c 与桩底地基土的沉降 δ_k 之和。

在计算桩身材料的弹性压缩变形 δ_c 时应考虑桩侧摩阻力影响：对打入桩和震动下沉桩，摩阻力沿桩长呈三角形分布；对钻（挖）孔桩为均匀分布；柱承桩不计桩侧摩阻力。现以桩侧摩阻力按三角形分布为例推导如下（图2-41）：

设桩底摩阻力强度为 τ_h，桩周长为 U，桩底承受的作用力与桩顶总作用力 P 之比为 γ'，则有 $P(1-\gamma') = \dfrac{1}{2}Uh\tau_h$，因此有

$$\tau_h = \frac{2P(1-\gamma')}{Uh}$$

作用于地面以下 Z 深度处桩身截面上的轴向力 P_Z 为 $P_Z = P\left[1-\dfrac{Z^2}{h^2}(1-\gamma')\right]$，则

$$\delta_c = \frac{Pl_0}{EA} + \frac{1}{EA}\int_0^h P_Z \mathrm{d}Z = \frac{P}{EA}(l_0 + \zeta h) \tag{2-67}$$

式中 A——桩身受压弹性模量与桩身截面面积之乘积；

l_0——地面或局部冲刷线以上桩柱自由长度；

　　ζ——系数，$\zeta=2/3(1+\gamma'/2)$（简化为 $\zeta=2/3$），当摩阻力均匀分布时，$\zeta=1/2(1+\gamma')$（简化为 $\zeta=1/2$）。

在计算桩底处地基沉降 δ_k 时，假定外力借桩侧土的摩阻力和桩身作用自地面以 $\dfrac{\phi}{4}$ 角至桩底平面处的面积 A_0 上（ϕ 为土的内摩擦角），且与相邻底面中心距为直径所得圆的面积相比，取小值。由此可得

$$\delta_k = \frac{P}{C_0 A_0} \tag{2-68}$$

$$b_i = \delta_c + \delta_k = \frac{P(l_0 + \zeta h)}{EA} + \frac{P}{C_0 A_0}$$

当 $b_i=1$ 时，P 即为 ρ_1，因此可得

$$\rho_1 = \frac{1}{\dfrac{(l_0 + \zeta h)}{EA} + \dfrac{1}{C_0 A_0}} \tag{2-69}$$

2. ρ_2，ρ_3，ρ_4 的求解

ρ_2，ρ_3，ρ_4 的物理意义如图 2-40 所示，当桩顶仅产生单位横轴向位移 $\alpha_i=1$ 时（$\beta_i=0$），以 δ_{HH} 表示桩顶作用单位横轴向力时在桩顶产生的横轴向位移；δ_{MH} 表示桩顶作用单位横轴向力时在桩顶产生的转角；δ_{HM} 表示桩顶作用单位弯矩时在桩顶产生的横轴向位移；δ_{MM} 表示桩顶作用单位弯矩时在桩顶产生的转角。

根据桩顶边界条件可得

$$\rho_2 \delta_{HH} - \rho_3 \delta_{HM} = 1 \tag{2-70}$$

$$\rho_2 \delta_{MH} - \rho_3 \delta_{MM} = 0 \tag{2-71}$$

解得

$$\rho_2 = \frac{\delta_{MM}}{\delta_{HH} \delta_{MM} - (\delta_{MH})^2} \tag{2-72}$$

$$\rho_3 = \frac{\delta_{MH}}{\delta_{HH} \delta_{MM} - (\delta_{MH})^2} \tag{2-73}$$

同样，当桩顶仅产生单位转角，$\beta_i=1$ 时（$a_i=0$），根据桩顶边界条件可得

$$\rho_4 = \frac{\delta_{HH}}{\delta_{HH} \delta_{MM} - (\delta_{MH})^2} \tag{2-74}$$

$$\rho_3 = \frac{\delta_{HM}}{\delta_{HH} \delta_{MM} - (\delta_{MH})^2} \tag{2-75}$$

δ_{HH}、$\delta_{MH}=\delta_{HM}$、δ_{MM} 则可通过图 2-42 所示的计算图示得到如下结果，即

$$\delta_{HH} = \frac{l_0^3}{3EI} + \delta_{HH}^{(0)} + 2\delta_{MH}^{(0)} l_0 + \delta_{MM}^{(0)} l_0^2 \tag{2-76}$$

$$\delta_{MH} = \delta_{HM} = \frac{l_0^2}{2EI} + \delta_{MH}^{(0)} + 2\delta_{MM}^{(0)} l_0 \tag{2-77}$$

$$\delta_{MM} = \frac{l}{EI} + \delta_{MM}^{(0)} \tag{2-78}$$

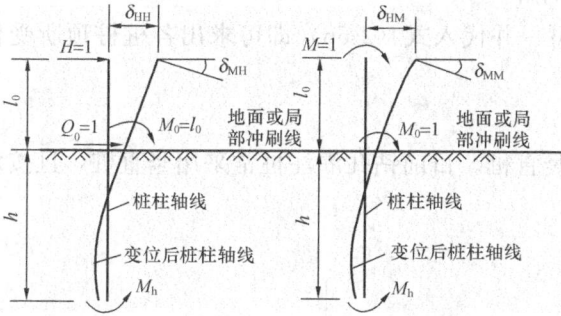

图 2-42 δ_{HH}、$\delta_{MH}=\delta_{HM}$、δ_{MM} 计算图式

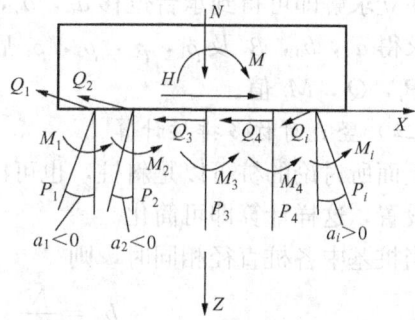

图 2-43 承台受力图式

3. a_0、b_0、β_0 的求解

a_0、b_0、β_0 可按结构力学的结构位移法计算，取承台底面为隔离体，如图 2-43 所示。列力法典型方程为

$$\left.\begin{array}{l} a_0 \gamma_{ba} + b_0 \gamma_{bb} + \beta_0 \gamma_{b\beta} - N = 0 \\ a_0 \gamma_{aa} + b_0 \gamma_{ab} + \beta_0 \gamma_{a\beta} - H = 0 \\ a_0 \gamma_{\beta a} + b_0 \gamma_{\beta b} + \beta_0 \gamma_{\beta\beta} - M = 0 \end{array}\right\} \tag{2-79}$$

式中 γ_{ba}、…、$\gamma_{\beta\beta}$ 为桩群刚度系数。

当承台产生单位横轴向位移（即 $a_0 = 1$）时，所有桩顶对承台作用的竖轴向反力之和、横轴向反力之和及反弯矩之和为 γ_{ba}、γ_{aa}、$\gamma_{\beta a}$

$$\left.\begin{array}{l} \gamma_{ba} = \displaystyle\sum_{i=1}^{n} (\rho_1 - \rho_2) \sin\alpha_i \cos\alpha_i \\[2mm] \gamma_{aa} = \displaystyle\sum_{i=1}^{n} (\rho_1 \sin^2\alpha_i + \rho_2 \cos^2\alpha_i) \\[2mm] \gamma_{\beta a} = \displaystyle\sum_{i=1}^{n} \left[(\rho_1 - \rho_2) x_i \sin\alpha_i \cos\alpha_i - \rho_3 \cos\alpha_i \right] \end{array}\right\} \tag{2-80}$$

式中 n——桩的根数。

当承台产生单位竖向位移（即 $b_0 = 1$）时，所有桩顶对承台作用的竖轴向反力之和、横轴向反力之和及反弯矩之和为 γ_{bb}、γ_{ab}、$\gamma_{\beta b}$

$$\left.\begin{array}{l} \gamma_{bb} = \displaystyle\sum_{i=1}^{n} (\rho_1 \cos^2\alpha_i + \rho_2 \sin^2\alpha_i) \\[2mm] \gamma_{ab} = \gamma_{ba} \\[2mm] \gamma_{\beta b} = \displaystyle\sum_{i=1}^{n} \left[(\rho_1 \cos^2\alpha_i + \rho_2 \sin^2\alpha_i) x_i + \rho_3 \sin\alpha_i \right] \end{array}\right\} \tag{2-81}$$

当承台绕坐标原点产生单位转角（即 $\beta_0 = 1$）时，所有桩顶对承台作用的竖轴向反力之和、横轴向反力之和及反弯矩之和为 $\gamma_{b\beta}$、$\gamma_{a\beta}$、$\gamma_{\beta\beta}$

$$\left.\begin{array}{l} \gamma_{b\beta} = \gamma_{\beta b} \\[2mm] \gamma_{a\beta} = \gamma_{\beta a} \\[2mm] \gamma_{\beta\beta} = \displaystyle\sum_{i=1}^{n} \left[(\rho_1 \cos^2\alpha_i + \rho_2 \sin^2\alpha_i) x_i^2 + 2 x_i \rho_3 \sin\alpha_i + \rho_4 \right] \end{array}\right\} \tag{2-82}$$

联立求解即可得到承台位移 a_0，b_0，β_0 的解。

求得 a_0，b_0，β_0 及 ρ_1，ρ_2，ρ_3，ρ_4 后，可一并代入式（2-56）即可求出各桩桩顶所受作用力 P_i，Q_i，M_i 值。

（二）竖直对称多排桩计算

上面所讨论的桩可以是斜桩，也可以是竖直桩。目前钻孔灌注桩常采用竖直桩，且按对称型设置，这样计算即可简化。

当桩基中各桩直径相同时，则

$$
\left.
\begin{aligned}
b_0 &= \frac{N}{n\rho_1} \\[2ex]
a_0 &= \frac{\left(n\rho_4 + \rho_1 \sum_{i=1}^{n} x_i^2\right)H + n\rho_3 M}{n\rho_2\left(n\rho_4 + \rho_1 \sum_{i=1}^{n} x_i^2\right) - n^2\rho_3^2} \\[2ex]
\beta_0 &= \frac{n\rho_2 M + n\rho_3 H}{n\rho_2\left(n\rho_4 + \rho_1 \sum_{i=1}^{n} x_i^2\right) - n^2\rho_3^2}
\end{aligned}
\right\}
\tag{2-83}
$$

因为桩竖直且对称，式（2-66）可写为

$$
\left.
\begin{aligned}
P_i &= \rho_1(b_0 + x_i\beta_0) \\
Q_i &= \rho_2 a_0 - \rho_3\beta_0 \\
M_i &= \rho_4\beta_0 - \rho_3 a_0
\end{aligned}
\right\}
\tag{2-84}
$$

（三）多排桩计算步骤

多排桩受力计算可按下列步骤进行：

（1）计算 b_1 和 α 值，按 αh 值检验是否属于弹性桩，若 $\alpha h > 2.5$，则继续以下步骤。

（2）计算桩顶刚度系数 ρ_1，ρ_2，ρ_3，ρ_4。

（3）根据作用于承台上的荷载，求解出承台中心的变位 a_0，b_0，β_0。

（4）计算各桩桩顶的内力 P_i，Q_i，M_i。

（5）对高桩承台，计算出作用于地面或局部冲刷线处桩截面的剪力 Q_0 和弯矩 M_0。

（6）计算桩在地面（低桩承台基础为承台底面）以下不同深度处的截面弯矩 M_z，找出 $M_{z,\max}$ 值及相应位置，进行桩的配筋设计或验算桩身强度。

五、多排桩算例

（一）设计资料

1. 水文地质资料

如图 2-44 所示，砂黏土地基比例系数 $m=15\,000\text{kN/m}^4$；砂夹卵石地基比例系数 $m_0=60\,000\text{kN/m}^4$；地基土容许承载力 $[\sigma_0]=1000\text{kPa}$；砂黏土极限摩阻力 $\tau=80\text{kPa}$；土的单位重度 $\gamma=19.00\text{kN/m}^3$（未计入浮力）；土的内摩擦角（考虑浮力影响）$\varphi=24°$。

根据地质条件确定桩在局部冲刷线以下入土深度 18m，深入砂夹卵石层 0.77m。

2. 基础方案设计

桩基础采用高桩承台，根据地质条件为摩擦桩，直径 $d=1.3\text{m}$，旋转钻施工。

桩的布置顺桥向为两排桩，横桥向为 3 排桩，总计 6 根桩，其具体排列见图 2-44。

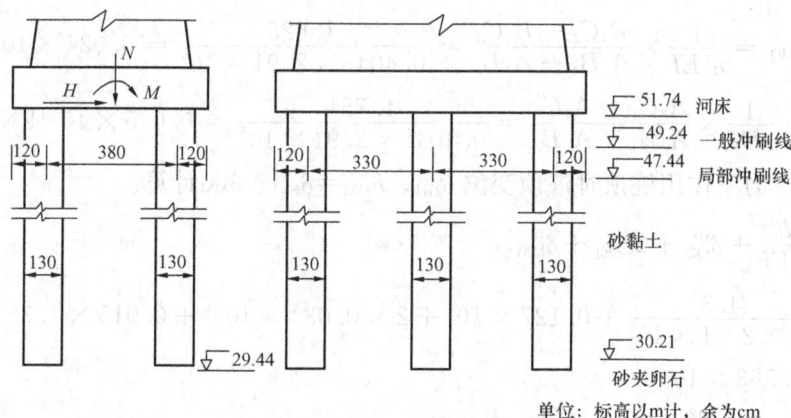

图 2-44　多排桩算例图

3. 作用资料

上部结构为 35m 预应力简支 T 形梁，车道宽 9.0m，公路-I 级车道荷载。各种作用力均已计算至承台底面重心处，见表 2-22。

表 2-22　　　　　　　　　　　　　顺桥方向的作用力

组合内容 ＼ 荷载项目	N(kN)	H(kN)	M(kN・m)
结构重力	10944.30		
公路-I 级车道荷载单孔(包括人群荷载)布载	1874.91		937.47
单孔汽车制动力和风力			4118.74

（二）单桩所受作用的计算

（1）桩的各计算参数确定。桩身采用强度等级为 C20 钢筋混凝土，桩身受弯刚度为

$$EI = 0.8E_cI = 0.8 \times 2.6 \times 10^7 \times 0.049 \times 1.3^4 = 2.91 \times 10^6 \, \text{kN} \cdot \text{m}^2$$

桩的计算宽度为

$$n_1 = 2, b' = 0.6; L_1 = 3.80 - 1.30 = 2.5\text{m}$$

$$h_1 = 3(d+1) = 3 \times (1.3+1) = 6.9\text{m}$$

因为 $L_1 < 0.6h_1$，所以 $k = \left(0.6 + \dfrac{1-0.6}{0.6} \times \dfrac{2.5}{6.9}\right)$

$$b_1 = kk_f(d+1) = \left(0.6 + \frac{1-0.6}{0.6} \times \frac{2.5}{6.9}\right) \times 0.9 \times (1.3+1) = 2.10\text{m}$$

桩的变形系数 α 为

$$\alpha = \sqrt[5]{\frac{mb_1}{EI}} = \sqrt[5]{\frac{15\,000 \times 2.10}{2.91 \times 10^6}} = \sqrt[5]{0.010\,825} = 0.404\text{m}^{-1}$$

桩在局部冲刷线以下深度为 18，则 $\alpha h = 18 \times 0.404 = 7.28 > 2.5$，为弹性桩。

（2）单位"力"作用局部冲刷线处，桩在该处变位 $\delta_{QQ}^{(0)}$、$\delta_{QM}^{(0)} = \delta_{MQ}^{(0)}$、$\delta_{MM}^{(0)}$ 计算。因桩底为非岩类土，且 $\alpha h > 2.5$，所以 $K_h = 0$，按 $\alpha h = 4.0$ 查《公路桥规》表 P.0.8 有

$$\delta_{QQ}^{(0)} = \frac{1}{\alpha^3 EI} \times \frac{B_3D_4 - B_4D_3}{A_3B_4 - A_4B_3} = \frac{2.441}{0.404^3 \times 2.91 \times 10^6} = 0.127 \times 10^{-4} \, \text{m} \cdot \text{kN}^{-1}$$

$$\delta_{QM}^{(0)} = \delta_{MQ} = \frac{1}{\alpha^2 EI} \times \frac{B_3 C_4 - B_4 C_3}{A_3 B_4 - A_4 B_3} = \frac{1.625}{0.404^2 \times 2.91 \times 10^6} = 0.034 \times 10^{-4} \text{kN}^{-1}$$

$$\delta_{MM}^{(0)} = \frac{1}{\alpha EI} \times \frac{A_3 C_4 - A_4 C_3}{A_3 B_4 - A_4 B_3} = \frac{1.751}{0.404^2 \times 2.91 \times 10^6} = 0.015 \times 10^{-4} \text{kN} \cdot \text{m}$$

（3）单位"力"作用桩顶时桩顶变位 δ_{HH}、$\delta_{HM} = \delta_{MH}$、$\delta_{MM}$ 计算。

$$\delta_{HH} = \frac{l_0^3}{3EI} + \delta_{QQ}^{(0)} + 2\delta_{MQ}^{(0)} + \delta_{MM}^{(0)} l_0^2$$

$$= \frac{4.3^3}{3 \times 2.91 \times 10^6} + 0.127 \times 10^4 + 2 \times 0.034 \times 10^{-4} + 0.015 \times 4.3^2 \times 10^{-4}$$

$$= 0.563 \times 10^{-4}$$

$$\delta_{HM} = \delta_{MH} = \frac{l_0^2}{2EI} + \delta_{MM}^{(0)} + \delta_{QM}^{(0)}$$

$$= \frac{4.3^2}{2 \times 2.91 \times 10^6} + 0.015 \times 10^{-4} + 0.034 \times 10^{-4}$$

$$= 0.081 \times 10^{-4}$$

$$\delta_{MM} = \frac{l_0}{EI} + \delta_{MM}^{(0)}$$

$$= \frac{4.3}{2.91 \times 10^6} + 0.015 \times 10^{-4}$$

$$= 0.030 \times 10^{-4}$$

（4）桩顶发生单位变位时，桩顶产生内力 ρ_1，ρ_2，ρ_3，ρ_4 的计算，$\zeta = \frac{1}{2}$，则

$$C_0 = m_0 h = 60\,000 \times 18 = 1.08 \times 10^6$$

$$0.65 + h \times \tan\frac{\varphi}{4} = 0.65 + 18 \times \tan 6° = 0.65 + 18 \times 0.095 = 2.36 > \frac{3.8}{2}$$

所以 $A_0 = \pi \times 2.36^2 = 11.34 \text{m}^2$。

桩身截面为 $A = \frac{\pi d^2}{4} = \frac{3.14 \times 1.3^2}{4} = 1.33 \text{m}^2$

$$\rho_1 = \frac{1}{\dfrac{l_0 + \zeta h}{EA} + \dfrac{1}{C_0 A_0}} = \frac{1}{\dfrac{4.3 + 0.5 \times 18}{2.6 \times 10^7} + \dfrac{1}{1.08 \times 10^6 \times 11.34}}$$

$$= 2.594 \times 10^6 \text{kN} \cdot \text{m}^{-1}$$

$$\rho_2 = \frac{\delta_{MM}}{\delta_{HH}\delta_{MM} - (\delta_{MH})^2}$$

$$= \frac{0.030 \times 10^{-4}}{0.563 \times 10^{-4} \times 0.030 \times 10^{-4} - (0.081 \times 10^{-4})^2}$$

$$= 2.904 \times 10^4 \text{kN} \cdot \text{m}^{-1}$$

$$\rho_3 = \frac{\delta_{MH}}{\delta_{HH}\delta_{MM} - (\delta_{MH})^2}$$

$$= \frac{0.081 \times 10^{-4}}{0.563 \times 10^{-4} \times 0.030 \times 10^{-4} - (0.081 \times 10^{-4})^2}$$

$$= 7.842 \times 10^4 \text{kN}$$

$$\rho_4 = \frac{\delta_{HH}}{\delta_{HH}\delta_{MM} - (\delta_{MH})^2}$$

$$= \frac{0.563 \times 10^{-4}}{0.563 \times 10^{-4} \times 0.030 \times 10^{-4} - (0.081 \times 10^{-4})^2}$$

$$= 0.563 \times 10^5 \text{kN} \cdot \text{m}$$

（5）承台发生单位变位时，所有桩顶对承台作用反力之和 γ_{bb}、$\gamma_{\alpha\alpha}$、$\gamma_{\alpha\beta}=\gamma_{\beta\alpha}$、$\gamma_{\beta\beta}$ 计算。

$$\gamma_{bb} = n\rho_1 = 6 \times 2.594 \times 10^6 = 15.564 \times 10^6 \ (\text{kN} \cdot \text{m})^{-1}$$

$$\gamma_{\alpha\alpha} = n\rho_2 = 6 \times 2.904 \times 10^4 = 17.424 \times 10^4 \ (\text{kN} \cdot \text{m})^{-1}$$

$$\gamma_{\alpha\beta} = \gamma_{\beta\alpha} = -n\rho_3 = -6 \times 7.842 \times 10^4 = -47.052 \times 10^4 \text{kN}$$

$$\gamma_{\beta\beta} = n\rho_4 + \rho_1 \sum K_i X_i^2 = 6 \times 5.451 \times 10^5 + 2.594 \times 10^6 \times 6 \times 1.9^2$$
$$= 59.457 \times 10^6 \text{kN}$$

（6）承台变位 b_0、α_0、β_0 计算。

$$b_0 = \frac{N}{\gamma_{bb}} = \frac{10944.30 + 1874.91}{15.564 \times 10^6} 0.823 \times 10^{-3} \text{m}$$

$$\alpha_0 = \frac{\gamma_{\beta\beta} \cdot H - \gamma_{\alpha\beta} M}{\gamma_{\alpha\alpha} \cdot \gamma_{\beta\beta} - \gamma_{\alpha\beta}^2}$$

$$= \frac{59.457 \times 431.5 \times 10^6 + 47.052 \times 10^4 \times (937.47 + 4118.74)}{17.424 \times 59.457 \times 10^{10} - (47.052 \times 10^4)^2}$$

$$= 2.77 \times 10^{-3} \text{m}$$

$$\beta_0 = \frac{\gamma_{\alpha\alpha} \cdot M - \gamma_{\alpha\beta} H}{\gamma_{\alpha\alpha} \cdot \gamma_{\beta\beta} - \gamma_{\alpha\beta}^2}$$

$$= \frac{17.424 \times 10^4 \times 5056.21 + 431.50 \times 47.052 \times 10^4}{17.424 \times 59.457 \times 10^{10} - (47.052 \times 10^4)^2}$$

$$= 0.107 \times 10^{-3} \text{rad}$$

（7）任一桩顶分配作用效应组合设计值 P_i、H_i、M_i 的计算。

$$P_i = (b_0 \pm \beta_0 X_i)\rho_1$$
$$= (0.823 \times 10^{-3} \pm 0.107 \times 10^{-3} \times 1.9) \times 2.594 \times 10^6$$
$$= \frac{2662.22}{1607.50} \text{kN}$$

$$H_i = \alpha_0 \rho_2 - \beta_0 \rho_3$$
$$= 2.77 \times 10^{-3} \times 2.904 \times 10^4 - 0.107 \times 10^{-3} \times 7.842 \times 10^4$$
$$= 72.05 \text{kN}$$

$$M_i = \beta_0 \rho_4 - \alpha_0 \rho_3$$
$$= 0.107 \times 5.451 \times 10^2 - 2.77 \times 7.842 \times 10^4$$
$$= -158.90 \text{kN} \cdot \text{m}$$

校核　$\sum n P_i = 3 \times (2662.22 + 1607.50)$
$$= 12\ 809.16 \approx 12\ 819.21 \text{kN}$$

$$n H_i = 6 \times 72.05 = 432.3 \approx 431.5 \text{kN}$$

$$\sum P_i x_i + n M_i = 3 \times 1.9 \times (2662.22 - 1607.50) + 6 \times (-158.90)$$
$$= 5058.50 \approx 5056.21 \text{kN} \cdot \text{m}$$

求得 P_i、H_i、M_i 后，就可按前面介绍的单排桩计算程序进行单桩内力计算和配筋设计，然后再进行群桩整体基础的验算。

六、基桩自由长度承受土压力时的计算

如图 2-45 所示的桥台桩基础，应考虑桥头路堤填土直接作用于露出地面段桩身 l_0 上的土压力影响，此时，在应用式（2-79）求解 a_0，b_0，β_0 值时，外力一项应计入路堤填土压力及其引起的弯矩，故式（2-79）写为

$$\left.\begin{aligned} a_0 \gamma_{ba} + b_0 \gamma_{bb} + \beta_0 \gamma_{b\beta} - \left(N + \sum_{i=1}^{m} Q_q \sin\alpha_i\right) = 0 \\ a_0 \gamma_{aa} + b_0 \gamma_{ab} + \beta_0 \gamma_{a\beta} - \left(H - \sum_{i=1}^{m} Q_q \cos\alpha_i\right) = 0 \\ a_0 \gamma_{\beta a} + b_0 \gamma_{\beta b} + \beta_0 \gamma_{\beta\beta} - \left(M - \sum M_q + \sum_{i=1}^{m} x_i Q_q \sin\alpha_i\right) = 0 \end{aligned}\right\} \qquad (2\text{-}85)$$

式中 M_q、Q_q——分别为由于土压力作用于桩身露出段 l_0 上而在桩顶（即承台与桩联结处）产生的弯矩、剪力，如图 2-46 所示，图中所示各值均为正值；

m——第 i 排桩承受侧向土压力的桩数。

填土压力在桩顶产生的 M_q、Q_q，其方向如图 2-46 所示（方向结果不同，计算结果一样，因为 Q_{l0}、M_{l0} 也发生变化），其中 q_1、q_2 为作用于桩顶与地面处的土压力强度；M_q、Q_q 为直接承受的土压力在桩柱顶（承台底）产生的弯矩和剪力；Q_{l0}、M_{l0} 为直接承受的土压力在桩柱地面处截面内产生的弯矩和剪力；x_{l0}、ϕ_{l0} 为直接承受的土压力使桩柱在地面处产生的水平位移（挠度）和转角。

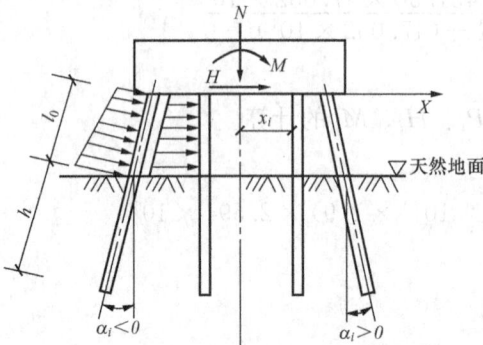

图 2-45 基桩自由长度承受土压力计算图式

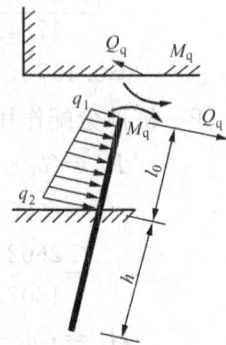

图 2-46 填土压力作用于桩顶的荷载

假定桩顶与承台为刚性联结，下端与土的联结为弹性嵌固，按力学原理（参见图 2-47）可得

$$\left.\begin{aligned} M_{l0} &= M_q + Q_q l_0 + \left(\frac{q_1}{2!} + \frac{q_2 - q_1}{3!}\right) l_0^2 \\ Q_{l0} &= Q_q + \left(q_1 + \frac{q_2 - q_1}{2!}\right) l_0 \end{aligned}\right\} \qquad (2\text{-}86)$$

再按桩柱上端固结[图 2-47（b）]，利用材料力学公式，可计得由 Q_{l0}、M_{l0} 及土压力 q_1

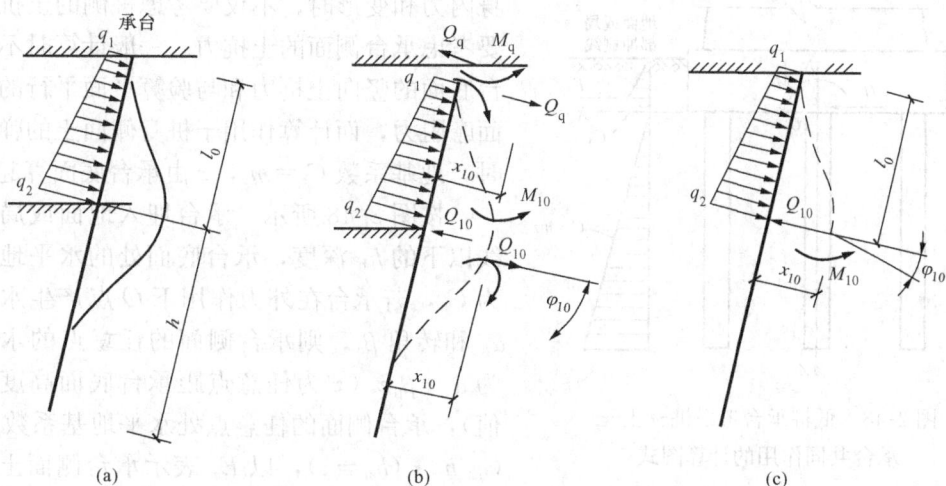

图 2-47　土压力作用于桩的内力计算

和 q_2 的作用使下端产生的位移（挠度）和转角分别为

$$x_{l0} = \frac{M_{l0} l_0^2}{2EI} - \frac{Q_{l0} l_0^3}{3EI} + \frac{q_1 l_0^4}{8EI} + \frac{11(q_2 - q_1) l_0^4}{120EI}$$

$$\phi_{l0} = \frac{M_{l0} l_0}{EI} - \frac{Q_{l0} l_0^2}{2EI} + \frac{q_1 l_0^3}{6EI} + \frac{(q_2 - q_1) l_0^3}{8EI}$$

再以桩入土部分为结构计算对象，利用力法原理可得在地面处作用弯矩 M_{l0}、水平力 Q_{l0} 时，桩顶位移（挠度）和转角分别为[图 2-47(b)]

$$x_{l0} = M_{l0} \delta_{QM}^{(0)} + Q_{l0} \delta_{QQ}^{(0)} \tag{2-87}$$

$$\phi_{l0} = -(M_{l0} \delta_{MM}^{(0)} + Q_{l0} \delta_{MQ}^{(0)}) \tag{2-88}$$

式中　$\delta_{QQ}^{(0)}$、$\delta_{MQ}^{(0)}$——单位水平力作用地面线处桩顶时，桩顶产生的水平位移和转角；

　　　$\delta_{QM}^{(0)}$、$\delta_{MM}^{(0)}$——单位弯矩作用地面线处桩顶时，桩顶产生的水平位移和转角。

利用两个结构计算对象得到的相等条件得到 x_{l0}、ϕ_{l0} 两个方程式，应用 M_{l0}、Q_{l0} 与 M_q、Q_q 的关系，即可解出 M_q、Q_q，即得桩顶的 M 和 Q 为

$$Q = Q_i + Q_q \tag{2-89}$$

$$M = M_i + M_q \tag{2-90}$$

在求得桩顶的 M 和 Q 后，地面处的剪力和弯矩即为

$$Q_0 = Q + \left(q_1 + \frac{q_2 - q_1}{2!}\right) l_0 = Q + \left(\frac{q_2 + q_1}{2!}\right) l_0 \tag{2-91}$$

$$M_0 = M + Q l_0 + \left(\frac{q_1}{2!} + \frac{q_2 - q_1}{3!}\right) l_0^2 = M + Q l_0 + \frac{(q_2 + 2q_1)}{3!} l_0^2 \tag{2-92}$$

然后就可按前面的方法计算出桩身各截面的剪力、弯矩和侧向土压力等。

七、低桩承台考虑桩—土—承台共同作用的计算

承台底面位于地面或局部冲刷线以下的低桩承台式基础，计算基础在横向力作用下的桩

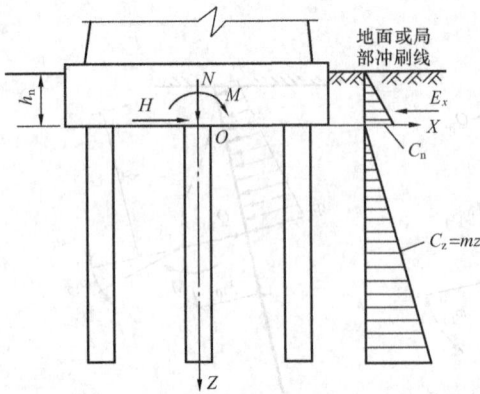

图 2-48　低桩承台考虑桩—土—承台共同作用的计算图式

身内力和变形时，不仅要考虑桩侧的土抗力，还要考虑承台侧面的土抗力。一般计算时不考虑承台底面的竖向土抗力和与验算平面平行的承台侧面摩阻力，而计算作用于桩身侧面土的弹性抗力时，地基系数 $C_z = mz$，z 由承台底面算起。

按图 2-48 所示，承台埋入地面或局部冲刷线以下的 h_n 深度，承台底面处的水平地基系数为 C_n，若承台在外力作用下 O 点产生水平位移 α_0 和转角 β_0。则承台侧面的任意点的水平位移为 $\alpha_0 + \beta_0 z$（z 为任意点距承台底面高度的绝对值），承台侧面的任意点处水平地基系数为 $C_z = C_n/h_n \cdot (h_n - z)$，以 E_x 表示承台侧面土作用与

单位宽度上的水平土抗力，以 M_x 表示 E_x 对垂直 XOZ 平面并通过 O 点轴的弯矩，则有

$$E_x = \int_0^{h_n} (\alpha_0 + \beta_0 z) C \mathrm{d}z = \int_0^{h_n} (\alpha_0 + \beta_0 z) \frac{C_n}{h_n} (h_n - z) \mathrm{d}z$$

$$= \alpha_0 \frac{C_n h_n}{2} + \beta_0 \frac{C_n h_n^2}{6} = \alpha_0 F_{b_1}^c + \beta_0 S^c \tag{2-93}$$

$$M_{EX} = \int_0^{h_n} (\alpha_0 + \beta_0 z) C z \mathrm{d}z = \alpha_0 \frac{C_n h_n^2}{6} + \beta_0 \frac{C_n h_n^3}{12} = \alpha_0 S^c + \beta_0 I^c \tag{2-94}$$

式中　C_n——承台底面处侧向土的地基系数；

$F_{b_1}^c$——承台 b_1 侧面、地基系数 C 图形的面积，$F_{b_1}^c = \dfrac{C_n h_n}{2}$；

S^c——承台 b_1 侧面、地基系数 C 图形的面积对其底面的面积矩，$S^c = \dfrac{C_n h_n}{6}$；

I^c——承台 b_1 侧面、地基系数 C 图形的面积对其底面的惯性矩，$I^c = \dfrac{C_n h_n^3}{2}$。

考虑低桩承台侧面的水平土抗力参与共同作用时，桩的内力与位移计算仍可按照前面的方法，只需在力系平衡中考虑承台侧面土的抗力因素即可。因此，式（2-81）～式（2-82）中的相关项需增加承台土抗力相应作用项，即

$$\left. \begin{aligned} \gamma_{\alpha\alpha} &= \sum_{i=1}^{n} (\rho_1 \sin^2\alpha_i + \rho_2 \cos^2\alpha_i) + b_1 F_{b_1}^c \\ \gamma_{\beta\alpha} &= \gamma_{\alpha\beta} = \sum_{i=1}^{n} [(\rho_1 - \rho_2) x_i \sin\alpha_i \cos\alpha_i - \rho_3 \cos\alpha_i] + b_1 S^c \\ \gamma_{\beta\beta} &= \sum_{i=1}^{n} [(\rho_1 \cos^2\alpha_i + \rho_2 \sin^2\alpha_i) x_i^2 + 2x_i \rho_3 \sin\alpha_i + \rho_4] + b_1 I^c \end{aligned} \right\} \tag{2-95}$$

其余系数仍按式（2-80）～式（2-83）计算，所有各系数在计算 $\rho_1 \cdots \rho_4$ 时可用式（2-69）、式（2-72）～式（2-75），并令 $l_0 = 0$。查无量纲系数时所用 $\overline{h} = \alpha h$ 中的 h 应自承台底面算起。P_i、Q_i、M_i 的计算仍按式（2-66）。

第七节 群 桩 基 础

在实际工程中，除少量大直径桩基础外，一般都是群桩基础。由基桩群与承台组成的桩基础称为群桩基础。荷载作用下的群桩基础，由于基桩间的相互影响及承台的共同作用，各桩的承载力发挥和沉降性状往往与相同情况下的单桩有显著差别，且承台底产生的土反力也将分担部分荷载，这种现象称为群桩效应。因此，在桩基的设计计算时，必须考虑到群桩的工作特点。

一、群桩基础的工作特点

对于群桩基础，作用于承台上的荷载实际上是由桩和地基土共同承担，由于承台、桩、地基土的相互作用情况不同，使桩端、桩侧阻力和地基土的阻力因桩基类型而异。

1. 端承型群桩基础

由于端承型桩基持力层坚硬，桩顶沉降较小，桩侧摩阻力不易发挥，桩顶荷载基本上通过桩身直接传到桩端处土层上。而桩端处承压面积很小，

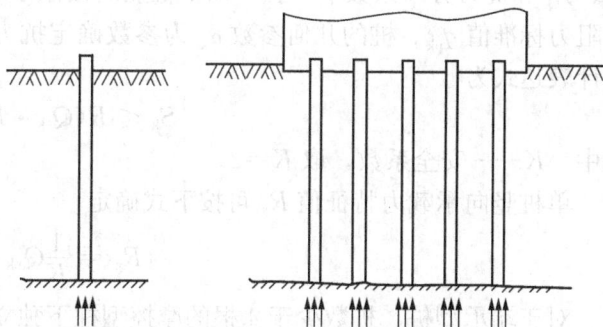

图 2-49 端承型群桩基础

各桩端的压力彼此互不影响（图 2-49），因此可近似认为端承型群桩基础中各基桩的工作性状与单桩基本一致；同时，由于桩的变形很小，桩间土基本不承受荷载，此时群桩基础的承载力就等于各单桩的承载力之和，群桩的沉降量也与单桩基本相同。

2. 摩擦型群桩基础

摩擦型群桩基础主要通过每根桩桩侧的摩擦阻力将上部荷载传递到桩周及桩端土层中。为了便于问题的说明，一般假定桩侧摩阻力在土中引起的附加应力 σ_z 按某一角度 α 沿桩长向下扩散分布，至桩端平面处，压力分布如图 2-50 所示阴影部分所示。当桩数少，桩中心距 s_a 较大时，例如 $s_a > 6d$，桩端平面处各桩传来的压力互不重叠或重叠不多 [图 2-50 (a)]，此时群桩中各桩的工作情况与单桩的一致，故群桩的承载力等于各单桩承载力之和。但当桩数较多，桩距较小时，例如常用桩距 $s_a = (3\sim4)d$ 时，桩端处地基土中各桩传来的压力将相互重叠 [图 2-50 (b)]。桩端处压力比单桩时大得多，桩端以下压缩土层的厚度也比单桩要深，此时群桩中各桩的工作状态与单桩迥然不同，其承载力小于各单桩承载力之总和，沉降量则大于单桩的沉降量，即所谓群桩效应。显然，若限制群桩

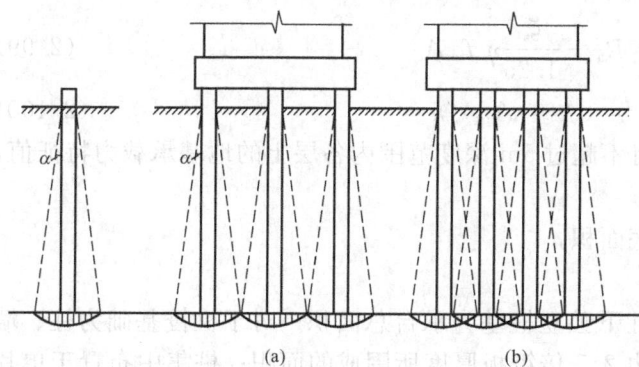

图 2-50 摩擦型群桩基础
(a) 桩间距较大；(b) 桩间距较小

的沉降量与单桩沉降量相同，则群桩中每一根桩的平均承载力就比单桩时要低。

对于摩擦型群桩基础，《公路桥规》规定：当桩距 $s_a \geqslant 6d$ 时，不需验算群桩基础承载力，只需验算单桩承载力即可；当桩距 $s_a < 6d$ 时，需验算桩底持力层的容许承载力，持力层下有软弱层的，还须验算软弱下卧层的承载力。

二、群桩承载力计算

（一）《建筑桩基规范》的计算方法

1. 桩基的竖向承载力特征值

关于桩基竖向承载力计算，08 规范采用以综合安全系数 K 取代原规范的荷载分项系数 γ_G、γ_Q 和抗力分项系数 γ_s、γ_p，以单桩竖向极限承载力标准值 Q_{uk} 或极限侧阻力 q_{sik}、极限端阻力标准值 q_{pk}、桩的几何参数 α_k 为参数确定抗力，以荷载效应标准组合 S_k 为作用力的设计表达式为

$$S_k \leqslant R(Q_{uk} \cdot K) \tag{2-96}$$

式中　K——安全系数，取 $K=2$。

单桩竖向承载力特征值 R_a 可按下式确定

$$R_a = \frac{1}{K} Q_{uk} \tag{2-97}$$

对于端承型桩、桩数少于 4 根的摩擦型柱下独立桩基，或由于地层土性、使用条件等因素不宜考虑承台效应时，基桩竖向承载力特征值应取单桩竖向承载力特征值。

对于符合下列条件之一的摩擦型桩基，宜考虑承台效应确定其复合基桩的竖向承载力特征值：

（1）上部结构整体刚度较好、体型简单的建筑物；

（2）对差异沉降适应性较强的排架结构和柔性构筑物；

（3）按变刚度调平原则设计的桩基刚度相对弱化区；

（4）软土地基的减沉复合疏桩基础。

考虑承台效应的复合基桩竖向承载力特征值可按下列公式确定：

不考虑地震作用时有

$$R = R_a + \eta_c f_{ak} A_c \tag{2-98}$$

考虑地震作用时有

$$R = R_a + \frac{\zeta_a}{1.25} \eta_c f_{ak} A_c \tag{2-99}$$

$$A_c = (A - n A_{ps}) / n \tag{2-100}$$

式中　f_{ak}——承台下 1/2 承台宽度，且不超过 5m 深度范围内各层土的地基承载力特征值，按厚度加权的平均值。

A_c——计算基桩所对应的承台底面积。

A_{ps}——桩身截面面积。

A——承台计算域面积，对于柱下独立桩基为承台总面积；对于桩筏基础为柱、墙筏板的 1/2 跨距和悬臂边 2.5 倍筏板厚度所围成的面积；桩集中布置于单片墙下的桩筏基础，取墙两边各 1/2 跨距围成的面积，按条形承台计算 η_c。

ζ_a——地基抗震承载力调整系数。

η_c——承台效应，可按表 2-23 取值。

表 2-23　　　　　　　　　　　　　　　　承台效应系数 η_c

B_c/l ＼ s_a/d	3	4	5	6	＞6
≤0.40	0.06~0.08	0.14~0.17	0.22~0.26	0.32~0.38	
0.4~0.8	0.08~0.10	0.17~0.20	0.26~0.30	0.38~0.44	0.50~0.80
＞0.8	0.10~0.12	0.20~0.22	0.30~0.34	0.44~0.50	
单排桩条形承台	015~0.18	0.25~0.30	0.38~0.45	0.50~0.60	

注　1. B_c、l 分别为承台宽度和桩长，s_a 为桩中心距；

　　2. 对于桩布置于墙下的箱、筏承台，η_c 可按单排桩条形承台取值；

　　3. 对于单排桩条形承台，当承台宽度小于 $1.5d$ 时，η_c 按非条形承台取值；

　　4. 对于采用后注浆灌注桩的承台，η_c 宜取低值；

　　5. 对于饱和黏性土中的挤土桩基、软土地基上的桩基承台，η_c 宜取低值的 0.8 倍。

2. 桩顶荷载效应计算

(1)《公路桥规》的计算方法。

桩顶荷载效应可按下列公式计算：

轴心竖向力作用下

$$N=\frac{F_d}{n} \tag{2-101}$$

偏心竖向力作用下（图 2-51）

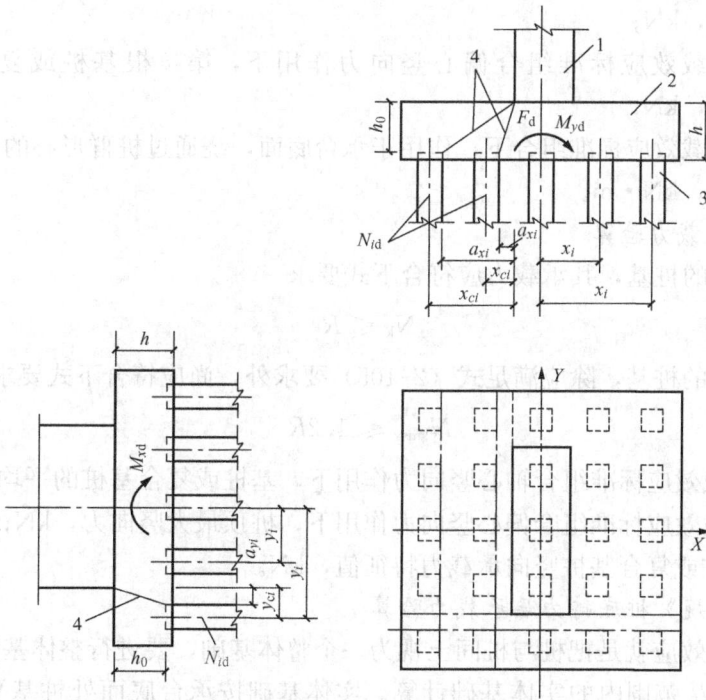

图 2-51　桩基承台计算

1—上部结构；2—承台；3—桩；4—剪切破坏斜截面

$$N_{id} = \frac{F_d}{n} \pm \frac{M_{xd} y_i}{\sum y_i^2} \pm \frac{M_{yd} x_i}{\sum x_i^2} \tag{2-102}$$

式中　　N_{id}——第 i 根桩的桩顶竖向力设计值，kN；

　　　　F_d——由承台底面以上的作用（或荷载）产生的竖向力组合设计值，kN；

M_{xd}、M_{yd}——分别为由承台底面以上的作用（或荷载）绕通过桩群形心的 x 轴、y 轴的弯矩组合设计值，kN·m；

　　　　n——承台下面桩的总根数；

　x_i、y_i——第 i 根桩中心线至 y 轴、x 轴的距离，m。

（2）《建筑桩基规范》的计算方法。对于一般建筑物和受水平力较小的高层建筑群桩基础，应按下列公式计算柱、墙、核心筒群桩中基桩或复合基桩的桩顶荷载效应：

轴心竖向力作用下

$$N_k = \frac{F_k + G_k}{n} \tag{2-103}$$

偏心竖向力作用下

$$N_{ik} = \frac{F_k + G_k}{n} \pm \frac{M_{xk} y_i}{\sum y_i^2} \pm \frac{M_{yk} x_i}{\sum x_i^2} \tag{2-104}$$

式中　　F_k——荷载效应标准组合下，作用于承台顶面的竖向力，kN；

　　　　G_k——桩基承台和承台上土自重标准值，kN；

　　　　N_k——荷载效应标准组合轴心竖向力作用下，第 i 根基桩或复合基桩的平均竖向力，kN；

　　　　N_{ik}——荷载效应标准组合偏心竖向力作用下，第 i 根基桩或复合基桩的竖向力，kN；

M_{xk}、M_{yk}——荷载效应标准组合下，作用于承台底面，绕通过桩群形心的 x 轴、y 轴的弯矩，kN·m。

3. 基桩竖向承载力验算

承受轴心荷载的桩基，其承载力应符合下式要求

$$N_k \leqslant R \tag{2-105}$$

承受偏心荷载的桩基，除应满足式（2-105）要求外，尚应符合下式要求

$$N_{kmax} \leqslant 1.2R \tag{2-106}$$

式中　N_k——荷载效应标准组合轴心竖向力作用下，基桩或复合基桩的平均竖向力，kN；

　　　N_{kmax}——荷载效应标准组合偏心竖向力作用下，桩顶最大竖向力，kN；

　　　R——基桩或复合基桩竖向承载力特征值，kN。

（二）《公路桥规》桩底持力层承载力验算

摩擦桩的群桩效应就是把桩与桩间土视为一个整体基础，要进行整体基础验算，一般视为图 2-52 所示 $acde$ 范围内的实体基础计算。实体基础按承台底面处桩基平面轮廓的宽度 B_0 和长度 L_0，按基桩所穿过土层的加权平均内摩擦角计算基底工作面积 A（图 2-52）。

桩底平面处最大压应力验算如下。

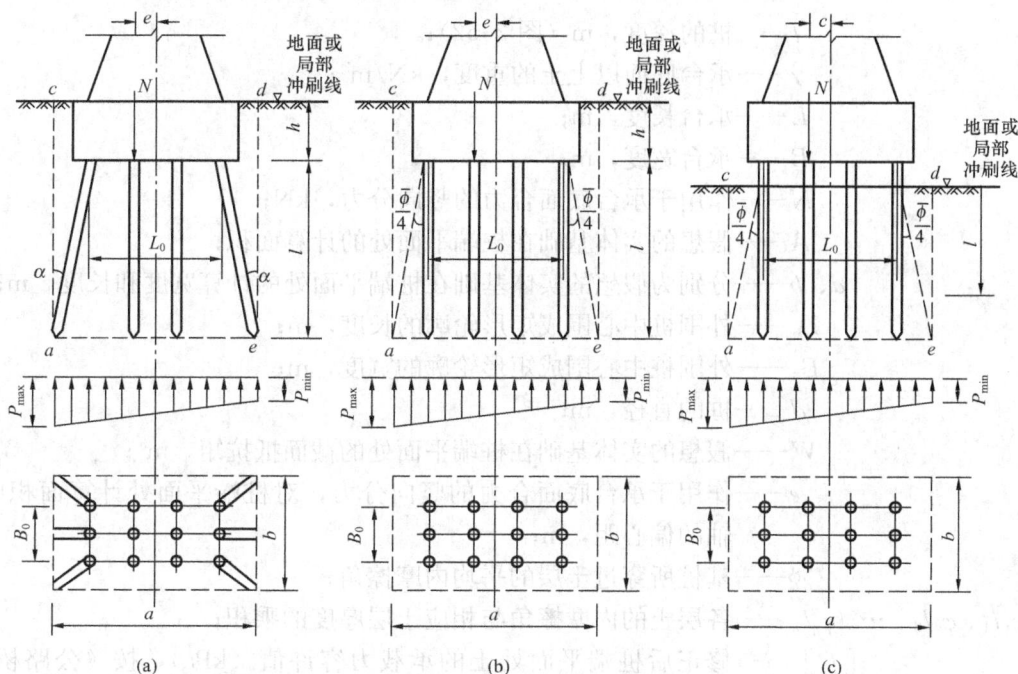

图 2-52 群桩作为整体基础计算示意图

（1）当轴心受压时为

$$\sigma = \overline{\gamma}l + \gamma h + \frac{BL\gamma h}{A} + \frac{N}{A} \leqslant [\sigma] \tag{2-107}$$

（2）当偏心受压时，除满足式（2-107）外，尚应满足下列条件，即

$$\sigma_{max} = \overline{\gamma}l + \gamma h - \frac{BL\gamma h}{A} + \frac{N}{A}\left(1 + \frac{eA}{W}\right) \leqslant K[\sigma] \tag{2-108}$$

$$A = a \times b \tag{2-109}$$

当桩的斜度 $\alpha \leqslant \dfrac{\phi}{4}$ 时，有

$$\left.\begin{aligned} a &= L_0 + d + 2l\tan\frac{\overline{\phi}}{4} \\ b &= B_0 + d + 2l\tan\frac{\overline{\phi}}{4} \end{aligned}\right\} \tag{2-110}$$

当桩的斜度 $\alpha > \dfrac{\overline{\phi}}{4}$ 时，有

$$\left.\begin{aligned} a &= L_0 + d + 2l\tan\alpha \\ b &= B_0 + d + 2l\tan\alpha \\ \overline{\phi} &= \frac{\phi_1 l_0 + \phi_2 l_2 + \phi_3 l_3 + \cdots + \phi_n l_n}{l} \end{aligned}\right\} \tag{2-111}$$

上式中 $\overline{\gamma}$——承台底面包括桩的重力在内至桩端平面土的平均重度，kN/m³；

l——桩的深度，m（图 2-52）；

γ——承台底面以上土的重度，kN/m³；

L——承台长度，m；

B——承台宽度，m；

N——作用于承台底面合力的竖向分力，kN；

A——假想的实体基础在桩端平面处的计算面积；

a、b——分别为假想的实体基础在桩端平面处的计算宽度和长度，m；

L_0——外围桩中心围成矩形轮廓的长度，m；

B_0——外围桩中心围成矩形轮廓的宽度，m；

d——桩的直径，m；

W——假想的实体基础在桩端平面处的截面抵抗矩，m³；

e——作用于承台底面合力的竖向分力，对桩端平面处计算面积中心轴的偏心距，m；

$\overline{\phi}$——基桩所穿过土层的平均内摩擦角；

$\varphi_1 l_1$、$\varphi_2 l_2$、$\cdots$、$\varphi_n l_n$——各层土的内摩擦角与相应土层厚度的乘积；

$[f_a]$——修正后桩端平面处土的承载力容许值（kPa），按《公路桥规》第 3.3.4 条、第 3.3.5 条规定采用，并应按第 3.3.6 条予以提高；

γ_R——抗力系数，按《公路桥规》第 3.3.6 条取值。

三、软弱下卧层承载力验算

当桩端平面以下受力层范围内存在软弱下卧层时（图 2-53），应进行下卧层的承载力验算。

对于桩距不超过 $6d$ 的群桩基础，桩端持力层下存在承载力低于桩端持力层承载力 $1/3$ 的软弱下卧层时，可按下列公式验算软弱下卧层的承载力

$$\sigma_z + \gamma_m z \leqslant f_{az} \tag{2-112}$$

$$\sigma_z = \frac{(F_k + G_k) - 3/2(a_0 + b_0) \cdot \sum q_{sik} l_i}{(a_0 + 2t\tan\theta)(b_0 + 2t\tan\theta)} \tag{2-113}$$

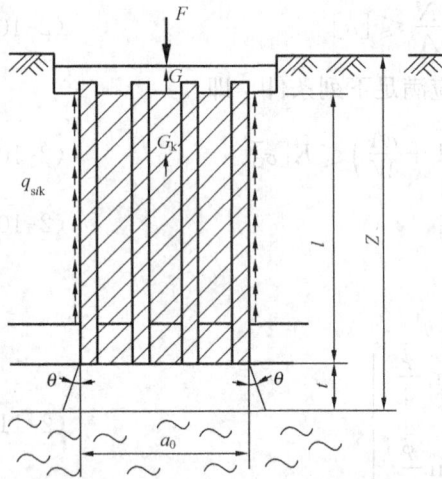

图 2-53 软弱下卧层承载力验算

式中 σ_z——作用于软弱下卧层顶面的附加应力，kPa；

γ_m——软弱下卧层顶面以上各土层重度（地下水以下取浮重度）按厚度加权平均值，kN/m³；

f_{az}——软弱下卧层经深度修正的承载力特征值，kPa；

t——硬持力层厚度，m；

a_0、b_0——桩群外缘矩形地面的长、短边边长，m；

q_{sik}——桩周第 i 层土的极限侧阻力标准值，kPa；

θ——桩端硬持力层压力扩散角，°，按表 1-17 取值。

四、群桩基础沉降计算

桩基沉降的计算方法很多，《公路桥规》、《地基规范》建议采用最终沉降量按单向压缩分层总和法计算。

对桩距不大于 6 倍桩径的摩擦桩群桩基础，可作为实体基础考虑，可采用单向压缩分层总和法计算沉降量，即

$$s = \psi_p \sum_{j=1}^{m} \sum_{i=1}^{n_j} \frac{\sigma_{j,i} \Delta h_{j,i}}{E_{sj,i}} \qquad (2\text{-}114)$$

式中 s——桩基最终计算沉降量，mm；

m——桩端平面以下压缩层范围内土层总数；

$E_{sj,i}$——桩端平面下第 j 层土第 i 个分层，在自重应力至自重应力加附加应力作用段的压缩模量，MPa；

n_j——桩端平面下第 j 层土的计算分层数；

$\Delta h_{j,i}$——桩端平面下第 j 层土的第 i 个分层的厚度，m；

$\sigma_{j,i}$——桩端平面下第 j 层土第 i 个分层的竖向附加应力；

ψ_p——桩基沉降计算经验系数，应根据当地桩基础沉降观测资料及经验统计确定。在不具备条件时，可按表 2-24 查用。

表 2-24　　　　　　　　实体深基础计算桩基沉降经验系数 ψ_p

$\bar{E}_s$（MPa）	$\bar{E}_s < 15$	$15 \leqslant \bar{E}_s < 30$	$30 \leqslant \bar{E}_s < 40$
ψ_p	0.5	0.4	0.3

《建筑桩基规范》推荐的沉降量计算方法是等效作用分层总和法。详见《建筑桩基规范》。

第八节 承 台 计 算

承台是桩基础的一个重要组成部分，承台应具有足够的强度和刚度，以便把上部结构的荷载传递给各单桩，并将各单桩联结成整体。为此应对承台的正截面抗弯、斜截面抗剪、抗冲切、局部承压承载力进行验算。不同的行业在进行构件的设计计算时，遵循着各自的规范。但各规范所采用的计算原理基本上是一致的，主要的差异是公式中有些计算参数的取值不同。

一、承台的构造及桩与承台的联结

承台的平面尺寸和形状应根据上部结构底部尺寸和形状，以及桩基的平面布置而定，一般采用矩形、圆形、圆端形等。排架桩式墩台盖梁的平面形状一般为矩形，平面尺寸应根据支座尺寸及布置情况而定。

承台厚度应保证承台具有足够的强度和刚度，公路桥梁多采用钢筋混凝土或混凝土刚性承台（承台本身材料的变形远小于其位移），其厚度不宜小于 1.5m。混凝土强度等级不宜低于 C20。对于盖梁式和柱式墩台的承台应验算其强度并设置必要的钢筋。

　　桩和承台的连接，钻、挖孔灌注桩的桩顶主筋伸入承台，此时桩身伸入承台长度一般只为 150～200mm。伸入承台的桩顶主筋可做成喇叭状（约与竖直线倾斜 150；如受构造限制，也可不做成喇叭状），伸入承台的钢筋应符合现行混凝土结构设计规范所规定的锚固长度，一般不应小于 600mm，并设置箍筋。对于不受轴向拉力的预制桩可不破桩头，将桩直接埋入承台内即可。桩顶直接埋入承台的长度，对于普通钢筋混凝土及预应力混凝土桩，当桩径（或边长）小于 0.6m 时不应小于二倍桩径或边长；当桩径（或边长）为 0.6～1.20m 时不应小于 1.2m；当桩径（或边长）大于 1.20m 时不应小于桩径或边长。

　　承台的受力情况是比较复杂的，为了使承台的受力较为均匀并防止承台因桩顶荷载作用发生破碎和断裂，应在承台底下桩顶平面上设置一层钢筋网，钢筋在纵向和横向每 1m 宽度内可采用钢筋截面积 1200～1500mm²，钢筋直径常为 12～16mm，当桩顶主筋伸入承台连接时，其直径不应小于 16mm。如承台仅有一个方向受力时，在垂直于该各层受力钢筋方向，应设置直径不应小于 12mm，间距不大于 250mm 的构造钢筋。

　　承台的桩中距等于或大于桩直径的三倍时，宜在两桩之间，距桩中心各一倍桩直径的中间区段内设置吊筋，其直径不应小于 12mm，间距不应大于 200mm。

　　如在桩之间为了加强横向联系设置横系梁时，横系梁一般认为不直接承受外力，可不做内力计算，按横截面的 0.1% 配置构造钢筋。

　　《建筑地基基础设计规范》（GB 50007—2002）对承台的构造作如下规定：①柱下独立承台的宽度不应小于 500mm。边桩中心至承台边缘的距离不宜小于桩的直径或边长，且桩的外边缘至承台边缘的距离不小于 150mm。对于条形承台梁，桩的外边缘至承台梁边缘的距离不小于 75mm。②承台的最小厚度不应小于 300mm。③承台的配筋，对于矩形承台其钢筋应按双向均匀通长布置，钢筋直径不宜小于 10mm，间距不宜大于 200mm；对于三桩承台，钢筋应按三向板带均匀布置，且最里面的三根钢筋围成的三角形应在柱截面范围内（图 2-54），承台梁的主筋除满足计算要求外，尚应符合现行《混凝土结构设计规范》（GB 50010—2002）关于最小配筋率的规定，主筋直径不宜小于 12mm，架力筋不宜小于 10mm，箍筋直径不宜小于 6mm。④筏形承台板或箱形承台板在计算中当仅考虑局部弯矩作用时，考虑到整体弯曲的影响，在纵横两个方向的下层钢筋配筋率不宜小于 0.15%；上层钢筋应按计算配筋率全部连通。当筏板的厚度大于

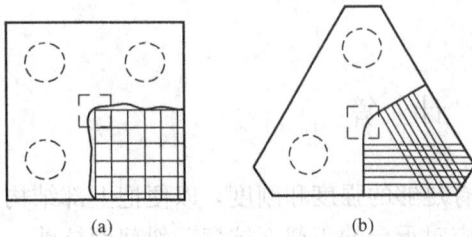

图 2-54　柱下独立桩基承台配筋示意
(a) 矩形承台；(b) 三桩承台

2000mm 时，宜在板厚中间部位设置直径不小于 12mm、间距不大于 300mm 的双向钢筋网。⑤桩嵌入承台内的长度不宜小于 50mm，对大直径桩不宜小于 100mm。⑥混凝土桩的桩顶纵向主筋应锚入承台内，其锚入长度不宜小于 35 倍纵向钢筋。⑦承台混凝土强度等级不应低于 C25，纵向钢筋的混凝土保护层厚度不应小于 70mm，当有混凝土垫层时，不应小于 50mm。

二、承台正截面抗弯承载力计算

　　当承台下面外排桩中心距墩台（柱）身边缘大于承台高度时，承台正截面（垂直于 x 轴和 y 轴的竖向截面）抗弯承载力可作为悬臂梁进行计算。

1. 承台截面计算宽度 b_s

当桩中心距不大于三倍桩边长或桩直径时，取承台全宽计算；当桩中心距大于三倍桩边长或桩直径时，b_s 按下式计算

$$b_s = 2a + 3D(n-1) \tag{2-115}$$

式中 a——平行于计算截面的边桩中心距承台边缘的距离，mm；

D——桩边长或桩直径，mm；

n——平行于计算截面的桩的根数。

2. 承台计算截面弯矩设计值计算

承台计算截面弯矩设计值按下式计算

$$M_x = \sum N_{id} y_{ci} \tag{2-116}$$

$$M_y = \sum N_{id} x_{ci} \tag{2-117}$$

式中 M_x、M_y——计算截面外侧各排桩竖向力产生的绕 x 轴和 y 轴在计算截面处的弯矩组合设计值，kN·m；

N_{id}——计算截面外侧第 i 排桩的竖向力设计值，取该排桩数乘以该排桩中最大单桩竖向力设计值，按式（2-81）计算，N；

x_{ci}、y_{ci}——垂直于 y 轴和 x 轴方向，自第 i 排桩中心线至计算截面的距离，m。

当承台下面外排桩中心距墩台（柱）身边缘等于或小于承台高度时，承台为短悬臂体系，应按"撑杆—系杆体系"计算撑杆的抗压承载力和系杆的抗拉承载力，如图 2-55 所示。

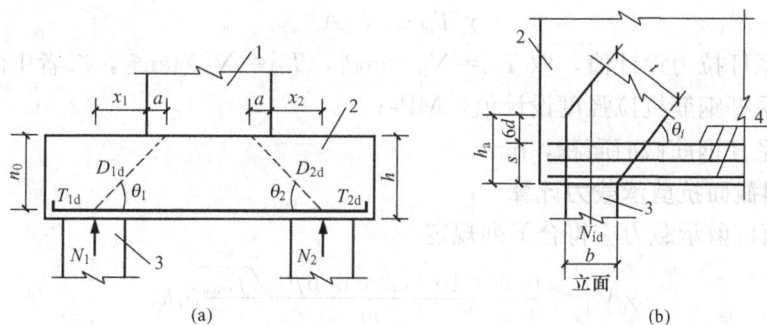

图 2-55 承台按"撑杆—系杆体系"计算

（a）"撑杆—系杆"力系；（b）撑杆计算高度

1—墩台身；2—承台；3—桩；4—系杆钢筋

3. 撑杆抗压承载力计算

撑杆抗压承载力可按下式计算

$$\gamma_0 D_{id} \leqslant t b_s f_{cd,s} \tag{2-118}$$

$$f_{cd,s} = \frac{f_{cu,k}}{1.43 + 304\varepsilon_1} \leqslant 0.48 f_{cu,k} \tag{2-119}$$

$$\varepsilon_1 = \left(\frac{T_{id}}{A_s E_s} + 0.002\right)\cot^2\theta_i \tag{2-120}$$

$$t = b\sin\theta_i + h_a\cos\theta_i \tag{2-121}$$

$$h_a = s + 6d \tag{2-122}$$

式中　D_{id}——撑杆压力设计值，包括 $D_{1d}=N_{1d}/\sin\theta_1$，$D_{2d}=N_{2d}/\sin\theta_2$，其中 N_{1d} 和 N_{2d} 分别为承台悬臂下面"1"排桩和"2"排桩内该排桩的根数乘以该排桩中最大单桩竖向力设计值，单桩竖向力按式（2-102）计算；计算时 D_{id} 取 D_{1d} 和 D_{2d} 两者中较大值，N；

　　　　$f_{cd,s}$——撑杆混凝土轴心抗压强度设计值，MPa；

　　　　t——撑杆计算高度，mm；

　　　　b_s——撑杆计算宽度（按正截面抗弯承载力计算时对计算宽度的规定确定），mm；

　　　　b——桩的支撑宽度，方形截面桩取截面边长，圆形截面桩取直径的 0.8 倍，mm；

　　　　$f_{cu,k}$——边长为 150mm 的混凝土立方体抗压强度标准值，MPa；

　　　　T_{id}——与撑杆相应的系杆拉力设计值，$T_{1d}=N_{1d}/\tan\theta_1$，$T_{2d}=N_{2d}/\tan\theta_2$，N；

　　　　A_s——在撑杆计算宽度 b_s（系杆计算宽度）范围内系杆钢筋截面面积，mm²；

　　　　s——系杆钢筋的顶层钢筋中心至承台底的距离，mm；

　　　　d——系杆钢筋直径，当采用不同直径的钢筋时，d 取加权平均值，mm；

　　　　θ_i——撑杆压力线与系杆拉力线的夹角，$\theta_1=\tan^{-1}\dfrac{h_0}{a+x_1}$，$\theta_2=\tan^{-1}\dfrac{h_0}{a+x_2}$，其中 h_0

　　　　　　为承台有效高度；a 为撑杆压力线在承台顶面的作用点至墩台边缘的距离，取 $a=0.15h_0$；x_1 和 x_2 为桩中心至墩台边缘的距离。

　　4. 系杆抗拉承载力计算

　　系杆抗拉承载力按下式计算

$$\gamma_0 T_{id} \leqslant f_{sd}A_s \tag{2-123}$$

式中　T_{id}——系杆拉力设计值，取 $T_{1d}=N_{1d}/\tan\theta_1$，$T_{2d}=N_{2d}/\tan\theta_2$，二者中的较大值，N；

　　　　f_{sd}——系杆钢筋抗拉强度设计值，MPa；

　　　　A_s——系杆钢筋截面面积，mm²。

三、承台斜截面抗剪承载力计算

　　承台斜截面抗剪承载力应符合下列规定

$$\gamma_0 V_d \leqslant \frac{0.9\times10^{-4}(2+0.6p)\sqrt{f_{cu,k}}}{m}b_s h_0 \tag{2-124}$$

式中　V_d——由承台悬臂下面桩的竖向力设计值产生的计算斜截面以外各排桩最大剪力设计值的总和，每排桩的竖向力设计值，取其中一根最大值乘以该排桩的根数，kN；

　　　　$f_{cu,k}$——边长为 150mm 的混凝土立方体抗压强度标准值，MPa；

　　　　p——斜截面内纵向受拉钢筋的配筋百分率，$p=100\rho$，$\rho=A_s/bh_0$，当 $p>2.5$ 时，取 $p=2.5$，其中 A_s 为承台计算截面宽度内纵向受拉钢筋的截面面积；

　　　　m——剪跨比，$m=a_{xi}/h_0$ 或 $m=a_{yi}/h_0$（当 $m<0.5$ 时，取 $m=0.5$，其中 a_{xi} 和 a_{yi} 分别为沿 x 轴和 y 轴墩台边缘至计算斜截面外侧第 i 排桩边缘的距离；当为圆形截面桩时，可换算为边长等于 0.8 倍圆桩直径的方形截面桩）；

　　　　b_s——承台截面计算宽度，mm；

　　　　h_0——承台有效高度，mm。

　　《建筑地基规范》对桩基斜截面的抗剪承载力计算作如下规定：①剪切破坏面为通过柱

边（墙边）和桩边连线形成的斜截面；②斜截面抗剪承载力应按下列公式计算

$$\gamma_0 V \leqslant \beta_{\mathrm{hs}}\beta f_\mathrm{t}b_0 h_0 \tag{2-125}$$

$$\beta = \frac{1.75}{\lambda + 1.0} \tag{2-126}$$

式中　V——扣除承台及其上填土自重后相应于荷载效应基本组合时斜截面的最大剪力设计值，kN；

b_0——承台计算截面处的计算宽度，m；

h_0——计算宽度处的有效高度，m；

β——剪切系数；

β_{hs}——受剪切承载力截面高度影响系数；

λ——计算截面的剪跨比，$\lambda_x = a_x/h_0$ 或 $\lambda_y = a_y/h_0$（其中 a_x 和 a_y 分别为柱［墙］边或承台变阶处至 x、y 方向计算一排桩的桩边水平距离；当 $\lambda < 0.3$ 时，取 $\lambda = 0.3$；当 $\lambda > 3$ 时，取 $\lambda = 3$）。

当柱边外形成多个剪切斜截面时，应分别对每个斜截面进行抗剪承载力计算。

四、承台抗冲切承载力验算

承台抗冲切验算包括柱或墩台向下冲切承台和角桩或边桩向上冲切承台两个方面。

（一）柱或墩台向下冲切承台冲切承载力验算

柱或墩台向下冲切的破坏锥体应自柱或墩台边缘至相应桩顶边缘连线构成锥体，如图 2-56 所示，桩顶位于承台顶面以下一倍有效高度 h_0 处。锥体斜面与水平面的夹角，不应小于 45°，当小于 45° 时，取 45°。

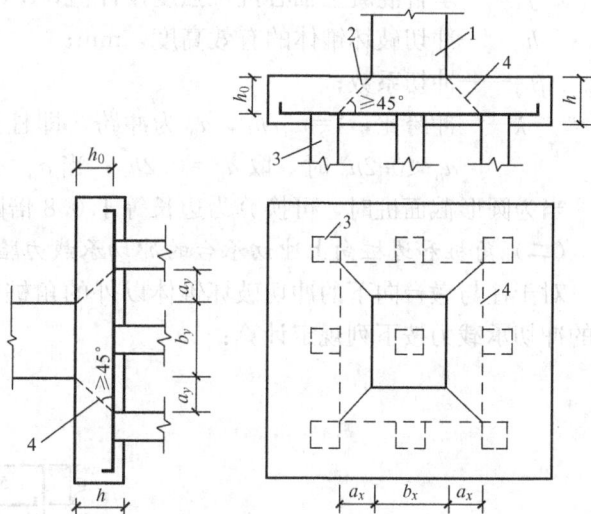

图 2-56　柱或墩台向下冲切承台计算图式
1—柱；2—承台；3—桩；4—破坏锥体

柱或墩台向下冲切承台冲切承载力按下式计算

$$\gamma_0 F_{ld} \leqslant 0.6 f_{\mathrm{td}}h_0 [2\alpha_{\mathrm{px}}(b_y + a_y) + 2\alpha_{\mathrm{py}}(b_x + a_x)] \tag{2-127}$$

$$\alpha_{\mathrm{px}} = \frac{1.2}{\lambda_x + 0.2} \tag{2-128a}$$

$$\alpha_{\mathrm{py}} = \frac{1.2}{\lambda_y + 0.2} \tag{2-128b}$$

式中　F_{ld}——作用于冲切破坏锥体上的冲切力设计值,可取柱或墩台的竖向力设计值减去锥体范围内桩的反力设计值，N；

b_x、b_y——柱或墩台作用面积的边长，mm；

a_x、a_y——冲跨，冲切破坏锥体侧面顶边与底边间的水平距离，即柱或墩台边缘到桩边缘的水平距离，其值不应大于 h_0，mm；

λ_x、λ_y——冲跨比，$\lambda_x = a_x/h_0$，$\lambda_y = a_y/h_0$（当 $a_x < 0.2h_0$ 或 $a_y < 0.2h_0$ 时，取 $a_x = 0.2h_0$ 或 $a_y = 0.2h_0$）；

α_{px}、α_{py}——分别为与冲跨比 λ_x、λ_y 对应的冲切承载力系数；

f_{td}——混凝土轴心抗拉强度设计值，MPa。

《建筑地基规范》按下式验算柱下矩形承台的抗冲切承载力

$$F_l \leqslant 2[\beta_{0x}(b_c + a_{0y}) + (h_c + a_{0x})]\beta_{hp} f_t h_0 \tag{2-129}$$

$$\beta_{0x} = \frac{0.84}{\lambda_{0x} + 0.2} \tag{2-130a}$$

$$\beta_{0y} = \frac{0.84}{\lambda_{0y} + 0.2} \tag{2-130b}$$

式中　F_l——扣除承台及其上填土自重，作用在冲切破坏锥体上相应于荷载效应基本组合的冲切力设计值，kN；

f_t——承台混凝土轴心抗拉强度设计值，MPa；

h_0——冲切破坏锥体的有效高度，mm；

β_{0x}、β_{0y}——冲切系数；

λ——冲跨比，$\lambda = a_0/h_0$，a_0 为冲跨，即柱边或承台变阶处至桩边的水平距离（当 $a_0 < 0.2h_0$ 时，取 $a_0 = 0.2h_0$；当 $a_0 > h_0$ 时，取 $a_0 = h_0$；$\lambda = 0.2 \sim 1.0$）。

当为圆形截面桩时，可换算为边长等于 0.8 倍圆桩直径的方形截面桩计算。

（二）角桩和边桩向上冲切承台的冲切承载力验算

对于柱与墩台向下的冲切破坏锥体以外的角桩和边桩，如图 2-57 所示，其向上冲切承台的冲切承载力按下列规定计算：

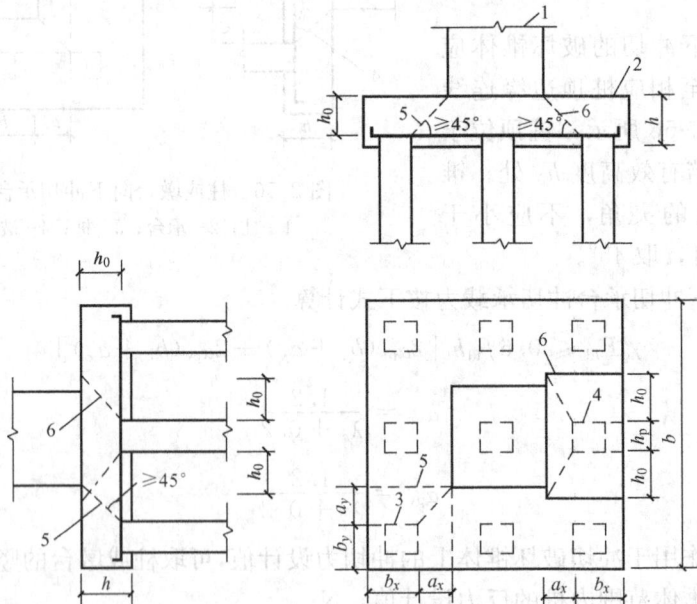

图 2-57　角桩和边桩向上冲切承台破坏锥体
1—柱、墩台；2—承台；3—角桩；4—边桩；5—角桩上
冲切破坏锥体；6—边桩上冲切破坏锥体

1. 角桩

$$\gamma_0 F_{ld} \leqslant 0.6 f_{td} h_0 \left[\alpha'_{px} \left(b_y + \frac{a_y}{2} \right) + \alpha'_{py} \left(b_x + \frac{a_x}{2} \right) \right] \tag{2-131}$$

$$\alpha'_{px} = \frac{0.8}{\lambda_x + 0.2} \tag{2-132a}$$

$$\alpha'_{py} = \frac{0.8}{\lambda_y + 0.2} \tag{2-132b}$$

式中　　F_{ld}——角桩竖向力设计值，N；

b_x、b_y——承台边缘至桩内边缘的水平距离，mm；

a_x、a_y——冲跨，桩边缘至相应柱或墩台边缘的水平距离，其值不应大于 h_0，mm；

λ_x、λ_y——冲跨比，$\lambda_x = a_x/h_0$，$\lambda_y = a_y/h_0$，当 $a_x < 0.2h_0$ 或 $a_y < 0.2h_0$ 时，取 $a_x = 0.2h_0$ 或 $a_y = 0.2h_0$；

α'_{px}、α'_{py}——分别为与冲跨比 λ_x、λ_y 对应的冲切承载力系数；

f_{td}——混凝土轴心抗拉强度设计值，MPa。

2. 边桩

当 $b_p + 2h_0 \leqslant b$ 时，有

$$\gamma_0 F_{ld} \leqslant 0.6 f_{td} h_0 \left[\alpha'_{px} (b_p + h_0) + 0.667 \times (2b_x + a_x) \right] \tag{2-133}$$

式中　　F_{ld}——边桩竖向力设计值，N；

b_x——承台边缘至桩内边缘的水平距离，mm；

b_p——方桩的边长，mm；

a_x——冲跨，桩边缘至相应柱或墩台边缘的水平距离，其值不应大于 h_0，mm；

f_{td}——混凝土轴心抗拉强度设计值，MPa。

按上述各式计算时，圆形截面桩应换算为边长等于 0.8 倍圆桩直径的方形截面桩计算。

《建筑地基规范》规定：多桩矩形承台受角桩冲切的承载力应按下式计算（图 2-58）

$$N_l \leqslant \left[\beta_{1x} \left(c_2 + \frac{a_{1y}}{2} \right) + \beta_{1y} \left(c_1 + \frac{a_{1x}}{2} \right) \right] \beta_{hp} f_t h_0 \tag{2-134}$$

$$\beta_{1x} = \frac{0.56}{\lambda_{1x} + 0.2} \tag{2-135}$$

$$\beta_{1y} = \frac{0.56}{\lambda_{1y} + 0.2} \tag{2-136}$$

式中　　N_l——扣除承台和其上填土自重后的角桩桩顶相应于荷载效应基本组合时的竖向力设计值，kN；

β_{1x}、β_{1y}——角桩冲切系数；

λ_{1x}、λ_{1y}——角桩冲跨比，其值满足 0.2～1.0，$\lambda_{1x} = a_{1x}/h_0$，$\lambda_{1y} = a_{1y}/h_0$；

c_1、c_2——从角桩内边缘至承台外边缘的距离，m；

a_{1x}、a_{1y}——从承台底角桩内边缘引 45°冲切线与承台顶面或承台变阶处相交点至角桩内边缘的水平距离，m；

h_0——承台外边缘的有效高度，m。

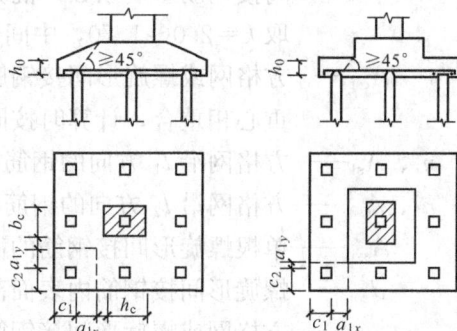

图 2-58　矩形承台角桩冲切计算示意图

五、承台局部承压承载力验算

承台在承受局部荷载的部位，应进行局部承压的计算，包括局部承压截面尺寸的验算和局部承压承载力验算两部分内容。

（一）局部承压截面尺寸的验算

对于配置间接钢筋的混凝土构件，其局部受压区的截面尺寸应满足下列要求

$$\gamma_0 F_{ld} \leqslant 1.3 \eta_s \beta f_{cd} A_l \tag{2-137}$$

$$\beta = \sqrt{\frac{A_b}{A_l}} \tag{2-138}$$

式中　F_{ld}——局部受压面积上的局部压力设计值，N；

f_{cd}——混凝土抗压强度设计值，MPa；

η_s——混凝土局部承压修正系数，混凝土强度等级 C50 及以下时，取 $\eta_s = 1.0$，C50～C80 取 $\eta_s = 1.0 \sim 0.76$，中间值直线内插取用；

β——混凝土局部抗压承载力提高系数；

A_b——局部承压时的计算底面积，mm²；

A_l——混凝土局部受压面积，mm²。

（二）局部承压承载力验算

对于配置间接钢筋的混凝土构件，其局部抗压承载力应满足下列要求

$$\gamma_0 F_{ld} \leqslant 0.9(\eta_s \beta f_{cd} + k \rho_V \beta_{cor} f_{sd}) A_l \tag{2-139}$$

$$\beta_{cor} = \sqrt{\frac{A_{cor}}{A_l}} \tag{2-140}$$

间接钢筋体积配筋率 ρ_V（核心面积 A_{cor} 范围内单位混凝土体积所含间接钢筋的体积）按下列公式计算：

方格网

$$\rho_V = \frac{n_1 A_{s1} l_1 + n_2 A_{s2} l_2}{A_{cor} s} \tag{2-141}$$

此时，在钢筋网两个方向的钢筋截面面积相差不应大于 50%。

螺旋筋

$$\rho_V = \frac{4 A_{ss1}}{d_{cor} s} \tag{2-142}$$

式中　β_{cor}——配置间接钢筋时局部抗压承载力提高系数，当 $A_{cor} > A_b$ 时，取 $A_{cor} = A_b$；

k——间接钢筋影响系数，混凝土强度等级 C50 及以下时，取 $k = 2.0$，C50～C80 取 $k = 2.0 \sim 1.70$，中间值直线内插取用；

A_{cor}——方格网或螺旋形间接钢筋内表面范围内的混凝土核芯面积，其重心应与 A_l 重心相重合，计算时按同心、对称原则取值，mm²；

n_1、A_{s1}——方格网沿 l_1 方向的钢筋根数、单根钢筋的截面面积，mm²；

n_2、A_{s2}——方格网沿 l_2 方向的钢筋根数、单根钢筋的截面面积，mm²；

A_{ss1}——单根螺旋形间接钢筋的截面面积，mm²；

d_{cor}——螺旋形间接钢筋内表面范围内的混凝土核芯面积的直径，mm；

s——方格网或螺旋形间接钢筋的层距，mm；

f_{sd}——钢筋抗拉强度设计值，MPa。

应该注意的是，方格网钢筋不应少于 4 层，螺旋形钢筋不应少于 4 圈。

第九节　桩基础的常规设计

一、桩基础设计原则

（一）一般规定

根据建筑规模、功能特征、对差异变形的适应性、场地地基和建筑物体型的复杂性，以及由于桩基问题可能造成建筑破坏或影响正常使用的程度，应将桩基设计分为三个等级，设计时应根据具体情况，按表 2-25 选用

表 2-25 建 筑 桩 基 设 计 等 级

设计等级	建　　筑　　类　　型
甲　级	（1）重要建筑； （2）30 层以上或高度超过 100m 的高层建筑； （3）体形复杂且层数相差超过 10 层的高低层（含纯地下室）连体建筑； （4）20 层以上框架—核心筒结构及其他对差异沉降有特殊要求的建筑； （5）场地和地基条件复杂的 7 层以上一般建筑及坡地、岸边建筑； （6）对相邻既有工程影响较大的建筑
乙　级	除甲级、丙级以外的建筑
丙　级	场地和地基条件简单、荷载分布均匀的 7 层及以下的一般建筑

（1）桩基础应按下列两类极限状态设计：

1）承载能力极限状态，对应于桩基达到最大承载能力、整体失稳或发生不适于继续承载的变形。

2）正常使用极限状态，对应于桩基达到建筑物正常使用所规定的变形限值，或达到耐久性要求的某项限值。

（2）桩基应根据具体条件分别进行下列承载能力计算和稳定性验算：

1）应根据桩基的使用功能和受力特征，分别进行桩基的竖向承载力计算和水平承载力计算。

2）应对桩身和承台结构承载力进行计算。对于桩侧土不排水抗剪强度小于 10kPa 且长径比大于 50 的桩，应进行桩身压屈验算；对于混凝土预制桩，应按吊装、运输和锤击作用进行桩身承载力验算；对于钢管桩，应进行局部压屈验算。

3）当桩端平面以下存在软弱下卧层时，应进行软弱下卧层承载力验算。

4）对位于坡地、岸边的桩基，应进行整体稳定性验算。

5）对于抗浮、抗拔桩基，应进行基桩和群桩的抗拔承载力计算。

6）对于抗震设防区的桩基，应进行抗震承载力验算。

（3）下列建筑桩基应进行沉降计算：

1）设计等级为甲级的非嵌岩桩和非深厚坚硬持力层的建筑桩基。

2）设计等级为乙级的体型复杂、荷载分布显著不均匀，或桩端平面以下存在软弱下卧层的建筑桩基。

3）软土地基多层建筑减沉复合疏桩基础。

减沉复合疏桩基础是指在软土地基天然地基承载力基本满足要求的情况下，为减小沉降采用疏布摩擦型桩的复合桩基。

对受水平荷载较大，或对水平位移有严格限制的建筑桩基，应计算其水平位移。

（4）桩基设计时，所采用的作用效应组合与相应的抗力应符合下列规定：

1）确定桩数和布桩时，应采用传至承台底面的荷载效应标准组合；相应的抗力应采用基桩或复合基桩承载力特征值。

2）计算荷载作用下的桩基沉降和水平位移时，应采用荷载效应准永久组合；计算水平地震作用、风荷载作用下的桩基水平位移时，应采用水平地震作用、风载效应标准组合。

3）验算坡地、岸边建筑桩基的整体稳定性时，应采用荷载效应标准组合；抗震设防区，应采用地震作用效应和荷载效应的标准组合。

4）在计算桩基结构承载力、确定尺寸和配筋时，应采用传至承台顶面的荷载效应基本组合。当进行承台和桩身裂缝控制验算时，应分别采用荷载效应标准组合和荷载效应准永久组合。

（二）特殊条件下的桩基

1. 软土地基的桩基设计原则

（1）软土中的桩基宜选择中、低压缩性土层作为桩端持力层。

（2）桩周围软土因自重固结、场地填土、地面大面积堆载、降低地下水位、大面积挤土沉桩等原因而产生的沉降大于基桩的沉降时，应视具体工程情况分析计算桩侧负摩阻力对基桩的影响。

（3）采用挤土桩和部分挤土桩时，应采取消减孔隙水压力和挤土效应的技术措施，并应控制沉桩速率，减小挤土效应对成桩质量、邻近建筑物、道路、地下管线和基坑边坡等产生的不利影响。

（4）先成桩后开挖基坑时，必须合理安排基坑挖土顺序和控制分层开挖深度，防止土体侧移对桩的影响。

2. 湿陷性黄土地区的桩基设计原则

（1）基桩应穿透湿陷性黄土层，桩端应支撑在压缩性低的黏性土、粉土、中密和密实砂土以及碎石类土层中。

（2）湿陷性黄土地基中，设计等级为甲、乙级建筑桩基的单桩极限承载力，宜以浸水试验为主要依据。

（3）自重湿陷性黄土地基中的单桩极限承载力，应根据工程具体情况分析计算桩侧负摩阻力的影响。

3. 季节性冻土和膨胀土地基中的桩基设计原则

（1）桩端进入冻深线，或膨胀土的大气影响急剧层以下的深度，应满足抗拔稳定性验算要求，且不得小于4倍桩径及1倍扩大端直径，最小深度应大于1.5m。

（2）为减小和消除冻胀或膨胀对桩基的作用，宜采用钻（挖）孔灌注桩。

（3）确定基桩竖向极限承载力时，除不计入冻胀、膨胀深度范围内桩侧阻力外，还应考虑地基土的冻胀、膨胀作用，验算桩基的抗拔稳定性和桩身受拉承载力。

（4）为消除桩基受冻胀或膨胀作用的危害，可在冻胀或膨胀深度范围内，沿桩周及承台做隔冻、隔胀处理。

4. 坡地、岸边桩基的设计原则

（1）对建于坡地、岸边的桩基，不得将桩支撑于边坡潜在的滑动体上。桩端进入潜在滑裂面以下稳定岩土层内的深度，应能保证桩基的稳定。

（2）建筑桩基与边坡应保持一定的水平距离；建筑场地内的边坡必须是完全稳定的边坡，当有崩塌、滑坡等不良地质现象存在时，应按现行国家标准《建筑边坡工程技术规范》（GB 50330—2002）的规定进行整治，确保其稳定性。

（3）新建坡地、岸边建筑桩基工程，应与建筑边坡工程统一规划，同步设计，合理确定施工顺序。

（4）不宜采用挤土桩。

（5）应验算最不利荷载效应组合下，桩基的整体稳定性和基桩水平承载力。

5. 抗震设防区桩基的设计原则

（1）桩进入液化土层以下稳定土层的长度应按计算确定；对于碎石土、砾、粗、中砂，密实粉土，坚硬黏性土尚不应小于（2～3）d，对其他非岩石土尚不应小于（4～5）d。

（2）承台和地下室侧墙周围应采用灰土、级配砂石、压实性较好的素土回填，并分层夯实，也可采用素混凝土回填。

（3）当承台周围为可液化土或地基承载力小于 40kPa（或不排水抗剪强度小于 15kPa）的软土，且桩基水平承载力不满足计算要求时，可将承台外每侧 1/2 承台边长范围内的土进行加固。

（4）对于存在液化扩展的地段，应验算桩基在土流动的侧向作用力下的稳定性。

6. 可能出现负摩阻力的桩基设计原则

（1）对于填土建筑场地，宜先填土并保证填土的密实性，软土场地填土前应采取预设塑料排水板等措施，待填土地基沉降基本稳定后方可成桩。

（2）对于有地面大面积堆载的建筑物，应采取减小地面沉降对建筑物桩基影响的措施。

（3）对于自重湿陷性黄土地基，可采用强夯、挤密土桩等先行处理，消除上部或全部土的自重湿陷；对于欠固结土，宜采取先期排水预压等措施。

（4）对于挤土沉桩，应采取消减超孔隙水压力、控制沉桩速率等措施。

（5）对于中性点以上的桩身，可对表面进行处理，以减小负摩阻力。

二、桩基础常规设计的内容与步骤

桩基础常规设计包括以下几方面的内容与步骤：

（1）收集设计资料，包括建筑物类型、规模、使用要求、结构体系及荷载情况，建筑场地的岩土工程勘察报告等。

（2）选择桩型，并确定桩的截面形状及尺寸、桩端持力层及桩长等基本参数和承台埋深。

（3）确定单桩承载力，包括竖向抗压、抗拔及水平承载力等。

（4）确定群桩的桩数并布桩，并根据布桩情况确定承台类型及尺寸。

（5）桩基承载力与变形验算，包括竖向及水平承载力、沉降或水平位移等，对有软弱下卧层的桩基，尚需验算软弱下卧层的承载力。

（6）桩基中各桩受力与结构设计，包括各桩桩顶荷载效应计算以及桩身结构计算等。

（7）承台结构设计，包括承台的抗弯、抗剪、抗冲切及抗裂等强度计算及结构构造等。

桩基础设计需满足上述两种极限状态的要求，如在上述设计步骤中出现不满足这些要求的情况，应修改设计参数甚至方案，直至全部满足各项要求方可结束设计工作。

三、桩型、桩截面尺寸及桩长的选择

（一）桩型的选择

桩型的选择是桩基设计的最基本环节之一。桩型的选择应综合考虑建筑物对桩基的功能要求、土层分布及特性、桩施工工艺及环境等方面因素，充分利用各桩型的特点来适应建筑物在安全、经济及工期等方面的要求。有关桩型及成桩工艺的范围在本章第二节已有初步论述，详细情况可参阅有关文献。

（二）截面尺寸的选择

桩的截面尺寸通常由地基土质条件及上部结构的荷载大小和性质等因素确定。预制方桩的截面尺寸可在 300mm×300mm～500mm×500mm 范围内选择；灌注桩截面尺寸可在 300～1200mm 范围内选择；钢管桩直径一般为 250～1200mm；而"H"形钢桩常有相应的成品规格供选用；对扩底钻孔灌注桩，扩底直径一般不大于桩身直径的 1.5～2.0 倍。

（三）桩长的选择

桩长的选择与地基土层性质、桩的材料、施工工艺等因素有关。桩长确定关键在于选择桩端持力层，因为桩端持力层对于桩的承载力和沉降有着重要影响，设计时可先根据地质条件选择适宜的桩端持力层初步确定桩长，并应考虑施工的可能性。

一般总希望把桩端置于岩层或坚硬的土层上，以获得较大的承载力和较小的沉降量。如在施工条件容许的深度内没有坚实土层存在，应尽可能选择压缩性较低、强度较高的土层作为持力层，要避免把桩底坐落在软弱土层上或离软弱土层的距离太近，造成桩基础发生过大的沉降。

对于摩擦桩，有时桩底持力层可能有多种选择，此时确定桩长与桩数两者相互牵连，遇此情况，可通过试算比较，选用较合理的桩长。摩擦桩的桩长不应拟定太短，一般不易小于4m。桩端进入持力层的深度，对于黏性土、粉土不宜小于 $2d$，砂类土不宜小于 $1.5d$，碎石类土不宜小于 $1d$，嵌岩灌注桩嵌入微风化或中等风化岩体的最小深度不宜小于 0.5m，且不小于按下式计算的深度：

（1）圆形桩

$$h = \sqrt{\frac{M_H}{0.065\,5\beta f_{rk}d}} \qquad (2\text{-}143)$$

（2）矩形桩

$$h = \sqrt{\frac{M_H}{0.083\,3\beta f_{rk}b}} \qquad (2\text{-}144)$$

式中　h——桩嵌入基岩中（不计强风化层和全风化层）的有效深度，m，不应小于 0.5m。

M_H——在基岩顶面处的弯矩，kN·m。

f_{rk}——岩石饱和单轴抗压强度标准值，kPa。

β——系数，$\beta=0.5\sim1.0$，根据岩层侧面构造而定，节理发育的取小值；节理不发育

的取大值。

d——桩身直径，m。

b——垂直于弯矩作用平面桩的边长，m。

为了保证可靠的支承力和地基的稳定性，桩端以下坚实土层的厚度，一般不宜小于 5 倍桩径；嵌岩桩在桩底以下 3 倍桩径范围内应无软弱夹层、断裂带、洞穴和空隙分布。

（四）确定单桩承载力

根据建筑物对桩功能的要求及荷载特性，明确单桩承载力的类型，如抗压、抗拔及水平承载力等，按有关规定确定单桩承载力的特征值。

（五）确定桩数及布桩

1. 桩数

桩数主要受荷载、单桩承载力及承台结构强度等因素的影响。桩数确定的基本要求是满足单桩及群桩的承载力。

（1）对主要承担竖向荷载的桩基，可按以下方法初估桩数。

当桩基受轴心压力时，桩数应满足

$$n \geqslant \frac{F_k + G_k}{R_a} \tag{2-145}$$

式中 n——初估的桩数；

F_k——相应于荷载效应标准组合时，作用于桩基承台顶面竖向力，kN；

G_k——承台自重及承台上土自重标准值，kN；

R_a——单桩竖向承载力特征值，kN。

当桩基偏心受压时，可先按轴心受压初估桩数，然后按偏心荷载大小将桩数增加 10%～20%。这样定出的桩数也是初估的，最终要以桩基总承载力与变形、单桩受力以及承台结构强度等要求决定。

（2）对主要承担水平荷载的桩基，也可参照以上方法初估桩数，并由桩基总承载力与水平位移、单桩受力分析等最终确定桩数。

2. 桩的中心距

布桩应综合考虑桩的施工工艺、群桩效应、承台尺寸及内力等因素，做到与结构体系紧密结合。布桩一般应遵循以下原则：

（1）使群桩的抗力中心与外荷载中心重合或最大限度的接近。

（2）对主要承担竖向荷载的桩基，可以布置竖直桩；对承受水平荷载、上拔荷载或弯矩较大的桩基可采用斜桩，也可采用大直径的竖直桩。

（3）对单片基础可视承台形状及大小，布成点陈式群桩；对柱下或墙下条形承台，可按长向布单排或双排群桩；对纵横交接的成墙布桩可按梁或墙轴线布置。

（4）对承台底面弯矩较大情况，可适当加大桩间距，或采用在抗压一侧布桩加密的方法来增大桩基的惯性矩。

（5）布桩要充分考虑到桩的成桩工艺及施工要求等因素，还要协调好群桩效应与承台内力之间的关系。

（6）布桩的间距一般应满足表 2-26 中最小桩间距值。

表 2-26　　　　　　　　　　　　　　　　　　桩的最小中心距

土类及成桩工艺		排数超过三排（含三排）桩数超过九根（含九根）的摩擦桩型桩基基础	其 他 情 况
非挤土和部分挤土灌注桩		$3.0d$	$2.5d$
挤土灌注桩	穿越非饱和土	$3.5d$	$3.0d$
	穿越饱和软土	$4.0d$	$3.5d$
挤土预制桩		$3.5d$	$3.0d$
打入式敞口管桩和 H 形钢桩		$3.5d$	$3.0d$

（六）桩位的布置

桩在平面内可布置成方形（或矩形）、三角形和梅花形，条形基础下的桩，可采用单排或双排布置，也可采用不等距布置。对柱下单独桩基和整片式桩基，宜采用外密内疏的布置方式；对横墙下桩基，可在外纵墙之外布设一至二根"探头"桩，此外，在有门洞的墙下布桩应将桩设置在门洞的两侧，梁式或板式基础下的群桩，布桩时应注意使梁板中的弯矩尽量减小，即多在柱墙下布桩，以减少梁和板跨中的桩数。

四、桩基础设计方案检验

根据上述原则所拟定的桩基础设计方案应进行检验，即对桩的强度、变形及稳定性进行必要的验算，以验证所拟定的方案是否合理，需否修改，能否优选成为较佳的设计方案。为此，应计算桩基础在最不利荷载组合下所受到的作用力及相应产生的内力与位移。

（一）单桩竖向承载力验算

当桩基轴心受压时，单桩竖向承载力符合下式要求

$$N = \frac{F_k + G_k}{n} \leqslant R_a \qquad (2\text{-}146)$$

当桩基偏心受压时，除应满足式（2-141）要求外，尚应满足下式要求：

$$N_{max} = \frac{F_k + G_k}{n} + \frac{M_{xk} y_{max}}{\sum_{i=1}^{n} y_i^2} + \frac{M_{yk} x_{max}}{\sum_{i=1}^{n} x_i^2} \leqslant 1.2 R_a \qquad (2\text{-}147)$$

式中　　M_{xk}、M_{yk}——相应于荷载标准组合时作用于承台底面通过群桩形心的 x、y 的弯矩值，kN·m；

其余符号同前。

水平力作用下，单桩水平力承载力应符合下式要求：

$$H_{ik} = \frac{H_k}{n} \leqslant R_{Ha} \qquad (2\text{-}148)$$

式中　　H_k——相应于荷载标准组合时，作用于承台底面的水平力，kN；

H_{ik}——相应于荷载标准组合时，作用于任一单桩的水平力，kN；

R_{Ha}——单桩水平力承载力特征值，kN。

（二）单桩水平位移验算

在现行规范中，尽管未要求对单桩的水平位移进行验算，但规范规定需做墩台顶水平位移验算。在荷载作用下，墩台顶水平位移的大小，除了与墩台本身材料受力变位有关外，还与柱、桩的水平位移及转角有密切的关系，因此，墩台顶水平位移验算包含了对单桩水平位移检验。在荷载作用下，墩台顶水平位移 Δ 不应超过规定的容许值 $[\Delta] = 0.5\sqrt{l}$，l 为梁的

跨径。

（三）弹性桩单桩桩侧土的水平土抗力强度检验

此项验算的目的在于保证桩侧土的稳定而不发生塑性破坏，并保证桩侧土处于弹性状态，符合弹性地基梁理论的假设要求。检验时要求桩侧土产生的最大土抗力不应超过其容许值（详见沉井基础有关内容）。

（四）群桩沉降量验算

设计等级为甲级、乙级的建筑物桩基，应进行群桩基础的沉降量计算，包括总沉降量和相邻墩台的沉降差。

（五）承台强度验算

承台作为构件，一般应进行局部受压、抗冲切、抗弯和抗剪验算。

综上所述，桩基础设计是一个系统工程，包含着方案设计与施工图设计。为取得良好的技术和经济效果，有时应作几种方案比较或对已拟订方案修正，使施工图设计成为方案设计的实施与保证。

【例 2-2】 某建筑柱基如图 2-59 所示，柱截面尺寸为 $500mm \times 500mm$，已知作用在基础顶面的荷载标准值为：$F_k = 2550kN$，$M_{yk} = 160kN \cdot m$，$M_{xk} = 75kN \cdot m$，$V_k = 120kN$，作用在基础顶面的荷载设计值为：$F = 3210kN$，$M_y = 205kN \cdot m$，$M_x = 95kN \cdot m$，$V = 140kN$，采用直径为 350mm 的沉管灌注桩，由载荷试验确定出单桩竖向承载力特征值 $R_a = 470kN$，水平承载力特征值 $R_{Ha} = 50kN$，承台混凝土强度等级为 C20，钢筋 HRB335，试设计柱下桩基础。

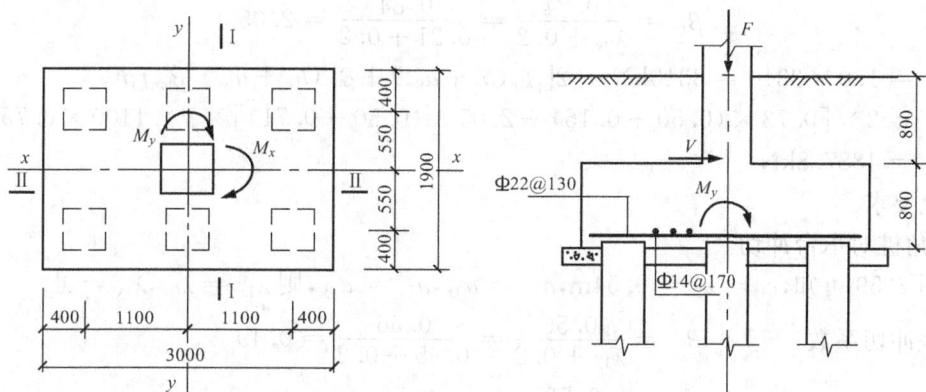

图 2-59 ［例 2-2］计算图示

解 1. 确定桩数，进行桩位布置

对于偏心受压桩基，所需桩数近似按下式估算

$$n \geqslant 1.1 \times \frac{F_k}{R_a} = 1.1 \times \frac{2550}{470} = 6.0，取 6 根$$

2. 初选承台尺寸

桩距 $s = 3d = 3 \times 0.35 = 1.05m$，取 1.1m，边桩到承台边缘的距离取 0.4m，则承台长度为 $l = 2 \times (1.1 + 0.4) = 3m$，承台宽度为 $b = 2 \times 0.4 + 1.1 = 1.9m$。

3. 单桩承载力验算

承台自重 $G_k = 20 \times 3 \times 1.9 \times 1.6 = 182.4\text{kN}$

桩顶竖向荷载应满足下式要求

$$N = \frac{F_k + G_k}{n} = \frac{2550 + 182.4}{6} = 455.2 < R_a = 470\text{kN}$$

$$N_{\max} = \frac{F_k + G_k}{n} + \frac{(M_{yk} + V_k h)x_{\max}}{\sum x_i^2} + \frac{M_{xk} y_{\max}}{\sum y_i^2}$$

$$= \frac{2550 + 182.4}{6} + \frac{(160 + 120 \times 0.8) \times 1.1}{4 \times 1.1^2} + \frac{75 \times 0.55}{6 \times 0.55^2} = 455.2 + 58.2 + 22.7$$

$$= 536.1\text{kN} < 1.2R_a = 564\text{kN} \qquad 满足$$

桩顶水平荷载应满足下式要求

$$H_{ik} = \frac{V_k}{n} = \frac{120}{6} = 20\text{kN} < R_{Ha} = 50\text{kN} \qquad 满足$$

4. 承台设计

（1）承台受冲切承载力验算。

1）柱对承台冲切：

冲跨比 $\qquad\qquad\qquad \lambda_{0x} = \frac{a_{0x}}{h_0} = \frac{710}{750} = 0.95$

$$\lambda_{0y} = \frac{a_{0y}}{h_0} = \frac{160}{750} = 0.21$$

冲切系数 $\qquad\qquad\qquad \beta_{0x} = \frac{0.84}{\lambda_{0x} + 0.2} = \frac{0.84}{0.95 + 0.2} = 0.73$

$$\beta_{0y} = \frac{0.84}{\lambda_{0y} + 0.2} = \frac{0.84}{0.21 + 0.2} = 2.05$$

$$\gamma_0 F_l = 1.0 \times 3310 = 3310\text{kN} < 2[\beta_{0x}(b_c + a_{0y}) + \beta_{0y}(h_c + a_{0x})]\beta_{hp} f_t h_0$$

$$= 2 \times [0.73 \times (0.50 + 0.16) + 2.05 \times (0.50 + 0.71)] \times 1 \times 1100 \times 0.75$$

$$= 4887.8\text{kN}$$

满足要求。

2）角桩对承台冲切。

由图 2-59 可知，$c_1 = c_2 = 0.54\text{m}$，$a_{1x} = a_{0x}$，$a_{1y} = a_{0y}$，则 $\lambda_{1x} = \lambda_{0x}$，$\lambda_{1y} = \lambda_{0y}$。

角桩冲切系数 $\qquad\qquad \beta_{1x} = \frac{0.56}{\lambda_{1x} + 0.2} = \frac{0.56}{0.95 + 0.2} = 0.49$

$$\beta_{1y} = \frac{0.56}{\lambda_{1y} + 0.2} = \frac{0.56}{0.21 + 0.2} = 1.37$$

角桩最大净反力设计值

$$N_{\max} = \frac{F}{n} + \frac{(M_y + Vh)x_{\max}}{\sum x_i^2} + \frac{M_x y_{\max}}{\sum y_i^2}$$

$$= \frac{3310}{6} + \frac{(205 + 140 \times 0.8) \times 1.1}{4 \times 1.1^2} + \frac{95 \times 0.55}{6 \times 0.55^2} = 551.7 + 72.0 + 28.8$$

$$= 652.5\text{kN}$$

$$\gamma_0 N_{\max} = 1.0 \times 652.5 = 652.5\text{kN} < \left[\beta_{1x}\left(c_2 + \frac{a_{1y}}{2}\right) + \beta_{1y}\left(c_1 + \frac{a_{1x}}{2}\right)\right]\beta_{hp} f_t h_0$$

$$= \left[0.49 \times \left(0.54 + \frac{0.16}{2}\right) + 1.37\left(0.54 + \frac{0.71}{2}\right)\right] \times 1 \times 1100 \times 0.75$$

$$= 1262.2kN$$

满足要求。

（2）承台受剪切承载力验算。计算截面取在柱边 I-I 截面，由图 2-59 可知，$a_x = a_{0x}$，则 $\lambda_x = \lambda_{0x} = 0.95$，

剪切系数 $\beta = \dfrac{1.75}{\lambda_x + 1.0} = \dfrac{1.75}{0.95 + 1.0} = 0.90$

$$\beta_{hs} = \left(\frac{800}{h_0}\right)^{\frac{1}{4}} = \left(\frac{800}{800}\right)^{\frac{1}{4}} = 1.0$$

$\gamma_0 V = 1.0 \times 1247.4 = 1247.4kN < \beta_{hs}\beta f_t b_0 h_0 = 1.0 \times 0.90 \times 1100 \times 1.90 \times 0.75$
$= 1410.8kN$

满足要求。

II-II 截面由于计算宽度很大，其受剪切承载力很高，验算从略。

（3）承台受弯承载力计算。计算截面取在柱边，I-I 截面弯矩

$$M_y = \Sigma N_i x_i = 2 \times 623.7 \times 0.85 = 1060.3kN \cdot m$$

$$A_s = \frac{M_y}{0.9 \times f_y h_0} = \frac{1060.3 \times 10^6}{0.9 \times 300 \times 750} = 5236mm^2$$

选用 Φ 22@130

II-II 截面弯矩

$$M_x = \Sigma N_i y_i = 3 \times 580.5 \times 0.3 = 522.5kN \cdot m$$

$$A_s = \frac{M_x}{0.9 \times f_y h_0} = \frac{522.5 \times 10^6}{0.9 \times 300 \times 750} = 2580mm^2$$

选用 Φ 14@170。

思 考 题

2-1 试简述桩基础的作用及适用场合。

2-2 试简述桩基础的分类方法及各类桩的优缺点和适用场合。

2-3 轴向荷载在桩身是如何传递的？影响桩侧、桩端阻力的因素有哪些？

2-4 何谓单桩竖向承载力标准值、设计值、特征值及容许承载力？它们之间有何区别？

2-5 确定单桩竖向承载力有哪些方法？各有什么优缺点？

2-6 什么是桩的负摩阻力、中性点？简述负摩阻力产生的原因和中性点确定的方法。

2-7 单桩水平承载力与哪些因素有关？设计时如何确定？

2-8 地基土的水平土抗力大小与哪些因素有关？

2-9 "m" 法为什么要分单排桩和多排桩？弹性桩和刚性桩？

2-10 什么叫群桩、群桩效应？群桩承载力和单桩承载力之间有何内在联系？

2-11 承台在设计时应进行哪些验算？

2-12 在工程实践中如何选择桩的直径、桩长及类型？

习 题

2-1 一打入桩为钢筋混凝土方桩，截面尺寸为 350mm×350mm，静载试验的荷载与沉

降关系记录如下表，试确定该桩的极限荷载和容许承载力。

垂直荷载 P（kN）	0	200	400	600	800	1000	1200	1400	1600
桩沉降量 s（mm）	0	0.16	0.33	0.67	0.95	1.55	1.80	2.75	3.28
垂直荷载 P（kN）	1800	2000	2200	2400	2600	2800	3000	3200	3400
桩沉降量 s（mm）	4.20	5.35	7.45	10.22	13.61	17.45	21.43	27.86	47.55

2-2　某工程现场从天然地面起向下的土层分布依次为：粉质黏土厚度3m，含水量 $w=30.6\%$，塑限 $w_P=18\%$，液限 $w_L=36.6\%$；粉土厚度5m，孔隙比 $e=0.9$；中密度中砂。采用预制混凝土桩，截面尺寸为 400mm×400mm，桩长12m，承台底面在天然地面以下1m，打入法施工。试按《公路桥规》和《建筑桩基规范》确定该基桩的承载力？

2-3　本章单排桩算例中若沿纵桥向作用于墩柱顶标高处的荷载分别为竖向力：$\Sigma N=3000$kN；水平力：$\Sigma H=120$kN；弯矩：$\Sigma M=90$kN·m。试设计该桩基础。

2-4　如图2-60所示为双排式钢筋混凝土钻孔灌注桩桥墩基础，地基比例系数 $m=120000$kN/m⁴（密实卵石），土的内摩擦角 $\varphi=40°$，各标高值如图所示，上部为等跨25m预应力混凝土梁桥，荷载为纵向控制设计，承台底纵向荷载为（恒载加一孔活载）：竖向力：$\Sigma N=8590$kN；水平力：$\Sigma H=360$kN；弯矩：$\Sigma M=5335$kN·m。试设计该桩基础。

2-5　试设计某建筑物一中柱基础，已知柱底荷载标准值为：$F_k=2800$kN，$M_{yk}=176$kN·m，$M_{xk}=95$kN·m，柱底荷载设计值为：$F=3210$kN，$M_y=235$kN·m，$M_x=110$kN·m，采用直径为 350mm 的沉管灌注桩。场地土质情况为：第一层为杂填土，厚1.4m；第二层为黏土，可塑状态，$I_L=0.45$，厚2.8m；第三层为淤泥质土，厚6.5m；第四层为粉质黏土，硬塑状态，$I_L=0.22$，很厚。

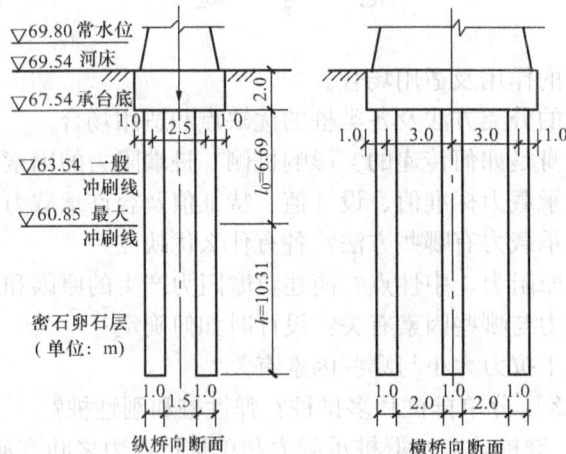

图 2-60　习题 2-4 图

第三章 沉井基础

第一节 概　　述

　　沉井是一种井筒状的结构物（图 3-1）。它是利用人工或机械方法清除井内土石，借助自重或添加压重等措施克服井壁摩阻力逐节下沉至设计标高，再浇筑混凝土封底并填塞井孔后，形成一个整体基础（图 3-2）。1968 年 12 月竣工的南京长江大桥，就采用了沉井基础。

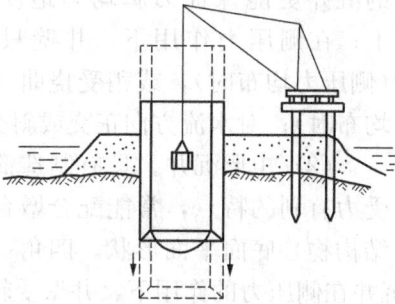

图 3-1　沉井下沉示意图　　　　　　　　　　　　图 3-2　沉井基础

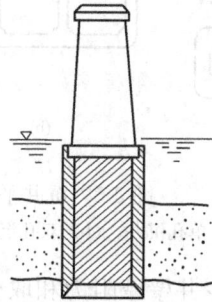

　　沉井的特点是埋置深度可以很大（如日本采用壁外喷射高压空气施工，井深超过200m），整体性强，稳定性好，具有较大的承载面积，能承受较大的垂直和水平荷载。此外，沉井既是基础，又是施工时的挡土和挡水围堰构造物，施工工艺简便，技术稳妥可靠，无需特殊专业设备，并可做补偿性基础，避免过大沉降，保证基础稳定性。因此在深基础或地下结构中应用较为广泛，如桥梁墩台基础、地下泵房、水池、油库、矿用竖井、大型设备基础、高层和超高层建筑物基础等。但沉井基础施工工期长，对粉、细砂类土，在井内抽水易发生流砂现象，造成沉井倾斜；沉井下沉过程中遇到大孤石、树干或井底岩层表面倾斜过大，也会给施工带来一定的困难。

　　根据经济合理、施工可行的原则，一般在下列情况，可以采用沉井基础：

　　（1）上部荷载较大，而表层地基土的容许承载力不足，一定深度下有较好的持力层，采用沉井基础与其他深基础相比，经济上较为合理时（如南京长江大桥）。

　　（2）山区河流中，土层虽然好，但河流冲刷大或河中有较大卵石，不利于桩基础施工时，可采用沉井基础。

　　（3）岩层表面较平坦且覆盖层较薄，但河水较深，采用扩大基础施工围堰有困难时。

第二节　沉井的分类和构造

一、沉井的分类

（一）按沉井施工方法分类

（1）一般沉井。指就地制造下沉的沉井，这种沉井是在基础设计的位置上制造，然后挖土靠沉井自重下沉。如基础位置在水中，需先在水中筑岛，再在岛上筑井下沉。

（2）浮运沉井。在深水地区筑岛有困难或不经济，或有碍通航，当河流流速不大时，可采用岸边浇筑浮运就位下沉的方法，这类沉井称为浮运沉井或浮式沉井。

（二）按沉井平面形状分类

常用的有圆形、矩形和圆端形等。根据井孔的布置方式，又可分为单孔、双孔及多孔（图 3-3）。

（1）圆形沉井。沉井在下沉过程中易控制方向；使用抓泥斗挖土要比其他类型的沉井更能保证刃脚均匀地支承在土层上；在侧压力作用下，井壁只受轴向力（侧压力均布时），或稍受挠曲（侧压力非均布时）；对水流方向正交或斜交均有利。

（2）矩形沉井。具有制造简单、基础受力有利的特点，常能配合墩台（或其他结构物）底面平面形状。四角一般做成圆

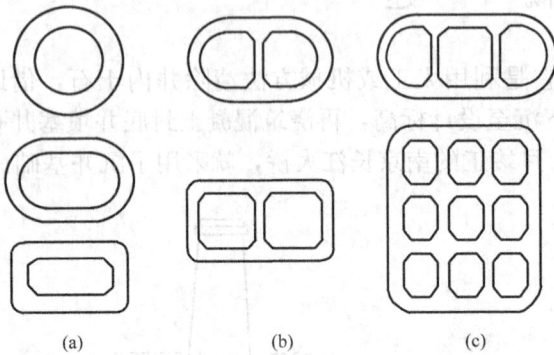

图 3-3　沉井平面形式
(a) 单孔沉井；(b) 双孔沉井；(c) 多孔沉井

角，以减少井壁摩阻力和取土清孔的困难。矩形沉井在侧压力的作用下，井壁受较大的挠曲力矩；在流水中阻水系数较大，冲刷较严重。

（3）圆端形沉井。控制下沉、受力条件、阻水冲刷均较矩形者有利，但沉井制造较复杂。

对平面尺寸较大的沉井，可在沉井中设隔墙，使沉井由单孔变成双孔或多孔，隔墙的其他作用，见下面沉井基础的构造。

（三）按沉井立面形状分类

主要有竖直式、倾斜式及台阶式等（图 3-4）。采用形式应视沉井需要通过的土层性质和下沉深度而定。

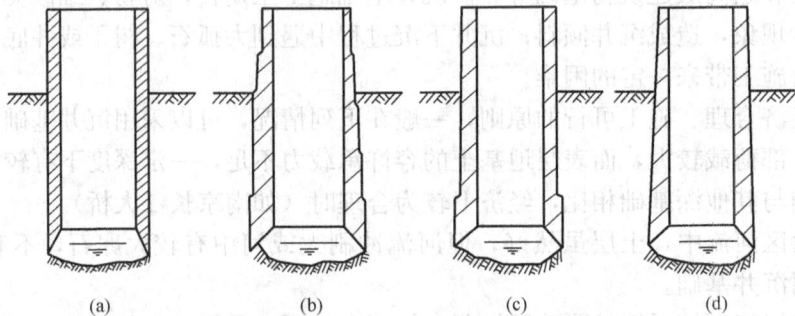

图 3-4　沉井剖面形式
(a) 外壁垂直无台阶式；(b)、(c) 台阶式；(d) 外壁倾斜式

（1）竖直式沉井。又称柱形沉井，其受周围土体约束较均衡，下沉过程中不易发生倾斜，井壁接长较简单，模板可重复利用，但井壁侧阻力较大，当土体密实，下沉深度较大时，易出现下部悬空，造成井壁拉裂，故一般用于入土不深或松软土层中使用。

（2）倾斜式及台阶式沉井。沉井外壁倾斜或做成台阶式，可以减小土与井壁的摩阻力，

井壁抗侧压力性能较为合理，但施工较复杂，消耗模板多，沉井下沉过程中易发生倾斜。多用于土质较密实，沉井下沉深度大，且要求沉井自重不太大的情况。通常倾斜式沉井井壁坡度为 1/20～1/40，台阶式井壁的台阶宽度约为 0.1～0.2m。

（四）按沉井制作材料分类

（1）混凝土沉井。混凝土的特点是抗压强度高，抗拉能力低，因此这种沉井宜做成圆形，并适用于下沉深度不大（4～7m）的软土层中。

（2）钢筋混凝土沉井。这种沉井的抗压和抗拉能力较好，下沉深度可以很大（达数十米以上），当下沉深度不大时，井壁上部用混凝土，下部（刃脚）用钢筋混凝土的沉井，在桥梁工程中得到较广泛的应用。当沉井平面尺寸较大时，可做成薄壁结构，沉井外壁采用泥浆润滑套，壁后压气等施工辅助措施就地下沉或浮运下沉。此外，钢筋混凝土沉井井壁隔墙可分段（块）预制，工地拼接，做成装配式。

（3）竹筋混凝土沉井。沉井在下沉过程中受力较大因而需配置钢筋，一旦完工后，它就不承受多大的拉力，因此，在南方产竹地区，可以采用耐久性差但抗拉力好的竹筋代替部分钢筋，我国南昌赣江大桥等曾用这种沉井。在沉井分节接头处及刃脚内仍用钢筋。

（4）钢沉井。用钢材制造沉井其强度高、重量较轻、易于拼装、宜于做浮运沉井，但用钢量大，尽量重复使用，国内较少采用。

二、沉井基础的构造

（一）沉井的轮廓尺寸

沉井的平面形状及尺寸常取决于墩（台）底面的形状、尺寸。采用矩形沉井时，为保证下沉的稳定性，沉井的长短边之比不宜大于3。若上部结构的长宽比较为接近，可采用方形或圆形沉井。沉井顶面尺寸为墩（台）身底部尺寸加襟边宽度。襟边宽度不宜小于0.2m，且大于沉井全高的 1/50，浮运沉井不小于0.4m，如沉井顶面需设置围堰，其襟边宽度根据围堰构造还需加大。建筑物边缘应尽可能支承于井壁上或顶板支承面上，对井孔内不以混凝土填实的空心沉井不允许墩（台）身边缘全部置于井孔位置上。

沉井的高度须根据上部结构、水文地质条件及各土层的承载力等定出墩底标高和沉井基础底面的埋置深度后确定。高的沉井应分节制造和下沉，每节高度不宜大于 5m；当底节沉井在松软土层中下沉时，还不应大于沉井宽度的 0.8 倍；若底节沉井高度过高，沉井过重，将给制模、筑岛时岛面处理、抽除垫木下沉带来困难。

（二）沉井的一般构造

沉井一般由井壁、刃脚、隔墙、井孔、凹槽、封底和顶板等部分组成（图3-5），有时井壁中还预埋射水管等其他部分。各组成部分的作用如下（如采用助沉措施时，尚应在井壁中预埋一些助沉所需的管组）：

（1）井壁。沉井的外壁，是沉井的主要部分，在沉井下沉过程中起挡土、挡水及利用本身自重克服土与井壁间的摩阻力下沉的作用。当沉井施工完毕后，就成为传递上部荷载的基础或基础的一部分。因此，井壁必须具有足够的强度和一定的厚度，并根据施工中的受力情况配置竖向及水平向钢筋。一般壁厚为 0.80～1.50m。最薄不宜小于 0.4m，井壁的混凝土标号强度等级不低于C20。

（2）刃脚。即井壁下端形如楔状的部分，其作用是利于沉井切土下沉。刃脚底面（踏面）宽度一般不大于0.1～0.2m，软土可适当放宽。若下沉深度大，土质较硬，刃脚底面应以型钢（角钢或槽钢）加强（图 3-6），以防刃脚损坏。刃脚内侧斜面与水平面夹角不宜小于 45°。刃脚高度视井壁厚度、便于抽除垫木而定，一般大于 1.0m。由于刃脚在下沉过程中受力较集中，故刃脚宜采用 C20 以上的混凝土制作，混凝土强度等级不低于 C25。

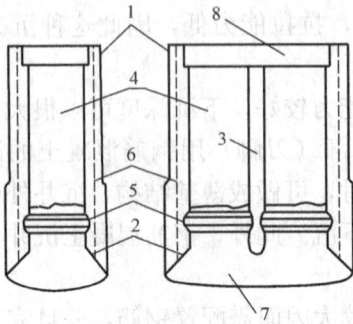

图 3-5　沉井的一般构造

1—井壁；2—刃脚；3—隔墙；4—井孔；

5—凹槽；6—射水管；7—封底；8—顶板

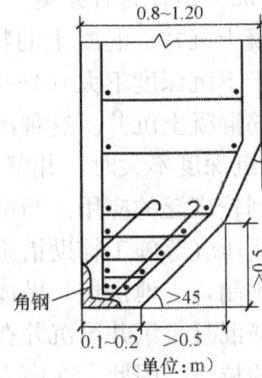

图 3-6　刃脚构造示意图

（3）隔墙。沉井长宽尺寸较大，应在沉井内设置隔墙，其作用是加强沉井的刚度，缩小外壁跨度，减少外壁的挠曲应力。同时又把沉井分成若干个取土井，便于掌握挖土位置以控制下沉的方向。隔墙间距一般要求不大于 5～6m，厚度一般小于井壁，约 0.5～1.0m。隔墙底面距刃脚踏面高度，既要考虑支承刃脚悬臂，使其和水平方向的封闭框架共同起作用，而又不使隔墙底面下的土搁住沉井，妨碍下沉，此高度一般不小于 0.5m。

（4）井孔。为挖土排土的场所和通道。其尺寸应满足施工要求，最小边长不宜小于 3m。井孔应对称布置，以便对称挖土，保证沉井均匀下沉。

（5）凹槽。其位于刃脚上方，高约 1.0m，深度一般为 0.15～0.20m。其作用是使封底混凝土与井壁较好地结合，封底混凝土底面反力更好地传给井壁。沉井挖土困难时，可利用凹槽做成钢筋混凝土板，改为气压箱室挖土下沉。

（6）封底。当沉井下沉到设计标高进行清基后，便在刃脚踏面以上至凹槽处浇注混凝土形成封底。封底可防止地下水涌入井内，其底面承受地基土和水的反力，封底混凝土顶面应高出刃脚根部不小于 0.5m，并浇灌到凹槽上端，其厚度可由应力验算确定，根据经验也可取不小于井孔最小边长的 1.5 倍。封底混凝土标号对于一般地基用 C20。强度等级对于非岩石地基不应小于 C25，岩石地基不应小于 C20。

（7）顶板。沉井封底后，如条件许可，为节省混凝土圬土数量，或为减轻基础自重，在井孔内可不填充任何东西，做成空心沉井基础，或仅填以砂砾，此时在井顶应设置钢筋混凝土顶板，以承托上部结构的荷载。顶板厚度一般为 1.5～2.0m。钢筋配置由计算决定。

沉井井孔是否填充，应根据受力或稳定要求决定。在严寒地区，低于冻结线 0.25m 以上部分，必须用混凝土或圬土填实。

（8）预埋管组。当预估沉井下沉阻力较大，无法正常下沉时，可采用如射水法和空气幕法等助沉措施。此时应按助沉设计要求在井壁内预埋管组，并在井壁外侧设置射水嘴或气龛。

（三）浮运沉井的构造

浮运沉井可分为不带气筒和带气筒的浮运沉井两种。

不带气筒的浮运沉井适用于水不太深、流速不大、河床较平、冲刷较小的自然条件。一般在岸边制造，通过滑道拖拉下水，浮运到墩位，再接高下沉到河床。这种沉井多用钢、木、钢丝网、水泥等材料制作。钢丝网水泥薄壁浮式沉井（图 3-7）是由内、外壁组成的空心井壁沉井，内壁与外壁均用 2~3 层钢丝网铺设在钢筋网两侧，抹以高强度的水泥砂浆，使它充满钢筋网和钢丝网之间的间隙并形成厚 1~3mm 的保护层，具有构造简单、施工方便、节省钢材等优点。为增加水中自浮能力，还可做成带临时性底板的浮运沉井，即浮运就位后，灌水下沉，同时接筑井壁，当到达河床后，打开临时性底板，再按一般沉井施工。

当水深流急、沉井较大时，通常可采用带钢气筒的浮运沉井。如图 3-8 所示，其主要由双壁钢沉井底节、单壁钢壳、钢气筒等组成。双壁钢沉井底节是一个自浮于水中的壳体结构，底节以上的井壁采用单壁钢壳，既可防水，又可作为接高时灌注沉井外圈混凝土模板的一部分。钢气筒为沉井提供所需浮力，同时在悬浮下沉中可通过充放气调节使沉井上浮、下沉或校正偏斜等，当沉井落至河床后，除去气筒即为取土井孔。

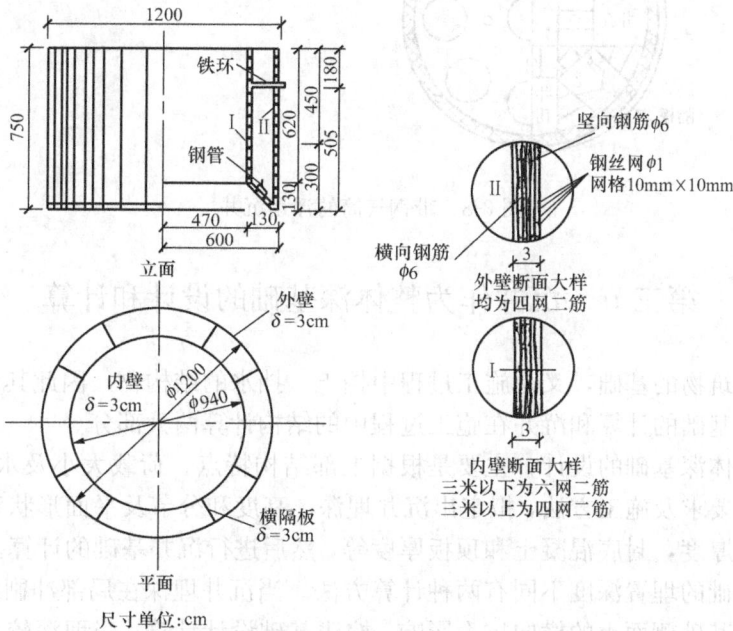

图 3-7　钢丝网水泥薄壁浮式沉井

（四）组合式沉井

当采用低桩承台出现围水挖基浇筑承台困难，而采用沉井则岩层倾斜较大或沉井范围内地基软硬不均且水深较大时，可采用沉井—桩基的混合式基础，即组合式沉井。施工时先将沉井下沉至预定标高，浇注封底混凝土和承台，再在井内预留孔位，钻孔灌注成桩。该混合式沉井结构既可围水挡土，又可作为钻孔桩的护筒和桩基的承台。

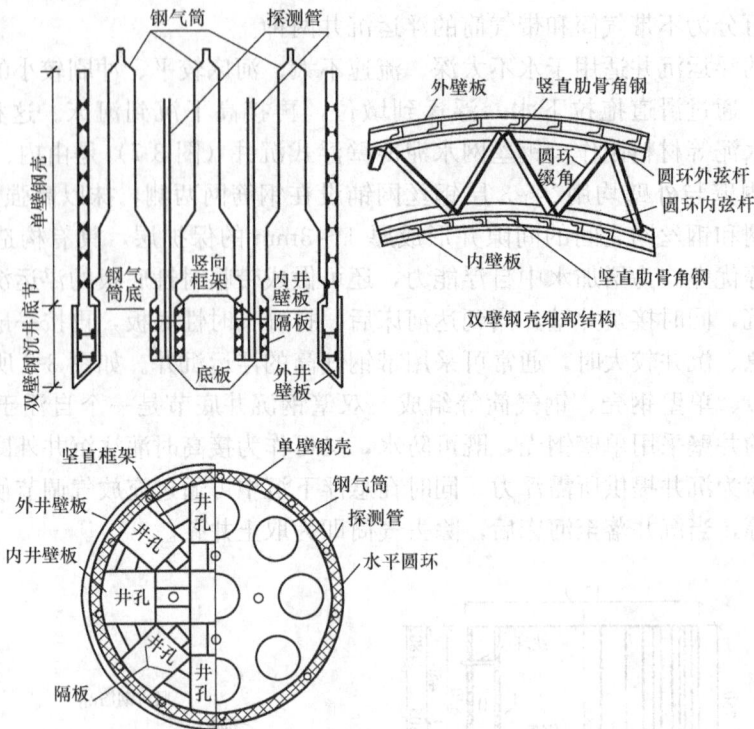

图 3-8 带钢气筒的浮运沉井

第三节 沉井作为整体深基础的设计和计算

沉井既是建筑物的基础，又是施工过程中挡土、挡水的结构物，因此其设计计算需包括沉井作为整体深基础的计算和沉井在施工过程中的结构计算两大部分。

沉井作为整体深基础的设计，主要是根据上部结构特点、荷载大小及水文和地质情况，结合沉井的构造要求及施工方法，拟定出沉井埋深、高度和分节及平面形状和尺寸，井孔大小及布置，井壁厚度，封底混凝土和顶板厚度等，然后进行沉井基础的计算。

根据沉井基础的埋置深度不同有两种计算方法。当沉井埋深在局部冲刷线以下较浅仅数米时，可不考虑基础侧面土的横向抗力影响，按浅基础设计计算；当埋深较大时，沉井周围土体对沉井的约束作用不可忽视，此时在验算地基应力、变形及沉井的稳定性时，应考虑基础侧面土体弹性抗力的影响，按刚性桩（$\alpha h \leqslant 2.5$）计算内力和土抗力。本章主要介绍后者。

一般要求沉井基础下沉到坚实的土层或岩层上，其作为地下结构物，荷载较小，地基的承载力和变形通常不会存在问题。沉井作为整体深基础，可考虑沉井侧面摩阻力进行地基承载力计算，一般应满足

$$F + G \leqslant R_{j} + R_{f} \tag{3-1}$$

式中 F——沉井顶面处作用的荷载，kN；

     G——沉井的自重，kN；

     R_{j}——沉井底部地基土的总反力，kN；

R_f——沉井侧面的总摩阻力，kN。

沉井底部地基土的总反力 R_j 等于该处土的承载力设计值 f 与支承面积 A 的乘积：

$$R_j = fA \tag{3-2}$$

可假定井侧摩阻力沿深度呈梯形分布，距地面 5m 范围内按三角形分布，5m 以下为常数，如图 3-9 所示，故摩阻力为

$$R_f = U(h - 2.5)q_0 \tag{3-3}$$

式中　U——沉井的周长，m；

　　　h——沉井的入土深度，m；

　　　q_0——单位面积摩阻力加权平均值，$q_0 = \Sigma q_i h_i / \Sigma h_i$，kPa；

　　　h_i——各土层厚度，m；

　　　q_i——i 土层井壁单位面积摩阻力，根据实际资料或查表 3-1 选用。

表 3-1　　　井壁与土体间的摩阻力标准值

土的名称	摩阻力标准值 (kPa)	土的名称	摩阻力标准值 (kPa)
黏性土	25~50	砾石	15~20
砂性土	12~25	软土	10~12
卵石	15~30	泥浆套	3~5

注　泥浆套为灌注在井壁外侧的浊变泥浆，是一种助沉措施。

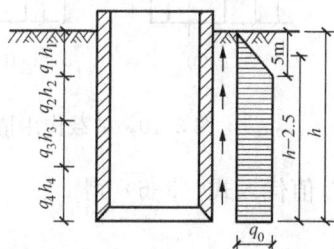

图 3-9　井侧摩阻力分布假定

考虑侧壁土体弹性抗力时，通常可作如下基本假定：

（1）地基土为弹性变形介质，水平向地基系数随深度成正比例增加（即 m 法）。

（2）不考虑基础与土之间的黏着力和摩阻力。

（3）沉井基础的刚度与土的刚度之比视为无限大，横向力作用下只能发生转动而无挠曲变形。

根据基础底面的地质情况，又可分为非岩石地基和岩石地基两种情况，沉井基础考虑土体弹性抗力，计算基础侧面水平压应力、基底应力和基底截面弯矩。

（一）非岩石地基（包括沉井立于风化岩层内和岩面上）

当沉井基础受到水平力 F_H 和偏心竖向力 F_V（$F_V = F + G$）共同作用［图 3-10（a）］时，可将其等效为距离基底作用高度为 λ 的水平力 F_H［图 3-10（b）］，即

$$\lambda = \frac{F_V e + F_H l}{F_H} = \frac{\Sigma M}{F_H} \tag{3-4}$$

式中　ΣM——对井底各力矩之和。地面线或局部冲刷线以上所有水平力、弯矩、偏心竖向力对基础底面重心的总弯矩。

在水平力作用下，沉井将围绕位于地面下 z_0 深度处的 A 点转动以 ω 角（图 3-11），地面下深度 z 处沉井基础产生的水平位移 Δx 和土的侧面水平压应力 σ_{zx} 分别为

$$\Delta x = (z_0 - z)\tan\omega \tag{3-5}$$

$$\sigma_{zx} = \Delta x C_z = C_z(z_0 - z)\tan\omega \tag{3-6}$$

式中　z_0——转动中心 A 离地面的距离；

　　　C_z——深度 z 处水平向的地基系数，$C_z = mz$（kN/m³），m 为地基土的比例系数，kN/m⁴。

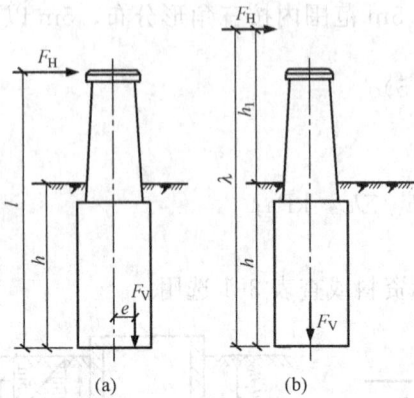

图 3-10 荷载作用情况

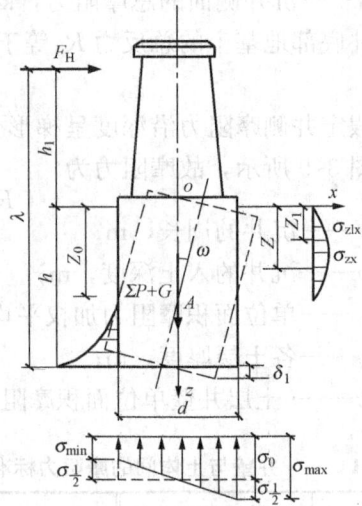

图 3-11 非岩石地基计算示意

将 C_z 值代入式（3-6）得

$$\sigma_{zx} = mz(z_0 - z)\tan\omega \tag{3-7}$$

即考虑基础侧面水平压应力沿深度为二次抛物线变化。若考虑到基础底面处竖向地基系数 C_0 不变，则基底压应力图形与基础竖向位移图相似。故

$$\sigma_{d/2} = C_0\delta_1 = C_0\frac{d}{2}\tan\omega \tag{3-8}$$

式中　C_0——竖向地基系数，$C_0 = m_0 h$，且不得小于 $10m_0$；

　　　d——基底宽度或直径；

　　　m_0——基底处地基土的比例系数，$\mathrm{kN/m^4}$。

上述各式中，z_0 和 ω 为两个未知数，要求解其值，根据图（3-11）可建立两个平衡方程，即

$$\Sigma X = 0 \qquad F_H - \int_0^h \sigma_{zx}b_1\mathrm{d}z = F_H - b_1 m \times \tan\omega \int_0^h z(z_0 - z)\mathrm{d}z = 0 \tag{3-9}$$

$$\Sigma M = 0 \qquad F_H h_1 + \int_0^h \sigma_{zx}b_1\mathrm{d}z - \sigma_{d/2}W_0 = 0 \tag{3-10}$$

式中　b_1——基础计算宽度；

　　　W_0——基底的截面模量。

联立求解可得

$$z_0 = \frac{\beta b_1 h^2(4\lambda - h) + 6dW_0}{2\beta b_1 h(3\lambda - h)} \tag{3-11}$$

$$\tan\omega = \frac{6F_H}{Amh} \tag{3-12}$$

取

$$A = \frac{\beta b_1 h^3 + 18W_0 d}{2\beta(3\lambda - h)}$$

$\beta = \dfrac{C_h}{C_0} = \dfrac{mh}{m_0 h}$，$\beta$ 为深度 h 处沉井侧面的水平地基系数与沉井底面的竖向地基系数的比

值，其中 m，m_0 按第二章有关规定采用。

将此代入上述各式可得基础侧面水平压应力

$$\sigma_{zx} = \frac{6F_H}{Ah}z(z_0 - z) \tag{3-13}$$

$$\sigma_{\frac{d}{2}} = \frac{3dF_H}{A\beta} \tag{3-14}$$

当有竖向荷载 F_N 及水平力 F_H 同时作用时（图 3-11）则基底边缘处的压应力为

$$\sigma_{\min}^{\max} = \frac{F_N}{A_0} \pm \frac{3F_H d}{A\beta} \tag{3-15}$$

式中　　A_0——基础底面积。

离地面或最大冲刷线以下 z 深度处基础截面上的弯矩（图 3-11），为

$$M_z = F_H(\lambda - h - z) - \int_0^z \sigma_{zx} b_1(z - z_1)\mathrm{d}z_1$$

$$= F_H(\lambda - h - z) - \frac{F_H b_1 Z^3}{2hA}(2z_0 - z) \tag{3-16}$$

（二）基底嵌入基岩内的计算方法

若基底嵌入基岩内，在水平力和竖直偏心荷载作用下，可以认为基底不产生水平位移，则基础的旋转中心 A 与基底中心相吻合，即 $z_0 = h$，为一已知值（图 3-12）。这样，在基底嵌入处便存在一水平阻力 P，由于 P 对基底中心轴的力臂很小，一般可忽略 P 对 A 点的力矩。当基础有水平力 F_H 作用时，地面下 Z 深度处产生的水平位移 ΔX 和土的横向抗力 σ_{zx} 分别为

$$\Delta x = (h - z)\tan\omega \tag{3-17}$$

$$\sigma_{zx} = mz\Delta x = mz(h - z)\tan\omega \tag{3-18}$$

基底边缘处的竖向应力为

$$\sigma_{\frac{d}{2}} = C_0 \frac{d}{2}\tan\omega = \frac{mhd}{2\beta}\tan\omega \tag{3-19}$$

岩石的 C_0 值查第二章用表。

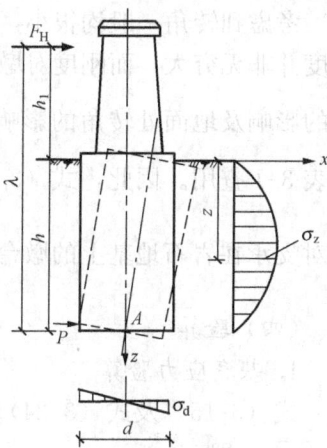

图 3-12　水平力作用下
的应力分布

上述公式只有一个未知数 ω，故只需建立一个弯矩平衡方程便可解出 ω 值。

$$\Sigma M_A = 0$$

$$F_H(h + h_1) - \int_0^h \sigma_{zx} b_1(h - z)\mathrm{d}z - \sigma_{\frac{d}{2}}W = 0 \tag{3-20}$$

解上式得

$$\tan\omega = \frac{F_H}{mhD} \tag{3-21}$$

其中

$$D = \frac{b_1\beta h^3 + 6Wd}{12\lambda\beta}$$

将 $\tan\omega$ 代入式（3-18）和式（3-19）得

$$\sigma_{zx} = (h - z)z\frac{F_H}{Dh} \tag{3-22}$$

$$\sigma_{\frac{d}{2}} = \frac{F_H d}{2\beta D} \tag{3-23}$$

基底边缘处得应力为

$$\sigma_{\min}^{\max} = \frac{N}{A_0} \pm \frac{F_H d}{2\beta D} \tag{3-24}$$

根据 $\Sigma x = 0$，可以求出嵌入处未知的水平阻力 P

$$P = \int_0^h b_1 \sigma_{zx} dz - F_H = F_H\left(\frac{b_1 h^2}{6D} - 1\right) \tag{3-25}$$

地面以下 Z 深度处基础截面上得弯矩为

$$M_z = F_H(\lambda - h + z)\frac{b_1 F_H Z^3}{12Dh}(2h - z) \tag{3-26}$$

（三）墩台顶面的水平位移

基础在水平力和力矩作用下，墩台顶面会产生水平位移 δ，它由地面处的水平位移 $z_0 \tan\omega$、地面到墩台顶范围 h_1 内的水平位移 $h_1 \tan\omega$、在 h_1 范围内墩台台身弹性挠曲变形引起的墩台顶水平位移 δ_0 三部分组成

$$\delta = (z_0 + h_1)\tan\omega + \delta_0 \tag{3-27}$$

考虑到转角一般均很小，令 $\tan\omega = \omega$ 不会产生多大的误差。另一方面，由于基础的实际刚度并非无穷大，而刚度对墩台的水平位移是有影响的。故需考虑实际刚度对地面处水平位移的影响及地面处转角的影响，用系数 K_1 及 K_2 表示。K_1、K_2 是 αh，$\frac{\lambda}{h}$ 的函数，其值可按表3-1查用。因此，式（3-23）可写成

$$\delta = (z_0 K_1 + K_2 h_1)\omega + \delta_0 \tag{3-28}$$

或对支承在岩石地基上的墩台顶面水平位移为

$$\delta = (hK_1 + K_2 h_1)\omega + \delta_0 \tag{3-29}$$

（四）验算

1. 基底应力验算

式（3-15）及式（3-24）所计算出的最大压应力不应超过沉井底面处土的容许压应力值 $[\sigma]_h$。即

$$\sigma_{\max} \leqslant [\sigma]_h \tag{3-30}$$

2. 横向抗力验算

由式（3-13），式（3-22）计算处的 σ_{zx} 值应小于沉井周围土的极限抗力值，否则不能考虑基础侧向土的弹性抗力，其计算方法如下：

当基础在外力作用下产生位移时，在深度 Z 处基础一侧产生主动土压力强度 P_a，而被挤压一侧土就受到被动土压力强度 P_P，故其极限抗力，以土压力表达为

$$\sigma_{zx} \leqslant P_P - P_a \tag{3-31}$$

由朗金土压力理论可知

$$P_P = \gamma z \tan^2\left(45° + \frac{\varphi}{2}\right) + 2c\mathrm{og}\left(45° + \frac{\varphi}{2}\right) \tag{3-32}$$

$$P_a = \gamma z \tan^2\left(45° - \frac{\varphi}{2}\right) - 2c\mathrm{og}\left(45° - \frac{\varphi}{2}\right)$$

代入式（3-31）整理后得

$$\sigma_{zx} \leqslant \frac{4}{\cos\varphi}(\gamma z \tan\varphi + c) \tag{3-33}$$

式中　γ——土的容重；

　　φ、c——分别为土的内摩擦角和黏聚力。

表 3-2 系数 K_1、K_2 值

αh	系 数	λ/h				
		1	2	3	5	∞
1.6	K_1	1.0	1.0	1.0	1.0	1.0
	K_2	1.0	1.1	1.1	1.1	1.1
1.8	K_1	1.0	1.1	1.1	1.1	1.1
	K_2	1.1	1.2	1.2	1.2	1.3
2.0	K_1	1.1	1.1	1.1	1.1	1.2
	K_2	1.2	1.3	1.4	1.4	1.4
2.2	K_1	1.1	1.2	1.2	1.2	1.2
	K_2	1.2	1.5	1.6	1.6	1.7
2.4	K_1	1.1	1.2	1.3	1.3	1.3
	K_2	1.3	1.8	1.9	1.9	2.0
2.6	K_1	1.2	1.3	1.4	1.4	1.4
	K_2	1.4	1.9	2.1	2.2	2.3

注　如 $\alpha h < 1.6$ 时，$K_1 = K_2 = 1.0$，$\alpha = \sqrt[5]{\dfrac{mb_1}{EI}}$。

考虑到桥梁结构性质和荷载情况，并根据试验知道出现最大的横向抗力大致在 $z = \dfrac{h}{3}$ 和 $z = h$ 处，将考虑的这些值代入式（3-33）便有下列不等式

$$\sigma_{\frac{h}{3}x} \leqslant \eta_1 \eta_2 \frac{4}{\cos\varphi}\left(\frac{\gamma h}{3}\tan\varphi + c\right) \tag{3-34}$$

$$\sigma_{hx} \leqslant \eta_1 \eta_2 \frac{4}{\cos\varphi}(\gamma h \tan\varphi + c) \tag{3-35}$$

式中　$\sigma_{\frac{h}{3}x}$——相应于 $z = \dfrac{h}{3}$ 深度处的土横向抗力；

　　σ_{hx}——相应于 $z = h$ 深度处的土横向抗力，h 为基础的埋置深度；

　　η_1——取决于上部结构形式的系数，一般取 $\eta_1 = 1$，对于拱桥 $\eta_1 = 0.7$；

　　η_2——考虑恒载对基础底面重心所产生的弯矩 M_g 在总弯矩 M 中所占百分比的系数，即 $\eta_2 = 1 - 0.8\dfrac{M_g}{M}$。

3. 墩台顶面水平位移验算

桥梁墩台设计时，除应考虑基础沉降外，往往还需要检验由于地基变形和墩台身的弹性水平变形所产生的墩台顶面的弹性水平位移。现行规范中规定：墩台顶面的水平位移 δ 应符合下列要求

$$\delta \leqslant 0.5\sqrt{L}\ (\text{cm})$$

式中　L——相邻中最小跨度，当跨度 $L < 25\text{m}$ 时，L 按 25m 计算，m。

第四节　沉井施工过程中的结构计算

沉井受力随整个施工及营运过程的不同而不同。因此，沉井的结构强度必须满足各阶段不

利受力情况的要求。针对沉井各部分在施工过程中的最不利受力情况，拟定出相应的计算图式，然后计算截面应力，进行必要的配筋，以保证井体结构在施工各阶段中的强度和稳定。

沉井结构在施工过程中主要需进行下列验算。

一、沉井自重下沉验算

为保证沉井施工时能顺利下沉达到设计标高，沉井自重 G（不排水下沉时应扣除浮力）应大于土对井壁的总摩阻力 R_f，两者之比称为下沉系数 K，一般要求

$$K = \frac{G}{R_f} \geqslant 1.15 \sim 1.25 \tag{3-36}$$

当不能满足上述要求时，可加大井壁厚度或调整取土井孔尺寸；若不排水下沉，达一定深度后，改用排水下沉；添加压重或射水助沉；或采取泥浆套或空气幕等措施。

二、底节沉井竖向挠曲验算

底节沉井在抽垫及除土下沉过程中，由于施工方法不同，刃脚下支承也不同，沉井自重将导致井壁产生较大的竖向挠曲应力。因此应根据不同的支承情况，进行井壁的强度验算。若挠曲应力大于沉井材料纵向抗拉强度，应增加底节沉井高度或在井壁内设置水平向钢筋，防止沉井竖向开裂。其支承情况根据施工方法不同可按如下考虑。

1. 排水除土下沉

将沉井视为支承于四个固定支点上的梁，且支点控制在最有利位置处，即支点和跨中所产生的弯矩大致相等。对矩形和圆端形沉井，若沉井长宽比大于 1.5，支点可设在长边，如图 3-13（a）所示；圆形沉井的四个支点可布置在两相互垂直线上的端点处。

2. 不排水除土下沉

机械挖土时刃脚下支点很难控制，沉井下沉过程中可能出现的最不利支承为：对矩形和圆端沉井，因除土不均将导致沉井支承于四角［图 3-13（c）］成为一简支梁，跨中弯矩最大，沉井下部竖向开裂；也可能因孤石等障碍物使沉井支承于壁中［图 3-13（b）］，形成悬臂梁，支点处沉井顶部产生竖向开裂；圆形沉井则可能出现支承于直径上的两个支点。

若底节沉井隔墙跨度较大，还需验算隔墙的抗拉强度。其最不利受力情况是下部土已挖空，上节沉井刚浇筑而未凝固，此时隔墙成为两端支承在井壁上的梁，承受两节沉井隔墙和模板等重量。若底节隔墙强度不够，可布置水平向钢筋或在隔墙下夯填粗砂以承受荷载。

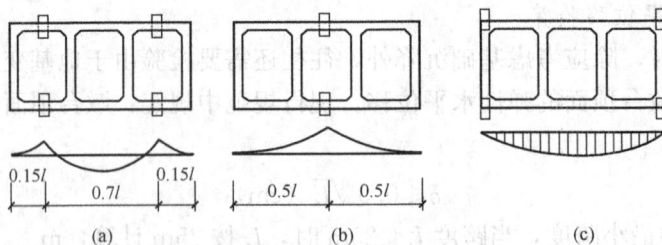

图 3-13　第一节沉井支承点布置示意

三、沉井刃脚受力计算

沉井在下沉过程中，刃脚受力较为复杂，为简化起见，一般按竖向和水平向分别计算。

竖向分析时，近似地将刃脚看作是固定于刃脚根部井壁处的悬臂梁，根据刃脚内外侧作用力的不同可能向外或向内挠曲；在水平面上，则视刃脚为一封闭的框架，在水、土压力作用下在水平面内发生弯曲变形。根据悬臂及水平框架两者的变位关系及其相应的假定分别可导得刃脚悬臂分配系数 α 和水平框架分配系数 β 为

$$\alpha = \frac{0.1L_1^4}{h_K^4 + 0.05L_1^4} \leqslant 1.0 \tag{3-37}$$

$$\beta = \frac{L_k^4}{h_K^4 + 0.05L_2^4} \leqslant 1.0 \tag{3-38}$$

式中　L_1，L_2——支承于隔墙间的井壁最大和最小计算跨度；

　　　　h_K——刃脚斜面部分的高度。

　　上述分配系数仅适用于内隔墙底面高出刃脚底不超过 0.5m，或有垂直埠肋的情况。否则全部水平应力由悬臂作用承担，即 $\alpha=1.0$，刃脚不起水平框架作用，但需按构造布置水平钢筋，以承受一定的正、负弯矩。外力经上述分配后，即可将刃脚受力情况分别按竖、横两个方向计算。

　　1. 刃脚竖向受力分析

　　一般可取单位宽度井壁，将刃脚视为固定在井壁上的悬臂梁，分别按刃脚向外和向内挠曲两种最不利情况分析。

　　(1) 刃脚向外挠曲的内力计算。当沉井下沉过程中刃脚内侧切入土中深约 1.0m，同时接筑完上节沉井，且沉井上部露出地面或水面约一节沉井高度时处于最不利位置。此时，沉井因自重将导致刃脚斜面土体抵抗刃脚而向外挠曲，如图3-14 所示，作用在刃脚高度范围内的外力有：

　　1) 外侧的土、水压力合力 p_{e+w}

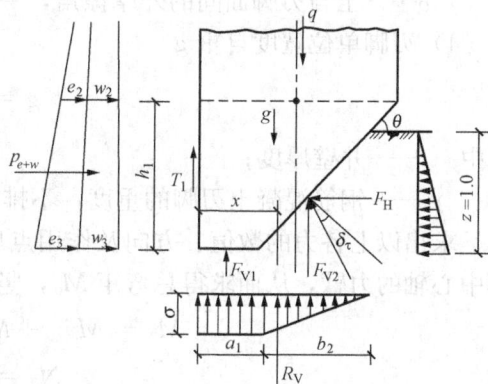

图 3-14　刃脚向外挠曲受力情况

$$p_{e+w} = \frac{p_{e_2+w_2} + p_{e_3+w_3}}{2} h_K \tag{3-39}$$

式中　$p_{e_2+w_2}$——作用在刃脚根部处的土、水压力强度之和，$p_{e_2+w_2}=e_2+w_2$；

　　　　$p_{e_3+w_3}$——刃脚底面处土、水压力强度之和，$p_{e_3+w_3}=e_3+w_3 P_{e+w}$。

　　作用点位置（离刃脚根部距离 y）为

$$y = \frac{h_K}{3} \cdot \frac{2p_{e_3+w_3} + p_{e_2+w_2}}{p_{e_3+w_3} + p_{e_2+w_2}} \tag{3-40}$$

　　为不使计算的土压力和水压力过大，《公路桥规》规定：作用于井壁外侧的计算土压力和水压力的总和不大于静水压力的 70%。

　　2) 刃脚外侧的摩阻力 T 为

$$T = qh_K \tag{3-41}$$

　　或　　　　　　　　　　　　　$T = 0.5E \tag{3-42}$

式中　E——刃脚外侧主动土压力合力，$E = (e_2 + e_3)h_k/2$。

　　为偏于安全，使刃脚土反力最大，井壁摩阻力应取上两式中较小值。

3）土的竖向反力 R_V：

$$R_V = G - T \tag{3-43}$$

式中　G——沿井壁周长单位长度上沉井的自重，水下部分应考虑水的浮力。

若将 R_V 分解为作用在踏面下土的竖向反力 R_{V1} 和刃脚斜面下土的竖向反力 R_{V2}，且假定 R_{V1} 为均匀分布强度为 σ 的合力，R_{V2} 为三角形分布最大强度为 σ 的合力，水平反力 R_H 呈三角形分布如图 3-14 所示，则根据力的平衡条件可导得各反力值为

$$R_{V1} = \frac{2a}{2a+b} R_V \tag{3-44}$$

$$R_{V2} = \frac{b}{2a+b} R_V \tag{3-45}$$

$$R_H = R_{V2} \tan(\theta - \delta) \tag{3-46}$$

式中　a——刃脚踏面宽度；

　　　b——切入土中部分刃脚斜面的水平投影长度；

　　　θ——刃脚斜面的倾角；

　　　δ——土与刃脚面间的外摩擦角，一般可取 $\delta = \varphi$。

4）刃脚单位宽度自重 g：

$$g = \frac{t+a}{2} h_k \gamma_k \tag{3-47}$$

式中　t——井壁厚度；

　　　γ_k——钢筋混凝土刃脚的重度，不排水施工时应扣除浮力。

求出以上各力的数值、方向及作用点后，根据图 3-14 的几何关系可求得各力对刃脚根部中心轴的力臂，从而求得总弯矩 M_0，竖向力 N_0 及剪力 Q，即

$$M_0 = M_{e+w} + M_T + M_{R_V} + M_{R_H} + M_g \tag{3-48}$$

$$N_0 = R_V + T + g \tag{3-49}$$

$$Q = p_{e+w} + R_H \tag{3-50}$$

其中 M_{e+w}，M_T，M_{R_V}，M_{R_H} 及 M_g 分别为土水压力 P_{e+w}、刃脚底部外侧摩阻力 T、反力 R_V、横向力 R_H 及刃脚自重 g 等对刃脚根部中心轴的弯矩，且刃脚部分各水平力均应按规定考虑分配系数 α。

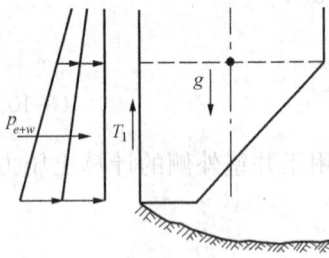

图 3-15　刃脚内挠受力分析

求得 M_0、N_0 及 Q 后就可验算刃脚根部应力，并计算出刃脚内侧所需竖向钢筋用量。一般刃脚钢筋截面积不宜少于刃脚根部截面积的 0.1‰，且竖向钢筋应伸入根部以上 $0.5L_1$（L_1 为支承于隔墙间的井壁最大计算跨度）。

（2）刃脚向内挠曲的内力计算。其最不利位置是沉井已下沉至设计标高，刃脚下土体挖空而尚未浇注混凝土（图 3-15），此时刃脚可视为根部固定在井壁上的悬臂梁，以此计算最大弯矩。

作用在刃脚上的力有刃脚外侧的土压力、水压力、摩阻力及刃脚本身的重力。各力的计算方法同前。但水压力计算应注意实际施工情况，为偏于安全，若不排水下沉时，井壁外侧水压力以 100% 计算，井内水压力取 50%，但也可按施工中

可能出现的水头差计算；若排水下沉时，不透水土取静水压力的 70%，透水土按 100% 计算。计算所得各水平外力同样应考虑分配系数 α。再由外力计算出对刃脚根部中心轴的弯矩、竖向力及剪力，以此求得刃脚外壁钢筋用量。其配筋构造要求与向外挠曲相同。

2. 刃脚水平受力分析

当沉井下沉至设计标高，刃脚下土已挖空但未浇筑封底混凝土时，刃脚所受水平压力最大，处于最不利状态。此时可将刃脚视为水平框架（图 3-16），作用于刃脚上的外力与计算刃脚向内挠曲时一样，但所有水平力应乘以分配系数 β，以此求得水平框架的控制内力，再配置框架所需水平钢筋。

框架的内力可按一般结构力学方法计算，具体计算可根据不同沉井平面形式查阅有关文献。

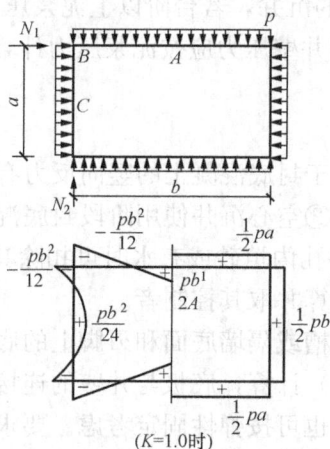

图 3-16 单孔矩形框架受力

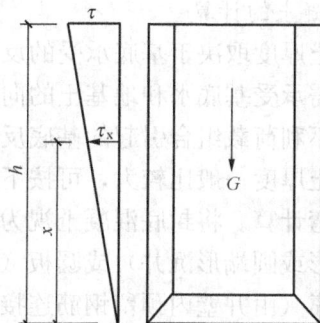

图 3-17 井壁摩阻力分布

四、井壁受力计算

1. 井壁竖向拉应力验算

沉井下沉过程中，刃脚下土挖空时，若上部井壁摩阻力较大可能将沉井箍住，井壁内产生因自重引起的竖向拉应力。若假定作用于井壁的摩阻力呈倒三角形分布（图 3-17），在地面处摩阻力最大，而刃脚底面处为零。沉井自重为 G，入土深度为 h，则距刃脚底面 x 深处断面上的拉力 S_x 为

$$S_x = \frac{Gx}{h} - \frac{Gx^2}{h^2} \tag{3-51}$$

并可导得井壁内最大拉力 S_{max} 为

$$S_{mzx} = \frac{G}{4} \tag{3-52}$$

其位置在 $x = h/2$ 的断面上；当不排水下沉（设水位和地面齐平）时，$S_{max} = 0.007G$。

若沉井很高，各节沉井接缝处混凝土的拉应力可由接缝钢筋承受，并按接缝钢筋所在位置发生的拉应力设置。钢筋的应力应小于 0.75 钢筋强度标准值，并须验算钢筋的锚固长度。采用泥浆套下沉的沉井，在泥浆套内不会出现箍住现象，井壁也不会因自重而产生拉应力。

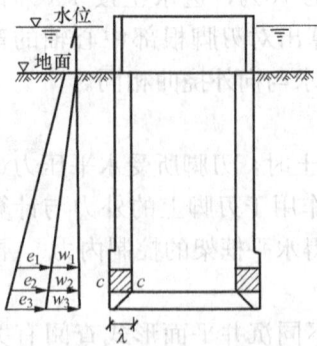

图 3-18　井壁框架承受的外力

2. 井壁横向受力计算

当沉井沉至设计标高，刃脚下土已挖空而尚未封底时，井壁承受的水、土压力为最大，此时应按水平框架分析内力，验算井壁材料强度，其计算方法与刃脚框架计算相同。刃脚根部以上高度等于井壁厚度的一段井壁（图 3-18），除承受作用于该段的土、水压力外，还承受由刃脚悬臂作用传来的水平剪力（即刃脚内挠时受到的水平外力乘以分配系数 α）。此外，还应验算每节沉井最下端处单位高度井壁作为水平框架的强度，并以此控制该节沉井的设计，但作用于井壁框架上的水平外力，仅土压力和水压力，且不需乘以分配系数 β。

采用泥浆套下沉的沉井，若台阶以上泥浆压力（即泥浆相对密度乘泥浆高度）大于上述土、水压力之和，则井壁压力应按泥浆压力计算。

五、混凝土封底及盖板计算

1. 封底混凝土的计算

封底混凝土厚度取决于基底承受的反力。作用于封底混凝土的竖向反力有两种：①封底后封底混凝土需承受基底水和地基土的向上反力；②空心沉井使用阶段封底混凝土需承受沉井基础所有最不利荷载组合引起的基底反力，若井孔内填砂或有水时可扣除其重量。

封底混凝土厚度一般比较大，可按下述方法计算并取其控制者。

（1）按受弯计算。将封底混凝土视为支承在凹槽或隔墙底面和刃脚上的底板，按周边支承的双向（矩形或圆端形沉井）或圆板（圆形沉井）计算，底板与井壁的连接一般按简支考虑，当连接可靠（由井壁内预留钢筋连接等）时，也可按弹性固定考虑。要求计算所得的弯曲拉应力应小于混凝土的板弯曲抗拉设计强度，具体计算可参考有关设计手册。

（2）按受剪计算。即计算封底混凝土承受基底反力后是否存在沿井孔周边剪断的可能性。若剪应力超过其抗剪强度则应加大封底混凝土的抗剪面积。

2. 钢筋混凝土顶板计算

空心或井孔内填以砂砾石的沉井，井顶必须浇筑钢筋混凝土顶板，用以支承上部结构荷载。顶板厚度一般预先拟定再进行配筋计算，计算时按承受最不利均布荷载的双向板或圆板考虑。

当上部结构平面全部位于井孔内时，还应验算顶板的剪应力和井壁支承压力；若部分支承井壁上则不需进行顶板的剪力验算，但需进行井壁的压应力验算。

第五节　沉井基础算例

某公路桥墩基础，上部构造为等跨等截面悬链线板肋式圬工拱桥，下部结构为重力式墩及圆端形沉井基础。基础平面及剖面尺寸如图 3-19 所示，浮运法施工（浮运方法及浮运稳定性验算从略）。

设计资料

土质及水位情况如图 3-19，传给沉井的恒载及活载见表 3-4。

最低水位标高 81.80m，潮水位 86.56m，河床标高 80.40m，最大冲刷线标高 76.77m。

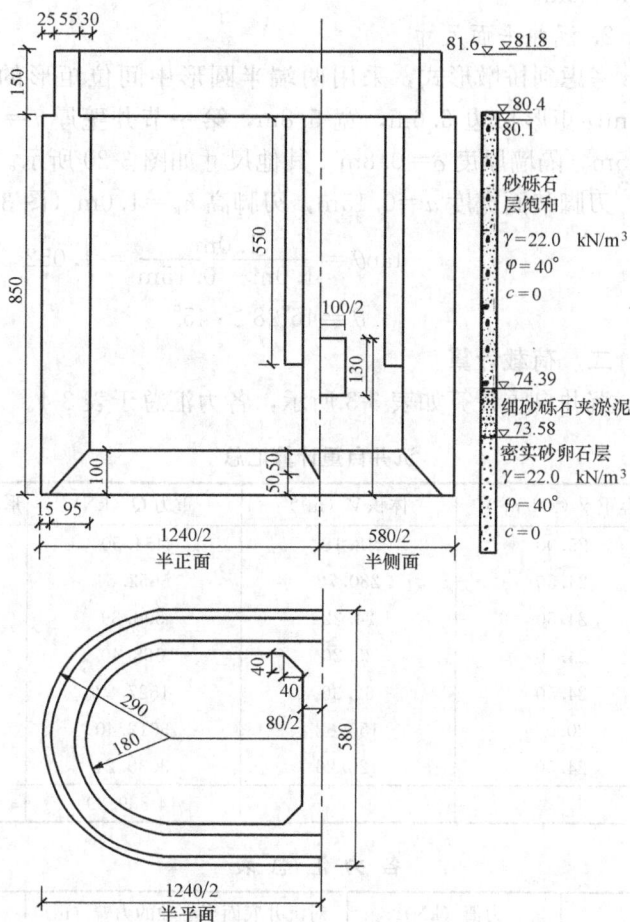

图 3-19 沉井半正面、半侧面、半平面图及地质剖面（标高单位：m；尺寸单位：mm）

沉井混凝土等级为 C25，HRB335 号钢筋。按 JTG D63—2007《公路桥涵基础与设计规范》设计计算如下。

一、沉井高度及各部分尺寸

1. 沉井高度 H

沉井顶面在最低水位下 0.2m，标高为 81.60m。

按水文计算，最大冲刷深度 $h_m = 80.40 - 76.77 = 3.63m$，大、中桥基础埋深应 $\geqslant 2.0m$，故

$$H = (81.6 - 80.4) + 3.63 + 2.0 = 6.83m$$

但沉井底较近于细砂砾石夹淤泥层。

按土质条件，井底应进入密实的砂卵石层，并考虑 2.0m 的安全度，则

$$H = 81.60 - 71.58 = 10.02m$$

按地基承载力，沉井底面位于密实的砂卵石层为宜。

据以上分析，拟取沉井高度 $H = 10m$，井顶标高 81.60m，井底标高 71.60m。应潮水位高，第一节（底节）沉井高度不宜太小，故取 8.50m，第二节高 1.50m，第一节井顶标

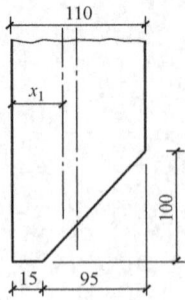

图 3-20
沉井平面图

高 80.10m。

2. 沉井平面尺寸

考虑到桥墩形式，采用两端半圆形中间位矩形的沉井。圆端外半径 2.9m，矩形长边 6.6m，宽 5.8m，第一节井壁厚 $t=1.1$m，第二节厚度 0.55m。隔墙厚度 $\delta=0.8$m。其他尺寸如图 3-20 所示。

刃脚踏面宽度 $a=0.15$m，刃脚高 $h_k=1.0$m（图 3-20），内侧倾角：

$$\tan\theta = \frac{1.0\text{m}}{1.0\text{m}-0.15\text{m}} = 1.052$$

$$\theta = 46°28 > 45°$$

二、荷载计算

沉井自重计算如表 3-3 所示，各力汇总于表 3-4。

表 3-3　　　　　　　　　　　　　　沉井自重计算汇总

沉井部位	容重 γ (kN/m³)	体积 V (m³)	重力 Q (kN)	形心至井壁外侧的距离 (m)
刃脚	25.00	18.18	454.50	0.372
第一节沉井井壁	24.50	230.72	5652.64	
底节沉井隔墙	24.50	24.22	593.39	
第二节沉井井壁	24.50	23.20	568.40	
钢筋混凝土盖板	24.50	62.36	1527.82	
井孔填砂卵石	20.00	150.62	3012.40	
封底混凝土	24.50	126.26	3030.24	
沉井总重			14 839.39	

表 3-4　　　　　　　　　　　　　　各 力 汇 总 表

力 的 名 称	力值 (kN)	对沉井底面形心轴的力臂 (m)	弯矩 (kN·m)
二孔上部结构恒载及墩身	$P_1=25\ 691.00$		
一孔活载（竖向力）	$P_g=650.00$	1.15	747.50
由制动力产生的竖向力	$P_T=32.40$	1.15	37.26
沉井总重	$G=14\ 839.39$		
沉井浮力	$G=-6355.23$		
合计	$\Sigma P=34\ 857.62$		784.76
一孔活载（水平力）	$H_g=815.10$	18.806	$-15\ 328.77$
制动力	$H_T=75.00$	18.806	-1410.45
合计	$\Sigma H=890.10$		$-16\ 739.22$

注　1. 低水位时沉井浮力 $G=$ [549.96m³＋3.141 6×（2.65m)²×1.5m＋6.6m×5.3m×1.5m] ×10.00kN/m³ ＝6355.23kN。

　　2. 上表仅列出了单孔荷载作用情况，双孔荷载时 $\Sigma M=-15\ 954.46$kN·m。

三、沉井作为整体深基础的验算

（一）基底应力验算

沉井井底埋深 $h=76.77-71.60=5.17$m

井宽 $d=5.8$m

井底面积 $A_0=3.141\ 6×$ （2.9)²＋6.6×5.8＝64.7m²

井底抵抗矩 $W = \dfrac{\pi d^3}{32} + \dfrac{1}{6} a^2 b = 56.12 \text{m}^3$

竖向荷载 $N = \Sigma P = 34\,857.62 \text{ kN}$

水平荷载 $\Sigma H = 890.10 \text{kN}$

弯矩 $\Sigma M = 15\,954.46 \text{ kN} \cdot \text{m}$

又 $h < 10\text{m}$，故取 $C_0 = 10 m_0$，即

$$\beta = C_h / C_0 = mh / 10 m_0 = 0.5$$
$$b_1 = (1 - 0.1 a/b)(b+1) = 12.77\text{m}$$
$$\lambda = M/H = 17.92\text{m}$$

故

$$A = \frac{b_1 \beta h^3 + 18 dW}{2\beta(3\lambda - h)} = \frac{12.77 \times 0.5 \times (5.17)^3 + 18 \times 5.8 \times 56.12}{2 \times 0.5(3 \times 17.92 - 5.17)} = 138.45\text{m}^2$$

$$\sigma_{\min}^{\max} = \frac{N}{A_0} \pm \frac{2Hd}{A\beta} = \frac{34\,857.62}{64.70} \pm \frac{3 \times 890.10 \times 5.8}{138.45 \times 0.5} = \begin{cases} 762.48 \\ 315.02 \end{cases} \text{kPa}$$

井底地基土为中等密实砂、卵石类土层，可取 $[\sigma_0] = 600\text{kPa}$，$K_1 = 4$，$K_2 = 6$，土容重 $\gamma_1 = \gamma_2 = 12.00 \text{kN/m}^3$（考虑浮力后的近似值），并考虑附加组合，承载力提高 25%，故基底土容许承载力为

$$[\sigma] = 1.25 \times \{ [\sigma_0] + K_1 \gamma_1 (b-2) + K_2 \gamma_2 (h-3)\}$$
$$= 1.25 \{600 + 4 \times 12.0 (5.8-2) + 6 \times 12.0 (5.07-3)\}$$
$$= 1164.30\text{kPa} > 762.48\text{kPa}$$

均满足要求。

（二）基础侧向水平压力验算

将以上计算式参数代入式（3-11）得井身转动中心 A 离地面的距离：

$$z_0 = \frac{0.5 \times 12.77 \times (5.17)^2 (4 \times 17.92 - 5.17) + 6 \times 5.8 \times 56.12}{2 \times 0.5 \times 12.77 \times 5.17 \times (3 \times 17.92 - 5.17)} = 4.15\text{m}$$

根据式（3-13）可得基础侧向水平压力

$$\sigma_{\frac{h}{3}x} = \frac{6 \times 890.10}{137.42 \times 5.17} \times \frac{5.17}{3} \left(4.15 - \frac{5.17}{3}\right) = 31.48\text{kPa}$$

$$\sigma_{hx} = \frac{6 \times 890.10 \times 5.17}{137.42 \times 5.17} (4.15 - 5.17) = -39.64\text{kPa}$$

若取土体抗剪强度指标 $\varphi = 40°$，$c = 0$；系数 $\eta_1 = 0.7$，$\eta_2 = 1.0$（因 $M_g = 0$）则根据式（3-33）可得土体极限横向抗力为

$z = \dfrac{h}{3}$ 时

$$[\sigma_{zx}] = 0.7 \times 1.0 \times \frac{4}{\cos 40°} \left(\frac{12.00 \times 5.17}{3} \tan 40°\right) = 63.44\text{kPa} > 31.48\text{kPa}$$

$z = h$ 时

$$[\sigma_{zx}] = 0.7 \times 1.0 \times \frac{4}{\cos 40°} (12.00 \times 5.17 \times \tan 40°) = 190.32\text{kPa} > 38.17\text{kPa}$$

均满足要求，因此计算时可以考虑沉井侧面土的弹性抗力。

四、沉井在施工过程中的强度验算

（一）沉井自重下沉验算

沉井自重：$G=$ 刃脚重＋底节沉井重＋底节隔墙重＋顶节沉井重

$$=454.50+5652.64+593.39+568.40=7268.93kN$$

沉井浮力 $G'=(18.18+230.72+24.22+23.22)\times10.00=2963.40kN$

土与井壁间单位摩阻力强度

$$T_m=\frac{20.0\times1.9+12.0\times0.8+18.0\times6.0}{8.7}=17.89kN/m^2$$

总摩阻力

$$T=[(3.14\times5.3+2\times6.6)\times0.2+(3.14\times5.8+2\times6.6)\times8.5]\times17.89$$

$$=4883.26kN$$

排水下沉时 $G>T$；不排水下沉时，预估井底围堰重（高出潮水位）600kN，则

$$(7268.93+600-2963.40)/4883.26=1.01$$

即 $\dfrac{G}{T}=1.01$

沉井自重稍大于摩阻力，在施工中，下沉如有困难，可采取部分排水方法，也可采取加压重或其他措施。

（二）刃脚受力验算

1. 刃脚向外挠曲

经试算分析，最不利位置为刃脚下沉到标高 $80.4m-8.7m+4.35m=76.05m$ 处，刃脚切入土中 1m，第二节沉井已接上，如图3-21所示，其悬臂作用分配系数为

$$\alpha=\frac{0.1L^4}{k_k^4+0.05L_1^4}=\frac{0.1\times(4.7)^4}{(1.0)^4+0.05\times(4.7)^4}=1.92>1.0$$

取 $\alpha=1.0$。刃脚侧土为砂卵石层，$\tau=18.00kPa$，$\varphi=40°$，计算如下：

（1）作用于刃脚的力（按低水位取单位宽度计算）。

$\omega_2=(81.8-77.05)\times10=47.50kN/m^2$

$\omega_3=(81.8-76.05)\times10=47.50kN/m^2$

$e_2=12.0\times(80.4-77.05)\times\tan^2(45°-40°/2)=8.70kN/m^2$

$e_3=12.0\times(80.4-76.05)\times\tan^2(45°-40°/2)=11.30kN/m^2$

若从安全考虑，刃脚外侧水压力取 50%，则

$p_{e_2+w_2}=47.50\times0.5+8.7=32.45kN/m$

$p_{e_3+w_3}=57.50\times0.5+11.3=40.05kN/m$

$p_{e+w}=\dfrac{1}{2}(p_{e_2+w_2}+p_{e_3+w_3})h_k=\dfrac{1}{2}(32.45+40.05)\times1.0$

$\qquad=36.25kN$

若以静水压力的 70% 计算，则

$0.7\gamma_w hh_k=0.7\times10.00\times5.25\times1=36.75kN>p_{e+w}$

故取 $P_{e+w}=36.25kN$。

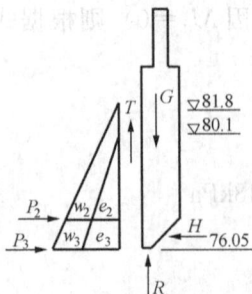

图 3-21　刃脚受力示意图

刃脚摩阻力 $T_1=0.5E=0.5\times(8.7+11.3)/2\times1=5.00kN$

或 $T_1 = \tau h_k \times 1 = 18.00 \text{kN}$

因此取刃脚摩阻力为 5.00kN（取小值）。

单位宽度沉井自重（不计沉井浮力及隔墙自重）

$$G_1 = \left(\frac{0.15+1.10}{2}\right) \times 1.0 \times 1.0 \times 25.0 + 7.5 \times 1.1 \times 1.0 \times 24.50$$

$$+ 0.825 \times 24.50 = 237.96 \text{kN}$$

刃脚踏面竖向力为

$$R_V = 237.96 - 11.30 \times \frac{1}{2} \times 4.35 \times 0.5 = 225.67 \text{kN}$$

刃脚斜面横向力（取 $\delta = \varphi = 40°$）

$$R_H = \frac{bR_V}{2a+b}\tan(\theta-\delta_2) = \frac{225.67 \times 0.95}{2 \times 0.15 + 0.95}\tan(46°28'-40°) = 19.38 \text{kN}$$

井壁自重 q 的作用点至刃脚根部中心轴距离为

$$x_1 = \frac{\lambda^2 + a\lambda - 2a^2}{6(\lambda+a)} = \frac{(1.1)^2 + 0.15 \times 1.1 - 2 \times (0.15)^2}{6(1.1+0.15)} = 0.178\text{m}$$

刃脚踏面下反力合力 $\quad R_{V1} = \frac{2a}{2a+b}R_V = \frac{0.15 \times 2}{0.15 \times 2 + 0.95}R_V = 0.24R_V$

刃脚斜面上反力合力 $\quad R_{V2} = R_V - 0.24R_V = 0.76R_V$

R_V 的作用点距离井壁外侧为

$$x = \frac{1}{R_V}\left[R_{V1}\frac{a}{2} + R_{V2}\left(a+\frac{b}{3}\right)\right]$$

$$= \frac{1}{R_V}\left[0.24R_V\frac{0.15}{2} + 0.76R_V\left(0.15+\frac{0.95}{3}\right)\right] = 0.38\text{m}$$

（2）各力对刃脚根部界面中心的弯矩（图 3-22）。

水平水压力及土压力引起的弯矩

$$M_T = 5.00 \times 1.1/2 = 2.75 \text{kN} \cdot \text{m}$$

反力 R_V 引起的弯矩

$$M_{R_V} = 225.67 \times \left(\frac{1.1}{2} - 0.38\right) = 38.36 \text{kN} \cdot \text{m}$$

刃脚斜面水平反力引起的弯矩

$$M_{R_H} = 19.38 \times (1-0.33) = 12.98 \text{kN} \cdot \text{m}$$

刃脚自重引起的弯矩

$$M_g = 0.625 \times 1 \times 25.00 \times 0.178 = 2.78 \text{kN} \cdot \text{m}$$

故总弯矩为

$$M_0 = \Sigma M = 12.98 + 38.36 + 2.75 - 18.73 - 2.78 = 32.58 \text{kN} \cdot \text{m}$$

（3）刃脚根部处的应力验算。

刃脚根部轴力 $N_0 = 225.67 - 0.625 \times 25.00 = 210.04 \text{kN}$，面积 $A = 1.1\text{m}^2$，抵抗弯矩 $W = 0.2\text{m}^3$，故

$$\sigma_0 = \frac{N_0}{A} \pm \frac{M_0}{W} = \frac{210.04}{1.1} \pm \frac{32.58}{0.2} = \begin{cases} 353.85 \\ 28.05 \end{cases} \text{kPa}$$

因水平剪力较小，验算时未予考虑。压应力小于 $f_{cd}=11\,500\text{kPa}$，按受力条件不设钢筋，可按构造要求设置。

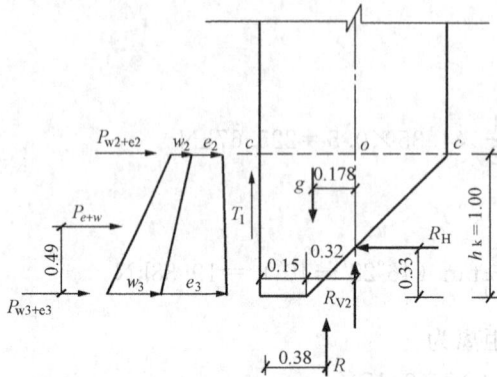

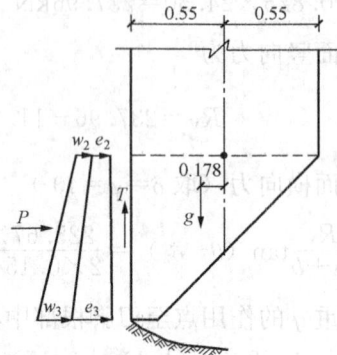

图 3-22　刃脚向内挠曲　　　　　　图 3-23　各力对刃脚根部作用示意图

2. 刃脚向内挠曲（图 3-23）

（1）作用于刃脚的力。目前求得作用于刃脚外侧的土、水压力（按潮水位计算）为：$w_2=138.60\text{kN/m}$，$w_3=148.60\text{kN/m}$，$e_2=20.10\text{kN/m}$，$e_3=22.60\text{kN/m}$，故总土、水压力为 $P=164.95\text{kN}$。

P_{e+w} 力对刃脚根部形心轴的弯矩为

$$M_{e+w} = 164.95 \times \frac{1}{3} \times \frac{2 \times (148.60+22.60) + 138.60+20.10}{148.60+22.60+138.60+20.10} = 83.52\text{kN} \cdot \text{m}$$

此时刃脚摩阻力为 $T_1=10.68\text{kN}$（$\tau h_k=20.00\text{kN}>10.68\text{kN}$），其产生的弯矩为

$$M_T = -10.68 \times 0.55 = -5.87\text{kN} \cdot \text{m}$$

刃脚自重引起的弯矩为 $M_g = 0.625 \times 1 \times 25.00 \times 0.178 = 2.78\text{kN} \cdot \text{m}$

所有各力对刃脚根部的弯矩 M，轴向力 N 及剪力 Q 为

$$M = M_{e+w} + M_T + M_g = 83.52 - 5.87 + 2.78 = 80.43\text{kN} \cdot \text{m}$$

$$N = T_1 - g = 10.68 - 15.63 = -4.95\text{kN}$$

$$Q = P = 164.95\text{kN}$$

（2）刃脚根部截面应力验算弯曲应力。

$$\sigma = \frac{N}{A} \pm \frac{M}{W} = \frac{-4.95}{1.1} \pm \frac{80.43}{0.20}$$

$$= -406.65\text{kPa} < f_{td} = 1230\text{kPa}$$

$$397.65\text{kPa} < f_{cd} = 11\,500\text{kPa}$$

剪应力 $\sigma_j = \dfrac{164.95}{1.1} = 149.96\text{kPa} < f_{td} = 11\,500\text{kPa}$

计算结果表明，刃脚外侧也仅需按构造要求配筋。

3. 刃脚框架计算

由于 $\alpha = 1.0$，刃脚作为水平框架承受的水平力很小，故不需验算，可按构造布置钢筋。如需验算，则与井壁水平框架计算方法相同，此略。

（三）井壁受力验算

1. 沉井井壁竖向拉力验算

$$S_{max} = \frac{1}{4}(Q_1 + Q_2 + Q_3 + Q_4) = 1817.23\text{kN（未考虑浮力）}$$

井壁受拉面积为

$$A_1 = \frac{3.141\,6}{4}\left[(5.8)^2 - (3.6)^2\right] + 6.6 \times 5.8 - 2.9 \times 3.6 \times 2 = 33.64\text{m}^2$$

混凝土所受到的拉应力为

$$\sigma_h = \frac{S_{max}}{A_1} = \frac{1817.23}{33.64} = 54.02\text{kPa} < f_{td} = 11\,500\text{kPa}$$

井壁内可按构造布置竖向钢筋，实际上根据土质情况井壁不可能产生大的拉应力。

2. 井壁横向受力计算

沉井沉至设计标高时，刃脚根部以上一段井壁承受的外力最大，它不仅承受本身范围内的水平力，还承受刃脚作为悬臂传来的剪力，故处于最不利状态。

考虑潮水位时，单位宽度井壁上的水压力（图3-24）为

$w_1 = 127.60\text{kN/m}^2$

$w_2 = 138.60\text{kN/m}^2$

$w_3 = 148.60\text{kN/m}^2$

单位宽度井壁上的土压力为

$e_1 = 17.19\text{kPa}$

$e_2 = 20.10\text{kPa}$

$e_3 = 22.60\text{kPa}$

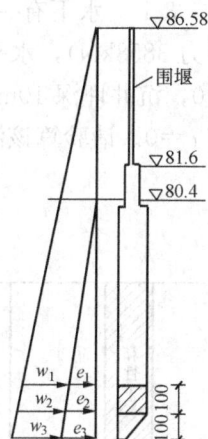

图 3-24　单位宽度
井壁上的水压力

刃脚及刃脚根部以上 1.1m 井壁范围的外力

$P = 0.5 \times (17.19 + 22.60 \times 1.0 + 127.60$

$\qquad + 148.6 \times 1) \times 2.1$

$\quad = 331.79\text{kN/m}\ (\alpha = 1)$

沉井各部分所受内力可按一般结构力学方法求得（计算从略），井壁最不利受力位置在隔墙处，其弯矩 $M_1 = -774.30\text{kN·m}$，轴向力 $N_2 = 779.71\text{kN}$。按纯混凝土的应力验算，则

$$\sigma_{min}^{max} = \frac{N_2}{A} \pm \frac{M_1}{W} = \frac{779.71}{1.1 \times 1.1} \pm \frac{744.30}{(1.1)^3/6} = \begin{cases} 3999.61 < 11\,500 \\ -2710.83 > 1230 \end{cases}\text{kPa}$$

必须配置钢筋，根据有关规定计算可得，受拉钢筋总面积为 $A_g = 31.06 \times 10^{-4}\text{m}^2$，若取

$9\phi22$，$A_g=34.21\times10^{-4}\text{m}^2$，受压钢筋不需设置，按构造布置 $9\phi11$，$A'_g=5.46\times10^{-4}\text{m}^2$。底节沉井竖向挠曲、封底混凝土及盖板验算从略。

思 考 题

3-1 何谓沉井？它适用于什么情况？

3-2 沉井基础与桩基础的荷载传递有何区别？

3-3 一般沉井构造上主要由哪几部分组成？各部分作用如何？

3-4 沉井基础的设计计算包含哪些内容？

3-5 沉井基础基底应力验算的基本原理是什么？

3-6 沉井结构计算有哪些内容？

3-7 浮运沉井的计算有何特殊性？

习 题

3-1 水下有一直径为 8m 的圆形沉井基础，基底上作用竖向荷载为 19 000kN（已扣除浮力 3858kN），水平力为 526kN，弯矩为 7250kN·m（均为考虑附加组合荷载）。$\eta_1=\eta_2=1.0$，沉井埋深 10m，土质为中等密实的砂砾层，容重为 21kN/m³，内摩擦角 $\phi=35°$，内聚力 $c=0$。请验算该沉井基础的地基承载力及横向土抗力。

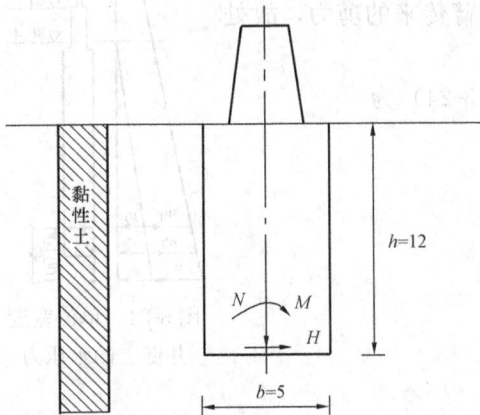

图 3-25 习题 3-2 图

3-2 某桥墩矩形沉井基础如图 3-25 所示。已知作用在基底中心的荷载 $N=21\,000$kN，$H=150$kN，$M=2400$kN·m，H、M 均由活荷载产生。沉井平面尺寸：$a=10$m，$b=5$m。沉井入土深度 $h=12$m。试问：

（1）若已知基底黏土层的容许承载力 $[f_h]=450$kPa，试按浅基础及深基础两种方法分别验算其强度是否满足。

（2）如果已知沉井侧面粉质黏土的黏聚力 $c=15$kPa，$\varphi=20°$，$\gamma=18$kN/m³，地下水位高出地面，试验算地基的横向抗力是否满足。

第四章 软土地基处理

第一节 概 述

地基是指直接承受建筑物荷载的那一部分地层。对于地质条件良好的地基，可直接在其上修筑建筑物而无须事先对其进行加固处理，这种地基称为天然地基。在工程建设中，有时会不可避免的遇到地质条件不良或软弱地基，若在这样的地基上修建建筑物，则不能满足设计要求。随着科学技术的不断发展，建筑物的荷载日益增大，对地基变形的要求也越来越严格，因此，即使原来在一般条件下被评为良好的地基，也可能在特定条件下不能满足要求而必须进行加固处理。这些需经人工加固后，才可在其上修建建筑物的地基称为人工地基。地基处理就是指对不能满足承载力和变形要求的软弱地基进行人工处理，亦称之为地基加固。

一、地基处理的对象

地基处理的对象是软弱地基和特殊土地基。

软弱地基是指主要由淤泥、淤泥质土、冲填土、杂填土或其他高压缩性土层构成的地基。

特殊土地基是指由湿陷性黄土、膨胀土或红黏土等构成的地基。

（一）软弱地基

1. 软土

软土是淤泥和淤泥质土的总称，它是在静水或非常缓慢的流水环境中沉积，经生物化学作用形成。

软土的特性是天然含水量高、天然孔隙比大、抗剪强度低、压缩系数高、渗透系数小。在外荷载作用下地基承载力低、地基变形大，不均匀变形也大，且变形稳定历时较长，在比较深厚的软土层上，建筑物基础的沉降往往持续数年乃至数十年之久。设计时宜利用其上覆较好的土层作为持力层；应考虑上部结构和地基的共同作用；对建筑体型、荷载情况、结构类型和地质条件等进行综合分析，再确定建筑和结构措施及地基处理方法。

2. 冲填土

冲填土是指整治和疏浚江河航道时，用挖泥船通过泥浆泵将泥砂夹杂大量水分，吹到江河两岸形成的沉积土，南方地区称吹填土。

以黏性土为主的冲填土，因吹到两岸的土中含大量水分且难以排出而呈流动状态，这类土是属于强度低和压缩性高的欠固结土。以砂性土或其他粗颗粒土所组成的冲填土，其性质基本上和粉细砂相类似，不属于软弱土范畴。

冲填土是否需要处理和采用何种处理方法，取决于冲填土中颗粒组成、土层厚度、均匀性和排水固结条件。

3. 杂填土

杂填土是指由人类活动而任意堆填的建筑垃圾、工业废料和生活垃圾。

杂填土的成因很不规律、组成的物质杂乱、分布极不均匀、结构松散，因而强度低、压缩性高和均匀性差，一般还具有浸水湿陷性。即使在同一建筑场地的不同位置，其地基承载力和压缩性也有较大差异。

对有机质含量较多的生活垃圾和对基础有侵蚀性的工业废料，未经处理不应作为持力层。

（二）特殊土地基

特殊土地基带有地区性特点，包括湿陷性黄土、膨胀土、红黏土和冻土等。

二、地基处理的目的

地基处理的目的就是通过各种地基处理方法，改善地基土的工程性质，以满足工程设计的要求，这些措施包括以下五个方面内容。

1. 提高地基土的抗剪强度

地基承载力、土压力及人工或天然边坡的稳定性均主要取决于土的抗剪强度。因此，为了防止土体抗剪破坏，就需要采取一定措施，提高和增加地基土的抗剪强度。

2. 改善地基土的压缩性

建筑物超过允许值的倾斜、差异沉降，将影响建筑物的正常使用甚至危及建筑物的安全性。地基土的压缩模量等指标是反映其压缩性的重要指标，通过地基处理，可改善地基土的压缩模量等压缩性指标，减少建筑物的沉降和不均匀沉降。

3. 改善地基土的渗透特性

地下水在地基土中运动时，将引起堤坝等的渗透破坏；基坑开挖过程中，因土层夹有薄层粉砂或粉土而产生流砂和管涌，这些都会造成地基承载力下降、沉降加大和边坡失稳，而渗透、流砂和管涌均与土的渗透特性密切相关。因此，必须采用某种地基处理措施，以减小地基中渗透压力，从而降低发生水力破坏的可能性。

4. 改善地基土的动力特性

在地震运动、交通荷载及打桩和机器振动等动力荷载作用下，将会使饱和松散的砂土和粉土产生液化，或使邻近地基产生振动下沉。为此，需要研究采取何种措施防止地基土液化，并改善其振动特性以提高地基的抗震性能。

5. 改善特殊土的不良地基特性

主要是指消除或减少黄土的湿陷性和膨胀上的胀缩性。

三、地基处理方法分类

地基处理方法分类多种多样，如按时间分类，可分为临时处理和永久处理；按处理深度分类，可分为浅层处理和深层处理；按土性分类，可分为砂性处理和黏性土处理、饱和土处理和非饱和土处理。从作用机理分类的方法较为合理，因为体现了各种方法的主要特点。按作用机理分为置换、挤密、排水固结、胶结、加筋、冷热处理等方法。

四、地基处理方案确定步骤

（1）根据结构类型、荷载大小及使用要求，结合场地条件、环境情况和对邻近建筑的影响等因素进行综合分析，初步选出几种地基处理方案。

（2）对初步选出的各种地基处理方案，分别从加固原理、适用范围、预期处理效果、耗用材料、施工机械、工期要求和对环境的影响等方面进行经济分析和对比，选择最佳的地基处理方案。

（3）对已选定的地基处理方法，宜按建筑物地基基础设计等级和场地复杂程度，在有代表性的场地上进行相应的现场试验或试验性施工，并进行必要的测试，以检验设计参数和处理效果，如达不到设计要求时，修改设计参数或调整地基处理方法。

五、复合地基的定义与分类

（一）复合地基定义

复合地基是指由两种刚度（或模量）不同的材料（桩体和桩间土）组成，共同承受上部载荷并协调变形的人工地基。它是在天然地基中设置一群碎石、砂砾等散粒材料或其他材料组成的桩柱，使其与原地基土共同承担荷载的地基。

复合地基与桩基都是采用以桩的形式处理地基，故两者有相似之处，但复合地基属于地基范畴，而桩基属于基础范畴，所以两者又有本质区别。复合地基中桩体与基础往往不是直接相连的，它们之间通过垫层（碎石或砂石垫层）来过渡，而桩基中桩体与基础直接相连，两者形成一个整体。因此，它们的受力特性也存在着明显差异，即复合地基的主要受力层在加固体内，而桩基的主要受力层是在桩尖以下一定范围内。与天然地基相比，复合地基的计算理论不够完善，甚至可以说复合地基理论体系还在形成和发展中。

（二）复合地基分类

根据地基中增强体的方向，可分为水平向增强体复合地基和竖向增强体复合地基。水平向增强体复合地基主要包括由各种加筋材料，如土工聚合物、金属材料格栅等形成的复合地基。竖向增强体复合地基通常称为桩体复合地基。

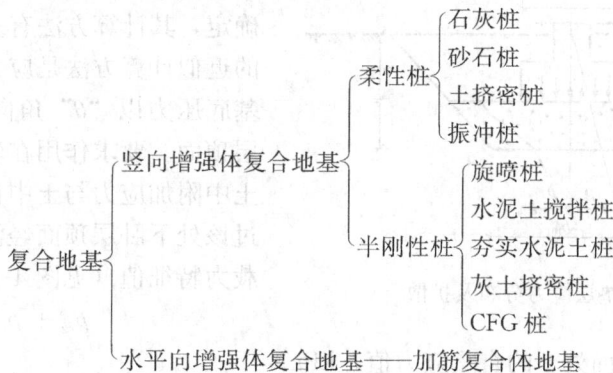

```
                                        ┌─ 石灰桩
                                        │
                                ┌ 柔性桩 ┤─ 砂石桩
                                │       │
                                │       ├─ 土挤密桩
                                │       │
                                │       └─ 振冲桩
                                │
            ┌ 竖向增强体复合地基 ┤       ┌─ 旋喷桩
            │                   │       │
            │                   │       ├─ 水泥土搅拌桩
复合地基 ────┤                   └ 半刚性桩┤─ 夯实水泥土桩
            │                           │
            │                           ├─ 灰土挤密桩
            │                           │
            │                           └─ CFG 桩
            │
            └ 水平向增强体复合地基——加筋复合体地基
```

第二节 换土垫层法

一、概述

当软弱土层不太厚（如小于 3m）且接近地面时，将它全部挖除；如软弱土层较厚，将基底下一定范围内软弱土挖去，用工程性质好的材料换填并分层夯实，这种地基处理方法称为换土垫层法。垫层处置应达到增加地基持力层承载力，防止地基浅层剪切变形的目的。

对换填材料的要求是：具有强度高、压缩性低、稳定性好和无侵蚀性等良好的工程特性，一般主要用砂石、高炉干渣和粉煤灰等。当软土层部分换填时，地基便由垫层及（软弱）下卧层组成，用足够厚度的垫层置换可能发生剪切破坏的软土层，以使垫层底部的软弱下卧层满足承载力的要求，而达到加固地基的目的。按垫层回填材料的不同，可分别称为砂垫层、碎石垫层等。

换土垫层法主要设计的是垫层厚度和宽度，一般可将各种材料的垫层设计都近似的按砂垫层的计算方法进行设计。

二、垫层的设计计算

（一）砂垫层的作用

一定厚度的砂垫层主要起以下三个方面的作用：

（1）置换了部分或全部软弱土层，提高地基承载力。

（2）密实垫层的压缩性较低，可减小基础的沉降量。理论上讲，对均质地基，基础下浅层地基的沉降量在总沉降量中所占比例较大，若以密实的砂代替上部的松软土层，就可以大大减小这部分沉降量。此外，由于垫层的应力扩散作用，传递到下卧层上的压力减小，也会使下卧层的压缩量减小。

（3）砂和砂—碎石垫层的透水性较大，可成为下卧饱和软土层的排水面，使软土上部的孔隙水压力较易消散，从而加速软土固结和软土抗剪强度的提高。必须指出，砂垫层不宜用于处理湿陷性黄土地基，因为砂垫层的良好透水性反而容易引起黄土产生湿陷。

（二）砂垫层厚度的确定

垫层设计的一般要求是：既要有足够的厚度以置换可能受到剪切破坏的软弱土层，又要有足够宽度以防止垫层向两侧挤出增加沉降，同时还要做到经济合理。

垫层厚度应根据需置换软弱土层的深度或按下卧层的承载力确定。若置换的软弱土层很厚，砂垫层厚度应按软弱下卧层的承载力确定，其计算方法有多种。我国目前常用的近似计算方法是应力扩散角法，即认为基底压力以"θ"角向下扩散至软弱下卧层顶面。要求作用在软弱下卧层顶面处的土中附加应力与土中自重应力之和，不超过该处下卧层顶面经深度修正后的地基承载力特征值（见图 4-1），即

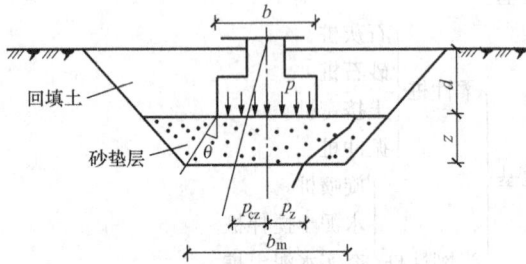

图 4-1 砂垫层应力分布及扩散

$$p_{cz} + p_z \leqslant f_{az} \qquad (4-1)$$

式中 p_{cz}——垫层底面处土的自重应力值，kPa；

p_z——相应于荷载效应标准组合时，垫层底面处的附加应力值，kPa；

f_{az}——垫层底面处经深度修正后的地基承载力特征值，kPa。

基底下土中附加应力可按扩散角 θ 通过砂垫层向下扩散到软弱下卧层顶面，并假定此处产生的压应力呈均匀分布，根据力的平衡条件可得到：

条形基础

$$p_z = \frac{b(p_k - p_c)}{b + 2z\tan\theta} \qquad (4-2)$$

矩形基础

$$p_z = \frac{bl(p_k - p_c)}{(b + 2z\tan\theta)(l + 2z\tan\theta)} \qquad (4-3)$$

式中 l——矩形基础底面长度，m；

b——矩形基础或条形基础底面宽度，m；

p_k——相应于荷载效应标准组合时，基础底面处的平均压力值，kPa；

p_c——基础底面处土的自重压力值，kPa；

z——基础底面下垫层的厚度，m；

θ——垫层的压力扩散角，宜通过试验确定，当无试验资料时，可按表 4-1 选用。

表 4-1 压力扩散角 (°)

z/b 换填材料	中砂、粗砂、砾砂、圆砾、角砾、石屑、卵石、碎石、矿渣	粉质黏土、粉煤灰	灰 土
0.25	20	6	28
≥0.25	30	23	

注 1. 当 z/b<0.25 时，除灰土外，其余材料均取 $\theta=0°$，必要时，宜由试验确定。
　2. 当 0.25<z/b<0.5，时，θ 值可内插求得。

砂砾垫层厚度一般不宜小于 1m 或超过 3m，垫层过薄作用不明显；过厚需挖深坑，费工耗料，施工困难，经济上、技术上都很不合理。因此，地基土较软又厚或基底压力较大时，应考虑采用其他方法加固。

（三）平面尺寸的确定

砂垫层宽度的确定，应从以下两方面考虑：

（1）要满足应力扩散角的要求。

（2）要有足够的宽度以防止砂垫层向两侧挤出。

如果垫层的填土质量较好，具有抵抗水平向附加应力的能力，侧向变形小，则垫层的宽度主要由压力扩散角考虑。此时的砂垫层底平面尺寸应为

$$l_m \geq l + 2z\tan\theta \tag{4-4}$$

$$b_m \geq b + 2z\tan\theta \tag{4-5}$$

式中　l_m——砂垫层底平面的长度，m；

　　　b_m——砂垫层底平面的宽度，m。

砂垫层顶面宽度宜超出基础底面边缘 300mm 以上，或从垫层底面两侧向上按开挖基坑的要求放坡。

（四）基础最终沉降量的计算

砂垫层上基础的最终沉降量是由垫层本身的压缩量 S_s 与软弱下卧层的沉降量 S_1 组成，$S=S_s+S_1$，垫层压缩模量比软弱下卧层的模量大得多，其压缩量小且在施工阶段基本完成，实际可忽略不计。对沉降要求严的或垫层厚度较大的建筑物，应计算垫层自身的变形。垫层压缩量 S_s 可按下式计算

$$S_s = \frac{\bar{\sigma}_z}{E_s} \times z \tag{4-6}$$

式中　E_s——砂垫层的压缩模量，可由实测确定，一般为 12～24MPa；

　　　$\bar{\sigma}_z$——砂垫层内的平均附加应力。

S_1 可按有关章节介绍方法计算。S 的计算值应符合建筑物容许沉降量的要求，否则应加厚垫层或考虑其他加固方案。

三、垫层的施工与质量检验

（一）材料选择

1. 砂石

宜选用中、粗、砾砂，也可用石屑（粒径小于 2mm 的部分不应超过总量的 45%），应

级配良好，不含植物残体、垃圾等杂质，含泥量不宜超过 3%。当使用粉细砂或石粉（粒径小于 0.075mm 的部分不超过总量的 9%）时，应掺入不少于 30% 的碎石或卵石。最大粒径不宜大于 50mm。对湿陷性黄土地基，不得选用砂石等透水材料。

2. 黏土（均质土）

土料中有机质含量不得超过 5%，亦不得含有冻土或膨胀土。当含有碎石时，其粒径不宜大于 50mm。用于湿陷性黄土或膨胀土地基的垫层，土料中不得夹有砖、瓦和石块等。

3. 灰土

体积配合比宜为 2：8 或 3：7。土料宜用黏性土及塑性指数大于 4 的粉土，不得含有松散杂质，并应过筛，其颗粒不得大于 15mm。灰土宜用新鲜的消石灰，其颗粒不得大于 5mm。

4. 粉煤灰

可分为湿排灰和调湿灰。可用于道路、堆场和中小型建筑物、构筑物换填垫层。粉煤灰垫层上宜覆土 0.3~0.5m。

5. 矿渣

垫层使用的矿渣是指高炉重矿渣，可分为分级矿渣、混合矿渣及原状矿渣。矿渣垫层主要用于堆场、道路和地坪，也可用于中小型建筑、构筑物地基。

6. 其他工业废渣

在有可靠试验结果或成功工程经验时，对质地坚硬、性能稳定的工业废渣均可用于填筑换填垫层。

（二）施工与质量

垫层施工应根据不同的换填材料选择施工机械。粉质黏土、灰土宜采用平碾、振动碾或羊足碾，中小型工程也可采用蛙式夯、柴油夯；砂石等宜用振动碾；粉煤灰宜采用平碾、振动碾、平板振动器、蛙式夯；矿渣宜采用平板振动器或平碾，也可采用振动碾。

垫层的施工方法、分层铺填厚度、每层压实遍数等宜通过试验确定。一般情况下，垫层的分层铺填厚度可取 200~300mm。

粉质黏土和灰土垫层土料的施工含水量宜控制在最优含水量 $\omega_{op} \pm 2\%$ 的范围内，粉煤灰的施工含水量宜控制在最优含水量 $\omega_{op} \pm 4\%$ 的范围内。最优含水量通过击实试验确定。

在地下水位以下施工时，应采取降低地下水位的措施，使基坑保持无积水状态。如因垫层下方土质差异使垫层底面标高不一时，基坑底宜挖成阶梯形，施工时按先深后浅的顺序进行，并应注意搭接处的质量。

对粉质黏土、灰土、粉煤灰和砂石垫层的施工质量检验，可用环刀法、贯入仪、静力触探、轻型动力触探或标准贯入试验检验；对砂石、矿渣垫层，可用重型动力触探检验，并均应通过现场试验以设计压实系数所对应的贯入度为标准检验垫层的施工质量。压实系数也可采用环刀法、灌砂法、灌水法或其他方法检验。

第三节 强夯和强夯置换法

一、概述

强夯法是在 1970 年由法国 L. Menard 首先提出的，国外称之为动力固结法，以区别于静力固结法。它一般是通过 80～300kN（最重可达 2000kN）的重锤采用 8～20m 的落距（最高可达 40m），对地基土施加强大的冲击能，在地基土中形成冲击波和动应力，使地基土压密和振密，以加固地基土，达到提高强度、降低压缩性、改善砂土的抗液化条件、消除湿陷性黄土的湿陷性的目的。强夯法具有效果显著、设备简单、施工方便、适用范围广、经济易行和节省材料等优点。强夯法适用于处理碎石土、砂土、低饱和度的粉土和黏性土、湿陷性黄土、素填土和杂填土等地基。它不仅能提高地基的强度并降低其压缩性，还能改善其抵抗振动液化的能力和消除土的湿陷性。强夯法经过了 30 年的发展，已广泛应用于工业与民用建筑、仓库、油罐、公路、铁路、飞机场跑道及码头的地基处理中。

强夯法以其适应性广、效果好、造价低、工期短等特点，成为我国地基处理的一项重要技术。

对于饱和黏土地基，近年来发展了强夯置换法，这是利用夯击能将碎石、矿渣等材料强力挤入地基，在地基中形成碎石墩，并与墩间土形成碎石墩复合地基，提高地基承载力和减小沉降。强夯置换法适用于高饱和度的粉土和软塑—流塑的黏性土等地基上对变形控制要求不严的工程。

二、加固机理

强夯法是在极短的时间内对地基体施加一个巨大的冲击能量，这种突然释放的巨大能量使土体发生一系列的物理变化，如土体结构破坏或液化、排水固结压密、触变恢复等。其作用结果是使一定范围内地基强度提高、孔隙挤密、消除湿陷性。

从加固原理和作用来看，强夯法可分为动力固结、动力夯实和强夯置换三种情况。其共同的特点是：破坏土的天然结构，以达到新的稳定状态。

（一）动力固结

在饱和土中，高能量的夯击，使土体一开始就产生有效动应力和孔隙动水压力，引起土体产生剧烈的瞬时变形（图 4-2）。Menard 提出了类似太沙基的一维固结理论的模型，如图 4-3 所示，Menard 的动力固结模型主要有以下几个方面的特点。

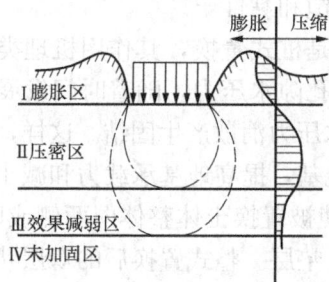

图 4-2 强夯过程土体的状态

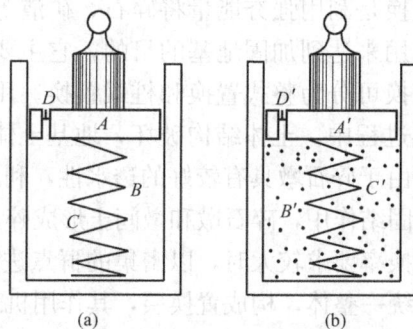

图 4-3 太沙基模型与动力固结模型对比图
（a）太沙基模型；（b）动力固结模型

（1）液体中有微气泡，其体积占土的体积的 1%～3%，所以孔隙水未排出时，土已有体积变化，据此推断，夯击瞬间有效动应力已产生。

（2）加压的活塞与刚性圆筒之间有摩擦力存在。用摩擦力模拟孔隙水中气泡被压缩或溶入水中后土的变形不能恢复。

（3）弹簧的弹性系数不是常量（非定比弹簧），以模拟饱和土的触变现象，受冲击后土粒表面吸附水变为自由水，且结构破坏、强度降低，但随着时间的延长而部分恢复。这说明弹簧（即土粒骨架）所承受的力是可变化的。

（4）活塞的排水孔径可变化，以模拟土的透水改变。当夯实产生的有效动应力（拉应力）大于土的强度（抗拉强度）时，该点出现裂隙（有的裂隙较快闭合），裂隙使夯点周围土体透水性增大，孔隙水易排出，而孔隙水压力则易消散。此外，有效动应力由于重复夯击而变大，使砂土、粉土在夯点附近局部液化。

（二）动力夯实

在巨大的夯击能量下所产生的冲击波和动应力在土中传播，使颗粒破碎或使颗粒产生瞬间剧烈相对运动，从而使孔隙中气体迅速排出或压缩，孔隙体积减小，形成较密实的结构。非饱和土的夯实过程就是土中的气体（空气）被挤出的过程，其夯实变形主要是由于土颗粒的相对位移引起的。陈东佐通过 X 光衍射和扫描电子显微镜试验，分析研究了湿陷性黄土的全矿物成分及其强夯前后主要物理学指标的变化规律后，提出黄土湿陷是包括架空孔隙的存在和胶结程度差等在内的各种内因和外因共同作用的结果。通过微观结构的研究发现，强夯所产生的冲击能打破了土颗粒间的连接，因而也就破坏了原来的土体结构，改变了土中各类孔隙的分布状态以及它们之间的相对含量，土颗粒由夯前的任意排列变成明显的定向排列，并且垂直剖面上土颗粒排列的定向性似乎更强些，形成片麻状构造，这反映垂直向的压缩变形大于水平向的挤压变形这一宏观现象的实质。进一步观察，可以看到垂直剖面上的一些粉粒和砂粒等较大的颗粒由于其刚性大，在强大夯击能的作用下，沿着这些大颗粒成环向排列，从而形成一个个漩涡状结构。几个漩涡状结构通过外层土粒连接起来，形成了马鞍状图形。土颗粒定向排列后，较夯前更为密实。随着土强度的恢复，处于更密实状态中的黏粒、胶粒和结晶盐胶结物由于粒间距离的缩小，更好地发挥了它们的胶结作用，其结果是提高了土体的抗变形能力和剪切强度。

（三）强夯置换

强夯置换是利用强夯能量将碎石、矿渣等物理力学性能较好的粗粒强制挤入地基，主要通过置换作用来达到加固地基的目的，它主要用于处理饱和黏性土。

强夯置换可分为整式置换和桩式置换。用得较多的是桩式置换，其作用机理类似于砂石桩。在置换过程中，土体结构破坏，地基土体中产生超孔隙水压力，随着时间发展土体强度恢复，同时由于碎石墩具有较好的透水性，利用超孔隙水压力消散产生固结。这样，通过置换挤密及排水固结作用，碎石墩和墩间土形成碎石墩复合地基，提高地基承载力和减小沉降。整式置换是置换率要求较大时，以密集的群点进行置换，使被置换土体整体向两侧或四周排出，置换体连成统一整体，构成置换层，其作用机理类似换土垫层。整式置换后的双层状地基，其变形和强度性状既取决于置换材料的性质又取决于置换层的厚度和下卧层的性质。

三、设计计算

（一）有效加固深度

有效加固深度既是选择地基处理方法的重要依据，又是反映处理效果的重要参数，Menard曾提出用下列公式估算有效加固深度

$$H \approx \sqrt{\frac{Mh}{10}} \tag{4-7}$$

式中 　*H*——有效加固深度，m；

　　　M——夯锤重，kN；

　　　h——落距，m。

目前，关于有效加固深度的定义，一般可理解为：经强夯加固后，强度提高，压缩模量增大，其加固效果显著的土层范围。实际上影响有效加固深度的因素很多，除单击夯击能外，还有地基土的性质、不同土层的厚度、埋藏顺序和地下水位等。因此，强夯的有效加固深度应根据现场试夯或当地经验确定。

我国常采用的是根据上述公式进行修正后的估算公式，即

$$H = \alpha\sqrt{Mh} \tag{4-8}$$

式中 　*α*——有效加固深度修正系数，*α* 值一般采用 0.4～0.7。

在缺少经验或试验资料时，《建筑地基处理技术规范》（JGJ 79—2002）建议按表 4-2 预估。

表 4-2　　　　　　　　　　　　　强夯法的有效加固深度　　　　　　　　　　　　　　　m

单击夯击能 （kN·m）	碎石、砂石等	粉土、黏性土、 湿陷性黄土等	单击夯击能 （kN·m）	碎石、砂石等	粉土、黏性土、 湿陷性黄土等
1000	5.0～6.0	4.0～5.0	4000	8.0～9.0	7.0～8.0
2000	6.0～7.0	5.0～6.0	5000	9.0～9.5	8.0～8.5
3000	7.0～8.0	6.0～7.0	6000	9.5～10.5	8.5～9.0

注　强夯法的有效加固深度从起夯面算起。

（二）强夯单位夯击能

单位夯击能是指在单位面积上所施加的总夯击能，它的大小应根据地基土的类别、结构类型、荷载大小和处理的深度等综合考虑，并通过现场试夯确定。对于粗粒土可取 1000～4000kN·m/m²；对细粒土可取 1500～5000kN·m/m²。夯锤底面积对砂类土一般为 3～4m²，对黏性土不宜小于 6m²。夯锤底面静压力值可取 24～40kPa。实践证明，圆形夯锤底并设置 250～300mm 的纵向贯通孔的夯锤，地基处理的效果较好。

（三）夯击次数

在夯击能作用下，地基土中出现的孔隙水压力达到土的自重压力，这样的夯击能称为最佳夯击能。在黏性土中，由于孔隙水压消散慢，当夯击能逐渐增大时，孔隙水压力相应的叠加，因此可根据孔隙压力的叠加值来确定最佳夯击能。在砂性土中，孔隙水压力增长及消散过程仅为几分钟，因此孔隙水压力不能随夯击能增加而叠加，可根据最大孔隙水压力增量与夯击次数关系来确定最佳夯击能。

夯点的夯击次数，可按现场试夯得到的夯击次数和夯沉量关系曲线确定，应同时满足下列条件：

（1）最后两击的平均夯沉量不宜大于下列数值：当单击夯击能小于 4000kN·m 时为 50mm，当单击夯击能为 4000～6000kN·m 时为 100mm，当单击夯击能大于 6000kN·m 时为 200mm。

（2）不因夯坑过深而发生起锤困难。

（3）夯坑周围地基不应发生过大的隆起。

也可参照夯坑周围土体隆起的情况予以确定，就是当夯坑的竖向压缩量最大，而周围土体的隆起最小时的夯击数，为该遍夯击次数。对于饱和细粒土，击数可根据孔隙水压力的增加和消散来决定，当被加固的土层将发生液化时，此时的击数即为该遍击数，以后各遍击数也可按此确定。

强夯置换的夯击次数应通过试夯确定，且应同时满足下列条件：

（1）墩底穿透软弱土层，且达到设计墩长。

（2）累计夯沉量为设计墩长的 1.5～2.0 倍。

（3）最后两击的平均夯沉量不大于强夯的规定值。

（四）夯击遍数

夯击遍数应根据地基土的性质确定，一般可采用 2～3 遍夯击，对于透水性弱的细颗粒土，必要时可适当增加遍数。最后要以低能量"搭夯"一遍，其目的是将松动的表层土夯实。

（五）间歇时间

间歇时间是指相邻夯击两遍之间的时间间隔。Menard 指出，一旦孔隙水压力消散，即可进行新的夯击作业。通过试验发现，对于软黏土，孔隙水压力的峰值出现在夯完后的瞬间，每遍的总夯击能越大，则孔隙水压力消散时间越长，因此，其间歇时间不能小于 4 周。我国学者提出，对透水性差的土，两遍之间的间歇时间一般为 1～4 周。对于砂性土，孔隙水压力峰值出现在夯完后的瞬间，消散只有 3～4min。因此，对于渗透性较大的砂性土，其间歇时间很短，即可以连续夯击。

（六）夯击点布置和夯点间距

夯击点的平面布置应考虑基础的结构类型与要求，为了使夯后地基比较均匀，对于较大面积的强夯处理，夯击点一般可按等边三角形或正方形布置夯击点，这样布置比较规整，也便于强夯施工。也可根据上部承重墙位置、柱网分布来布置夯击点，以提高夯击能的效率。因为基础的应力扩散作用，强夯处理范围应大于基础范围，其具体放大范围，一般按影响深度的 1/2～2/3，且大于 3m，由各边向外扩展。

夯点间距可根据加固的地基土性质和夯击的单击能量综合确定。一般按 5～9m 布置间距，同时下一遍夯点往往布置在上一遍夯点的中间，最后一遍的较低的夯击能，彼此重叠搭接进行夯击，以确保地表土的均匀性和较高的密实度。当土质差、软土层厚时，应适当增大夯点间距；当软土层较薄，又有砂类土夹层或土夹石填土等时，可适当减少夯距。

强夯置换墩间距：当满堂布置时，可取夯锤直径的 2～3 倍。对独立基础或条形基础，可取夯锤直径的 1.5～2.0 倍。墩的计算直径可取夯锤直径的 1.1～1.2 倍。

四、施工方法与质量检验

（一）施工步骤

正式施工前应进行强夯试验，埋设有关测试仪器，获取强夯参数，并提出施工工艺。总的来说，强夯施工要点如下。

1. 平整场地

预估强夯后可能产生的平均地面变形，以此确定地面高程，然后用推土机平整。

2. 铺设垫层

遇地表层为细黏土，且地下水位高的情况，有时需在表层铺 0.5～2m 左右厚的砂、砂砾或碎石。这样做的目的是在地表形成硬层，可以支撑起超重设备，确保机械通行、施工，另外，可加大地下水和表层的距离，防止夯击效率降低。

3. 夯点放线定位及测量高程

宜用石灰或打小木桩的方法标出夯点，并测量场地高程。

4. 强夯施工

强夯机就位，测量夯前锤顶高程，按规定夯击次数及控制标准，完成一遍夯击。场地推平，测量场地高程，按规定的间歇时间，完成全部夯击遍数，最后用低能量满夯，将场地表层松土夯实，并测量夯后场地高程。

5. 场地记录

强夯施工时应对每一夯点的夯击能量、夯击次数和每次夯沉量等做好详细的现场记录。

6. 安全措施

注意吊车、夯锤附近人员的安全，为防止飞石伤人，吊车驾驶室应加防护网。起锤后，人员应在 10m 以外并带好安全帽，严禁在吊臂前站立。

（二）质量检验

强夯施工结束后，应间隔一定时间方能对地基加固质量进行检验，对碎石土和砂土地基，间隔时间可取 7~14 天，对粉土和黏性土地基可取 14~28 天。强夯置换地基的间隔时间可取 28 天。

强夯处理后的地基竣工验收时，承载力检验应采用原位测试和室内土工试验。强夯置换后的地基竣工验收时，承载力检验除应采用单墩荷载试验检验外，尚应采用动力触探等有效手段查明置换墩着底情况及承载力与密度随深度的变化，对饱和粉土地基允许采用单墩复合地基荷载试验代替单墩荷载试验。

承载力检验的数量，应根据场地复杂程度和建筑物的重要性确定，对简单场地上的一般建筑物，每个建筑地基的荷载试验检验点不应少于 3 点；对复杂场地或重要建筑地基应增加检验点数。强夯置换地基荷载试验检验和置换墩着底情况检验数量均不应少于墩点数的 1%，且不应少于 3 点。

第四节 挤密法处理软土地基

挤密桩法是利用挤密或振动使深层土密实，并在挤密或振动过程中，回填素土、灰土、生石灰、砂、碎石等材料，形成挤密桩，与桩间土一起形成复合地基，从而提高地基承载力、减小沉降量，消除或部分消除土的湿陷性或液化性。

一、土（灰土）挤密桩法

（一）概述

土（灰土）挤密桩是利用横向挤压设备成孔，使桩间土得以挤密。用灰土填入桩孔内分层夯实形成灰土桩，并与桩间土组成复合地基的地基处理方法。

土桩和灰土桩挤密法适用于处理地下水位以上、深度 5~15m 的湿陷性黄土或人工填土（素填土或杂填土）地基。土桩主要适用于消除湿陷性黄土地基的湿陷性，灰土桩主要用于提高人工填土地基的承载力。当以消除地基的湿陷性为主要目的时，宜选用土桩；当以提高地基的承载力或水稳性为主要目的时，宜选用灰土桩。经土桩和灰土桩挤密法处理后的地基，持力层范围内土的变形减少，承载力可提高 1～2.5 倍，并可消除填土及湿陷性黄土的湿陷性。当地基土在地下水位以下或含水量超过 24%、饱和度大于 65% 时，不宜采用。

（二）加固机理

灰土桩复合地基可以提高地基承载力，其作用机理主要体现在桩体作用、挤密作用和灰土作用三个方面。

（1）桩体作用。在灰土桩复合地基中，由于灰土桩的变形模量远大于桩间土的变形模量，灰土的变形模量 E_h 可用式（4-9）计算

$$E_h = \frac{q_u}{\varepsilon_f}\left(1 + \sqrt{1 - \frac{\sigma}{q_u}}\right) \tag{4-9}$$

式中　σ——轴向应力，kPa；

　　　q_u——灰土的无侧限抗压强度，kPa；

　　　ε_f——灰土的破坏应变。

当荷载作用在复合地基上，由于灰土桩较大的变形模量，必然使得在桩顶产生应力集中现象，桩所分担的荷载大于桩间土所承担的荷载，从而体现了桩体作用。

（2）挤密作用。灰土桩挤压成桩时，桩孔位置原有的土体被强制侧向挤压，使桩周一定范围内的土体被挤密，其挤密范围约为 1.5～2 倍的桩径。

（3）灰土作用。灰土桩是用石灰和土按一定体积比例拌和，并在桩孔内夯实加密后形成的桩。土中掺入石灰后，产生离子交换和硬凝等反应，使土的强度显著提高，并且具有一定的水稳定性。在力学性能上，它能达到挤密地基的效果，提高地基承载力，消除湿陷性，减小沉降量。

（三）设计

1. 地基处理宽度

处理的效果与处理的宽度和厚度有关，土或灰土挤密桩处理地基宽度应大于基础宽度。局部处理时，对非自身湿陷性黄土、素填土、杂填土等地基，每边超出基础的宽度不应小于 0.25b（b 为基础短边宽度），最小值不应小于 0.5m；对自重湿陷性黄土地基不应小于 0.75b，最小值不应小于 1m，整片处理宜用于 Ⅲ、Ⅳ 级自重湿陷性黄土场地，每边超出建筑物外墙基础外缘的宽度不宜小于处理土层厚度的 1/2，最小限值不小于 2m。

2. 土（灰土）桩长度

桩的长度取决于加固的目的和上部结构的条件。若灰土桩加固只是为了形成一个压缩性较小的垫层，则桩长可较小，一般可取 2～4m；若加固目的是为了减少沉降，则就需要较长的桩。如果为了解决深层滑动问题，也需较长的桩，保证穿过滑动面。

3. 桩孔直径

当前我国采用的桩径一般为 300～600mm，如桩孔直径 d 设计过小，则相应桩数增加；如桩径 d 过大，则桩间土挤密不够，致使消除湿陷程度不够理想，且对成孔机械要求也高。具体桩径取决于成孔机管径。

4. 桩距及其布置

为消除黄土的湿陷性，桩间土挤密后平均压实系数 D_y 不得小于 0.93。通过室内击实试验或根据经验求得地基土的最大干重度 γ_{dmax}，挤密后桩间土的平均干重度 $\gamma_d = 0.93\gamma_{dmax}$。按

等边三角形排列桩孔间距可用下式计算

$$s = 0.95d \sqrt{\frac{\overline{\eta}_c \rho_{\mathrm{dmax}}}{\overline{\eta}_c \rho_{\mathrm{dmax}} - \overline{\rho}_d}} \qquad (4\text{-}10)$$

式中　s——桩孔中心间距，m；

$\quad\rho_{\mathrm{dmax}}$——桩间土挤密后达到的最大干密度，$t/m^3$；

$\quad\overline{\rho}_d$——地基处理前土的平均干密度，t/m^3；

$\quad d$——桩孔直径，m；

$\quad\overline{\eta}_c$——桩间土经成孔挤密后的平均挤密系数，对重要工程不宜小于 0.93，对一般工程不应小于 0.90。

桩间土的平均挤密系数 $\overline{\eta}_c$，应按下式计算

$$\eta_c = \frac{\overline{\rho}_{\mathrm{d1}}}{\rho_{\mathrm{dmax}}} \qquad (4\text{-}11)$$

式中　$\overline{\rho}_{\mathrm{d1}}$——在成孔挤密深度内，桩间土的平均干密度，$t/m^3$，平均试样数不应少于 6 组。

桩孔的数量可按下式估算

$$n = \frac{A}{A_e} \qquad (4\text{-}12)$$

式中　n——桩孔的数量；

$\quad A$——拟处理地基的面积，m^2；

$\quad A_e$——1 根土或灰土挤密桩所承担的处理地基的面积，即 $A_e = \frac{\pi d_e^2}{4}$，$m^2$；

$\quad d_e$——1 根桩分担的处理地基面积的等效圆直径，m。

桩孔按等边三角形布置 $d_e = 1.05s$；

桩孔按正方形布置 $d_e = 1.13s$。

若场地土的均匀性较差，土的含水量低于 14% 或高于 22%，宜通过现场成孔挤密试验调整桩孔设计间距。试验方法：以计算的桩距为基数增减 20% 作为试验的桩孔间距，成孔挤密后开挖测定桩间土的干密度。以平均压实系数 $\lambda_c \geqslant 0.90$ 确定设计的桩孔间距。平行试验不得少于两组。

5. 填料和压实系数

桩孔内的填料，应根据工程要求或处理地基的目的确定，并用压实系数 λ_c 控制夯实质量。当用素土回填夯实时，压实系数 λ_c 不应小于 0.96；当用灰土回填夯实时，压实系数 λ_c 不应小于 0.97，与灰土的体积配合比宜为 2：8 或 3：7。

6. 承载力

土（灰土）挤密桩处理地基的承载力特征值，应通过原位测试或现场经验确定。如挤密桩目的是为了消除地基的湿陷性，则还应该进行浸水实验。在自重湿陷性黄土地基上，浸水试坑直径或边长不应小于湿陷性黄土层的厚度，且不小于 10m。

试验时如果 $Q\text{-}S$ 曲线上无明显直线段，则土桩挤密地基按 $s/b = 0.01 \sim 0.015$，灰土挤密桩复合地基按 $s/b = 0.008$（b 为荷载板宽度）所对应的荷载作为处理地基的承载力特

征值。

对一般工程，可参照当地经验确定挤密地基土的承载力特征值。当缺乏经验时，对于土挤密桩复合地基，不应大于处理前的 1.4 倍，并不应大于 180kPa；对灰土挤密桩复合地基，不应大于处理前的两倍，并不应大于 250kPa。

（四）挤密桩法施工及机械设备

1. 成孔挤密

土（灰土）桩的施工，应按设计要求和现场条件选用沉管（振动或锤击）、冲击或爆扩等方法进行成孔，使土向孔的周围挤密。

（1）沉管法成孔。使用振动或锤击打桩机，将带有特制桩尖的钢制桩管打入土层中至设计深度，慢慢拔出桩管即成桩孔。其孔壁光滑规整，挤密效果和施工技术都比较容易控制和掌握，因此，沉管是最常用的成孔方法。但是，沉管法成孔的最大深度受到桩架高度的限制，一般为 7～8m。

选用的打桩机技术性能应与桩管直径、长度、重量及地基土特性等相适应。锤重不宜小于桩管重量的两倍。

（2）冲击法成孔。冲击法成孔是使用定型或简易冲击机，将锤头提升一定的高度后自由落下，反复冲击使土层成孔。成孔深度不受机架高度的限制，可达 20m 以上，孔径为 500～600mm。本法特别适用于处理自重湿陷性厚度较大的土层。

选用机型应与场地土条件和孔径设计直径相适应。

2. 桩孔回填夯实

回填夯实施工前，应进行回填实验，以确定每次合理的填料数量和夯击数。根据回填夯实质量标准确定检测方法达到的指标，如轻便触探的检定锤击数。

桩孔填料夯实机目前有两种：一种是偏心轮夹杆式夯实机，夯锤重 100～150kg，夯锤钢管一般长 6～8m，管径为 60～80mm，钢管与夯锤焊接成整体，钢管夹在一双同步反向偏心轮中间，由偏心轮转动时半轮瓦片夹带上升和半轮转空自由落锤的作用，往返循环，夯实填料。此机可用拖拉机或翻斗车改装，因此移动轻便，夯实速度快，可上、可下自动夯实，但必须严格控制每次填料量，否则难以保证夯实质量。另一种是采用电动卷扬机提升式夯实机。锤重可达 450kg，落距为 1～3m。夯击能量大，一次可填入较多的土料，夯实效果较好，但需人工操作。

回填桩孔用的夯锤，宜采用倒置抛物线形锥体或尖锥形，锤重不宜小于 100kg。夯锤最大直径应比桩孔直径小 100～160mm，使夯锤自由落下时将填料夯实。填料时每一锹料夯击一次或两次，夯击 25～30 次/min，长为 6m 的桩孔在 15～20min 内夯击完成。

3. 施工要求

（1）施工前在现场进行成孔、夯填工艺和挤密效果试验，以确定分层填料厚度、夯击次数和夯实后干密度等要求。

（2）成孔施工时，地基土宜接近最佳含水量，当含水量低于 12% 时，宜用水增湿至最佳含水量。

（3）桩孔中心点的偏差不应超过桩距设计值的 5%，且不大于 50mm。

（4）桩孔垂直度偏差应小于 1.5%。

（5）对沉管法，其桩孔直径误差为 ±50mm 和深度误差为 −100mm；对冲击法，桩孔直径的误差不得超过设计值的＋100mm，桩孔深度不应小于设计深度的 300mm。

（6）向孔内填料前，孔底必须夯实，夯击次数一般不少于 8 次，然后用素土或灰土在最佳含水量状态下分层回填夯实，每次回填厚度为 300～400mm。其压实系数应符合：用素土时不应小于 0.96；用灰土时不应小于 0.97。回填土料的质量应符合：①素土。土料中有机质含量不得超过 5%，也不得含有冻土和膨胀土；当含有碎石时，其粒径不得大于 50mm。②灰土。土料宜用黏性土及塑性指数大于 4 的粉土，不得含有松软杂质，并应过筛，其颗粒粒径不得大于 15mm。灰土宜用新鲜的生石灰，其块径不得大于 5cm，含石量不得大于 5%。因为生石灰块太大，桩的密度不好，生石灰遇水膨胀后会软化成牙膏状。生石灰粉面太多，会产生喷浆现象。粉煤灰必须晾干，且与生石灰一定要拌和均匀，否则将会影响其增强作用。

（7）成孔和回填夯实的施工顺序，应先外排后里排，同排内应间隔 1～2 孔进行，以免因振动挤压造成相邻孔缩孔或塌孔。对大型工程可采用分段施工。

（五）质量检验

对一般工程，主要应检查施工记录，检测全部处理深度内桩体和桩间土的干密度，并将其分别换算为平均压实系数 $\bar{\lambda}_c$ 和平均挤密系数 $\bar{\eta}_c$。对重要工程，还应测定全部处理深度内桩间土的压缩性和湿陷性。抽样检验的数量，对一般工程不应小于桩总数的 1%，对重要工程不应小于桩总数的 1.5%。灰土挤密桩和土挤密桩地基竣工验收时，承载力检验应采用复合地基荷载试验，检验数量不应少于桩总数的 0.5%，且每项单体工程不应少于 3 点。不合格处应采取加桩或其他补救措施。

二、碎（砂）石桩

（一）概述

砂桩、碎石桩和砂石桩总称为砂石桩，也称为散体材料桩，是指采用振动、冲击或水冲等方式在软弱地基中成孔后，再将砂或碎石挤压入已成的孔中，形成大直径的碎石或砂所构成的密实桩体。最初，砂桩适用于处理松散砂土地基。国内在利用砂桩处理砂土防止振动液化方面取得了不少成就，解决了大量实际工程问题。试验研究和工程实践证明，在松散砂土中也有使用振动逐步拔管法，成桩新工艺效果较好，有挤密作用也有振密作用。在软弱黏性土中也有使用实践。根据经验，在软弱黏性土地基中使用砂桩可以构成砂石桩复合地基，对它再进行加载预压，就可以显著提高地基强度，改善地基的整体稳定性，并减小地基沉降量。砂桩处理后的软弱黏性土地基，在荷载作用下仍会发生较大的沉降，如果不进行预压使较大的沉降预先完成，则难以满足建筑物对地基沉降的要求。因此，在饱和软黏性地基上，若主要不以变形控制的工程可采用砂石桩置换。

碎石桩和砂桩适用于挤密松散砂土、粉土、黏性土、素填土、杂填土等地基。对饱和黏土地基上对变形控制要求不严的工程，也可采用砂石桩置换处理。但是对于饱和软黏土，为了保证成桩质量，当不排水抗剪强度小于 20kPa 时，应当通过场地试验确定振冲碎石桩的适应性。砂石桩法对于处理可液化地基尤其有效。砂石桩用于无黏性土地基（如松散砂土、粉性土及杂填土）和非饱和黏性土地基，主要靠桩的挤密和施工中的振动作用使桩周围土的孔隙比减小，从而使地基土的承载力提高，压缩性降低，抗液化能力也得到提高。砂石桩用于饱和黏性土地基，主要靠桩的置换作用和排水作用提高地基土的承载力，加速土的固结速度。也就是说，对于前者，存在置换作用和桩间土挤密作用两种机理，而对于后者，主要是置换作用。

（二）加固机理

1. 无黏性土加固机理

砂石桩加固砂性土地基的主要目的是提高地基承载力、减小变形和增强抗液化性。主要有以下两方面的作用。

（1）挤密作用。采用冲击法或振动法往砂土中下沉桩管和一次拔管成桩时，由于桩管下沉对周围砂土产生很大的横向挤压力，桩管就将地基中同体积的砂挤向周围的砂层，使其孔隙比减小，密度增大，这就是挤密作用。有效挤密范围可达 3～4 倍桩径。这就是通常所谓的"挤密砂石桩"。振动拔起桩管对周围砂层产生振密作用，有效振密范围可达 6 倍桩径左右。振密作用比挤密作用更显著，其特点是砂桩周围一定距离内地面发生较大的下沉。采用这种成桩方法的砂石桩成为"振密砂石桩"。经过密实的地基与砂石桩组成复合地基。

（2）排水减压作用。碎（砂）石桩的渗透性较好，在地基中形成良好的竖向排水减压通道，可有效地消散和防止孔隙水压力增高及砂土产生液化，并可加速地基的排水固结。

2. 黏性土加固机理

对黏性土地基，碎（砂）石桩的作用不是使地基挤密，而是置换。碎（砂）石桩置换法是一种换土置换，即以一种性能良好的碎石替换不良地基土；排土法则是一种强制置换，它是通过成桩机械将不良地基土强制排开并置换，而对桩间土的挤密效果并不明显，在地基中形成具有密实度高和直径大的桩体，与原来的黏性土地基构成复合地基。因此，从碎（砂）石桩和土组成的复合地基角度来看，砂石桩处理饱和软黏土地基，主要有两个作用。

（1）置换作用。密实的砂石桩在软弱黏性土中取代了同体积的软弱黏性土（置换作用），形成"复合地基"，使承载力有所提高，地基沉降也变小。荷载试验和工程实践证明，砂桩复合地基承受外荷载时，发生压力向砂桩集中的现象，使桩周围土层承受的压力减小，沉降也相应减小，砂桩复合地基与天然的软弱黏性土地基相比，地基承载力增大率和沉降减小率都与置换率（1 根砂桩面积与 1 根砂桩承担的地基面积之比）成正比关系。根据日本经验，地基沉降减小率为 0.7～0.9；根据我国在淤泥质粉质黏土和淤泥质黏土中形成的砂桩复合地基上的荷载试验，在同等荷载作用下，其沉降可比天然地基减少 20%～30%。

（2）排水作用。在软弱黏性土地基中，砂桩可以像砂井一样起排水作用，从而加快地基的固结沉降速率。由于设置了砂石桩形成竖向良好排水通道，可加速孔隙水压力的消散，因此有减少地震液化可能性的功能。砂桩复合地基与天然地基荷载试验的对比表明，在荷载相同的条件下，前者的沉降稳定时间比后者短得多。以上海宝山钢铁总厂的对比试验为例，荷载板面积影响范围内为饱和的粉质黏土和淤泥质粉质黏土，受荷载约为 160kPa 时，砂桩复合地基沉降稳定时间为 69～70h，而天然地基为 190h，说明砂桩对促进地基固结沉降有十分显著的作用。

（三）设计计算

1. 一般设计原则

（1）加固范围。砂石桩处理范围应大于基底范围，处理宽度宜在基础外缘扩大 1～3 排桩。对可液化地基，在基础外缘扩大宽度不应小于可液化土层厚度的 1/2，并不应小于 5m。

（2）桩长。砂石桩桩长可根据工程要求和工程地质条件通过计算确定。

1）当松软土层厚度不大时，碎石桩桩长宜穿过松软土层。

2）当松软土层厚度较大时，对按稳定性控制的工程，碎石桩桩长应不小于最危险滑动面以下 2m 的深度；对按变形控制的工程，碎石桩桩长应满足处理后地基变形量不超过建筑物的地基变形允许值，并满足软弱下卧层承载力的要求。

3）对可液化的地基，碎石桩桩长应当在 15m（天然地基）以内，并穿透可液化地基。

4）砂石桩的单桩荷载试验表明，在桩顶 4 倍桩径范围内将发生侧向膨胀，因此桩长一般不宜小于 4m。

（3）桩径。砂石桩直径的大小取决于施工设备桩管的大小和地基土的条件。小直径桩管挤密质量较均匀，但施工效率低；大直径桩管需要较大的机械能力、工效高，过大的桩径使单根桩要承担的挤密面积较大，通过一个孔要填入的填料多，不易使桩周土挤密均匀。对于软黏土宜选用大直径桩管以减小对原地基的扰动程度，同时置换率较大可提高处理的效果。

采用 30kW 振冲器成桩时，对于饱和软黏土，成桩直径一般为 0.7～0.9m；对粉性土或砂土，成桩直径一般为 0.6～0.8m；采用沉管法成桩时，碎（砂）石桩的直径一般为 0.3～0.7m。

（4）材料。桩体材料可用碎石、卵石、角砾、圆砾、砾砂、粗砂、中砂或石屑等硬质材料，含泥量不得大于 5%。选用振冲法成桩时，填料粒径一般选用 20～50mm；沉管法成桩时，填料最大粒径不宜大于 50mm。

（5）垫层。砂石桩施工完毕后，应采用将基底标高下的松散层挖除或碾压密实等方法进行处理，并在基础底面铺设 0.3～0.5m 厚度的碎石垫层，垫层应分层铺设，用平板振动器振实。

2. 砂土加固的桩距计算

根据要求的孔隙比计算，见式（4-14）、式（4-15）。

按正三角形布置时

$$s = 0.95\xi d \sqrt{\frac{1+e_0}{e_0 - e_1}} \tag{4-13}$$

按正方形布置时

$$s = 0.89\xi d \sqrt{\frac{1+e_0}{e_0 - e_1}} \tag{4-14}$$

式中　s——砂石桩距，m；

　　　d——砂石桩直径，m；

　　　ξ——修正系数，当考虑振动下沉密实作用时，可取 1.1～1.2，不考虑振动下沉密实作用时，可取 1.0；

　　　e_0——地基处理前土的天然孔隙比；

　　　e_1——地基挤密后要求达到的孔隙比。

e_1 可按下式计算

$$e_1 = e_{max} - D_r(e_{max} - e_{min}) \tag{4-15}$$

式中　e_{max}——最松散状态下孔隙比；

　　　e_{min}——最密实状态下孔隙比；

　　　D_r——地基挤密后要求达到的相对密实度，一般取 0.70～0.85。

推导上述公式的根据和假定是：①根据挤密作用原理；②假定砂桩挤密范围内的土层体积挤密前后相等。但是，成桩后挤密范围内地面经常发生隆起或下沉现象，说明挤密范围内土层体积已发生变化，因此，计算结果有时偏大，有时偏小。

3. 软弱黏性土置换处理的桩距计算

按置换率计算。

（1）碎（砂）石桩复合地基承载力特征值，即

$$f_{\text{spk}} = m f_{\text{pk}} + (1 - m) f_{\text{sk}} \qquad (4\text{-}16)$$

$$m = \frac{d^2}{d_e^2} \qquad (4\text{-}17)$$

式中　f_{spk}——复合地基承载力特征值，kPa；

f_{pk}——处理后桩间土承载力特征值，宜按当地经验取值，如无经验时，可取天然地基承载力特征值，kPa；

m——面积置换率。

（2）砂桩直径为 d，则砂桩面积为

$$A_{\text{p}} = \frac{\pi}{4} d^2$$

（3）由置换率 $m = \dfrac{A_{\text{p}}}{A_{\text{e}}}$，可求得 1 根砂桩分担的地基处理面积为 $A_{\text{e}} = \dfrac{A_{\text{p}}}{m}$

（4）砂桩按正方形布置时，桩距为

$$s = \sqrt{A_{\text{e}}}$$

按等边三角形布置时，桩距为

$$s = 1.08\sqrt{A_{\text{e}}}$$

（四）质量检验

施工结束后，应间隔一定时间方能对地基加固质量进行检验，对饱和黏性土地基应待孔隙水压力消散后进行，间隔时间不宜少于 28 天；对粉土、砂土和杂填土地基不宜少于 7 天。

碎（砂）石桩的施工质量检验可采用单桩荷载试验，对桩体可采用动力触探试验检测，对桩间土可采用标准贯入、静力触探、动力触探或其他原位测试等方法进行检测。桩间土质量的检测位置应在等边三角形或正方形的中心，检测数量不应少于桩孔总数的 2%。碎（砂）石桩地基竣工验收时，承载力检验应采用复合地基荷载试验，检验数量不应少于桩总数的 0.5%，且每个单体建筑不应少于 3 点。

【例 4-1】　某场地经荷载试验得到的天然地基承载力特征值为 120kPa，设计要求处理后地基承载力特征值为 200kPa。拟采用挤密碎石桩复合地基。桩径采用 0.9m，正方形布置，桩中心距取 1.5m。在设置碎石桩过程中，根据经验该场地桩间土承载力可提高 20%。试求设计要求碎石桩承载力特征值。

解　正方形布桩 $d_e = 1.13s = 1.13 \times 1.5 = 1.7\text{m}$

$$m = \frac{d^2}{d_e^2} = \frac{0.9^2}{1.7^2} = 0.28$$

$$f_{\text{pk}} = \frac{f_{\text{spk}} - (1 - m) f_{\text{sk}}}{m} = \frac{200 - (1 - 0.28) \times 1.2 \times 120}{0.28} = 344$$

第五节　水泥粉煤灰碎石桩法

一、概述

水泥粉煤灰碎石桩（Cement Fly-ash Gravel）简称 CFG 桩，由水泥、粉煤灰、碎石、

石屑或砂等混合料，加水拌和形成高黏结强度桩，并由桩、桩间土和褥垫层一起组成复合地基的地基处理方法。与素混凝土桩的区别在于桩体材料的构成不同，而在其受力和变形特性方面没有任何区别。CFG 桩具有承载力提高幅度大、地基变形小等特点，并具有较大的适用范围，适用于处理黏性土、粉土、砂土和已自重固结的素填土等地基。对淤泥质土，应按地区经验或通过现场试验确定其适用性。

二、加固机理

CFG 桩加固软土地基，桩与桩间土一起通过褥垫层形成 CFG 桩复合地基，加固软弱地基主要有以下三种作用。

（一）桩体作用

由于 CFG 桩是由高黏结强度的材料组成，CFG 桩的刚度远大于周围地基土，在荷载作用下，沉降小于桩周土体，所以大部分荷载都集中到桩体上，出现应力集中现象，体现了桩体效应。

CFG 桩在饱和粉土和砂土中施工时，由于成桩的振动作用，会使土体内产生超静孔隙水压力，当上面还有弱透水层时，刚刚施工完的 CFG 桩是一个良好的排水通道，孔隙水将沿着桩体向上排出，直到 CFG 桩体结硬为止。这样的排水过程可延续几个小时。

（二）挤密作用

CFG 桩采用振动沉管设备成桩，仅振密作用就使地基土承载力提高 70～80kPa，即加固后桩间土承载力可达 120～130kPa。

（三）褥垫层的作用

由级配砂石、粗砂、碎石等散体材料组成的褥垫，在复合地基中有如下几种作用：

1. 保证桩、土共同承担荷载

褥垫层的设置为 CFG 桩复合地基在受荷后提供了桩上、下刺入的条件，即使桩端落在好土层上，至少可以提供上刺入条件，以保证桩间土始终参与工作。

2. 减少基础底面的应力集中

在桩顶对应的基础底面测得的应力 σ_{RP} 与桩间土对应的基础底面测得的应力 σ_{RS} 之比随褥垫层厚度变化。当褥垫层厚度大于 10cm 时，桩对基础底面产生的应力集中已显著降低。当褥垫层的厚度为 30cm 时，σ_{RP}/σ_{RS} 只有 1.23。

3. 褥垫厚度可以调整桩土荷载分担比

若用 $\delta = P_p / P_{总}$ 表示桩受的荷载占总荷载的百分比，由 6 桩复合地基测得的 δ 值随荷载水平和褥垫厚度的变化说明荷载一定时，褥垫越厚土承担的荷载越多。荷载水平越高，桩承担的荷载占总荷载的百分比越大。

4. 褥垫层厚度可以调整桩、土水平荷载分担比

当基础承受水平荷载时，不同褥垫厚度、桩顶水平位移 μ_p 和水平荷载 Q 的关系表明，褥垫厚度越大，桩顶水平位移越小，即桩顶受的水平荷载越小。试验表明，褥垫厚度不小于 10cm 时，桩体不会发生水平折断，也就是说桩在复合地基中不会失去工作能力。

5. 褥垫的合理厚度

对高黏结强度桩复合地基，褥垫厚度过小，桩对基础将产生很显著的应力集中，需要考虑桩对基础的冲切，势必造成基础加厚。如果基础承受水平荷载，可能造成复合地基桩发生断裂。

此外，若褥垫厚度过小，桩间土承载力不能充分发挥，必然增加桩的数量或桩长。

褥垫厚度大，桩间土的承载能力可以充分发挥，若褥垫厚度过大，会导致桩、土应力比接近或等于1。此时桩承担的荷载太小，实际上复合地基中桩的设置已失去了意义。这样设计的复合地基承载力不会比天然地基有较大的提高。

因此，褥垫厚度的合理性，既要保证桩在水平荷载作用下不会发生断裂，又要合理发挥桩和桩间土的承载能力。经大量工程实践和试验研究，褥垫厚度取 $150\sim300\text{mm}$ 为宜。

三、设计

1. 桩径

CFG 桩可只在基础范围内布置，桩径宜取 $350\sim600\text{mm}$。

2. 桩距

应根据设计要求的复合地基承载力、土性、施工工艺等确定，宜取 $3\sim5$ 倍桩径。

3. 桩长

桩长确定是通过预估的单桩承载力和相关的桩周摩阻力，以及桩端端阻力近似的确定桩长。其中，单桩承载力及复合地基承载力的计算方法如下。

CFG 桩复合地基承载力可用式（4-18）计算

$$f_{\text{spk}} = m\frac{R_{\text{a}}}{A_{\text{p}}} + \beta(1-m)f_{\text{sk}} \tag{4-18}$$

R_{a} 可按下列方法确定：当采用单桩荷载试验时，应将单桩竖向极限承载力除以安全系数 2；当无单桩荷载试验资料时，可按下式估算

$$R_{\text{a}} = \mu_{\text{p}}\sum_{i=1}^{n} q_{si}l_i + q_{\text{p}}A_{\text{p}} \tag{4-19}$$

式中　f_{spk}——复合地基承载力特征值，kPa；

m——面积置换率；

A_{p}——桩的断面面积，m^2；

f_{sk}——处理后桩间土承载力特征值，kPa，宜按当地经验取值，如无经验时，可取天然地基承载力特征值；

β——桩间土承载力折减系数，宜按当地经验取值，如无经验时可取 $0.75\sim0.95$，天然地基承载力较高时取大值；

R_{a}——单桩竖向承载力特征值；

μ_{p}——桩的周长，m；

q_{si}、q_{p}——桩周第 i 层土与土的极限侧阻力、桩端端阻力特征值，按桩基技术规范有关规定取值；

l_i——第 i 层土的土层厚度。

4. 沉降计算

一般情况 CFG 桩复合地基沉降由三部分组成。其一为加固深度范围内的压缩变形 S_1，其二为下卧层变形 S_2，其三为褥垫层变形 S_3。由于 S_3 数量很小可以忽略不计，则有

$$S = S_1 + S_2 \tag{4-20}$$

复合地基的分层与天然地基相同，各复合土层的压缩模量等于该层天然地基压缩模量的 ζ 倍。然后按分层总和法计算加固区和下卧层的变形，即

$$S = S_1 + S_2 = \psi_{\text{s}}\left(\sum_{i=1}^{n_1}\frac{\Delta P_i}{\zeta E_{si}}h_i + \sum_{i=n_1+1}^{n_2}\frac{\Delta P_i}{E_{si}}h_i\right) \tag{4-21}$$

式中　n_1——加固区分层数；

　　　n_2——总的分层数；

　　　ΔP_i——荷载 P_0 在第 i 层产生的平均附加应力；

　　　E_{si}——第 i 层土的压缩模量；

　　　h_i——第 i 层土分层厚度；

　　　ψ_s——变形计算经验系数；

　　　ζ——压缩模量提高系数，可按下式计算

$$\zeta = \frac{f_{spk}}{f_{ak}} \tag{4-22}$$

式中　f_{ak}——基础底面下天然地基承载力特征值，kPa。

变形计算经验系数 ψ_s 根据当地沉降观测资料及经验确定，也可按规范表格选用。

四、质量检验

水泥粉煤灰碎石桩地基竣工验收时，承载力检验应采用复合地基荷载试验。水泥粉煤灰碎石桩地基检验应在桩身强度满足试验荷载条件时，并宜在施工结束 28 天后进行。试验数量宜为总桩数的 0.5%～1%，且每个单体工程试验数量不应少于 3 点。应抽取不少于总桩数 10% 的桩进行低应变动力试验，检验桩身完整性。

第六节　排水固结法加固软土地基

一、概述

排水固结法是先在地基中设置砂井（袋装砂井或塑料排水带）等竖向排水体，然后利用建筑物本身重量分级逐渐加载；或在建筑物建造前在场地先行加载预压，使土体中的孔隙水排出，逐渐固结，地基发生沉降，同时强度逐步提高的方法。该法常用于解决软黏土地基的沉降和稳定问题，可使地基的沉降在加载预压期间基本完成或大部分完成，使建筑物在使用期间不致产生过大的沉降和沉降差。同时，可增加地基土的抗剪强度，从而提高地基的承载力和稳定性。

排水固结法的实施需依靠加压系统和排水系统两个主要部分配合完成。加压系统是为地基提供必要的固结压力而设置，它使地基土层产生附加压力而发生排水固结；排水系统则是为了改善地基原有的天然排水系统的边界条件，通过缩短排水距离，从而大大加速了地基土的排水固结进程。

排水固结法适用于处理各类淤泥、淤泥质土及冲填土等饱和黏性土。常见的具体方法有砂井堆载预压法、天然地基堆载预压法、真空预压法、降低地下水位等。下面仅介绍砂井堆载预压法。

二、砂井堆载预压法

（一）加固机理

利用砂井作为排水通道，在砂井顶部铺设砂垫层，砂垫层上部施加荷载使土中产生附加力，从而将水排出土体，软土得以固结，地基土强度增大。

（二）砂井布置

砂井在平面上一般布置成正方形或梅花型（也称为等边三角形）两种（见图 4-4），采

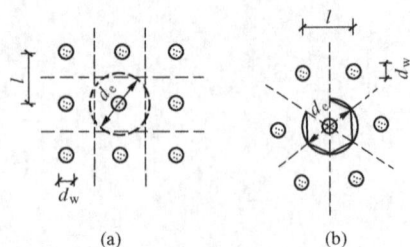

图 4-4　砂井的平面布置

（a）正方形平面布置；（b）梅花形平面布置

用等面积圆表示一个砂井的处理影响范围，则竖向排水井的影响圆直径 d_e 与排水井间距 l 的关系表示为：

正方形排列时

$$d_e = \sqrt{\frac{4}{\pi}} \times l = 1.13l \tag{4-23}$$

梅花形排列时

$$d_e = \sqrt{\frac{2\sqrt{3}}{\pi}} \times l = 1.05l \tag{4-24}$$

式中　d_e——砂井有效直径；

l——砂井间距。

（三）砂井的直径和间距

砂井间距主要可根据地基土的固结特性和预定时间内所要求达到的固结度确定。设计时，竖井的间距可按井径比 n 选用（$n = d_e / d_w$，d_w 为竖井直径）。砂井的间距可按 $n = 6 \sim 8$ 选用，袋装砂井的间距可按 $n = 15 \sim 22$ 选用。砂井直径可取 $300 \sim 500mm$，袋装砂井可取 $70 \sim 120mm$。

（四）砂井的深度

砂井的深度应根据建筑物对地基的稳定性、变形要求和工期确定。

对以地基抗滑稳定性控制的工程，竖井深度至少应超过最危险滑动面 $2.0m$。对以变形控制的建筑，竖井深度应根据在限定的预压时间内需完成的变形量确定。竖井宜穿过受压土层。

（五）砂井地基固结度的计算

固结度计算是砂井地基设计中的一个重要内容。通过固结度计算可推算地基强度的增长，确定适应地基强度增长的加荷计划，也可推算不同时期的沉降量，以及按设计要求调整砂井的布置等。

对于不设置竖向排水体，直接对天然地基加载预压的地基固结度，一般采用太沙基一维固结理论计算；而对于在地基内设置砂井等竖向排水体加载预压加固地基，则属三维固结问题。不同条件下固结度的计算公式如下。

（1）瞬时加荷条件下固结度计算。

1）瞬间加荷条件下砂井地基竖向排水平均固结度 $\bar{U}_v$（$\bar{U}_v > 30\%$ 时）

$$\bar{U}_v = 1 - \frac{8}{\pi^2} e^{-\frac{\pi^2}{4} T_v} \tag{4-25}$$

$$T_v = \frac{C_v t}{H^2} \tag{4-26}$$

式中　T_v——竖向固结时间因素；

t——固结时间，s；

H——土层竖向最大渗流距离，双向排水时 H 为土层厚度的一半，单面排水时 H 为土层厚度，m；

C_v——土的竖向固结系数，m^2/s。

2）瞬间加荷条件砂井地基径向排水平均固结度 $\bar{U}_r$

$$\bar{U}_r = 1 - e^{-\frac{8}{F_n}T_h} \tag{4-27}$$

$$T_h = \frac{C_h \times t}{d_e^2} \tag{4-28}$$

$$F_n = \frac{n^2}{n^2-1}\ln(n) - \frac{3n^2-1}{4n^2} \tag{4-29}$$

式中　T_h——径向固结时间因素；

　　　d_e——砂井有效直径，m；

　　　C_h——土的径向固结系数，m^2/s；

　　　F_n——与 n 有关的系数；

　　　n——井径比，$n = \dfrac{d_e}{d_w}$。

3）瞬间加荷条件下砂井地基的总固结度 $\bar{U}_{rv}$（$\bar{U}_{rv} > 30\%$时）

$$\bar{U}_{rv} = 1 - \frac{8}{\pi^2}e^{-\beta t} \tag{4-30}$$

$$\beta = \frac{8 \times C_h}{F_n \times d_e^2} + \frac{\pi^2 \times C_v}{4H^2}$$

由式（4-30）可得达到某一固结度所需的时间为

$$t = \frac{1}{\beta} \times \ln\frac{8}{1-\bar{U}_{rv}} \tag{4-31}$$

当砂井间距较密或软土层厚或 $C_h \gg C_v$ 时，竖向平均固结度 $\bar{U}_v$ 往往很小，常可忽略不计，此时可取 $\bar{U}_{rv} \approx \bar{U}_r$。

4）砂井未穿透整个受压土层平均固结度 $\bar{U}$

$$\bar{U} = Q\bar{U}_{rv} + (1-Q)\bar{U}_v \tag{4-32}$$

式中　Q——砂井打入深度与整个压缩层厚度之比。

不论是上述哪种条件下的固结度计算，都可以利用采用固结度的普遍表达式，所不同的在于 α 与 β 两参数的取值，见表 4-3。

表 4-3　　　　　　　　　　　　不同条件下平均固结度计算公式

普遍表达式	$\bar{U} = 1 - \alpha e^{-\beta t}$				说明
固结条件　　　　参数	竖向排水固结	内径向排水固结	竖向和向内径向排水固结（竖井穿透受压土层）	竖向和向内径向排水固结（竖井未穿透受压土层）	$F_n = \dfrac{n^2}{n^2-1}\ln(n) - \dfrac{3n^2-1}{4n^2}$ C_h— 土的径向排水固结系数； C_v— 土的竖向排水固结系数； H— 土的竖向排水距离； d_e— 每个砂井有效影响范围直径
α	$\dfrac{8}{\pi^2}$	1	$\dfrac{8}{\pi^2}$	$\dfrac{8}{\pi^2}Q$	
β	$\beta = \dfrac{\pi^2 \times C_v}{4H^2}$	$\beta = \dfrac{8 \times C_h}{F_n \times d_e^2}$	$\beta = \dfrac{8 \times C_h}{F_n \times d_e^2} + \dfrac{\pi^2 \times C_v}{4H^2}$	$\beta = \dfrac{8 \times C_h}{F_n \times d_e^2}$	

（2）多级等速加荷条件下地基平均固结度 $\bar{U}_t$。以上计算固结度的理论公式都是假设荷载是一次瞬时加足的，在实际工程中，为防止一次加载可能导致地基丧失稳定，排水固结法在实施过程中多采用分级等速间歇加载方式。当固结时间为 t 时，对应总荷载的地基平均固结度可按下式计算

$$\bar{U}_t = \sum_{i=1}^{n} \frac{\dot{p}_i}{\Sigma\Delta p} \left[(T_i - T_{i-1}) - \frac{\alpha}{\beta} e^{-\beta} (e^{\beta T_i} - e^{-\beta T_{i-1}}) \right] \tag{4-33}$$

式中　$\bar{U}_t$——t 时多级荷载等速加载修正后的平均固结度（%）；

　　　$\Sigma\Delta p$——各级荷载的累加值；

　　　$\dot{p}_i$——第 i 级荷载的加载速率；

　　　n——t 时刻对应的加荷次数；

　　T_{i-1}、T_i——第 i 级荷载加荷的起点和终点时间，当计算第 i 级等速加荷过程中时间 t 的固结度时，则 T_i 改为 $=t$；

　　　α、β——参数，见表 4-3。

（3）考虑井阻和涂抹作用的固结度计算。当排水竖井采用挤土方式施工时，应考虑涂抹对土体固结的影响。当竖井的纵向通水量与天然土层水平向渗透系数的比值较小，且长度又较长时，尚应考虑井阻影响。瞬间加载条件下，考虑涂抹和井阻作用时，竖井地基径向排水平均固结度可按下式计算

$$\bar{U}_r = 1 - e^{-\frac{8c_h}{Fd_e^2}t} \tag{4-34}$$

$$F = F_n + F_s + F_r \tag{4-35}$$

$$F_n = \ln(n) - \frac{3}{4} \quad (n \geqslant 15) \tag{4-36}$$

$$F_s = \left(\frac{k_h}{k_s} - 1 \right) \ln s \tag{4-37}$$

$$F_r = \frac{\pi^2 L^2}{4} \frac{k_h}{q_w} \tag{4-38}$$

式中　$\bar{U}_r$——固结时间 t 时竖井地基径向排水平均固结度；

　　　k_h——天然土层水平向渗透系数，cm/s；

　　　k_s——涂抹区土的水平向渗透系数，可取 $k_s = \left(\frac{1}{5} \sim \frac{1}{3} \right) k_h$，cm/s；

　　　s——涂抹区直径 d_s 与竖井直径 d_w 的比值，对中等灵敏黏性土取低值，对高等灵敏黏性土取高值；

　　　L——竖井深度，cm；

　　　q_w——竖井纵向通水量，为单位水力梯度下单位时间的排水量，对于砂井可利用下式计算

$$q_w = k_w \cdot \frac{\pi d_w^2}{4} \tag{4-39}$$

一级或多级等速加载条件下，考虑涂抹和井阻影响时，竖井穿透受压土层地基之平均固结度可按式（4-33）计算，其中 $\alpha = \frac{8}{\pi^2}, \beta = \frac{8 \times C_h}{F \times d_e^2} + \frac{\pi^2 \times C_v}{4H^2}$。

（六）地基土抗剪强度增长的预估

计算预压荷载下饱和黏性土地基中某点的抗剪强度时，应考虑土体原来的固结状态。对于正常固结黏性土地基，某点某一时间的抗剪强度可按下式计算

$$\tau_{ft} = \tau_{f0} + \Delta\sigma_z \cdot U_t \tan\varphi_{cu} \tag{4-40}$$

式中　τ_{ft}——t 时刻，该点土的抗剪强度，kPa；

　　　τ_{f0}——地基土的天然抗剪强度，kPa；

　　　$\Delta\sigma_z$——预压荷载引起的该点的附加竖向应力，kPa；

　　　U_t——该点土的固结度；

　　　φ_{cu}——三轴固结不排水压缩试验求得的土的内摩擦角，°。

（七）预压荷载的大小、分布及加荷速率

预压荷载的大小根据设计要求确定，一般宜接近设计荷载，必要时可超出设计荷载 10%～20%（超载预压，用于对沉降有严格限制的地基）。预压荷载的分布应与建筑物设计荷载的分布大致相同。

在施加预压荷载的过程中，需采取分级加荷，并采用严格控制加荷速率的方法进行，目的是使之与地基的强度增加相适应，避免地基失稳破坏。通常待地基在前一级荷载作用下达到一定固结度后（通常取 70%）再施加下一级荷载。特别在加荷后期，更须严格控制加荷速率。加荷速率可通过理论计算确定，但在实践中，常通过现场原位测试来控制。一般情况下，荷重小于 60kPa 时，加荷速率可不受限制。

（八）施工及质量检验

根据成孔工艺不同，砂井施工方法有沉管法、水冲成孔法和螺旋钻孔法，每种方法各有利弊，应根据实际情况选择使用。以满足砂井质量为首要标准，即砂井长度、直径和间距等需符合设计要求，且施工位置准确，垂直度高，并应保证砂井的连续和密实，尽量避免砂井缩颈和挤土涂抹效应（沉管法易产生此效应）等影响排水效果的现象发生。

堆载预压的材料一般为散料，如土、石料、砖等。大面积施工时常采用自卸车与推土机联合作业。堆载预压施工的关键在于严格控制加载速率，保证在各级荷载下地基的稳定性，同时还要避免堆载不均而引起的地基局部破坏。

预压后的地基进行十字板抗剪强度实验及室内土工实验等，以检验处理效果。以稳定性控制的重要工程，应在预压区选择有代表性的点预留孔位进行上述试验，验算地基的抗滑稳定性。

【例 4-2】 饱和软黏土层厚度为 16m，其下卧层为砂层。砂井穿透该土层，进入下卧砂土层。砂井直径 $d_w = 40\text{cm}$，平面布置为等边三角形，间距 $s = 3.0\text{m}$。地基土的垂直向固结系数 $C_v = 1.5 \times 10^{-3}\text{cm}^2/\text{s}$，水平向固结系数 $C_r = 2.94 \times 10^{-3}\text{cm}^2/\text{s}$。求在均匀荷载下，预压 3 个月后的固结度。

解　（1）竖向固结度 $\bar{U}_v$ 计算。

因为是双面排水，垂直向最大渗径 $H = 800\text{cm}$，即

$$T_v = \frac{C_v t}{H^2} = \frac{1.5 \times 10^{-3}}{800^2} \times 3 \times 30 \times 86\ 400 = 0.018$$

竖向固结度为

$$\bar{U}_{\mathrm{v}} = 1 - \frac{8}{\pi^2}\mathrm{e}^{-\frac{\pi}{4}T_{\mathrm{v}}} = 20.0\%$$

（2）径向固结度 $\bar{U}_{\mathrm{r}}$ 计算。

因为砂井的平面布置为等边三角形，所以 $d_{\mathrm{e}} = 1.05 \times 300 = 315\mathrm{cm}$ ，即

$$n = \frac{d_{\mathrm{e}}}{d_{\mathrm{w}}} = \frac{315}{30} = 10.5$$

$$F_n = \frac{n^2}{n^2-1}\ln(n) - \frac{3n^2-1}{4n^2} = 1.63$$

$$T_{\mathrm{h}} = \frac{C_{\mathrm{h}} \times t}{d_{\mathrm{e}}^2} = 0.231$$

$$\bar{U}_{\mathrm{r}} = 1 - \mathrm{e}^{-\frac{8}{F_n}T_{\mathrm{h}}} = 1 - \mathrm{e}^{-\frac{8 \times 0.231}{1.63}} = 67.8\%$$

砂井预压法处理该地基的平均固结度为

$$U = 1 - (1-\bar{U}_{\mathrm{v}})(1-\bar{U}_{\mathrm{r}}) = 74.2\%$$

由［例 4-2］可以看出，采用砂井后固结度提高幅度很大，可以达到加快地基排水固结的效果。

第七节　化学加固法处理软土地基

化学固化法是在软土地基土中掺入水泥、石灰等，用喷射、搅拌等方法使土体充分混合固化；或把一些能固化的化学浆液（水泥浆、水玻璃、氯化钙溶液等）注入地基土孔隙，以改善地基土的物理力学性质，达到加固目的。按加固材料的状态可分为粉体类（水泥、石灰粉末）和浆液类（水泥浆及其他化学浆液）。按施工工艺可分为低压搅拌法、高压喷射注浆法和灌浆法三类，下面分别予以介绍。

一、粉体喷射搅拌（桩）法和水泥浆搅拌（桩）法

搅拌法是用于加固饱和软黏土地基的一种新方法。固化剂主要采用水泥、石灰等材料，它是通过深层搅拌机械对原位软土进行强制搅拌，利用固化剂与软土之间所产生的一系列物理化学反应，在土中形成竖向加固体，使软土固化成具有整体性、水稳性和一定强度的桩体，与桩间土组成复合地基。它对提高软土地基承载力，减小地基的沉降量有明显效果。

当采用浆液固化剂时，常称为水泥浆搅拌桩法；当采用粉状固化剂时，常称粉体喷射搅拌（桩）法。这两者的加固原理、设计计算方法和质量检验方法基本一致，但施工工艺有所不同。

（一）粉体喷射搅拌法（粉喷桩法）

粉体喷射搅拌法是通过专用的施工机械，将搅拌钻头下沉到预计孔底后，用压缩空气将固化剂（生石灰或水泥粉体材料）以雾状喷入加固部分的地基土中，凭借钻头和叶片旋转使粉体加固材料与软土原位搅拌混合，自下而上边搅拌边喷粉，直到设计停灰标高。为保证质量，可再次将搅拌头下沉至孔底，重复搅拌。

粉体喷射搅拌法的优点是以粉体作为主要加固材料，不需向地基注入水分，因此加固后地基土初期强度高，可以根据不同土的特性、含水量、设计要求合理选择加固材料及配合比，对于含水量较大的软土，加固效果更为显著；施工时不需高压设备，安全可靠，如严格遵守操作规程，可避免对周围环境产生污染、振动等不良影响。缺点是由于目前施工工艺的

限制，加固深度不能过深，一般为 8～15m。

粉体喷射搅拌法的加固机理因加固材料的不同而稍有不同，当采用石灰粉体喷搅加固软黏土，其原理与公路常用的石灰加固土基本相同。石灰与软土主要发生如下作用：石灰的吸水、发热、膨胀作用，离子交换作用，碳酸化作用（化学胶结反应），火山灰作用（化学凝胶作用）及结晶作用。这些作用使土体中水分降低，土颗粒凝聚而形成较大团粒，同时土体化学反应生成复合的水化物（$4CaO \cdot Al_2O_3 \cdot 13H_2O$ 和 $2CaO \cdot Al_2O_3 \cdot SiO_2 \cdot 6H_2O$ 等），在水中逐渐硬化，而与土颗粒黏结在一起从而提高了地基土的物理力学性质。当采用水泥作为固化剂材料时，其加固软黏土的原理是在加固过程中发生水泥的水解和水化反应（水泥水化成氢氧化钙、含水硅酸钙、含水铝酸钙及含水铁铝酸钙等化合物，在水中和空气中逐渐硬化）、黏土颗粒与水泥水化物的相互作用（水泥水化生成钙离子与土粒中的钠、钾离子交换，使土粒形成较大团粒的硬凝反应）和碳酸化作用（水泥水化物中游离的氢氧化钙吸收二氧化碳生成不溶于水的碳酸钙）三个过程。这些反应使土颗粒形成凝胶体和较大颗粒，颗粒间形成蜂窝状结构，生成稳定的不溶于水的结晶化合物，从而提高软土强度。

石灰、水泥粉体加固形成的桩柱的力学性质变形幅度相差较大，主要取决于软土特性、掺加料种类、质量、用量、施工条件及养护方法等。石灰用量一般为土重的 6%～15%，软土含水量以接近液限时效果较好，水泥掺入量一般为干土重 5% 以上（7%～15%）。粉体喷射搅拌法形成的粉喷桩直径为 50～100cm。石灰粉体形成的加固桩柱体抗压强度可达 800kPa，压缩模量 20～30MPa，水泥粉体形成的桩柱抗压强度可达 5000kPa，压缩模量 100MPa 左右，地基承载力一般提高 2～3 倍，减少沉降量 1/3～2/3。粉体喷射搅拌桩施工作业顺序如图 4-5 所示。

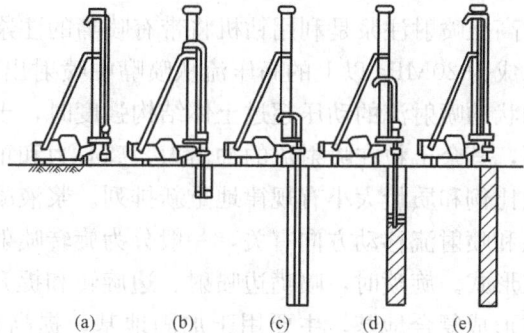

图 4-5　粉体喷射搅拌施工作业顺序
(a) 搅拌机对准桩位；(b) 下钻；(c) 钻进结束；
(d) 提升喷射搅拌；(e) 提升结束

施工结束后，对加固的地基应作质量检验，包括标准贯入试验、荷载试验等。桩柱体的强度、压缩模量、搅拌的均匀性以及尺寸均应符合设计要求。

我国粉体材料资源丰富，粉体喷射搅拌法常用于公路、铁路、水利、市政、港口等工程软土地基的加固，较多用于边坡稳定及筑成地下连续墙或深基坑支护结构。被加固软土中有机质含量不应过多，否则效果不大。

（二）水泥浆搅拌法（深层搅桩法）

水泥浆搅拌法是用回转的搅拌叶将压入软土内的水泥浆与周围软土强制拌和形成水泥加固体。搅拌机由电动机、中心管、输浆管、搅拌轴和搅拌头组成，并有灰浆搅拌机、灰浆泵等配套设备。我国生产的搅拌机现有单搅头和双搅头两种，加固深度达 30m，形成的桩柱体直径为 60～80cm（双搅头形成 8 字形桩柱体）。

水泥浆搅拌法加固原理基本和水泥粉搅拌桩、粉体喷射搅拌桩相同，与粉体喷射搅拌法相比有其独特的优点：①加固深度加深；②由于将固化剂和原地基软土就地搅拌，因而最大限度利用了原土；③搅拌时不会侧向挤土，环境效应较小。

施工顺序大致为：在深层搅拌机起吊就位后，搅拌机先沿导向架切土下沉；下沉到设计深度后开启灰浆泵将制备好的水泥浆压入地基；边喷边旋转搅拌头并按设计确定提升速度，进行提升、喷浆、搅拌作业，使软土与水泥浆搅拌均匀，提升到上面设计标高后再次控制速度将搅拌头搅拌下沉，到设计加固深度再搅拌提升到地面。为控制加固体的均匀性和加固质量，施工时应严格控制搅拌头的提升速度，并保证喷压阶段不会出现断桩现象。

加固形成桩柱体强度与加固时所用水泥强度等级、用量、被加固土含水量等有密切关系，应在施工前通过现场试验取得有关数据，一般用 3.25 级水泥，水泥用量为加固土干重度的 2%～15%，三个月龄期试块变形模量可达 75MPa 以上，抗压强度 1500～3000kPa 以上（加固软土含水量 40%～100%）。按复合地基设计计算加固软土地基可提高承载力 2～3 倍以上，沉降量减少，稳定性也明显提高，而且施工方便，是目前公路、铁路厚层软土地基加固常用技术措施的一种，也用于深基坑支护结构，港口、码头护岸等。由于水泥浆与原地基软土搅拌结合对周围建筑物影响很小，施工无振动噪声，对环境无污染，更适用于市政工程，但不适用于含有树根、石块等的软土层。

二、高压喷射注浆法

（一）高压喷射注浆法的类别、特点及适用范围

高压喷射注浆是利用钻机将带有喷嘴的注浆管钻至预定土层深度，通过高压设备使浆液或水成为 20MPa 以上的高压流从喷嘴中喷射出来，冲击破坏土体。当能量大，速度快和呈脉动状的喷射流的动压超过土体结构强度时，土粒被切开，一部分细小的土粒随着浆液冒出水面，其余土粒在喷射流的冲击力、离心力和重力等作用下，与浆液搅拌混合，并按一定的浆土比例和质量大小有规律地重新排列。浆液凝固后，便在土中形成一个固结体。固结体的形状和喷射流移动方向有关，一般分为旋转喷射（简称旋喷）和定向喷射（简称定喷）两种注浆形式。旋喷时，喷嘴边喷射、边旋转和提升，固结体呈圆柱状，形成旋喷柱体，与周围土体形成复合地基，主要用于加固地基，提高地基的复合抗剪强度、改善土的复合变形性质，也可以组成闭合帷幕，起到隔水的作用。

1. 类别

高压喷射注浆法可按喷射流移动方式、注浆管类型和置换程度分类，见表 4-4。

表 4-4　　　　　　　　　　　　　　高压喷射注浆法分类

分类依据	类　别	主　要　特　点
喷射流的移动方式	旋转喷射	喷射时喷嘴边提升边旋转，固结体呈圆柱状
	定向喷射	喷射时喷嘴只提升，不旋转或仅做微摆，固结体呈板壁状
注浆管的类型	单管法	用单层注浆管，只喷射浆液
	二重管法	用双层注浆管，喷射浆、气同轴射流
	三重管法	用三层注浆管，喷射水、气同轴射流，同时注入浆液
	多重管法	用多重注浆管，喷射超高压水射流，被冲下的土全部抽出地面再用其他材料充填
置换的程度	半置换法	被冲下的土部分排出地表，余下的和浆液搅拌混合凝固
	全置换法	被冲下的土全部排出地面，形成的空间用其他材料充填

2. 主要特点

（1）适用地层较广。目前，主要用于松散、软弱土层，如第四纪的冲（洪）积层、残积层、淤泥和人工填土等。在 $N<15$ 的砂类土、$N<10$ 的黏性土、粉土和黄土中易取得较好的效果。但坚硬土层，含大砾（块石）或砾（块）石量多的土层及含大量纤维质的腐殖土，处理效果变差，有时可能不如静压注浆；在有地下水径流的地层、永久冻土层和无填充物的岩溶地段，不宜采用。

（2）适用于新建工程、在建工程及加固工程。可以不损坏建筑物的上部结构，能在狭窄和较低矮的现场贴近建筑物施工，有时甚至可不影响运营使用。

（3）设备较轻便，机动性强；改变固结体形状和倾角比较方便；施工中振动小、噪声小、成本低。

3. 应用范围

（1）形成复合地基，增加地基复合强度。提高复合地基承载力，减少土体压缩变形。

（2）挡土围堰及地下工程建设。保护邻近建（构）筑物，防止基坑底部隆起，地下管道、涵洞坑道、隧道的护拱。

（3）增大土的摩擦力及黏聚力。防止小型塌方滑坡，锚固基础。

（4）减少设备基础振动，防止砂土液化。

（5）降低土的含水量。整治路基翻浆，防止地基冻胀。

（6）防渗帷幕。堤坝基防渗，地下井巷帷幕，防止管道漏气，地下连续墙补缺，防止涌砂冒水，基坑防渗帷幕，支护排桩间隙防渗。

（7）防止桥涵、河堤及水工建筑物被水冲刷。

（二）高压喷射加固地基原理

由于高压喷射流是高能高速集中和连续作用于土体上，压应力和冲蚀等多种因素总是同时密集在压应力区域内发生效应，因此，喷射流具有冲击切割破坏土体并使浆液与土搅拌混合的功能，所以有时也将高压旋喷桩称为搅拌法之一。

单管喷射注浆使用浆液作为喷射流；二重管喷射注浆也以浆液作为喷射流，但在其外周裹着一圈空气流成为复合喷射流；三重管喷射法注浆，以水气为复合喷射流并注浆填充；多重管喷射注浆的高压水射流把土冲空以浆液填充。上述四者使用的浆液都随时间逐渐凝固硬化。

固结体的形状与喷嘴移动的方向和持续喷射的时间有密切的关系。当喷嘴一边旋转一边提升，便形成圆柱状或异型圆柱状固结体，当喷嘴边喷射边提升不旋转，便形成壁状固结体。

定喷时，高压喷射灌浆的喷嘴不旋转只作水平的固定方向喷射，并逐渐向上提升，便在土中冲成一条沟槽，并把浆液灌进槽中，从土体上冲落下来的土粒，一部分随着水流与气流被带出地面，其余的颗粒与浆液搅拌混合，最后形成一个板状固结体。固结体在砂质土中有一部分渗透层。

三、灌浆法

（一）概述

灌浆法是用高压气体、液体或电化学原理，将某些能固化的浆液注入各种介质的裂缝或孔隙，使之在裂缝孔隙中固化，以改善介质的物理力学性质。当将浆液注入地基土中或岩土缝隙时，它将改善岩土体的物理力学性质，使地基岩土体的强度得到提高，或者渗透性发生改变。

1. 灌浆的主要目的

(1) 防渗，堵漏，降低岩土的渗透性，减少渗流量，提高抗渗能力，降低孔隙压力，截断渗透水流。

(2) 加固，提高岩土的力学强度和变形模量，恢复混凝土结构的整体性及完整性。

(3) 建筑物的纠倾、加固、补强、预压，使已发生不均匀沉降的建筑物恢复使用功能。

2. 应用范围及使用土类

(1) 灌浆法应用范围包括以下几类：

1) 水利工程坝基：砂基、砂砾石地基、喀斯特溶洞及断层软弱夹层等。

2) 建筑工程房基：一般地基及震动基础等，包括对已有建筑物的修补。

3) 交通工程：道路和桥梁基础，公路、铁路和飞机场跑道等。

4) 地下建筑：输水隧洞、地下铁道和地下厂房等。

(2) 适用的土类有以下几种：

1) 砂土、砾石、碎卵石类土、粉土。

2) 破碎岩石、断裂带、岩熔地区。

3) 软土、杂填土及可灌的黏性土。

4) 湿陷性黄土。

(二) 常用灌浆法的分类

1. 渗入性灌浆

在灌浆压力作用下，浆液克服各种阻力，渗入地层中的孔隙或裂缝中，地基土层结构基本不受扰动和破坏。渗入性灌溉适用于存在孔隙或裂缝的地基土层，如砂土地基等。对颗粒型浆液，其颗粒尺寸必须能通过孔隙或裂缝，因而存在可灌性问题，可灌性用可灌性比值 N 值表示，对砂砾石地基有

$$N = \frac{D_{15}}{d_{85}} \leqslant 10 \sim 15 \tag{4-41}$$

式中　　D_{15}——砂砾石中含量为 15% 的颗粒粒径；

d_{85}——灌浆材料中含量为 85% 的颗粒粒径。

也可用渗透系数 K 来间接评价，当 $K > (2\sim3) \times 10^{-1}\,\mathrm{cm/s}$ 时，可用水泥浆液，当 $K > (5\sim6) \times 10^{-2}\,\mathrm{cm/s}$ 时，可用水泥黏土浆。

另外，浆液的黏度对渗入性灌浆影响较大。黏度越大，其流动阻力也越大。因此，需要较高的压力以克服其流动阻力，而且只能灌注较大孔隙尺寸。除丙凝等少数浆液外，多数浆液的黏度随时间而增加，在灌浆的过程中应予重视。

在渗入性灌浆中，影响浆液扩散范围的因素有地基土层的渗透系数（或裂隙和孔隙尺寸）、浆液的黏度、灌浆压力、灌注时间等。各国学者对灌浆浆液扩散范围提出许多计算理论，如球形扩散理论、柱形扩散理论和油阀管法理论等。上述理论对天然地层都作了一些简化，而天然地层情况往往较复杂，故在工程上一般还是以现场灌浆试验确定灌浆压力、灌浆时间和浆液扩散范围的关系，并从技术和经济方面综合分析，作出灌浆设计。

2. 劈裂灌浆

依靠较高的灌浆压力，使浆液能克服地基中初始应力和土体抗拉强度，使土体沿垂直于

小主应力的平面或土体强度最弱的平面上发生劈裂，使渗入性灌浆不可灌的土体可顺利灌浆，增大浆液扩散范围，达到地基处理目的。

对岩石地基，目前常用的灌浆压力尚不能使新鲜岩体产生劈裂，主要是使原有隐裂隙或细裂缝产生扩张。

对于砂砾石地基，其透水性较大，浆液掺入将引起超静水压力，到一定程度后将引起砂砾石层的剪切破坏，土体产生劈裂。

对黏性土地基，在具有较高灌浆压力的浆液作用下，土体可能沿垂直于小主应力的平面产生劈裂，浆液沿劈裂面扩散，并使里劈裂面延伸。在荷载作用下地基中各点小主应力方向是变化的，因而应力水平不同，在劈裂灌浆中，劈裂缝的发展走向较难估计。

3. 压密灌浆

在地基中灌入较浓的浆液，浆液迫使注浆点附近土体压密而形成浆泡。开始灌浆压力基本上沿径向扩散，随着浆泡的扩大，灌浆压力增大，便会发生较大的上抬力。压密灌浆形成的上抬力能使地面上抬，使下沉的建筑物回升。压密灌浆是用浓浆置换和挤密土体的过程。

压密灌浆常用于砂土地基，黏土地基中若有较好的排水条件也可采用压密灌浆。

压密灌浆形成的浆泡形状与土的物理力学性质、地基土的均匀性、灌浆压力、灌浆速率等有关。浆泡形状在均质地基中常为球形或圆柱形，浆泡横截面直径可达 1.0m 或更大。离浆泡界面 0.3～2.0m 以内土体能受到明显的挤密。

4. 电动化学灌浆

在地基中插入金属电极并通以直流电，在电场作用下，土中水会从阳极向阴极流动，这种现象称为电渗。借助于电渗作用，在黏土地基中即使不采用灌浆压力，也能靠支流电将浆液（如水玻璃溶液或氯化钙溶液）注入土体中，或者将浆液依靠灌浆压力注入电渗区，通过电渗使浆液扩散均匀，以提高灌浆效果。

5. 碱液加固法

应用氢氧化钠溶液加固湿陷性黄土地基的基本原理是当氢氧化钠溶液灌入黄土中，首先与土中可溶性及交换性碱土金属阳离子发生置换反应，逐步在土粒外壳形成一层主要成分为钠的硅酸盐及铝酸盐的胶膜，当土粒周围有充分的钙离子存在时，能使所产生的胶结物成为强度高和极难溶解的钙—碱—硅络合物，使土粒相互牢固地黏结在一起，土体因而得到加固。

上述反应是在固—液相间进行，在常温下反应速率较慢，提高温度则能加快反应的进程。若土中钙、镁离子含量较少时，可采用双液法，即在灌完氢氧化钠溶液后，再灌入氧化钙溶液，从而产生加固土所需的氢氧化钙与水硬性胶合物。

（三）灌浆设计要求

1. 灌浆设计程序

（1）查明场地工程性质水文地质情况。

（2）结合工程的性质、结构特点、灌浆的目标要求、环境因素等进行方案的选择。

（3）选定的方案通过现场试验，验证方案的可行性，确定灌浆的技术参数及施工工艺。

（4）根据现场试验结果进行施工设计，并提出施工技术措施及观测、记录要求，以便施工过程中进行必要的调整。

2. 灌浆设计内容

（1）确定注浆的工艺方法，即应明确采用的是压实注浆、劈裂灌浆还是渗入灌浆等。

（2）确定灌浆的材料及配方。

（3）进行灌浆孔的平面、立面设计。

（4）明确灌浆的压力及流量。

（5）标明检验效果的手段及标准。

3. 注浆法的施工特点

（1）注浆施工应有施工组织设计及技术措施。

（2）注浆应进行室内配比试验及现场注浆试验。

（3）浆量及压力应做好记录，有条件应设置自动记录。

（4）花管注浆应注意花管的移动与注浆压力、浆量的关系，确保浆液的流通。

（5）压实注浆应保证封闭泥浆凝固后方可进行。

（6）应通过注浆的顺序、速度、压力、位置的调整，保证注浆的均匀性。

第八节　土工合成材料加筋法

一、土工合成材料简介

土工合成材料是以人工合成的聚化物为原料制成各种类型产品，称为土工织物，又称土工聚合物，是土工用合成纤维材料的总称。具有强度高、弹性好、耐磨、耐化学腐蚀、滤水、不霉烂、不缩水、不怕虫蛀等良好性能。可置于岩土或其他工程结构内部、表面或各结构层之间，具有过滤、防渗、隔离、排水、加筋和防护等多种功能，发挥加强、保护岩土或其他结构功能的一种新型岩土工程材料。土工聚合物在铁路、水利、城建、公路、林业、国防等领域应用广泛。

二、土工合成材料的分类

土工合成材料品种多，选用基材材料复杂，制造方式也千差万别，如基材材料种类、制造方法、组成形式或作用等，很难从某一角度给土工合成材料下一确切定义和进行分类。按目前的普遍认识和习惯名称解释，土工合成材料可分为土工织物、合成型材料和复合型土工合成材料。其中土工织物又可分为，有纺型和无纺型两大类；合成型包括一些新材料，按不同产品大致有：土工膜、土工格栅、土工网格、土工垫、土工板和土工棒等；复合型是指两种或两种以上材料复合而成的。例如，复合土工膜、排水板和土工垫块等。

三、土工合成材料的功能

土工合成材料的功能是多方面的，在工程上主要应用排水、加筋、隔离、防护防渗、过滤五种基本功能。

（一）加筋功能

土工合成材料埋在土体中，可以充当抗拉元件，用来扩散和承受土体的应力，增加地基的承载能力，提高土体及有关构造的稳定性。

（二）隔离功能

土工合成材料可以把不同粒径的土隔开，或把土与砂、石料、混凝土块、混凝土板、地基或其他构造物隔离开来，以免相互混杂，失去各种材料和结构的完整性，或发生土粒流失现象。

（三）防护与防渗功能

土工合成材料可以对土体或水面起到防护作用，增加路堤、路堑边坡的稳定性；土工合成材料还可以用在公路工程中防止水的渗漏，保护环境和构造物的安全。

（四）过滤功能

土工织物代替砂石等粒状滤层。土中的水流，可以通过土工织物排出，同时土工织物可以阻止颗粒的过量流失，防止造成渗透破坏。

（五）排水功能

用土工织物本身形成排水通道，把土中水分汇集在织物之内，再沿着织物缓慢排出土体。例如塑料排水板可以代替砂井起到深层排水作用。

四、土工合成材料与土相互作用的加筋机理

由于土是一种力学性质较差的材料，它的抗剪和抗拉强度都很小，因此在应用上受到了很大的限制。为了更好地应用土这种材料，法国的工程师亨日维托发现在土中掺入纤维可以大大地增强土的力学性能。后来经过研究和发展总结出土筋材之间相互作用的基本原理大致可归纳为两大类：一是准黏聚力原理，二是摩擦加筋原理。

（一）准黏聚力原理

加筋土结构可以看成是各向异性的复合材料，一般情况下拉筋的弹性模量远远大于土的弹性模量，拉筋与土共同作用，使得加筋土的强度明显提高。当砂土受到垂直应力作用时，在拉筋中将产生一个轴向力，起着限制土体侧向变形的作用，相当于在土中增加了一个侧向应力，使土的强度提高了。强度提高的原因上是加筋土中产生了"黏聚力"的缘故，而砂土本身并不具有"黏聚"的能力，固称为准黏聚力原理。

（二）摩擦加筋原理

筋材与土的摩擦是加筋土的一个重要性质，筋材与土相互摩擦作用机理较为复杂，它与筋材的类型、变形特性、形状长度和土的性质及上覆压力等密切相关。由于摩擦加筋原理概念明确、简单，在加筋土挡墙的足尺试验中得到了较好的验证。因此在加筋土的实际工程中，特别是加筋土挡墙工程中得到广泛应用。

五、土工合成材料在应用中出现的问题

（一）老化问题

土工合成材料在日光中的紫外线辐射的影响下会发生分解作用，这种现象被称为土工合成材料的老化。其老化的速度与辐射的强度、温度、湿度、材料的颜色、种类等因素有关。老化致使土工合成材料的强度降低，承受荷载的能力减小，不能满足使用的要求。

（二）抗拉强度和摩擦力

土工合成材料受到拉伸作用时，其厚度要发生变化，且不能够精确测定，故抗拉强度一般不用应力的概念而用单位长度所能承担的力来表示。另外土工合成材料在受拉时蠕变性很大，即载荷不变，应力低于断裂强度时，变形仍然不断发展，甚至导致破坏。

土工合成材料的摩擦力是加筋物设计中的重要问题。对于颗粒较细的土，土和聚合物间的摩擦角接近于土本身的内摩擦角，对于颗粒粗的土则略小于土的内摩擦角。

第九节　托 换 技 术

一、概述

托换技术（或称基础托换）是指解决对原有建筑物的地基需要处理、基础需要加固或改建的问题；对原有建筑物基础下需要修建地下工程及临近建造新工程而影响原有建筑物的安全问题的技术总称。

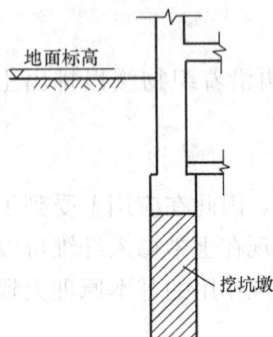

对已有建筑物的原有基础不符合要求，而需增加该基础的深度（图 4-6）或原基础加宽（图 4-7）的托换，称为补救性托换。

由于临近要修筑较深的新建筑物基础，因而需将已有建筑物的基础加深或扩大，称为预防性托换；或在平行于已有建筑物基础旁，修筑比较深的板桩墙、树根桩或地下连续墙等方法，称为侧向托换（图 4-8）。

虽然托换技术的历史起源于补救性托换，但预防性托换却是目前国外在托换技术中最为常用的托换类型。

有时在建筑物基础下，设计时预先设置好顶升的措施，以适应预估地基沉降的需要，称为维持性托换。目前国内在软黏土地基上建造油罐时，常在环形基础预留有今后可埋设千斤顶的净空，即属这种托换型式。

图 4-6　补救性托换技术（基础落深）

另外，"建筑物的迁移"国外认为它是托换技术的另一种型式。最近若干年内，由于古建筑的抢救，"建筑物的迁移"的施工得到了发展。建筑物的迁移过程是将建筑物从旧基础转移到一个可以移动的结构支承系统上，然后把它迁移到别处新的永久性基础上。

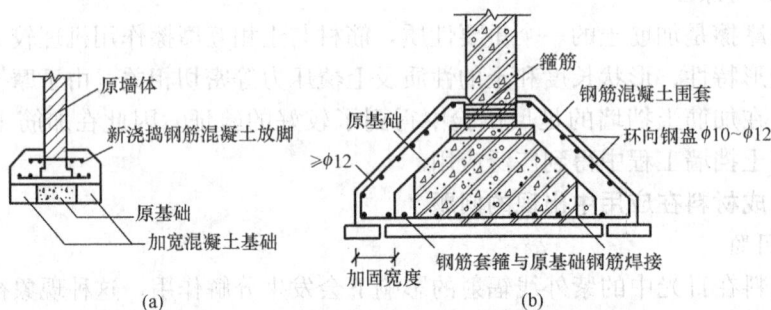

图 4-7　补救性托换技术（基础扩大）
（a）墙基加宽；（b）独立钢筋混凝土基础加宽

古代许多大型建筑物，虽然该基础存在问题，但是由于当时缺乏对托换技术的一般知识，因而许多建造在中世纪的著名大教堂，如英国的 ELY 和法国的 Bauvais 大教堂等为此而倒塌。最早的大型托换技术的工程之一是英国的 Winchester 大教堂，在托换加固之前已继续下沉 900 年之久，在 20 世纪初由一位潜水工在水下挖坑，穿过泥炭和粉土到达砾石层，并用混凝土包填实而进行托换，如图 4-9 所示，该教堂至今还有纪念他业绩的纪念碑。

托换技术的起源追溯到古代，但是托换技术直到 20 世纪三十年代兴建美国纽约市的地下铁道时才得到迅速发展。因为在早期地下铁道工程中，需要托换加固的是大量的、多种类型的和规模很大的建筑物，而且在这之前，支撑技术已取得了很大的发展，因而使托换的工程在技术上成为可能，这就进一步推动了托换技术的发展。近年来，世界上大型和深埋的结构物和地下铁道的大量施工，尤其是古建筑的基础加固数量繁多，有时对现有建筑物还需要进行改建、加层和加大使用荷载时，都需要采用托换技术，所以当前世界各国所托换的工程数量增多了，因而托换技术也有了飞跃的发展。尤其是联邦德国，在第二次世界大战后，在许多城市的扩建和改建工程中，特别是修建地下铁道工程中，大量采用托换技术，积累了丰富的经验，取得了显著的成绩，并已将该项技术编入了规范。我国的托换技术的数量和规模，随着建设的发展在不断地增长。就托换技术而言，如基础加压纠偏法、锚杆静压桩法、基础减压和加强刚度法、碱液加固法、石灰桩和石灰砂桩法、浸水与加压矫正法等多种托换方法，都有很大的创新和特色。

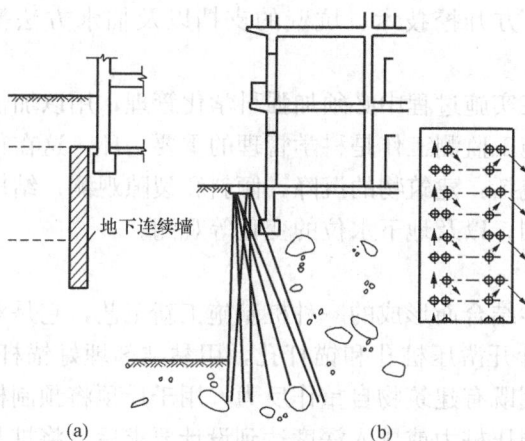

图 4-8　侧向托换图
（a）地下连续墙式；（b）树根桩式

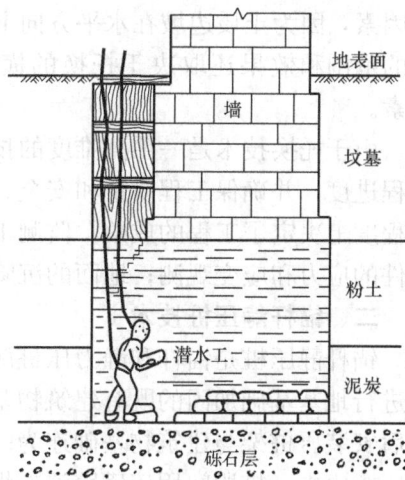

图 4-9　英国 Winchester 大教堂
所进行的托换工程

托换技术是一种建筑技术难度较大、费用较贵、责任性较强的特殊施工方法。要清楚地认识到，建筑物的托换需要丰富的经验，因为它可能危及生命和财产，所以必须由设计和施工都具有丰富实践经验的技术人员来参加这方面的工作。并且最好同时具备丰富的勘察、设计、施工和科研方面的一体化专业单位来承担这一任务，这样才可以积累经验和发展提高。

托换技术需要应用各种地基处理技术，同时需要善于巧妙和灵活地综合选用这些技术。

托换技术一般分为两个阶段进行：

（1）采取适当而稳妥的方法，支托住原有建筑物的全部和部分荷载。

（2）根据工程需要对原有建筑物的地基和基础进行加固、改建或在原有建筑物下，进行其他地下工程的施工。

通常在制订托换技术方案前，应进行周密的调查研究。首先应搜集下列三方面的资料：

（1）现场的工程地质和水文地质条件。

（2）被托换建筑物的结构、构造和受力特性，以及沉降和破损情况的原因分析。

（3）施工期内季节性温度变化、对基坑排水和支撑的影响。

　　设计时应极为慎重，每一项托换技术的情况都不一样，因而一定要根据具体条件确定最佳方案；托换的承重构件尽可能采用静定系统。在超静定系统中，荷载传递时可能会产生不允许有的应力状态。此外，结构物的变形有时需要进行控制和校正，在多次超静定系统中，对变形要达到控制和校正是比较困难的；承重构件的尺寸大小的选择应首先考虑挠度，即要选择刚性承重构件。在大跨度结构中，应选择预应力结构。在钢制承重构件中，在加荷载前应预留些挠度，使加载后能予抵消；承重结构由于挠度或蠕变、收缩、基础下沉等产生的变形，可通过千斤顶予以补偿，即在设计时要考虑校正的可能性；托换的结构与在其下的地下建筑物的主体结构应完全隔开，以达到防振，且要求互不干扰。

　　确定托换范围通常是最为重要的工作，一般对临近的开挖，会影响到从开挖坑底边缘引出1∶1坡度线以内建筑物的外侧基础。对粉土和黏土等较松软的土可按1∶2的坡度线（垂直∶水平）的要求进行基础托换。实际上，设计时采用1∶1坡度的规定，已含有一定的安全因素，因为土质边坡在水平方向上所受到的扰动，其一般范围约为开挖深度的一半。而托换的范围和效果还取决于托换的横向支撑、土方开挖技术、坑壁的支挡以及抽水方法等因素。

　　由于托换技术是一项高难度的技术，因而在实施过程中必须加强科学化管理，用以加快工程进度，并确保工程质量和安全。其中加强施工监测工作是科学管理的重要一环，这在很大程度上决定了工程的成败。监测工作的内容包括：建筑物的沉降、倾斜和裂隙观测；结构构件的应力和应变观测；地面的沉降和裂隙观测；以及地下水位的变化等观测。

　　二、锚杆静压桩技术

　　锚杆静压桩是锚杆和静力压桩两项技术巧妙结合而形成的一种桩基施工新工艺，它是对需进行地基基础加固的既有建筑物基础上按设计开凿压桩孔和锚杆孔，用黏结剂埋好锚杆，然后安装压桩架与建筑物基础连为一体，并利用既有建筑物自重作反力，用千斤顶将预制桩段压入土中，桩段间用硫磺胶泥或焊接连接。当压桩力或压入深度达到设计要求后，将桩与基础用微膨胀混凝土浇注在一起，桩即可受力，从而达到提高地基承载力和控制沉降的目的。

　　锚杆静压桩施工机具简单，施工作业面小，施工方便灵活，技术可靠，效果明显，施工时无振动，无污染，对原有建筑物里生活或生产秩序影响小。锚杆静压桩适用范围广，可适用于黏性土、淤泥质土、杂填土、粉土、黄土等地基。

　　锚杆静压桩技术除应用于已有建筑物地基加固外，也应用于新建建（构）筑物基础工程。在闹市区旧城改造中，限于周围交通条件难以运进打桩设备，或施工场所很窄，打桩施工工作面不够时，可采用锚杆静压桩技术进行桩基施工。在施工设备短缺地区，无打桩设备，也可用锚杆静压桩技术进行桩基施工。对于新建建筑物，在基础施工时可按设计预留压桩孔和预埋锚杆，待上部结构施工至3～4层时，再利用建筑物自重作为压桩反力开始压桩。

　　锚杆静压桩的压桩施工应遵循下述各点：

　　（1）根据压桩力大小选定压桩设备及锚杆直径，对触变性土（黏性土），压桩力可取1.3～1.5倍的单桩容许承载力，对非触变性土（砂土），压桩力可取2倍的单桩容许承载力。

　　（2）压桩架要保持垂直，应均衡拧紧锚固螺栓的螺帽，在压桩施工过程中，应随时拧紧松动的螺帽。

（3）桩段就位必须保持垂直，不得偏压。当压桩力较大时，桩顶应垫 3～4cm 厚的麻袋，其上垫钢板再进行压桩，防止桩顶压碎。

（4）压桩施工时不宜数台压桩机同时在一个独立柱基上施工。施工期间，压桩力总和不得超过既有建筑物的自重，以防止基础上抬造成结构破坏。

（5）压桩施工不得中途停顿，应一次到位。如不得已必须中途停顿时，桩尖应停留在软弱土层中，且停歇时间不宜超过 24h。

（6）采用硫磺胶泥接桩时，上节桩就位后应将插筋插入插筋孔内，检查重合无误，间隙均匀后，将上节桩吊起 10cm，装上硫磺胶泥夹箍，浇注硫磺胶泥，并立即将上节桩保持垂直放下，接头侧面应平整光滑，上下桩面应充分黏结，待接桩中的硫磺胶泥固化后（一般气温下，经 5min 硫磺胶泥即可固化），才能开始继续压桩施工。当环境温度低于 5℃时，应对插筋和插筋孔作表面加温处理。

（7）熬制硫磺胶泥的温度应严格控制在 140～145℃ 范围内，浇注时温度不得低于 140℃。

（8）采用焊接接桩时，应清除表面铁锈，进行满焊，确保质量。

（9）桩与基础的连接（即封桩）是整个压桩施工中的关键工序之一，必须认真进行。

（10）压桩施工的控制标准，应以设计最终压桩力为主，桩入土深度为辅，加以控制。

三、树根桩技术

树根桩是一种小直径钻孔灌注桩，其直径通常为 100～250mm，有时也有采用 300mm。先利用钻机钻孔，满足设计要求后，放入钢筋或钢筋笼，同时放入注浆管，用压力注入水泥浆或水泥砂浆而成桩，亦可放入钢筋笼后再灌入碎石，然后注入水泥浆或水泥砂浆而成桩。小直径钻孔灌注桩也有人称为微型桩。小直径钻孔灌注桩可以竖向、斜向设置，网状布置如树根状，故称为树根桩。

树根桩技术的特点是：机具简单，施工场地小；施工时振动和噪声小，施工方便；施工时因桩孔很小，故而对墙身和地基土都不产生任何次应力，所以托换加固时不存在对墙身有危险；也不扰动地基土和干扰建筑物的正常工作情况；树根桩适用于碎石土、砂土、粉土、黏性土、湿陷性黄土和岩石等各类地基土；树根桩不仅可承受竖向荷载，还可承受水平向荷载。压力注浆使桩的外侧与土体紧密结合，使桩具有较大的承载力。

树根桩加固地基的设计计算内容与树根桩在地基加固中的效用有关，应视工程情况区别对待。

树根桩一般为摩擦桩，与地基土体共同承担荷载，可视为刚性桩复合地基。对于网状树根桩，可视为修筑在土体中的三维结构，设计时以桩和土间的相互作用为基础，由桩和土组成复合土体的共同作用，将桩与土围起来的部分视为一个整体结构，其受力犹如一个重力式挡土结构一样。

树根桩与桩间土共同承担荷载，树根桩的承载力发挥还取决于建筑物所能容许承受的最大沉降值。容许的最大沉降值越大，树根桩承载力发挥度越高。容许的最大沉降值越小，树根桩承载力发挥度越低。承担同样的荷载，当树根桩承载力发挥度低时，则要求设置较多的树根桩数。

树根桩的施工步骤是：

（1）在钢套管的导向下用旋转法钻进，钻孔直径为一般为 7.5～25cm，穿过原有建筑物进入到下面地基土中去。

（2）当钻进到设计标高，清孔后下放钢筋，钢筋数量从一根到数根，视桩孔直径而定。

（3）用压力灌注水泥砂浆或细石混凝土，应边灌、边振、边拔管，最后成桩。

树根桩施工时如不下套管会出现缩颈或塌孔现象时，应将套管下到产生缩颈或塌孔的土层深度以下；注浆时注浆管的埋设应离孔底标高 200mm，从开始注浆起，对注浆管要进行不定时的上下松动，在注浆结束后要立即拔出注浆管，每拔 1m 必须补浆一次，直至拔出为止；注浆施工时应防止出现穿孔和浆液沿砂层大量流失的现象，可采用跳孔施工、间歇施工或增加速凝剂掺量等措施来防范；额定注浆量应不超过按桩身体积计算量的 3 倍，当注浆量达到额定注浆量时应停止注浆；注浆后由于水泥浆收缩较大，故在控制桩顶标高时，应根据桩截面和桩长的大小，采用高于设计标高 5%～10% 的施工标高。

四、桩式托换

桩式托换是包括所有采用桩的型式进行托换的方法总称，因而内容十分广泛，主要介绍坑式静压桩和预压桩。

（一）坑式静压桩

坑式静压桩（亦称压入桩或顶承静压桩）是在已开挖的基础下托换坑内，利用建筑物上部结构自重作支承反力，用千斤顶将预制好的钢管桩或钢筋混凝土桩段接长后逐段压入土中的托换方法。

坑式静压桩亦是将千斤顶的顶升原理和静压桩技术融为一体的托换技术新方法。

坑式静压桩适用于淤泥、淤泥质土、黏性土、粉土、湿陷性土和人工填土，且有埋深较浅的硬持力层。当地基土中含有较多的大块石、坚硬黏性土或密实的砂土夹层时，由于桩压入时难度较大，则应根据现场试验确定其适用于否。

坑式静压桩的施工步骤：

（1）先在贴近被托换既有建筑物的一侧，开挖一个长×宽约 1.5m×1.0m 的竖向导坑，直挖到比原有基础底面下再深 1.5m 处。

（2）再将竖向导坑朝横向扩展到基础梁、承台梁或基础板下，垂直开挖长×宽×深约为 0.8m×0.5m×1.8m 的托换坑。

（3）将桩用千斤顶逐节压入土中，直至桩端到达设计深度或桩阻力满足设计要求为止。

（4）通过封顶和回填，将桩与既有基础梁浇灌在一起，形成整体连接以承受荷载。对于采用钢筋混凝土的静压桩，封顶和回填应同时进行，或先回填后封顶，即从坑底每层回填夯实至一定深度后，再支模在桩周围浇灌混凝土；对于钢管桩，一般不需在桩顶包混凝土，只需用素土或灰土回填夯实到顶；回填时通常在封顶混凝土里掺加膨胀剂或预留空隙后填实的方法（在离原有基础底面 80mm 处停止浇筑，待养护一天后，再将 1∶1 的干硬水泥砂浆塞进 80mm 的空隙内，用铁锤锤击短木，使在填塞位置的砂浆得到充分捣实成为密实的填充层）。

（二）预压桩

预压桩的设计思路是针对坑式静压桩的施工存在局限而予以改进的。亦即预压桩能阻止坑式静压桩施工中在撤出千斤顶时压入桩的回弹，阻止压入桩回弹的方法是在撤出千斤顶之前，在被顶压的桩顶与基础底面之间加进一个楔紧的工字钢。

预压桩的施工方法，其前阶段施工与坑式静压桩施工完全相同。即当钢管桩（或预制钢筋混凝土桩）达到要求的设计深度，如果是钢管桩管内要灌注混凝土，则需待混凝土结硬后才能进行预压工作。一般要用两个并排设置的液压千斤顶放在基础底和钢管桩顶面间。两个千斤顶间要有足够的空位，以便将来安放楔紧的工字钢钢柱，两个液压千斤顶可由小液压泵手摇驱动。荷载应施加到桩的设计荷载的150%为止。在荷载保持不变的情况下（1h内沉降不增加才被认为是稳定的），然后截取一段工字钢竖放在两个千斤顶之间，再将铁锤打紧钢楔，实践经验证明，只要转移10%～15%的荷载，就可有效地对桩进行预压，并阻止了压入桩的回弹，此时千斤顶已停止工作，并可将其撤出。然后用干填法或在压力不大的情况下将混凝土灌注到基础底面，最后将桩顶与工字钢柱用混凝土包起来，此时预压桩施工才告结束。

思 考 题

4-1 地基处理方法一般分哪几类？概述各类地基处理方法的特点及适用条件。

4-2 换土垫层的厚度和宽度如何确定？应验算哪些内容？

4-3 挤密桩的作用是什么？其设计计算包括哪些内容？

4-4 土工合成材料的作用是什么？

4-5 什么是复合地基？如何验算复合地基承载力？

习 题

4-1 某小桥桥台为刚性扩大基础 2m×8m×3m（厚），基础埋1m，地基土为流塑黏性土，$I_L=1$，$e=0.8$，$\gamma=18kN/m^3$，基底平均附加压应力为160kPa，拟采用砂垫层。试确定砂垫层厚度及平面尺寸。

4-2 某六层砌体结构住宅建筑，墙下为条形基础，宽1.4m，埋置深度1.6m，上部结构作用于基础上的荷载标准值为180 kN/m^3。地基上的上表层为杂填土，厚1m，重度 $\gamma=16.8kN/m^3$；第二层为淤泥，厚5m，重度 $\gamma=17.4kN/m^3$，含水量 $w=56\%$；第三层为密实砂砾石土，淤泥较软弱，不能承受上部结构的荷载。试设计砂垫层。

4-3 某软土地基处理工程采用直径为0.9m的振冲碎石桩加固，单桩和桩间土荷载试验得 $f_{pk}=400kPa$，$f_{sk}=90kPa$，要求满足基底压力 $f_{spk}=180kPa$，等边三角形布桩。试确定振冲碎石桩的置换率 m 和间距 s。

4-4 已知：地基为淤泥质黏性土层，固结系数 $C_h=C_v=1.8\times10^{-3}cm^2/s$，受压土层厚20m，袋装砂井直径 $d_w=70mm$，袋装砂井为等边三角形排列，间距 $l=1.4m$，深度 $H=20m$，砂井底部为不透水层，砂井打穿受压土层。预压荷载总压力 $p=100kPa$，分两级等速加载，如图4-10所示。试求：加载开始后120天受压土层的平均固结度（不考虑竖井井阻和涂抹影响）。

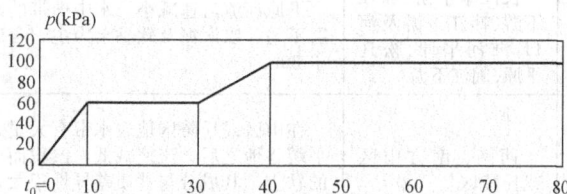

图4-10 习题4-4图

第五章　特殊地基上的基础工程

在我国不少地区，分布着一些与一般土性质有显著不同的特殊土。由于生成时不同的地理环境、气候条件、地质成因以及次生变化等原因，使它们具有一些特殊的成分、结构和性质。当用以作为建筑物的地基时，如果不注意这些特点就会造成事故。通常把那些具有特殊工程性质的地基称为特殊地基。特殊地基种类很多，其分布有一定的规律性和区域性，故又有区域性地基之称。

我国主要的特殊地基包括软土地基、湿陷性黄土地基、膨胀土地基、红黏土地基和冻土地基等。本章将主要介绍这些特殊地基的工程性质及处理时应采取的工程措施。

第一节　软土地区的基础工程

一、软土的工程特性

（一）软土的形成

软土一般是指在静水或缓慢流水环境中以细颗粒为主的近代沉积的土。其天然含水量大、压缩性高、饱和度高、孔隙比大、透水性低且灵敏度高、承载能力低，是一种呈软塑到流塑状态的饱和土，包括淤泥、淤泥质土、有机沉积物（泥炭土和沼泽土）和其他高压缩性的黏性土及粉土。淤泥和淤泥质土是软土的主要类型。软土的成因类型和形成特征见表5-1。

（二）软土的物理力学性质

有关软土的物理力学性质见第四章第一节。

表 5-1　　　　　　　　　　　　　　软土的成因类型和形成特征

类　型	成　因	我国主要分布情况	形成与特征
滨海沉积	泻湖相，三角洲相，滨海相，溺谷相	东海、黄海、渤海等沿海岸地区	在较弱的海浪岸流及潮汐的水动力作用下，逐渐停积淤成。表层硬壳厚0～3m，下部为淤泥夹粉、细砂透镜体，淤泥厚5～60m，常含贝壳及海生物残骸；表层硬壳之下，局部有薄层泥炭透镜体。滨海相淤泥常与砾砂相混杂，极疏松，透水性强，易于压缩固结；三角洲相多薄层交错砂层，水平渗透性较好；泻湖相、溺谷相淤积一般更深，松软
湖泊沉积	湖相，三角洲相	洞庭、太湖、鄱阳、洪泽湖周边，古云梦泽边缘地带	淡水湖盆沉积物，在稳定的湖水期逐渐沉积，沉积相带有季节性，粉土颗粒占主要成分。表层硬壳厚0～5m，淤泥厚度一般5～25m，泥炭层多呈透镜体，但分布不多
河滩沉积	河床相，河漫滩相，牛轭湖相	长江中下游、珠江下游、韩江下游及河口、淮河平原、松江平原、闽江下游	平原河流流速减小，水中携带的黏土颗粒缓慢沉积而成，成层不匀，以淤泥及软黏土为主，含砂与泥炭夹层，厚度一般小于20m
谷地沉积或残积土		西南、南方山区或丘陵区	在山区或丘陵区地表水带有大量含有机质的黏性土，汇积于平缓谷地之后，流速减低，淤积而成软土，山区谷地也有残积的软土，其成分与性质差异性很大，上覆硬壳厚度不一，软土底板坡度较大，极易造成工程变形

二、软土地基的承载力、沉降及稳定性验算

（一）软土地基的承载力

软土地基承载力的确定可以按浅基础设计中所述的原则进行。《建筑地基基础设计规范》（GB 50007—2002）规定：地基承载力特征值可由载荷试验或其他原位测试、公式计算，并结合工程实践经验等方法综合确定。

1. 根据理论公式确定软土地基的承载力

现介绍下列三种方法：

（1）《建筑地基基础设计规范》（GB 50007—2002）公式：利用规范推荐的理论公式计算软土地基的承载力。

（2）极限荷载公式：饱和软黏土的极限承载力 p_u 可按下列各式计算：

条形基础

$$p_u = 5.14c + \gamma d \tag{5-1}$$

方形基础

$$p_u = 5.61c + \gamma d \tag{5-2}$$

矩形基础

当 $b/l \leqslant 0.53$ 时

$$p_u = \left(5.14 + 0.66\frac{b}{l}\right)c + \gamma d \tag{5-3}$$

当 $b/l > 0.53$ 时

$$p_u = \left(5.14 + 0.47\frac{b}{l}\right)c + \gamma d \tag{5-4}$$

式中　c——土的黏聚力，由不排水剪切试验求得，kPa；

　　　γ——基底以上土的加权平均容重，kN/m³；

　　　d——基础埋深，m；

　　　b——基础短边，m；

　　　l——基础长边，m。

利用极限荷载公式确定软土地基的承载力时，可将计算所得极限荷载 p_u 除以安全系数 3 以后采用。

（3）临塑荷载公式

软土地基承载力除按强度公式计算外，尚应考虑变形因素。可按临塑荷载公式计算。

$$p = \pi c + \gamma d \tag{5-5}$$

式中　c——土的黏聚力，由不排水剪切试验求得，kPa；

　　　γ——基底以上土的加权平均容重，kN/m³；

　　　d——基础埋深，m。

实验证明：按式（5-5）计算的临塑荷载与荷载试验所确定的比例界限值十分接近，同时，如果作用在软土上的压力小于或等于比例界限值，软土的变形将不会很大。

当利用理论公式计算软土地基的承载力时，必须进行地基变形验算，以满足地基变形的要求。

2. 用原位测试的方法确定软土地基承载力

几种常见的原位测试方法有静载荷试验、十字板剪切试验、静力触探试验、标准贯入试

验、旁压试验。

现场原位测试可减小对软土原状结构的扰动，取得比较准确的试验数据。

3. 经验法

根据对本地区土层分布和性质的了解，参照已有建筑物的经验，辅以简单的勘察确定地基的承载力。

软土地基的承载力较低，常为$50\sim80kPa$，如果不作任何处理，一般不能成承受较大的建筑物荷载，否则软土地基就有可能出现局部剪切乃至整体滑动的危险。

（二）软土地基的变形计算

软土地基的变形计算，可以按《土力学》中的计算方法进行计算。应该指出的是，由于软土的压缩性很高，在荷载作用下，应考虑压力与孔隙比之间的非线性变化关系。若将压缩曲线以半对数坐标表示，画成$e\text{-}\lg\sigma$曲线，在$e\text{-}\lg\sigma$曲线上某一个压力σ_0之后，呈现良好的直线段，如图5-1所示。

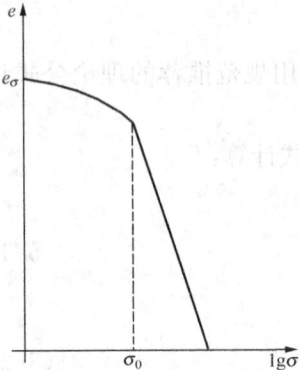

图 5-1　$e\text{-}\lg\sigma$ 曲线

$$\text{直线的斜率是：} C_c = \frac{e_1 - e_2}{\lg\sigma_2 - \lg\sigma_1} = \frac{e_1 - e_2}{\lg\dfrac{\sigma_2}{\sigma_1}} \tag{5-6}$$

式中　C_c——压缩指数，无量纲，由压缩试验求得，C_c 越大，土的压缩性越大；

e_1——当土样作用有法向压力 σ_1 时的孔隙比；

e_2——当土样作用有法向压力 σ_2 时的孔隙比。

由式（5-6）可得：$e_2 = e_1 - C_c\lg\dfrac{\sigma_2}{\sigma_1}$ 　　　　　　　　　　　（5-7）

设在 σ_1 作用下土层厚度为 Δh，则当压力增加到 σ_2 时，孔隙比相应由 e_1 改变为 e_2，这时土层所产生的压缩量为：

$$\Delta s = \frac{e_1 - e_2}{1 + e_1}\Delta h \tag{5-8}$$

将式（5-7）代入式（5-8）得

$$\Delta s = \frac{\Delta h}{1 + e_1}C_c\lg\frac{\sigma_2}{\sigma_1} \tag{5-9}$$

根据式（5-9）用分层总和法，即可求得软土地基的变形，按式（5-9）计算得到的土层沉降量，即已考虑了软土孔隙比与压力间的非线性关系。

软土地基上建筑物的沉降和不均匀沉降是比较大的，沉降稳定的历时亦较长，在比较深厚的软土层上，建筑物基础的沉降往往持续数年乃至数十年以上。沉降量过大和持续的时间过长，都会给建筑设计标高的确定和建筑物内设备的安装带来麻烦，而不均匀沉降则可能会造成建筑物开裂或严重影响建筑物的使用。

（三）软土地基的稳定性计算

建造在软土地基上的建筑物，还必须进行地基稳定性验算，其方法可采用类似于土坡稳定分析的圆弧法来进行验算。

三、软土地基的基础工程

在软土地基上修建建筑物时，应考虑上部结构、基础与地基的共同工作。必须对建筑体型、荷载情况、结构类型和地质条件等进行综合分析，确定应采取的建筑措施、结构措施和地基处理方法，这样就可以减少软土地基上建筑物的不均匀沉降。软土地基设计中经常采取的一些措施如下：

（一）利用表土层

对于表层有密实土层（软土硬壳层）时，应利用软土上部的"硬壳"层作为基础的持力层，以减少施工期间对软土的扰动。"轻基浅埋"是我国软土地区总结出来的好经验。

（二）减小附加压力

减小建筑物作用于地基上的压力，如采用轻型结构、轻质墙体、空心构件，设置地下室或半地下室等。

（三）地基承载力及处理

（1）铺设砂垫层：一方面可以减小作用在软土上的附加压力，减少建筑物沉降；另一方面有利于软土中水分的排除，缩短土层固结时间，使建筑物沉降较快地达到稳定。

（2）采用砂井、砂井预压、电渗法等促使土层排水固结，以提高地基承载力。当黏性土中夹有薄砂层时，更有利于采用砂井预压加固的方法来减小土的压缩性，提高地基承载力。

（3）遇有局部软土和暗埋的塘、滨、沟、谷、洞等情况，应查清其范围，根据具体情况，采取基础局部深埋、换土垫层、短桩、基础梁跨越等办法进行处理。

（四）控制荷载分布及加荷速率

当软土地基加载过大过快时，容易发生地基土塑流挤出的现象，防止软土塑流挤出有以下措施：

（1）控制施工速度和加载速率不要太快。可通过现场加载试验进行观测，根据沉降情况控制加载速率，掌握加载间隔时间，使地基逐渐固结，强度逐渐提高，这样可使地基土不发生塑流挤出。

（2）在建筑物的四周打板桩墙，能防止地基软土挤出。板桩应有足够的刚度和锁口抗拉力，以抵抗向外的水平压力，但此法用料较多，应用不广。

（3）用反压法防止地基土塑流挤出。这是因为软土是否会发生塑流挤出，主要取决于作用在基底平面处土体上的压力差。压差小，发生塑流挤出的可能性也就减小。如在基础两侧堆土反压，即可减小压差，增加地基土的稳定性。

（五）设计及施工时应注意的问题

（1）当一个建筑群中有不同形式的建筑物时，应当从沉降观点去考虑其相互影响及其对地面下一系列管道设施的影响。

（2）同一建筑物有不同结构形式时必须妥善处理（尤其在地震区），对不同的基础形式，必须使上部结构断开，因为地震中，软土上各类基础的附加下沉量是不同的。

（3）建筑物附近有大面积堆载或相临建筑物过近时，可采用桩基。

（4）在建筑物附近或建筑物内开挖深基坑时，应考虑边坡稳定及降水所引起的问题。

（5）在建筑物附近不宜采用深井取水，必要时应通过计算确定深井的位置及限制抽水量，并采取回灌的措施。

（6）施工时，应注意对软土基坑的保护，减少扰动。

（7）条件许可时，大面积填土宜在建筑物或构筑物施工前完成。

总之，软土地基的变形和强度问题都是工程中必须十分注意的，尤其是变形问题，过大的沉降及不均匀沉降造成了软土地区大量的工程事故。因此，在软土地区设计与施工建筑物和构筑物时，必须从地基、建筑、结构、施工、使用等各方面全面地综合考虑，采取相应的措施，减小地基的不均匀沉降，保证建筑物的安全和正常使用。

第二节　湿陷性黄土地区的基础工程

一、湿陷性黄土的概念

（一）湿陷性黄土的概念及特性

湿陷性黄土是指非饱和的、结构不稳定的黄土。其具有与一般黏性土与粉土不同的特性，主要是具有大孔隙和湿陷性；在自然界，用肉眼可见土中有大孔隙；在一定压力下受水浸湿，土结构迅速破坏，并发生显著的附加下沉。

湿陷性黄土的成分和结构上的特点是：以石英和长石组成的粉状土为主，矿物亲水性较强，粒度细而均一，连接虽然强但易溶于水，未经很好固结，结构疏松多孔。所以，黄土具有明显的遇水连接减弱、结构趋于紧密的倾向。

（二）黄土湿陷性的原因及主要影响因素

（1）外因。由于建筑物附近修建水库、渠道蓄水渗漏，特别是建筑物本身的上下水道漏水，大量降雨渗入地下，引起黄土的湿陷。

（2）内因。黄土中含有多种可溶盐，如硫酸钠、碳酸钠、碳酸镁和氯化钠等物质，受水浸湿后被溶化，土中的胶结力大为减弱，导致土粒变形。同时，黄土为欠压密土，受水浸湿后，固体土粒周围的薄膜水增厚，在压密过程中起润滑作用。

影响黄土湿陷性的主要物理性质指标为天然孔隙比和天然含水量。当其他条件相同时，黄土的天然孔隙比越大，则湿陷性越强；反之亦然。

黄土的湿陷性随其天然含水量的增加而减弱；当含水量相同时，黄土的湿陷量将随浸湿程度的增加而增大。

在给定天然孔隙比和天然含水量情况下，黄土的湿陷量将随压力的增加而增大，但压力增加到某一个定值以后，湿陷量却又随着压力的增加而减小。

（三）湿陷性黄土的分布

湿陷性黄土在我国分布很广，面积约 45 万 km^2。按工程地质特征和湿陷性强弱程度，可将我国湿陷性黄土划为 7 个分区：①陇西地区；②陇东陕北地区；③关中地区；④山西地区；⑤河南地区；⑥冀鲁地区；⑦北部边缘地区。其工程地质特征见表 5-2 所示。

二、黄土湿陷性的判断及地基评价

在湿陷性黄土地区进行建设，正确评价地基的湿陷性具有重大的实际意义。黄土地基的湿陷性评价一般包括 3 方面内容：首先需要查明，黄土在一定压力下浸水有无湿陷性；其次，如果是湿陷性黄土，则要判定场地的湿陷类型，是自重湿陷性，还是非自重湿陷性，因为在其他条件相同时，自重湿陷性黄土地基受水浸湿后的湿陷事故，要比非自重湿陷性黄土地基严重；最后，判定湿陷性黄土地基的湿陷等级，即在规定的压力作用下，地基充分浸水时的湿陷变形。

表 5-2　湿陷性黄土的物理力学性质指标

分区	地带	黄土层厚度 (m)	湿陷性黄土层厚度 (m)	地下水埋藏深度 (m)	含水量 w(%)	天然密度 ρ(g/cm³)	液限 w_L(%)	塑性指数 I_P	孔隙比 e	压缩系数 α (MPa⁻¹)	湿陷系数 δ_s	自重湿陷系数 δ_{zs}	湿陷性黄土特征简述
①陇西地区	低阶地	5~20	4~12	5~15	9~18	1.42~1.69	23.9~28.0	8.0~11.0	0.9~1.15	0.13~0.59	0.027~0.09	0.005~0.052	自重湿陷性黄土分布很广，湿陷性黄土层厚度通常大于10m，地基湿陷等级多为Ⅲ、Ⅳ级，湿陷性敏感，对工程建设的危害性大
	高阶地	20~60	10~20	20~40	7~17	1.33~1.55	25.0~28.5	8.4~11.0	0.98~1.24	0.10~0.46	0.039~0.110	0.007~0.059	
②陇东陕北地区	低阶地	5~30	4~8	4~10	12~20	1.43~1.60	25.0~28.0	8.0~11.0	0.97~1.09	0.26~0.61	0.034~0.079	0.005~0.035	自重湿陷性黄土分布广泛，湿陷性黄土层厚度通常大于10m，湿陷性较敏感，对工程建设的危害性较大
	高阶地	50~150	10~15	40~60	12~18	1.43~1.62	26.4~31.0	9.0~12.2	0.8~1.15	0.17~0.55	0.03~0.084	0.006~0.043	
③关中地区	低阶地	5~20	4~8	7~15	15~21	1.50~1.67	26.2~31.0	9.5~12.0	0.94~1.09	0.24~0.61	0.029~0.072	0.003~0.024	低阶地多非自重湿陷性黄土，高阶地和黄土塬多属自重湿陷性黄土，湿陷性黄土层厚度：在渭北高原一般大于10m；在渭河流域两岸多为5~10m。地基湿陷等级一般为Ⅱ、Ⅲ级。自重湿陷性黄土层一般埋藏较深，湿陷发生较迟缓。在自重湿陷性黄土分布地区，对工程建设有一定的危害性；在非自重湿陷性黄土分面地区，对工程建设的危害性小
	高阶地	50~100	6~12	20~40	14~20	1.47~1.64	27.3~31.0	10.2~12.2	0.95~1.12	0.17~0.59	0.030~0.078	0.005~0.034	

续表

分区	区	地带	黄土层厚度 (m)	湿陷性黄土厚度 (m)	地下水埋藏深度 (m)	含水量 w(%)	天然密度 ρ(g/cm³)	液限 w_L(%)	塑性指数 I_P	孔隙比 e	压缩系数 a (MPa⁻¹)	湿陷系数 δ_s	自重湿陷系数 δ_{zs}	湿陷性黄土特征简述
④山西地区	汾河流域区	低阶地	8~15	2~10	4~8	11~19	1.47~1.64	25.1~29.4	7.7~11.8	0.94~1.10	0.24~0.87	0.30~0.070	—	低阶地多属非自重湿陷性黄土，高阶地（包括山麓堆积）多属自重湿陷性黄土。地基湿陷性黄土层厚度多为5~10m，在低阶地游近地区湿陷性黄土一般为Ⅱ、Ⅲ级。堆积黄土 Q 分布较普遍，土的结构较松散，压缩性较高。在自重湿陷性黄土分布地区，对工程建设有一定的危害性；在非自重湿陷性黄土分布地区，对工程建设的危害性较小
		高阶地	30~100	5~16	50~60	11~18	1.45~1.60	26.5~31.0	9.5~13.1	0.97~1.18	0.17~0.62	0.027~0.089	0.007~0.040	
⑤河南地区	晋东南区		30~50	2~6	4~7	18~23	1.54~1.72	27.0~32.5	10.0~13.0	0.85~1.02	0.29~1.0	0.030~0.071	—	一般为非自重湿陷性黄土。湿陷性黄土层厚度一般约5m，土的结构较密实，压缩性较低。对工程建设危害性不大
			3~30	4~8	5~25	16~21	1.61~1.81	26.0~32.0	10.0~13.0	0.86~1.07	0.18~0.33	0.023~0.045	—	
⑥冀鲁地区	河北区		3~30	2~6	5~12	14~18	1.55~1.70	25.0~28.7	9.0~13.0	0.85~1.00	0.18~0.60	0.024~0.048	—	一般为非自重湿陷性黄土。湿陷性黄土层厚度一般为5~10m，局部地段为Ⅰ级，土的结构密实，压缩性低，在黄土边缘地带、鲁山北山麓的局部地段，湿陷性黄土层薄，含水量高，湿陷系数小，地基湿陷等级为Ⅰ级
	山东区		3~20	2~6	5~8	15~23	1.64~1.74	27.7~31.0	9.6~13.0	0.85~0.90	0.19~0.51	0.02~0.041	—	
⑦北部边缘地区	晋陕宁区		5~30	1~4	5~10	7~10	1.39~1.60	21.7~27.2	7.1~9.7	1.02~1.14	0.23~0.57	0.032~0.059	—	为非自重湿陷性黄土，湿陷性黄土层厚度一般小于5m。地基湿陷等级为Ⅰ、Ⅱ级，地基湿陷性低，土中含砂量较多。湿陷性黄土分布不连续
	河西走廊区		5~10	2~5	5~10	14~18	1.55~1.67	22.6~32.0	6.7~12.0	—	0.17~0.36	0.029~0.050	—	

关于对黄土地基湿陷性的评价标准，各国不尽相同。下面介绍的评价方法是我国新修订的《黄土规范》所规定的标准。

（一）黄土湿陷性判别

《黄土规范》规定，黄土是否具有湿陷性及湿陷性的强弱，应按室内湿陷性试验所测定的湿陷系数 δ_s 值判定。

（1）δ_s 的测定及应用。δ_s 测定方法与一般原状土的侧限压缩试验方法基本相同。将土样装入侧限压缩仪内，分级加压至规定压力 p，压缩稳定后，测定土样的高度，然后对土样浸水，待浸水稳定后，再测出土样浸水后的高度，如图 5-2 所示，即可按照下式计算湿陷系数 δ_s

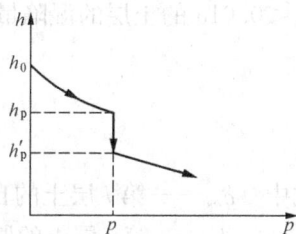

图 5-2　在压力 p 下浸水压缩曲线

$$\delta_s = \frac{h_p - h'_p}{h_0} \tag{5-10}$$

式中　　h_0——土样原状高度，mm；

h_p——保持天然湿度和结构的土样，加压至压力 P 时压缩稳定后的高度，mm；

h'_p——上述加压稳定后的土样，在浸水作用下下沉稳定后的高度，mm。

（2）测定湿陷系数的压力。《黄土规范》规定：自基础底面（初步勘察时自地面 1.5m）算起，10m 以内的土层，应用 200kPa；10m 以下至非湿陷性土层顶面，应用其上覆土的饱和自重压力（当大于 300kPa 时，仍应用 300kPa）。

（3）黄土湿陷性判别标准。《黄土规范》规定：当湿陷系数 $\delta_s < 0.015$ 时，应定为非湿陷性黄土；当 $\delta_s \geqslant 0.015$ 时，应定为湿陷性黄土。

（二）建筑场地湿陷类型的划分

工程实践表明，自重湿陷性黄土场地的湿陷事故要比非自重湿陷性黄土场地多，而且对建筑物的危害较大。因此，在设计前对建筑场地进行勘察，正确划分场地的湿陷类型是非常重要的。划分建筑场地的湿陷类型有两种方法：①一种是按现场试坑浸水试验实测的自重湿陷量 Δ'_{zs} 判定；②另一种是按室内黄土湿陷试验累计的计算自重湿陷量 Δ'_{zs} 判定。第一种方法虽然比较可靠，但费时、费水，有时受各种条件的限制，往往不易做到。因此《黄土规范》规定，除在新建区，对甲、乙类建筑宜采用试坑浸水试验外，对一般建筑物可按计算自重湿陷量划分场地类型。

1. 自重湿陷系数 δ_{zs} 与湿陷量

为计算自重湿陷量，首先要测定自重湿陷系数指标 δ_{zs}。δ_{zs} 的测定方法与 δ_s 的测定方法相同，即在室内对不同取土深度的土样进行湿陷性试验，所不同的只是在测定 δ_{zs} 时所用的浸水规定压力 p，采用现场取样处上覆土层的饱和自重压力。δ_{zs} 值可按下式计算

$$\delta_{zs} = \frac{h_z - h'_z}{h_0} \tag{5-11}$$

式中　　h_0——土样原始高度，mm；

h_z——加压至土的饱和自重压力时，下沉稳定后土样的高度，mm；

h'_z——浸水下沉稳定后土样的高度，mm。

根据各深度土层测得的自重湿陷系数 δ_{zs}，自天然地面算起（当挖、填方的厚度和面积较大时，应自设计地面算起），至其下全部湿陷性黄土层的底面为止。其中，自重湿陷系数 $\delta_{zs} < 0.015$ 的土层的湿陷量不计。该场地累计计算自重湿陷量 Δ'_{zs} 的表达式为

$$\Delta_{zs} = \beta_0 \sum_{i=1}^{n} \delta_{zsi} h_i \qquad (5\text{-}12)$$

式中　δ_{zsi}——第 i 层土的自重湿陷系数；

　　　h_i——第 i 层土的厚度，mm；

　　　β_0——因地区土质而异的修正系数。该值根据各地室内试验值和现场试坑浸水资料进行对比分析后得到。对陇西地区可取 1.5，陇东、陕北地区可取 1.2，关中地区可取 0.7，其他地区可取 0.5。

2. 建筑场地湿陷类型判别

建筑场地的湿陷类型，不论是按上述室内湿陷性试验累计的计算自重湿陷量 Δ'_{zs}，或是按浸水试验实测的自重湿陷量 Δ'_{zs}，其判定标准一样，均为：

当 Δ_{zs}（或 Δ'_{zs}）$\leqslant 70$mm 时，应定为非自重湿陷性黄土场地；

当 Δ_{zs}（或 Δ'_{zs}）> 70mm 时，应定为自重湿陷性黄土场地。

（三）湿陷性黄土地基湿陷等级的划分

作为建筑物的地基，在评价其湿陷等级时，除了要考虑自重引起的湿陷量外，还要考虑地基中附加应力引起的湿陷量，因而《黄土规范》规定，湿陷性黄土地基的湿陷等级是根据基底下各土层累积的总湿陷量的大小等因素来划分的。

1. 总湿陷量 Δ_s 的计算

湿陷性黄土地基浸水饱和至下沉稳定为止的总湿陷量 Δ_s，应按下式计算

$$\Delta_s = \sum_{i=1}^{n} \beta \delta_{si} h_i \qquad (5\text{-}13)$$

式中　δ_{si}——第 i 层土的湿陷系数；

　　　h_i——第 i 层土的厚度，mm；

　　　β——考虑地基土的侧向挤出和浸水几率等因素的修正系数。《黄土规范》规定，在基底下 5m（或压缩层）深度内，可取 $\beta = 1.5$；5m（或压缩层）深度以下，在非自重湿陷性黄土工程可不计算；在自重湿陷性黄土场地，可采用式（5-12）中的 β_0 值。

计算 Δ_s 时，土层厚度应自基础底面（初勘时从地面下 1.5m）算起，对非自重湿陷性黄土场地，累计至基底下 5m（或压缩层）深度为止；对自重湿陷性黄土场地，可根据建筑物类别及工程所在地区经验确定。其中湿陷系数 δ_s 或自重湿陷系数 δ_{zs} 小于 0.015 的土层不应累计。

2. 湿陷性黄土地基的湿陷等级

湿陷性黄土地其的湿陷等级，应根据基底下各土层累计的总湿陷量 Δ_s、计算自重湿陷量 Δ_{zs} 和场地湿陷类型，判为 I（轻微），II（中等），III（严重），IV（很严重）四级，见表 5-3。

表 5-3 **湿陷性黄土地基的湿陷等级**

湿陷类型 计算自重湿陷量 (cm) 总湿陷量 Δ_s (cm)	非自重湿陷性场地 $\Delta_{zs} \leqslant 7$	自重湿陷性场地 $7 < \Delta_{zs} \leqslant 35$	自重湿陷性场地 $\Delta_{zs} > 35$
$\Delta_s \leqslant 30$	Ⅰ（轻微）	Ⅱ（中等）	—
$30 < \Delta_s \leqslant 60$	Ⅱ（中等）	Ⅱ 或 Ⅲ	Ⅲ（严重）
$\Delta_s > 60$	—	Ⅲ（严重）	Ⅳ（很严重）

注 1. 当总湿陷量 $30cm < \Delta_s < 50cm$，计算自重湿陷量 $7cm < \Delta_{zs} < 30cm$ 时，可判为Ⅱ级。

2. 当总湿陷量 $\Delta_s \geqslant 50cm$，计算自重湿陷量 $\Delta_{zs} \geqslant 30cm$ 时，可判为Ⅲ级。

三、湿陷性黄土地基处理

在湿陷性黄土地区进行建设，地基应满足承载力、湿陷变形、压缩变形和稳定性的要求。计算方法与一般浅基础相同，具体的控制数值，如承载力等，则按照《黄土规范》所给的资料查用。此外，尚应根据各地湿陷性黄土的特点和建筑物的类别，因地制宜，采取以地基处理为主的综合措施，以防止地基湿陷，保证建筑物的安全与正常使用。建筑工程设计的综合措施主要有地基处理措施、防水措施和结构措施三种。

（一）建筑物的类别

《黄土规范》根据建筑物的重要性及地基受水浸湿可能性的大小和在使用上对不均匀沉降限制的严格程度，将建筑物分为甲、乙、丙、丁四类。

1. 甲类建筑

高度大于 40m 的高层建筑；高度大于 50m 的构筑物；高度大于 100m 的高耸结构；特别重要的建筑；地基受水浸湿可能性大的重要建筑；对不均匀沉降有严格限制的建筑。

2. 乙类建筑

高度为 24～40m 的高层建筑；高度为 30～50m 的构筑物；高度为 50～100m 的高耸结构；地基受水浸湿可能性较大或可能小的重要建筑；地基受水浸湿可能性大的一般建筑。

3. 丙类建筑

除乙类以外的一般建筑和构筑物。多层住宅楼、办公楼、教学楼；高度不超过 50m 的烟囱；跨度小于 24m 和吊车额定起重量大于 30t 的机加工车间；食堂、县（区）影剧院、理化试验室。

4. 丁类建筑

1～2 层的简易住宅、简易办公房屋；小型机加工车间；小型工具、机修车间；小型库房等次要建筑。

对甲类建筑物要求消除地基的全部湿陷量，或穿越全部湿陷性土层。对乙、丙类建筑则要求消除地基的部分湿陷量。丁类属次要建筑，地基可不作处理。我国常用的地基处理方法在本书第四章已有详细叙述。表 5-4 列出了 6 种处理湿陷性黄土地基的常用方法及适用范围和一般可处理（或穿越）基底下的湿陷性土层厚度。这些方法在工程实践中应用较广，设计、施工有一定经验。

（二）建筑工程的设计措施

1. 地基处理措施

地基处理是防止黄土湿陷性危害的主要措施。通过换土或加密等各种方法，或者是消除地基的全部湿陷量，使处理后的地基变为不具湿陷性；或者是消除地基的部分湿陷量，减小原有地基的总湿陷量，控制下部未处理土层的湿陷量不超过规范规定的数值。

当地基的湿陷性大，要求处理的土层深，技术上有困难或经济上不合理时，也可采用深基础或桩基础穿越湿陷性土层将上部荷载直接传到非湿陷性土层或岩层中。

表 5-4 湿陷性黄土地基常用的处理方法

名 称		适 用 范 围	一般可处理（或穿透）基底下的湿陷性土层厚度（m）
垫层法		地下水位以上，局部或整片处理	1~3
夯实法	强夯	$S_r < 60\%$ 的湿陷性黄土，局部或整片处理	3~6
	重夯		1~2
挤密法		地下水位以上，局部或整片处理	5~15
桩基础		基础荷载大，有可靠的持力层	≤30
预浸水法		Ⅲ、Ⅳ级自重湿陷黄土场地，6m 以上尚应采用垫层等方法处理	可消除地面 6m 以下全部土层的湿陷性
单液硅化或碱液加固法		一般用于加固地下水位以上的已有建筑物地基	≤10 单液硅化加固的最大深度可达 20

2. 防水措施

防水措施的目的是消除黄土湿陷变形的外因，因而也是保证建筑物安全和正常使用的重要措施之一。一定要做好建筑物在施工中及长期使用期间的防水、排水工作，防止地基土受水浸湿。一些基本的防水措施包括：做好场地平整和排水系统，不使地面积水；压实建筑物四周地表土层，做好散水，防止雨水直接渗入地基；主要给排水管道离开房屋要有一定保护距离；并配置检漏设施（如检漏管沟或检漏井），避免漏水浸泡局部地基土等。

3. 结构措施

对于一些地基不处理，或处理后仅消除了地基部分湿陷量的建筑，除了要采用防水措施外，还应采取必要的结构措施，以减小建筑物的不均匀沉降或使结构能适应地基的湿陷变形，因此结构措施是前两项措施的补充手段。这些措施包括：选择适宜的结构体系和基础型式；加强结构的整体性与空间刚度；预留适应沉降的净空等。

四、湿陷性黄土地基承载力、沉降计算

（一）地基承载力

1. 地基承载力基本值 f_0

（1）对晚更新世 Q_3 和全新世 Q_4^1 湿陷性黄土、新近堆积黄土、Q_4^2 地基上的各类建筑，饱和黄地基上的乙、丙类建筑，可根据土的物理、力学性质指标平均值或建议值，按表 5-5~表 5-9 确定。

（2）对饱和黄土地基上的甲类建筑和乙类中 10 层以上的高层建筑，宜采用静载荷试验确定；或按表 5-6 并结合理论公式计算综合确定。

（3）对丁类建筑，可根据邻近建筑的经验确定。

表 5-5 晚更新世 Q_3、全新世 Q_4^1 湿陷性黄土承载力 f_0

f_0(kPa) \ $w(\%)$ w_L/e	≤13	16	19	22	25
22	180	170	150	130	110
25	190	180	160	140	120
28	210	190	170	150	130
31	230	210	190	170	150
34	250	230	210	190	170
37		250	230	210	190

注 对天然含水率小于塑限含水率的土,可按塑限含水率确定土的承载力。

表 5-6 饱和黄土承载力 f_0

f_0(kPa) \ w/w_L a_{1-2} (MPa^{-1})	0.8	0.9	1.0	1.1	1.2
0.1	186	180			
0.2	175	170	165		
0.3	160	155	150	145	
0.4	145	140	135	130	125
0.5	130	125	120	115	110
0.6	118	115	110	105	100
0.7	106	100	95	90	85
0.8		90	85	80	75
0.9			75	70	65
1.0					55

注 当土的饱和度 Sr=70%~80%时,亦可按此表查取承载力。

表 5-7 新近堆积黄土 Q_4^2 承载力 f_0

f_0(kPa) \ w/w_L a (MPa^{-1})	0.4	0.5	0.6	0.7	0.8	0.9
0.2	148	143	138	133	128	123
0.4	136	132	126	122	116	112
0.6	125	120	115	110	105	100
0.8	115	110	105	100	95	90
1.0		100	95	90	85	80
1.2			85	80	75	70
1.4				70	65	60

注 压缩系数 a 值,可取 50~100kPa 或 100~200kPa 压力下的大值。

表 5-8 新近堆积黄土 Q_4^2 承载力 f_0

静力触探比贯入阻力 P_s(MPa)	0.3	0.7	1.1	1.5	1.9	2.3	2.8	3.3
f_0 (kPa)	55	75	92	108	124	140	161	182

注 本表确定河谷低价地的新近堆积黄土 Q_4^2 的承载力 f_0。

表 5-9   **新近堆积黄土 Q_4^2 承载力 f_0**

轻便触探锤击数 N_{10}	7	11	15	19	23	27
f_0（kPa）	80	90	100	110	120	135

2. 修正前的地基承载力特征值 f_{ak}

修正前的地基承载力特征值应按下式计算

$$f_{ak} = \psi_f f_0 \tag{5-14}$$

式中 ψ_f——回归修正系数，对湿陷性黄土地基上的各类建筑与饱和黄土地基上的一般建筑，ψ_f 宜取 1。对饱和黄土地基上的甲类建筑和乙类中的重要建筑，ψ_f 应计算确定。

3. 地基承载力特征值 f_a

地基承载力特征值应按下式计算

$$f_a = f_{ak} + \eta_b \gamma (b-3) + \eta_d \gamma_m (d-0.5) \tag{5-15}$$

式中 f_a——地基承载力经基础宽度和基础埋深修正后的特征值，kPa；

f_{ak}——地基承载力特征值，按式（5-14）计算，kPa；

η_b、η_d——基础宽度和埋置深度的地基承载力修正系数，可按基底以下土的类别由表 5-10 取值；

γ——基底以下土的容重，地下水位以下取有效容重，kN/m³；

γ_m——基础底面以上土的加权平均容重，地下水位以下取有效容重，kN/m³；

b——基础底面宽度，当基底宽度小于 3m 时按 3m 计，大于 6m 时按 6m 计，m；

d——基础埋置深度，当基础埋深小于 1.5m 时，按 1.5m 计，m。

表 5-10   **基础的宽度和埋置深度的承载力修正系数**

地 基 土 类 别	有关物理指标	修 正 系 数	
		η_b	η_d
晚更新世 Q_3、全新世 Q_4^1	$w \leqslant 24\%$	0.2	1.25
湿陷性黄土	$w > 24\%$	0	1.10
饱和黄土	$e < 0.85$，$I_L < 0.85$	0.2	1.25
	$e \geqslant 0.85$，$I_L > 0.85$	0	1.10
	$e \geqslant 0.85$，$I_L \geqslant 0.85$	0	1.00
新近堆积黄土 Q_4^2		0	1.00

（二）黄土地基沉降计算

湿陷性黄土地基的沉降量，包括压缩变形和湿陷变形两部分。按下式计算

$$s = s_h + s_w \tag{5-16}$$

$$s_w = \sum_{i=1}^{n} \frac{e_{mi}}{1+e_{1i}} h_i \tag{5-17}$$

$$s_h = \psi_s \sum_{i=1}^{n} \frac{P_0}{E_{si}} (Z_i \bar{a}_i - Z_{i-1} \bar{a}_{i-1}) \tag{5-18}$$

式中 s——黄土地基总沉降量，mm；

s_h——天然含水率的黄土未浸水的沉降量，mm；

s_w——黄土浸水后的湿陷变形量，mm；

ψ_s——沉降计算经验系数，可采用表 5-11 的数值；

n——受压层范围内黄土层的数目；

e_{mi}——在相应的附加压力作用下，第 i 层土样浸水前后孔隙比的变化，即第 i 层土样的大孔隙系数；

e_{li}——第 i 层土样浸水前的孔隙比；

h_i——第 i 层黄土的厚度，mm。

表 5-11　　　　　　　　　　**黄土沉降计算经验系数 ψ_s**

E'_s（MPa）	3.0	5.0	7.5	10.0	12.5	15.0	17.5	20.0
ψ_s	1.80	1.22	0.82	0.62	0.50	0.40	0.35	0.30

注　E'_s 为沉降计算深度范围内压缩模量的当量值，应按下式计算

$$E'_s = \frac{\sum A_i}{\sum (A_i / E_{si})}$$

式中　A_i——基底以下第 i 层的附加应力面积，cm^2；

　　　E_{si}——第 i 层的压缩模量，MPa。

第三节　膨胀土地区的基础工程

一、膨胀土的特性

（一）膨胀土的概念及特性

膨胀土也是一种很重要的地区性特殊土类，按照我国《膨胀土地区建筑技术规范》（GBJ112—1987）（以下简称《膨胀土规范》）中的定义，膨胀土应是土中黏粒成分主要由亲水性矿物组成，同时具有显著的吸水膨胀和失水收缩两种变形特性的黏性土。一般黏性土都有膨胀、收缩的特性，但其量不大，对工程没有太大的实际意义；而膨胀土的膨胀——收缩——再膨胀的周期性变形特征非常显著，并常给工程带来危害，因而工程上将其从一般黏性土中区别出来，作为特殊土对待。

膨胀土一般分布在Ⅱ级以上河谷阶地、丘陵地区及山前缓坡地带。在自然状态下，膨胀土液性指数 I_L 常小于零，呈坚硬或硬塑状态，孔隙比 e 一般在 0.5～0.8（有的超过 1），压缩性较低，具有红褐、黄、白等色。过去对这种土的特性不很了解，工程技术人员常误认为是土质坚硬、强度高、压缩性小，可以作为良好的天然基地。实践证明，这种土对工程建设潜藏着严重的破坏性，而且一旦发生工程事故，治理难度很大。

裂隙发育是膨胀土的一个重要特性，常见的裂隙有竖向、斜交、水平三种。竖向裂隙常出露地表，裂隙宽度随深度增加而逐渐尖灭，裂隙间充填有灰绿、灰白色黏土。

膨胀土在我国分布范围很广，据现有的资料，广西、云南、湖北、安徽、四川、河南、山东等 20 多个省、自治区、市均有膨胀土。国外也一样，如美国，50 个州中有膨胀土的占 40 个州，此外在印度、澳大利亚、南美洲、非洲和中东广大地区，也都有不同程度的分布。目前膨胀土的工程问题，已成为世界性的研究课题。自 1965 年在美国召开首届国际膨胀土学术会议以来，每 4 年一届。我国对膨胀土的工程问题给予了高度的重视。自 1973 年开始有组织地在全国范围内开展了大规模的研究工作，总结出在勘察、设计、施工和维护等方面

的成套经验，并已编制出上述的《膨胀土规范》。

（二）影响膨胀土胀缩特性的主要因素

膨胀土具有胀、缩特性的机理很复杂，属于当前国内外岩土界正在研究中的非饱和土的理论与实践问题。定性分析认为，膨胀土之所以具有显著的胀、缩特性，可归因于内因和外因两个方面。

1. 内因

膨胀土发生胀缩变形的内部因素主要以下几个方面：①矿物及化学成分：如上所述膨胀土含大量蒙脱石和伊利石，亲水性强，胀缩变形大。化学成分以氧化硅、氧化铝、氧化铁为主。如氧化硅含量大，则胀缩变大。②黏粒含量：黏粒 $d < 0.005\text{mm}$，比表面积大，电分子吸引力大，因此黏粒含量高时胀缩变形大。③土的干密度 ρ_d：如 ρ_d 大即 e 小，则浸水膨胀强烈，失水收缩小；反之，如 ρ_d 小即 e 大，则浸水膨胀小，失水收缩大。④含水率 ω：若初始 ω 与膨胀后 ω 接近，则膨胀小，收缩大。反之则膨胀大，收缩小。⑤土的结构：土的结构强度大，则限制胀缩变形的作用大，当土的结构被破坏后，胀缩性增大。

2. 外因

膨胀土发生胀缩变形的外部因素主要有以下几个方面：①气候条件：包括降雨量、蒸发量、气温、相对湿度和地温等，雨季土体吸水膨胀，旱季失水收缩。②地形地貌：同类膨胀地基，地势低处比高处胀缩变形小，例如云南某小学三排教室条件相同，建在三个台阶形膨胀土上，结果高处教室严重破坏，低处教室完好无损。③周围树木：尤其是阔叶乔木，旱季树根吸水，加剧地基上的干缩变形，使邻近树木房屋开裂。④日照程度：房屋向阳面开裂多，背阴面开裂少。

（三）工程地质分类

按地貌、地层、岩性、矿物成分等因素，我国膨胀土的工程地质分为三类，如表 5-12 所示。

表 5-12 膨胀土工程地质分类

类别	地貌	地层	岩性	矿物成分	物理性指标				分布的典型地区
					$w(\%)$	e	$w_L(\%)$	I_P	
一类	分布在盆地的边缘与丘陵地	晚第三纪至第四纪湖相沉积及第四纪风化层	以灰白、灰绿的杂色黏土为主（包括半成岩的岩石），裂隙特别发育，常有光滑面或擦痕	以蒙脱石为主	20~37	0.6~1.1	45~90	21~48	云南蒙自鸡街，广西宁明，河北邯郸，河南平顶山，湖北襄樊
二类	分布在河流的阶地	第四纪冲积、洪积坡洪积层（包括少量冰水沉积）	以灰褐、褐黄、红黄色黏土为主，裂隙很发育，有光滑面与擦痕	以伊利石为主	18~23	0.5~0.8	36~54	18~30	安徽合肥，四川成都，湖北拔江、郧县，山东临沂
三类	分布在岩溶地区平原谷地	碳酸盐类岩石的残积、坡积及其冲积层	以红棕、棕黄色高塑性黏土为主，裂隙发育，有光滑面和擦痕		27~38	0.9~1.4	50~100	20~45	广西贵县、来宾、武宣

（四）膨胀土对建筑物的危害

膨胀土这种显著的吸水膨胀、失水收缩特性，给工程建设带来极大危害，使大量的轻型房屋发生开裂、倾斜，公路路基发生破坏，堤岸、路堑产生滑坡。美国土木工程学会在1973年曾进行过统计报导，在美国由于膨胀土的问题造成的损失，至少达23亿美元，而根据1993年第七届国际膨胀土会议中的报导，目前这种损失每年已超过100亿美元，比洪水、飓风和地震所造成的损失总和的两倍还多。在我国，据不完全统计，在膨胀土地区修建的各类工业与民用建筑，因地基土胀缩变形而导致损坏或破坏的有1000万，其中广西就占1/10。全国通过膨胀土地区的铁路线约占铁路总长度的15％～25％，因膨胀土而带来的各种病害非常严重，每年直接的整修费就在亿元以上。由于上述情况，膨胀土的工程问题已引起包括我国在内的各国学术界和工程界的高度重视。

在我国，房屋建筑工程是涉及膨胀土较早的工程，故有关膨胀土对房屋建筑造成的危害研究开展较早。研究结果表明，建造在膨胀土地基上的房屋破坏具有如下一些规律：

（1）建筑物的开裂破坏一般具有地区性成群出现的特点，且以低层、轻型、砖混结构损坏最为严重，因为这类房屋重量轻，结构刚度小，基础埋深浅，地基土易受外界环境变化的影响而产生胀缩变形。

（2）房屋在垂直和水平方向都受弯和受扭，故在房屋转角处首先地基开裂，墙上出现正、倒八字形裂缝、X型交叉裂缝，外纵墙基础由于受到在膨胀过程中产生的竖向切力和侧向水平推力的作用，造成基础外移而产生水平裂缝，并伴有水平位移。室内地坪和楼板发生纵向隆起开裂。

（3）膨胀土边坡不稳定，地基会产生水平和垂直向的变形，因而坡地上的建筑物损坏要比平地上普遍而又严重。

二、膨胀土地基的评价

（一）膨胀土的胀缩性指标

为判别膨胀土以及评价膨胀土的胀缩性，常用下述一系列胀缩性指标。

1. 自由膨胀率 δ_{ef}

将人工制备的磨细烘干土样，经无颈漏斗注入量土杯，量其体积，然后倒入盛水的量筒中，经充分吸水膨胀稳定后，再测其体积。增加的体积与原体积的比值 δ_{ef} 称为自由膨胀率。

$$\delta_{ef} = \frac{V_w - V_0}{V_0} \tag{5-19}$$

式中　V_0——干土样原有体积，即量土杯体积，ml；

　　　V_w——土样在水中膨胀稳定后的体积，由量筒刻度量出，ml。

自由膨胀率 δ_{ef} 表示膨胀土在无结构力影响下和无压力作用下的膨胀特性，可反映土的矿物成分及含量。该指标一般用作膨胀土的判别指标。

2. 膨胀率 δ_{ep} 与膨胀力 P_e

膨胀率表示原状土在侧限压缩仪中，在一定压力下，浸水膨胀稳定后，土样增加的高度与原高度之比，按下式计算

$$\delta_{ep} = \frac{h_w - h_0}{h_0} \tag{5-20}$$

式中　h_w——土样浸水膨胀稳定后的高度，mm；

　　　h_0——土样的原始高度，mm。

　　膨胀率可以分为不同压力下的膨胀率，以及在 50kPa 压力下的膨胀率，前者用于计算地基的实际膨胀变形量或胀缩变形量，后者用于计算地基的分级变形量，划分地基的胀、缩等级。

　　以各级压力下的膨胀率 δ_{ep} 为纵坐标，压力 p 为横坐标，将试验结果绘制成 $p\text{-}\delta_{ep}$ 关系曲线，该曲线与横坐标的交点 P_e 称为试样的膨胀力，如图 5-3 所示。膨胀力表示原状土样，在体积不变时，由于浸水膨胀产生的最大内应力。膨胀力在选择基础型式及基底压力时，是个很有用的指标。在设计上如果希望减少膨胀变形，应使基底压力接近于膨胀力。

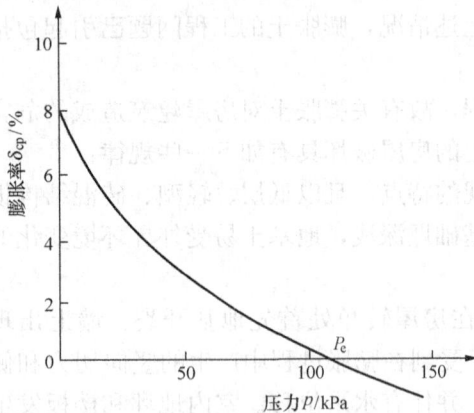

图 5-3　膨胀率—压力曲线图

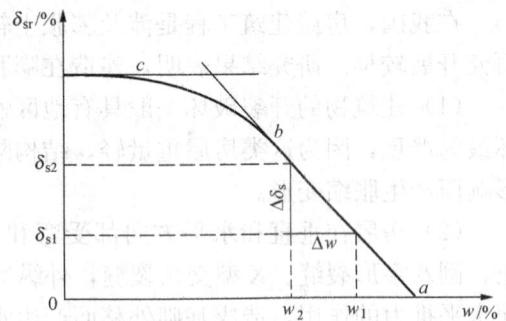

图 5-4　收缩曲线

　　3. 线缩率 δ_{sr} 与收缩系数 λ_s

　　膨胀土失水收缩，其收缩性可用线缩率与收缩系数表示。线缩率 δ_{sr} 是指土的竖向收缩变形与原状土样高度之比，表示为

$$\delta_{sri} = \frac{h_0 - h_i}{h_0} \times 100\% \tag{5-21}$$

式中　h_0——土样的原始高度，mm；

　　　　h_i——某含水量 w_i 时的土样高度，mm。

　　根据不同时刻的线缩率及相应含水量，可绘成收缩曲线如图 5-4 所示。可以看出，随着含水量的蒸发，土样高度逐渐减小，δ_{sr} 增大，图中 ab 段为直线收缩段，bc 段为曲线收缩过渡段，至 c 点后，含水量虽然继续减少，但体积收缩已基本停止。

　　利用直线收缩段可求得收缩系数 λ_s，其定义为：原状土样在直线收缩阶段内，含水量每减少 1% 时所对应的线缩率的改变值，即

$$\lambda_s = \frac{\Delta\delta_{sr}}{\Delta w} \tag{5-22}$$

式中　Δw——收缩过程中直线变化阶段内，两点含水量之差，%；

　　　　$\Delta\delta_{sr}$——两点含水量之差对应的竖向线缩率之差，%。

　　收缩系数与膨胀率，是地基变形计算中的两项主要指标。

　　（二）膨胀土的建筑场地及地基评价

　　1. 膨胀土的判别

　　《膨胀土规范》中规定，凡具有下列工程地质特征的场地，且自由膨胀率 $\delta_{ef} \geqslant 40\%$ 的

土，应判定为膨胀土。

（1）裂缝发育，常有光滑面和擦痕，有的裂隙中充填灰白、灰绿色黏土，在自然条件下呈坚硬或硬塑状态。

（2）多出露于二级或二级以上阶地、山前和盆地边缘丘陵地带，地形平缓，无明显自然陡坎。

（3）常见浅层塑性滑坡、地裂，新开挖坑（槽）壁易发生坍塌等。

（4）建筑物裂缝随气候变化而张开和闭合。

2. 膨胀土的建筑场地

根据地形地貌条件，膨胀土的建筑场地可分为下列两类：

（1）平坦场地：地形坡度 $i<5°$；地形坡度 $5°<i<14°$，距坡肩水平距离大于 10m 的坡顶地带。

（2）坡地场地：地形坡度 $i\geqslant5°$；地形坡度虽然 $i<5°$，但同一建筑物范围内局部地形高差大于 1m。这类场地对建筑物更为不利。

3. 膨胀土的胀缩潜势

根据自由膨胀率 δ_{ef} 的大小，膨胀土的膨胀潜势可分为弱、中、强三类，见表 5-13。

4. 膨胀土地基的胀缩等级

根据地基的膨胀、收缩变形量对低层砖混房屋的影响程度，《膨胀土规范》将膨胀土的胀缩等级分为Ⅰ、Ⅱ、Ⅲ三级，见表 5-14。

表 5-13　膨胀土的膨胀潜势分类

自由膨胀率（%）	膨 胀 潜 势
$40\leqslant\delta_{ef}<65$	弱
$65\leqslant\delta_{ef}<90$	中
$\delta_{ef}\geqslant90$	强

表 5-14　膨胀土地基的胀缩等级

地基分级变形量 S_c（mm）	级别	破坏程度
$15\leqslant S_c<35$	Ⅰ	轻微
$35\leqslant S_c<70$	Ⅱ	中等
$S_c\geqslant70$	Ⅲ	严重

三、膨胀土地基变形量、承载力计算

（一）膨胀土地基变形量计算

膨胀土地基的变形指的是胀、缩变形，而其变形形态则与当地气候、地形、地湿、地下水运动以及地面覆盖、树木植被、建筑物重量等因素有关，在不同条件下可表现为 3 种不同的变形形态即上升型变形、下降型变形和升降型变形。因此膨胀土地基变形量计算应根据实际情况，可按下列 3 种情况分别计算：①当离地表 1m 处地基土的天然含水量等于或接近最小值时，或地面有覆盖且无蒸发可能时，以及建筑物在使用期间经常受水浸湿的地基，可按膨胀变形量计算；②当离地表 1m 处地基土的天然含水量大于 1.2 倍塑限含水量时，或直接受高温作用的地基，可按收缩变形量计算；③其他情况下可按胀、缩变形量计算。

地基变形量的计算方法仍采用分层总和法。下面分别将上述 3 种变形量计算方法介绍如下：

1. 地基土的膨胀变形量 S_e

膨胀变形量 S_e 应按下式计算

$$S_e = \psi_e \sum_{i=1}^{n} \delta_{epi} h_i \tag{5-23}$$

式中　ψ_e——计算膨胀变形量的经验系数，宜根据当地经验确定。若无可依据经验时，3 层及 3 层以下建筑物，可采用 0.6；

　　　　δ_{epi}——基础底面下第 i 层土在该层土的平均自重应力与平均附加应力之和作用下的膨胀率，由室内实验确定，%；

　　　　h_i——第 i 层土的计算厚度，mm；

　　　　n——自基础底面至计算深度 Z_n 内所划分的土层数，计算深度应根据大气影响深度确定；有浸水可能时，应根据浸水影响深度确定。

2. 地基土的收缩变形量 S_s

收缩变形量 S_s 应按下式计算

$$S_s = \psi_s \sum_{i=1}^{n} \lambda_{si} \Delta w_i h_i \tag{5-24}$$

$$\Delta w_i = \Delta w_1 - (\Delta w_1 - 0.01) \frac{z_i}{z_n} \tag{5-25}$$

$$\Delta w_1 = w_1 - \psi_w w_p \tag{5-26}$$

式中　ψ_s——计算收缩变形量的经验系数，宜根据当地经验确定。若无可依据经验时，3 层及 3 层以下建筑物，可采用 0.8；

　　　　λ_{si}——第 i 层土的收缩系数，应由室内试验确定；

　　　　Δw_i——地基土收缩过程中，第 i 层土可能发生的含水率变化的平均值（以小数表示）；

　　　　n——自基础底面至计算深度内所划分的土层数。计算深度可取大气影响深度。当有热源影响时，应按热源影响深度确定；

w_1、w_p——地表下 1m 处土的天然含水率和塑限含水率（以小数表示）；

　　　　ψ_w——土的湿度系数；指在自然气候影响下，地表下 1m 深度处土层含水量的最小值与其塑限值之比，可根据当地记录资料确定，无此资料时可按《膨胀土规范》所给公式计算；

　　　　z_i——第 i 层土的深度，m；

　　　　z_n——计算深度，可取大气影响深度，膨胀土的大气影响深度，应由各气候区的深层变形观测或含水量观测及地温观测资料确定；无此资料时，可按表 5-15 采用，m。

在地下 4m 土层深度内，存在不透水基岩时，可假定含水量变化值为常数，在计算深度内有稳定地下水位时，可计算至水位以上 3。

表 5-15　　　　　　　　　　　　**大气影响深度 d_a**　　　　　　　　　　　　　　　m

土的湿度系数 ψ_w	大气影响深度 d_a	大气影响急剧层深度
0.6	5.0	2.25
0.7	4.0	1.80
0.8	3.5	1.58
0.9	3.0	1.35

3. 地基土的胀缩变形量 s

胀缩变形量 s 应按下式计算

$$S = \psi \sum_{i=1}^{i} (\delta_{epi} + \lambda_{si} \Delta w_i) h_i \tag{5-27}$$

式中　ψ——计算胀缩变形量的经验系数，可取 0.7。

4．膨胀土地基变形量

（1）地基土的计算变形量应符合下式要求

$$s_j \leqslant [s_j] \tag{5-28}$$

式中　s_j——天然地基或人工地基及采用其他处理措施后的地基变形量计算值，mm；

　　　$[s_j]$——建筑物的地基容许变形值，可按表 5-16 取值，mm。

（2）膨胀土地基变形量取值，应符合下列规定：①膨胀变形量应取基础某点的最大膨胀上升量。②收缩变形量应取基础某点的最大收缩下沉量。③胀缩变形量应取基础某点的最大膨胀上升量与最大收缩下沉量之和。④变形差应取相邻两基础的变形量之差。⑤局部倾斜应取砖混承重结构沿纵墙 6～10m 内基础两点的变形量之差与其距离的比值。

表 5-16　　　　　　　　　　　　　建筑物的膨胀土地基容许变形值

结　构　类　型	地基相对变形		地基变形量（mm）
	种类	数值	
砖混结构	局部倾斜	0.001	15
房屋长度三到四开间及四角有构造柱或配筋砖混承重结构	局部倾斜	0.001 5	30
工业与民用建筑相邻柱基			
①框架结构无填充墙时	变形差	$0.001l$	30
②框架结构有填充墙时	变形差	$0.000 5l$	20
③当基础不均匀沉降时，不产生附加应力的结构	变形差	$0.003l$	40

注　l 为相邻柱基的中心距离，m。

（二）膨胀土地基承载力

膨胀土地基承载力常用下述两种方法确定：

1．现场浸水载荷试验方法确定

对荷载较大的建筑物可用此法。要求方形承压板宽度 $b \geqslant 0.707$m，在离压板中心 $2b$ 距离的两侧钻孔各一排，2×14 孔；或挖砂沟；充填中粗砂，深度不小于当地大气影响深度或 $4b$。载荷试验分级加荷至设计荷载沉降稳定后，由钻孔或砂沟两面浸水，使土体膨胀稳定后停止浸水，再分级加荷直至破坏。取破坏荷载的一半为地基土承载力基本值 f_0。

2．经验法

有些地区已有大量试验资料，制定了承载力表，可供一般工程采用。无资料地区，可按表 5-17 数据选用。

表 5-17　　　　　　　　　　　　　膨胀土地基承载力基本值 f_0　　　　　　　　　　　　　　　kPa

$\alpha_w = \dfrac{w}{w_L}$ ＼ 孔隙比 e	0.6	0.9	1.1	备　　　　注
$a_w < 0.5$	350	280	200	此表适用于基坑开挖时土的含水率等于或小于勘察取土试验时土的天然含水率
$0.5 \leqslant a_w < 0.6$	300	220	170	
$0.6 \leqslant a_w \leqslant 0.7$	250	200	150	

四、膨胀土地基的工程措施

由于膨胀土的变形受外界影响因素较多，且带有周期变形性质，因此在地基设计时主要控制最大变形值，使其不超过允许值；当不满足要求时，应针对膨胀土的胀缩特性从地基、基础、上部结构及施工等方面采取措施。

（一）建筑措施

（1）建筑物应尽量布置在地形条件比较简单、土质比较均匀、胀缩性较弱的场地。

（2）建筑物体型应力求简单。在地基土显著不均匀处，建筑物平面转折部位或高度（荷重）有显著差异部位及建筑结构类型不同部位，应设置沉降缝。

（3）加强隔水、排水措施，尽量减少地基土的含水量变化。室外排水应畅通，避免积水，屋面排水宜采用外排水；排量较大时，应采用雨水明沟或管道排水。散水宜较宽设置，一般均应大于 1.2m，并加隔热保温层。

（4）室内地面设计应根据要求区别对待。

对Ⅲ级膨胀土地基和使用要求特别严格的地面，可采用地面配筋或地面架空的措施。要求不严的地面按通常方法，也可采用预制块铺砌。大面积地面应作分格变形缝。

（二）结构措施

（1）膨胀土地区宜建造 3 层以上的高层房屋以加大基底压力，防止膨胀变形。

（2）较均匀的弱膨胀土地基可采用条形基础，若基础埋深较大或条基基底压力较小时，宜采用墩基础。

（3）承重砌体结构可采用实心砖墙，不得采用空斗墙、砌块墙或无砂混凝土砌体，不宜采用砖拱结构、无砂大孔混凝土和无筋中型砌块等对变形敏感的结构。

（4）设置圈梁和构造柱来增加房屋的整体刚度。基础顶部和房屋顶层宜设置圈梁，多层房屋的其他各层可隔层设置，必要时也可层层设置。

（5）钢和钢筋混凝土排架结构、山墙和内隔墙应采用与柱基相同的基础型式；围护墙应砌置在基础梁上，基础梁底与地面之间宜留有 10cm 左右的空隙。

（三）地基处理

膨胀土地基处理的目的在于减少或消除地基胀缩对建筑物产生的危害。常用的方法有如下几种：

1. 换土垫层

在较强或强膨胀性土层出露较浅的建筑场地，或建筑物在使用上对不均匀变形有严格要求时，可采用非膨胀性的黏性土、砂石、灰土等置换膨胀土，以减少可膨胀的土层，达到减少地基胀缩变形量的目的。换土厚度应通过变形计算确定。

2. 石灰灌浆加固

在膨胀土中掺入一定量的石灰能有效提高土的强度，增加土中湿度的稳定性，减少膨胀性。工程上可采用压力灌浆的方法将石灰浆液灌注入膨胀土的裂隙中起加固作用。

3. 桩基

当大气影响深度较深，膨胀土层厚，选用地基加固或墩式基础施工有困难或不经济时，可选用桩基。这种情况下，桩基应穿过膨胀土层使桩尖锚固在非膨胀土层或伸入大气影响急剧层以下的土层中。具体桩基设计应满足《膨胀土规范》的要求。

4. 其他方法

除了这些常用的方法外，还可以根据膨胀土的特性和各类地基加固方法的特点，因地制宜，选用切实可行的加固方法。例如澳大利亚针对住宅旁大树吸水与蒸发引起房屋破坏的情况，采取移去树木或在树木房屋中间设置竖直隔墙及深基托换等方法。

在膨胀土地基上进行基础施工时，宜采用分段快速作业法。施工过程不得使基坑曝晒或泡水，雨季施工应采取防水措施。基础施工出地面后，基坑应及时分层回填完毕。

对于坡地，由于膨胀土边坡具有多向失水性及不稳定性，且坡地建筑一般都需要挖填方，致使土质不均性更为突出，因此坡地上的建筑破坏普遍比平坦地严重，应尽量避免将房屋建造在这类坎坡上。当必须在坎坡上修建房屋时，则应首先治坡，整治环境，待治坡完成后再开始兴建建筑物。因为如果坡体一旦处于不稳定状态，单纯的局部地基处理是很难奏效的。

治坡包括排水措施、设置支挡和设置护坡三个方面。护坡对膨胀土边坡的作用不仅是防止冲刷，更重要的是保持坡体内含水量的稳定。

第四节　冻土地区的基础工程

一、冻土的概念

（一）冻土的概念及类别

在寒冷季节温度低于零摄氏度，土中水冻结成冰，土粒与土粒间处于胶结状态，此时土称为冻土。冻土根据其冻融情况分为以下三类：

（1）季节性冻土：指冬季冻结，夏季全部融化的冻土。我国华北、东北与西北大部分地区属此类冻土。在基础设计时，应考虑当地冻结深度。

（2）隔年冻土：指冬季冻结，一两年内不融化的土。

（3）多年冻土：指持续冻结时间在两年或两年以上的土。这种冻土通常很厚，常年不融化，具有特殊的性质。当温度条件改变时，其物理力学性质随之改变，并产生冻胀、融陷、热融滑塌等现象。

（二）冻土的分区与形态

1. 按冻土在平面上的分布形态分区

（1）零星冻土区：冻土面积仅占 5%～30%。

（2）岛状冻土区：冻土面积占 40%～60%。

（3）断续冻土区：冻土面积占 70%～80%。

（4）整体冻土区：冻土面积＞90%，厚度达 30m 以上。

2. 竖向形态

（1）衔接的冻土：季节性冻层能冻到多年冻土的顶面，如青藏高原的多年冻土属于这类。

（2）不衔接的冻土：季节性冻土层深度较浅，达不到多年冻土层顶面，两者之间存在一层未冻结的融土层。东北地区的部分多年冻土属于此类。

（三）冻土的物理力学性质

1. 冻土中未冻水的含量对其力学性质有很大影响，根据冻土中未冻水含量和冰的胶结

程度，可将冻土分为

（1）坚硬冻土：土中未冻水含量很少，土粒被冰牢固地黏结。坚硬冻土的强度高、压缩性小，在荷载作用下表现为脆性破坏，与岩石相似。

（2）塑性冻土：土中含有未冻水，冻土的强度不高，压缩性较大。

（3）松散冻土：土中的含水率较小，土粒未被冰所胶结，仍是冻前的松散状态，其力学性质与未冻土无大差别。

2. 冻土的构造与融沉性

（1）冻土的结构：由于土的冻结速度、冻结和边界及土中水的多少不同，在冻结中可以形成三种冻土结构：

1）粒状结构：冻结时没有水分转移，水分就在原来的孔隙中结成冰。一般的砂土或含水量小的黏性土具有这种结构，如图 5-5（a）所示。

2）层状结构：土在单向冻结并伴有水分转移时形成这种结构。冰和矿物颗粒离析，形成冰夹层。在饱和的黏性土或粉砂中常见，如图 5-5（b）所示。

3）网状结构：土在多向冻结条件下并有水分转移时形成网状结构，如图 5-5（c）所示。

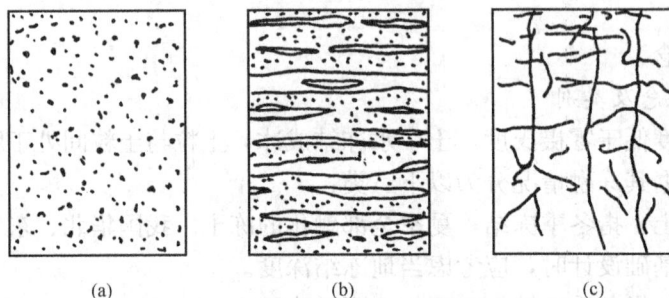

(a)　　　　　　　　　(b)　　　　　　　　　(c)

图 5-5　冻土的构造

（2）冻土的融沉性：冻土在温度升高时，土中冰融化成水，体积减少，冻土因此而融陷下沉的特性称为冻土的融沉性。冻土的融沉性是评价冻土工程性质的重要指标。晶粒构造冻土融沉性小，网状构造冻土融沉性大。冻土的融沉性由试验测定，并用融沉系数 δ_0 表示。

$$\delta_0 = \frac{h_1 - h_2}{h_1} = \frac{e_1 - e_2}{1 + e_1} \times 100 \tag{5-29}$$

式中　h_1、e_1——分别为冻土试样融化前的高度（mm）和孔隙比；

　　　　h_2、e_2——分别为冻土试样融化后的高度（mm）和孔隙比。

一般冻土，根据融沉系数 δ_0 的大小分为以下四类：

　　　　　$\delta_0 \leqslant 3\%$　　　　　　　　　为弱融沉

　　　　　$5\% < \delta_0 \leqslant 10\%$　　　　　为融沉

　　　　　$10\% < \delta_0 \leqslant 25\%$　　　　为强融沉

　　　　　$\delta_0 > 25\%$　　　　　　　　　为融陷

多年冻土，根据融沉系数 δ_0 的大小，按表 5-18 划分为不融沉、弱融沉、融沉、强融沉和融陷五类。

表 5-18　　　　　　　　　　　　　　多年冻土的融沉性分类

土 的 名 称	总含水量 w（%）	平均融沉系数 δ_0	融沉等级	融沉类别	冻土类型
碎（卵）石，砾、粗、中砂（粒径小于 0.074mm 的颗粒含量不大于 15%）	$w<10$	$\delta_0\leqslant1$	I	不融沉	少冰冻土
	$w\geqslant10$	$1<\delta_0\leqslant3$	II	弱融沉	多冰冻土
碎（卵）石，砾、粗、中砂（粒径小于 0.074mm 的颗粒含量大于 15%）	$w<12$	$\delta_0\leqslant1$	I	不融沉	少冰冻土
	$12\leqslant w<15$	$1<\delta_0\leqslant3$	II	弱融沉	多冰冻土
	$15\leqslant w<25$	$3<\delta_0\leqslant10$	III	融 沉	富冰冻土
	$w\geqslant25$	$10<\delta_0\leqslant25$	IV	强融沉	饱冰冻土
粉、细砂	$w<14$	$\delta_0\leqslant1$	I	不融沉	少冰冻土
	$14\leqslant w<18$	$1<\delta_0\leqslant3$	II	弱融沉	多冰冻土
	$18\leqslant w<28$	$3<\delta_0\leqslant10$	III	融 沉	富冰冻土
	$w\geqslant28$	$10<\delta_0\leqslant25$	IV	强融沉	饱冰冻土
粉 土	$w<17$	$\delta_0\leqslant1$	I	不融沉	少冰冻土
	$17\leqslant w<21$	$1<\delta_0\leqslant3$	II	弱融沉	多冰冻土
	$21\leqslant w<32$	$3<\delta_0\leqslant10$	III	融 沉	富冰冻土
	$w\geqslant32$	$10<\delta_0\leqslant25$	IV	强融沉	饱冰冻土
黏 性 土	$w<w_p$	$\delta_0\leqslant1$	I	不融沉	少冰冻土
	$w_p\leqslant w<\omega_p+4$	$1<\delta_0\leqslant3$	II	弱融沉	多冰冻土
	$w_p+4\leqslant w<w_p+15$	$3<\delta_0\leqslant10$	III	融 沉	富冰冻土
	$w_p+15\leqslant w<w_p+35$	$10<\delta_0\leqslant25$	IV	强融沉	饱冰冻土
含土冰层	$w\geqslant w_p+35$	$\delta_0>25$	V	融 陷	含土冰层

注　1. 总含水量 ω，包括冰和未冻水。
　　2. 盐渍化冻土、冻结泥碳化土、腐殖土、高塑性粒土不在表列。

3. 冻土的主要物理指标

（1）相对含冰量 i_c：指冰的质量与全部水的含量（包括冰）之比，%。

（2）未冻水含量 w_r

$$w_r=(1-i_c)w \qquad (5\text{-}30)$$

式中　w——含水率。

（3）饱冰度 V（%）：指冰的质量与土的总质量之比，%。

可用下式表示

$$V=\frac{i_c w}{1+w} \qquad (5\text{-}31)$$

（4）冰夹层含水率 w_b：指冰夹层的水的质量与土骨架质量之比，%。

（5）冰夹层含冰量 B_b：指冰透镜体的冰夹层体积占冻土总体积的百分比。

（6）冻胀量 V_p：指土在冻结过程中的相对体积冻胀，以小数表示，按下式计算

$$V_p=\frac{\gamma_r-\gamma_d}{\gamma_r} \qquad (5\text{-}32)$$

式中　γ_r、γ_d——分别为冻土融化后和融化前的干容重，kN/m^3。

根据冻胀量 V_p 的大小，可将冻土分为三类：

$V_p<0$　　　　　　　　　　　不冻胀土；

$0\leqslant V_p\leqslant0.22$　　　　　　弱冻胀土；

$V_p>0.22$　　　　　　　　　冻胀土。

4. 冻土的抗压强度与抗剪强度

（1）冻土的抗压强度：由于冰的胶结作用，冻土的抗压强度大于未冻土，并随温度降低而增高。由于冻土的流变性非常大，所以在长期荷载作用下，其极限抗压强度远低于瞬时荷载下的抗压强度。

（2）冻土的抗剪强度：冻土在长期荷载下的抗剪强度低于瞬时荷载的强度。冻土融化后的抗压强度与抗剪强度将显著降低。对于含冰量很大的土，融化后的内聚力约为冻结时的1/10。这时，建于冻土上的建筑物将因地基强度破坏而造成严重事故。

5. 冻土的变形性质

冻土在短期荷载作用下，压缩性很低，类似于岩石，其变形可忽略不计。但在长期荷载作用下，冻土的压缩性很大，必须考虑冻土地基的变形。

冻土融化时结构破坏，有时变成高压缩性和稀释的土体，产生剧烈的融沉变形。图 5-6 (a) 表示冻土在融化前后孔隙比 e 发生明显的突变。图 5-6 (b) 表示孔隙比 Δe 变化与压力 p 的关系。压力 p 越大，则融化前后的孔隙比之差 Δe 也越大。在一定压力范围内（$p \leqslant 500\text{kPa}$），这一关系可视为线性关系，并以下式表示

$$\Delta e = A + \alpha p \tag{5-33}$$

式中　A——$\Delta e - p$ 曲线在纵轴上的截距，称为融陷系数；

　　　α——$\Delta e - p$ 曲线的斜率，为冻土融化时的压缩系数，MPa^{-1}。

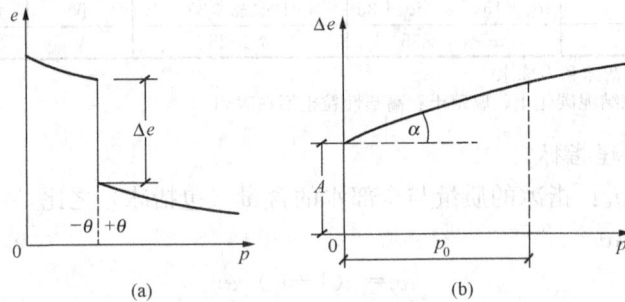

图 5-6　冻土融化前后孔隙比变化曲线

冻土地基的融陷变形 s 可按下式计算

$$s = \frac{\Delta e}{1 + e_1} h = \frac{A}{1 + e_1} h + \frac{\alpha p}{1 + e_1} h = A_0 h + \alpha_0 p h \tag{5-34}$$

式中　e_1——冻土的原始孔隙比；

　　　h——土层融化前的厚度，m；

　　　A_0——冻土的相对融陷量，$A_0 = \dfrac{A}{1 + e_1}$；

　　　α_0——冻土引用压缩系数，$\alpha_0 = \dfrac{\alpha}{1 + e_1}$，$\text{MPa}^{-1}$；

　　　p——作用在冻土上的总压力，即土的自重压力和附加压力之和，kPa。

二、季节性冻土地区基础工程

（一）季节性冻土的冻胀性分类

季节性冻土的冻胀性与融陷性是相互联系的，常以冻胀性加以概括。《建筑地基规范》

（GB 50007—2002）根据土的类别、天然含水量大小和地下水位相对深度，将地基土划分为不冻胀、弱冻胀、冻胀、强冻胀和特强冻胀五类，见表1-2。

（二）季节性冻土地区基础埋深的确定

（1）由表1-2可知，粗颗粒（细砂、中砂、粗砂、砾砂）为不冻胀土，对于埋置在不冻胀土中的基础，其埋深可不考虑冻深的影响。

（2）一般季节性冻土地区受冻深的影响，基础埋深最小值可按式（1-2）计算。

（三）防止冻害的措施

在季节性冻土区，一般应采取以下防冻措施：

（1）选择建筑物持力层时，尽可能选择不冻胀或弱冻胀土层。

（2）宜选用地势高、地下水位低、地表排水良好的建筑场地。对低洼场地，宜在建筑物四周向外1倍冻深距离范围内，使室外地坪至少高于自然地面300mm～500mm。

（3）当冻结深度与地基的冻胀性都较大时，应采取减少或清除切向冻胀力的措施，如在基础侧面控除冻胀土，回填中、粗砂等不冻胀土。

（4）在强冻胀性和特强冻胀性地基上，其基础结构应设置钢筋混凝土圈梁和基础梁，并控制上部结构的长高比，增强房屋的整体刚度。

（5）当独立基础联系梁下或桩基础承台下有冻土时，应在梁或承台下留有相当于该土层冻胀量的孔隙，以防止因土的冻胀将梁或承台拱裂。

（6）对跨年度施工的建筑，入冬前应对地基采取相应的保护措施；按采暖设计的建筑物，当冬季不能正常采暖，也应对地基采取保温措施。

三、多年冻土地区基础工程

多年冻土地区基础设计，一般按保持冻结状态的设计原则进行设计。

（一）基础的结构形式

为了尽量减少基础传入地基的热量，采用柱基或桩基，同时还应采取相应的措施。

（1）设置架空而且通风的底层地板。

（2）采用地下冷却装置（冷却管、地沟等）。通风管或外墙上留的通风口的面积应经过热功计算。在夏季这些地区通风口应能闭上，以免室外的空气进入。

（二）多年冻土地区最小埋深 $d_{\min}$

多年冻土地区基础最小埋深应符合表5-19的规定：

表 5-19　基础最小埋置深度 $d_{\min}$　　m

建筑物安全等级	基础类型	基础最小埋深 $d_{\min}$
一、二级	建筑物基础（桩基除外）	$z_d^m + 1$
	建筑物桩基础	$z_d^m + 2$
三　级	建筑物基础	z_d^m

表中：z_d^m，融深设计值，可按下式计算

$$z_d^m = z_0^m \psi_s^m \psi_w^m \psi_c^m \psi_{t0}^m \qquad (5-35)$$

式中　z_0^m——标准融深，m；

ψ_s^m——土质（岩性）影响系数，按表5-20的规定采用；

ψ_w^m——湿度（融深性）对融深的影响系数，按表5-21的规定采用；

ψ_{t0}^m——地形对融深的影响系数，按表5-22的规定采用；

ψ_c^m——覆盖对融深的影响系数，对草炭覆盖的地表取0.7。

表 5-20   **土质（岩性）对融深的影响系数 ψ_s^m**

土质（岩性）	ψ_s^m	土质（岩性）	ψ_s^m
黏性土	1.00	中、粗、砾砂	1.30
细砂、粉砂、粉土	1.20	碎（卵）石土	1.40

表 5-21 湿度(融沉性)对融深的影响系数 ψ_w^m

湿度（融沉性）	ψ_w^m	湿度（融沉性）	ψ_w^m
不融沉	1.00	强融沉	0.85
弱融沉	0.95	融陷	0.80
融沉	0.90		

表 5-22   地形对融深的影响系数 ψ_0^m

地　形	ψ_0^m	地　形	ψ_0^m
平　坦	1.00	阴　坡	1.10
阳　坡	0.90		

第五节 地震区的基础工程

一、地基及基础的震害

（一）概述

我国地处世界上两大最活跃的地震带，东濒环太平洋地震带，西部和西南部属于欧亚地震带的一部分，是世界上地震多发国家之一。

我国地震灾害有如下特点：

（1）地震活动区域分布范围广，基本烈度在 7 度和 7 度以上地区的面积约占全部国土面积的 32.5%。

（2）地震区内的大中城市数量多。我国三百多个城市中有一半位于基本烈度 7 度或 7 度以上的地区。

（3）地震的震源浅。我国地震大多数属于三十公里深的浅源地震，地面振动的强度大，对建筑物的破坏比较严重。以 1976 年唐山地震为例，死亡人数 24.2 万人，直接经济损失达数百亿元，用于震后救灾和恢复重建的费用也将近百亿元，损失非常惨重。

（二）地基及基础的震害

地震所带来的破坏活动主要表现在：

1. 地基震害

地震造成地基的破坏有地基液化失效、震陷、滑坡、山石崩裂和地裂等现象。

地基液化失效是由于在短暂的地震震动过程中，土体有上缩的趋势，在来不及排水条件下，孔隙水压力骤然升高至孔隙水压力等于上覆压力，有效应力降至零，土的强度完全丧失，土体呈现近乎液体一样流动的现象。

地基发生液化，需同时满足下列三个条件：

（1）土质为疏松或稍密的粉砂、细砂或粉土。

（2）土层处于地下水位以下，呈饱和状态。

（3）遭遇大、中地震。

震陷指的是地震使地面产生了巨大的竖向永久变形（或称残留变形）。震陷多发生在松砂和软黏土中，还有岩溶地区等。它不仅使建筑物产生过大沉降，而且产生较大的差异沉降和倾斜，影响建筑物的安全和使用。

地震时，一面临空的河岸、海滨和土坡，在地震加速度作用下产生附加惯性力，使边坡土体的下滑力增加，同时抗滑的内摩擦力降低。这两个不利因素叠加，可能破坏原来处于平衡状态的土坡的稳定性，发生失稳滑坡。滑坡体的坡顶由于土层错动，往往产生地裂。地裂缝的数量、长短、深浅等与地震强度、地表情况、受力特征等有关，有规模较大的构造裂缝和较少的非构造裂缝。

2. 建筑物震坏

建筑物遭遇地震时的破坏情况与结构类型、抗震措施有关。主要有承重结构强度不足而造成破坏，如墙体裂缝、钢筋混凝土柱剪断或混凝土被压碎，房屋倒塌，砖烟囱错位折断等；由于节点强度不足、延性不够、锚固不够等使结构丧失整体性而造成破坏。

3. 引发次生灾害

地震往往伴随次生灾害，如水灾、火灾、毒气污染、泥石流、海啸等，由此引起的破坏也非常严重。

二、基础工程抗震设计

（一）抗震设计的基本原则

抗震设计应贯彻以预防为主的方针，使建筑经抗震设防后，减轻建筑物的地震破坏，避免人员伤亡，减少经济损失。抗震设防是以现有的科学水平和经济条件为前提，要求"大震不倒、中震可修、小震不坏。"即当遭受低于本地区设防烈度的多遇地震影响时，一般不受损坏或不需修理，仍可继续使用；当遭受本地区设防烈度的地震影响时，可能损坏，经一般修理或不需修理，仍可继续使用；当遭受高于本地区设防烈度预估的罕遇地震影响时，不倒塌或发生危及生命的严重破坏。

建筑物的设防标准与建筑物的重要性有关，按重要性，建筑物分如下四类：

甲类建筑——特别重要的建筑物，指地震破坏会导致严重后果的建筑物，如生产放射性物质的污染、剧毒气体的扩散、大爆炸及有重大政治、经济和社会影响的建筑物。

乙类建筑——重要的建筑物，包括城市生命线工程的建筑物和地震救灾需要的建筑物，诸如救护、医疗、广播、通信、交通枢纽、供电、供气、消防救火等建筑物。

丙类建筑——甲、乙以外的一般工业与民用建筑。

丁类建筑——次要的建筑物，如地震破坏不致造成人员伤亡和较大经济损失的建筑。

甲类建筑应按专门研究的动力参数进行地震作用分析，并采取特殊的抗震措施。乙类建筑应按本地区的设防烈度进行地震作用计算，提高一度采取抗震措施。丙类建筑按本地区设防烈度进行地震作用计算，并且按同样烈度采取抗震措施。丁类建筑一般不进行地震作用计算，并可降低一度采取设防措施。

（二）基础工程抗震设计

1. 天然地基抗震验算

（1）地基土抗震承载力。天然地基基础抗震验算时，在荷载组合中应计入地震作用。国内外有关资料表明：地基土在有限次循环动力作用下，动强度一般较静强度高，考虑地震作用属于特殊荷载，作用时间短，在地震作用下，可靠度允许降低。因此，除淤泥与可液化土等软弱土外，地基土抗震承载力高于静载力，按下式计算

$$f_{aE} = \zeta_a f_a \tag{5-36}$$

式中 f_{aE}——修正后的地基土抗震承载力,kPa;

ζ_a——地基抗震承载力调整系数,按表 1-25 采用;

f_a——地基土经过基础宽度和深度修正后的承载力特征值。

(2)基础底面压力。验算天然地基地震作用下的竖向承载力时,应符合下列各项要求:

1)基础底面平均压力 $\bar{p}$

$$\bar{p} \leqslant f_{aE} \tag{5-37}$$

2)基础底面边缘最大压力 p_{max}

$$p_{max} \leqslant 1.2 f_{aE} \tag{5-38}$$

式中 $\bar{p}$——基础底面地震组合的平均压力设计值,kPa。

p_{max}——基础边缘地震组合的最大压力设计值,kPa。

3)高宽比大于 4 的建筑,在地震作用下不宜出现零应力区域,其他建筑基础底面与地基土之间零应力区面积,不应超过基础底面积的 15%,烟囱基础零应力区,应符合现行国家标准《烟囱设计规范》的要求。

(3)不需进行抗震承载力验算的建筑。根据震害调查,下列建筑可不进行天然地基及基础的抗震承载力验算:

1)砌体房屋、多层内框架砖房、底层框架砖房、水塔。

2)7 度和 8 度时,高度不超过 100m 的烟囱。

3)地基主要受力层范围内不存在软弱黏性土层的一般单层厂房、单层空旷房屋、多层民用框架房屋及与其基础荷载相当的多层厂房。

4)《建筑抗震设计规范》(GB50011—2001)规定可不进行上部结构抗震验算的建筑。

2. 液化地基抗震设计

(1)液化判别。根据我国多年来对地基液化的研究,明确液化可分两步来判别,即初步判别和标准贯入试验判别。

1)初步判别:按如下标准初步判定地基土是否可液化:①地质年代为第四纪晚更新世(Q_3)及其以前时,应判为不液化土。②粉土中黏粒含量(粒径小于 0.005mm 的颗粒)百分率,7 度、8 度和 9 度烈度区分别不小于 10,13 和 16 时,应判为不液化土。③上覆非液化土层厚度和地下水位深度符合下列条件之一时,可不考虑液化影响

$$d_u > d_0 + d_b - 2 \tag{5-39}$$

$$d_w > d_0 + d_b - 3 \tag{5-40}$$

$$d_u + d_w > 1.5 d_0 + 2 d_b - 4.5 \tag{5-41}$$

式中 d_u——上覆非液化土层厚度,若上覆土层内有淤泥和淤泥质土时,应扣除,m;

d_w——地下水位深度,宜按建筑使用期内年平均最高水位采用,也可按近期内年最高水位采用,m;

d_b——基础埋置深度,不超过 2m 时应采用 2m,m;

d_0——液化土特征深度,可按表 5-23 采用,m。

2)标准贯入试验判别。

<table>
<tr><td>表 5-23</td><td colspan="3">液化土特征深度 d_0</td><td>m</td></tr>
</table>

饱和土类别	烈　度		
	7	8	9
粉　　土	6	7	8
砂　　土	7	8	9

凡是经过初判认为属于可能液化土层或需要考虑液化的影响时，应采用标准试验方法进一步判定是否可液化。判别标准为：当饱和砂土或饱和粉土实测的标准贯入锤击数 $N_{63.5}$ 值小于按下式所确定的临界值 N_{cr} 时，应判为可液化土，大于或等于该值时，则为非液化土。

$$N_{cr} = N_0 \left[0.9 + 0.1(d_s - d_w) \right] \sqrt{\frac{3}{\rho_c}} \tag{5-42}$$

式中　N_{cr}——饱和土液化临界标准贯入锤击数；

　　　N_0——饱和土液化判别的标准贯入锤击数基准值，按表 5-24 采用；

　　　d_s——饱和土标准贯入点深度，m；

　　　ρ_c——饱和土的黏粒含量百分率，当 ρ_c（%）<3 时，取 ρ_c=3。

表 5-24　　　　　标准贯入锤击数基准值 N_0

设计地震分组	烈　度		
	7	8	9
第一组	6 (8)	10 (13)	16
第二、三组	8 (10)	12 (15)	18

注　表中括号内数字分别用于《建筑抗震设计规范》（GB50011—2001）附录 A 中设计基本地震加速度为 0.15g 和 0.3g 地区。

（2）液化等级评定。

1）液化指数 I_{LE}。已判为液化土层的地基，还应进一步探明各液化土层的深度和厚度，并按下式计算液化指数 I_{LE}。

$$I_{LE} = \sum_{i=1}^{n} \left(1 - \frac{N_i}{N_{cri}} \right) d_i \omega_i \tag{5-43}$$

式中　n——判别深度范围内各个钻孔标准贯入试验点的总数；

N_i、N_{cri}——分别表示每 i 个标准贯入点的实测值和临界值；

　　　d_i——第 i 个标准贯入点所代表的液化土层厚度，m；

　　　ω_i——反映第 i 个液化土层层位影响的权函数（当判别深度为 15m，该层中点深度不大于 5m 时取 10，等于 15m 时取 0，5～15m 时按线性内插法取值；当判别深度为 20m，且该层中点的深度不大于 5m 时取 10，等于 20m 时取 0，5～20m 时，按线性内插法取值），m^{-1}。

2）地基的液化等级。地基按液化指数 I_{LE} 的大小，分成表 5-25 所示三个等级，并作为采取抗液化措施的依据。

表 5-25　　　　　　　　　　　　地基液化等级

判别深度为 15m 时的液化指数	$0 < I_{LE} \leqslant 5$	$5 < I_{LE} \leqslant 15$	$I_{LE} > 15$
判别深度为 20m 时的液化指数	$0 < I_{LE} \leqslant 6$	$6 < I_{LE} \leqslant 18$	$I_{LE} > 18$
液　化　等　级	轻　微	中　等	严　重

三、基础工程抗震措施

（一）软弱黏土地基抗震措施

当建筑物地基的主要受力层范围内有软弱黏性土时，应结合具体情况，综合考虑采用下列抗震措施。

1．采用桩基

如软弱黏性土层不厚时，桩基应穿过软弱土层，进入坚实土层适当的深度；若软弱土层很厚，则设计经济的桩长。对于较高、较重或体形复杂的建筑物，不容许较大沉降的重要建筑物和设备基础，以及内部有较重地面堆载可能引起地基过量沉降的建筑物，均应采用桩基础，桩基是抗震性能良好的基础形式。

2．地基加固处理

软弱黏性土地基处理，应根据建筑物的规模、上部结构与基础形式，选择有效的处理方法。

3．改进基础和上部结构设计

选择合适的基础类型并适当加大基础埋置深度；合理选择地基的承载力特征值，适当调整基础底面面积，使静载下的基底压力尽量均匀，减少基础偏心；加强基础的整体性和刚度，如采用箱形基础、筏板基础或钢筋混凝土十字交叉基础，加设基础圈梁、基础连杆体系及设置构造柱等；减轻荷载、增加上部结构整体刚度和均衡对称性，合理设置沉降缝，避免采用对不均匀沉降敏感的结构形式等，管道穿过建筑处，应预留足够尺寸或采用柔性接头。

（二）不均匀地基

不均匀地基抗震设计的基本原则，应尽量避开不均匀地段，当无法避开时，应采取下列措施：

（1）详细勘察，查明不均匀地基的范围和性质。

（2）要尽量填平不必要的残存沟渠，在明渠两侧适当设置支挡。

（3）尽量避免在建筑物四周开沟挖坑，以防患于未然。

（4）软硬相差悬殊的地基应认真处理，尽可能使软硬差别缩小，如采用局部换土、重锤夯实，必要时可设置沉降缝。若不处理，即使采用钢筋混凝土筏板基础，也将发生基础断裂事故。

（三）可液化土层

为了保证建筑物的安全，一般情况下应避免用未经加固处理的可液化土层作为天然地基持力层。

对可液化地基采取措施应根据建筑物的重要性、地基的液化等级，结合具体情况综合确定，选择全部或部分消除液化沉陷、基础和上部结构进行处理等措施。

1．全部消除地基液化沉陷的措施

（1）采用桩基。桩端伸入液化深度以下稳定土层中的长度（不包括桩尖部分），应按计算确定，且对碎石土，砾、粗、中砂，坚硬黏性土不应小于 0.5m，对其他非岩石土不应小于 1.5m。

（2）采用深基础。深基础底面埋入液化深度以下稳定土层中的深度，不应小于 0.5m。

（3）采用加密法。可采用振冲、振动加密、砂桩挤密、强夯等方法进行加固。加密法加固时，应处理到液化深度下界，且处理后土层的标准贯入锤击数的实测值应大于相应的临界值。

（4）挖除全部液化土层，用非液化土代替全部液化土层。

2．部分消除地基液化沉陷的措施应符合下列要求

（1）处理的深度。应使处理后的地基液化指数不大于 4，对单独基础与条形基础，尚不应小于基础底面下液化土特征深度和基础宽度的较大值。

（2）处理方法。将处理深度范围内液化土层挖除，并用各类加密法加固，使处理深度范围内的土层，标准贯入锤击数实测值大于相应的临界值，成为不液化土。

（3）基础和上部结构处理措施。可以综合考虑埋深选择，调整基底尺寸，减小基础偏心，加强基础的整体性和刚度（如采用梁、加设圈梁、钢筋混凝土交叉条形基础、筏板基础或箱形基础等），以及减轻荷载，增强上部刚度和均匀对称性，合理设置沉降缝等。

（四）基础工程抗震措施

为了避免震害，确保建筑物的安全，除了在地基的设计中采取必要的抗震措施外，同时也应在基础工程设计中采用有利于抗震的类型。

（1）高层或多层建筑。尽量扩大基础底面面积，减小单位面积荷载，如采用箱形基础与筏板基础等有利于抗震的基础类型。

（2）多层或低层建筑。如采用砖混结构、条形基础，则设计时应加强建筑物的整体性，如设置水平方向的封闭式地梁、各楼层之间的圈梁和竖直方向在外墙四角和内外墙交接处设置钢筋混凝土构造柱，并使构造柱的钢筋与地圈梁及上部层间圈梁钢筋相连接。

（3）不良地基可采用桩基与石灰桩，以深层坚实土层作为持力层，有利于抗震，如用混凝土或钢筋混凝土桩，则抗震性能优良；必要时，还可以打斜桩，以承受水平荷载。

（4）加强基础与上部结构的连接，对建筑物抗震十分有利。可采取的措施如下：

1）对一般砖混结构的防潮层采用防水砂浆代替油毡。

2）在内外墙下室内地坪标高处加一道连续的闭合地梁。

3）上部结构采用组合柱时，柱的下端应与地梁牢固连接。

4）当地基土质较差时，还宜在基底配置构造钢筋。

5）在框架结构独立基础设计中，可在柱底端做水平向连系梁，并与基础相连接，形成空间整体结构，以利抗震。

（5）抗震工程的材料应有足够强度。黏土砖的强度等级不宜低于 MU10，砖砌体的砂浆强度等级及砖烟囱的砂浆强度等级不宜低于 M5。

混凝土砌体的强度等级，中型砌体不宜低于 MU10，小型砌体不宜低于 MU5，砌块的砂浆强度等级不宜低于 M5。

混凝土的强度等级，抗震等级为一级的框架梁、柱和节点不宜低于 C30；构造柱、芯柱、圈梁和基础（桩除外）不宜低于 C20，其他各类构件不宜低于 C25。

钢筋的强度等级，纵向钢筋宜采用 HRB400 级和 HRB335 级热轧钢筋，箍筋宜选用 HRB335、HRB400 和 HPB235 级热轧钢筋。

思　考　题

5-1　特殊土包括哪些土？为何称它们为特殊土？

5-2　软土的工程特性是什么？处理软土地基时，经常采用哪几种加固方法？

5-3　湿陷性黄土的主要工程性质是什么？如何判别黄土是否有湿陷性？

5-4　自重湿陷性黄土场地如何判别？计算自重湿陷量与总湿陷量有什么区别？如何判别湿陷性黄土地基的湿陷等级？

5-5　湿陷性黄土地基处理有哪些方法？什么条件适用换土垫层法？强夯法适用何类

情况？

5-6 膨胀土有何特性？自由膨胀率与膨胀率有何区别？如何判别膨胀土地基的胀缩等级？

5-7 膨胀土地基承载力如何确定？重要工程应采用哪些方法？一般工程可用哪种方法？膨胀土地基处理的工程措施包括哪几种？

5-8 多年冻土与季节性冻土有何不同？冻土分哪些种类？建筑物冻害防治措施有哪些？如何选用最佳的冻害防治方案？

5-9 地震按其成因分哪几类？地震震级与地震烈度的物理意义有何不同？有何联系？

5-10 产生地基液化的条件有哪些？如何判别地基液化？地基的液化等级分哪几等？

5-11 抗震设计的基本原则是什么？基础工程抗震设计中，应采用哪些抗震措施？

习　题

5-1 关中地区某住宅地基为黄土，天然容重 $\gamma = 17.5\text{kN/m}^3$，浸水饱和后 $\gamma_{sat} = 20.0\text{kN/m}^3$。现取深度 5m 处原状土样进行室内压缩试验。试样原始高度为 20mm。加压至 $p = 100\text{kPa}$ 时，下沉稳定后土样高度为 19.80mm。然后浸水，下沉稳定后土样高度为 19.40mm。另一原状土样，原始高度相同。加压到 $p = 200\text{kPa}$ 时下沉稳定后，百分表长针正好走了半圈。然后浸水，至下沉稳定后，百分表长针累计走了一圈。试评价该地基是否为湿陷性黄土？并计算自重湿陷系数。

5-2 陇西地区某工厂地基为自重湿陷性黄土。初勘结果：第①层黄土的湿陷系数 $\delta_{s1} = 0.013$，层厚 $h_1 = 1.0\text{m}$；第②层 $\delta_{s2} = 0.018$，$h_2 = 3.0\text{m}$；第③层 $\delta_{s3} = 0.030$，$h_3 = 1.5\text{m}$；第④层 $\delta_{s4} = 0.050$，$h_4 = 8.0\text{m}$。计算自重湿陷量 $\Delta_{zs} = 18.0\text{cm}$。判别该黄土地基的湿陷等级。

5-3 已知某医院住院病房楼地基为全新世湿陷性黄土。土的天然含水率，$w = 19.0\%$，$w_L = 25.2\%$，$e = 0.90$，$\gamma = 18.0\text{kN/m}^3$。设计独立基础底宽 4.0m，埋深 2.0m。计算修正后的地基承载力特征值。

5-4 某单位三层办公楼地基为膨胀土，由试验测得第①层土膨胀率 $\delta_{ep1} = 1.8\%$，收缩系数 $\lambda_{s1} = 1.3$，含水率变化 $\Delta_{\omega1} = 0.01$，土层厚 $h_1 = 1500\text{mm}$；第②层土 $\delta_{ep2} = 0.7\%$，$\lambda_{s2} = 1.1$，$\Delta_{\omega2} = 0.01$，$h_2 = 2500\text{mm}$。计算此膨胀土地基的胀缩量并判别胀缩等级。

5-5 广东韶关某医院三层医疗楼建在膨胀土地基上。土层厚 10～15m，地下水位埋深 14.29m，此医疗楼全长 102m，采用条形基础。地基采用砂垫层，上部结构加圈梁处理。设计砂垫层尺寸、圈梁尺寸和构造。

5-6 某住宅地基表层为素填土，层厚 $h_1 = 1.5\text{m}$；第②层为粉土，深 3.50m 处，$N = 8$，层厚 $h_2 = 4.5\text{m}$；第③层为粉砂，深 8.00m 处，$N = 9$，层厚 $h_3 = 3.2\text{m}$；第④层为细砂，深 11.00m 处，$N = 15$，层厚 $h_4 = 5.4\text{m}$；第⑤层为卵石，层厚 $h_5 = 4.80\text{m}$，地下水位深度 2.20m。判别地震烈度为 8 度区，地基是否会发生液化？

5-7 烟台大学教师住宅 8 号楼地基土经勘察分 5 层：表层粉土，中密，$N_{10} = 16$，层厚 $h_1 = 1.60\text{m}$；第②层细砂，$\gamma_2 = 15.8\text{kN/m}^3$，$N = 4.5$，层厚 $h_2 = 1.60\text{m}$；第③层为淤泥质粉细砂，$N = 1.6$，层厚 $h_3 = 2.6\text{m}$；第④层卵石，密实，层厚 $h_4 = 2.10\text{m}$；第⑤层为基岩。地下水深度 2.00m。判别建筑场地类别。

5-8　山东龙口电厂场地岩土工程勘察，地基土分 4 层：表层中粗砂，$N=22$，层厚 5.5m；第二层粉土，$N=4$，层厚 3.0m；第③层中粗砂，$N=22$，层厚 2.5m；第④层粉质黏土与黏土，$N=13$，层厚大于 30m。判别建筑场地类别。

5-9　新疆乌鲁木齐市一大厦场地，经岩土工程勘察结果，地基土分 5 层：表层杂填土，松散，层厚 $h_1=0.50$m；第②层为密实碎石，$N_{63.5}=13$，层厚 $h_2=7.00$m；第③层粉土，$N=11$，层厚 $h_3=2.5$m；第④层碎石，$N_{63.5}=22$，层厚 $h_4=6.00$m；第⑤层为砂岩。地下水位深 6.5m，当地烈度为 8 度。判别建筑场地类别，是否会液化？若液化，应采取什么措施？

第六章 基 坑 工 程

第一节 概 述

一、基坑工程的概念、特点

（一）基坑工程的概念

建筑基坑是指为进行建筑物（包括构筑物）基础与地下室的施工所开挖的地面以下的空间。为保证基坑施工及主体地下结构的安全和周围环境不受损害，需对基坑进行勘察设计、施工和检测等工作。这项综合性的工程就称为基坑工程。

（二）基坑工程的特点

基坑工程是一个综合性的岩土工程问题，既涉及土力学中的强度、稳定与变形问题，又涉及土与支护结构共同作用及工程、水文地质等问题，同时还与计算技术、测试技术、施工设备和技术等密切相关。因此，基坑工程具有以下特点：

（1）基坑围护体系通常都是临时结构，一般情况下安全储备相对比较小，风险性较大。

（2）基坑工程具有很强的区域性，这是由于场地的水文地质条件、岩土的工程性质及周边环境的差异性决定的，因此，它的设计和施工，必须因地制宜，切忌生搬硬套。

（3）基坑工程是一项综合性很强的系统工程。它不仅涉及结构、岩土、工程地质及环境等多门学科，而且勘察、设计、施工、检测等工作环环相扣，紧密相连。

（4）基坑工程具有较强的时空效应。围护结构受荷载（如土压力）及其产生的应力和变形在时间上和空间上具有较强的变异性，在软黏土和复杂体型基坑工程中尤为突出。

（5）基坑工程对周边环境会产生较大的影响。基坑开挖、降水势必引起周边场地土的应力和地下水位发生改变，使土体产生变形，对相邻建（构）筑物和地下管线产生影响，严重者将危及它们的安全和正常使用。大量土方运输也将对交通和环境卫生产生影响。

二、常用围护结构形式及选择

基坑围护结构的基本类型及其适用条件如下：

（一）放坡开挖及简易支护

放坡开挖是指选择合理的坡比进行开挖，适用于地基土质较好、开挖深度不大及施工现场有足够放坡场地的工程。放坡开挖施工简便、费用低，但挖土及回填土方量大。有时为了增加边坡稳定性和减少土方量，常采用简易支护（如块石堆砌支护或短桩支护等），如图 6-1 所示。

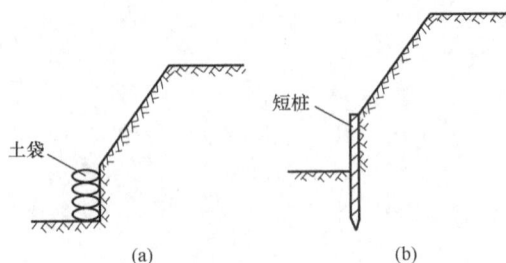

图 6-1 基坑简易支护

（a）土袋或块石堆砌支护；（b）短桩支护

（二）悬臂式支护结构

广义上讲，一切设有支撑和锚杆的支护结

构均可归属悬臂式支护结构，但这里仅指没有内撑和锚拉的板桩墙、排桩墙和地下连续墙支护结构，如图 6-2 所示。悬臂式支护结构依靠足够的入土深度和结构的抗弯刚度来维持基坑壁的稳定和结构的安全。由于悬臂式支护结构上端的水平位移是开挖深度五次方的函数，所以它对开挖深度很敏感，容易产生较大的变形，只适用于土质较好、开挖深度较浅的基坑工程。

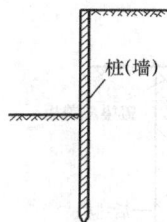

图 6-2　悬臂式支护结构

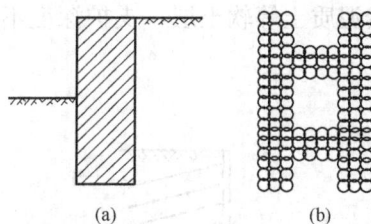

图 6-3　隔栅式水泥土桩墙

（a）水泥土桩墙剖面；（b）水泥土桩墙平面布置

（三）水泥土桩墙支护结构

利用水泥作为固化剂，通过特制的深层搅拌机械在地层深部将水泥和软土强制拌和，让水泥和软土之间产生一系列的物理—化学反应，硬结成具有整体性、水稳定性和一定强度的水泥土桩。水泥土桩墙中的桩与桩或排与排之间可相互咬合紧密排列，也可按网格式排列，如图 6-3 所示。水泥土桩墙适合于淤泥、淤泥质土等软土地区的基坑支护。

（四）内撑式支护结构

内撑式支护结构由支护结构体系和内撑体系两部分组成，如图 6-4 所示。支护结构体系常采用钢筋混凝土桩和地下连续墙。内撑体系则采用钢筋混凝土、钢管或型钢等做成。内撑体系又分水平支撑和斜支撑。根据不同开挖深度又可采用单层水平支撑、二层水平支撑及多层水平支撑。内撑式支护结构适合各种地基土层，但设置内支撑会占用一定的施工空间。

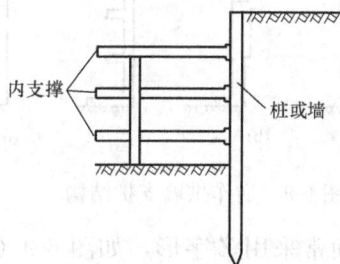

图 6-4　内撑式支护结构

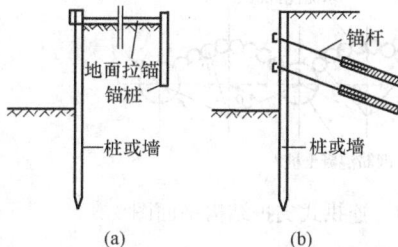

图 6-5　拉锚式支护结构示意图

（a）地面拉锚式；（b）土层拉锚式

（五）拉锚式支护结构

拉锚式支护结构由挡土的支护桩和提供锚拉力的锚固部分组成。支护桩常采用钢筋混凝土桩和地下连续墙。锚固体系可分为锚杆式和地面拉锚式两种，如图 6-5 所示。地面拉锚式需要由足够的场地设置锚桩或其他锚固装置。锚杆式需要地基土层能提供较大的锚固力，适合于深部有较好土层的地基中，不宜用于软黏土地基。

（六）土钉墙支护结构

土钉墙支护结构是由被加固的原位土体、布置较密的土钉和喷射于坡面上的混凝土面板组成，如图 6-6 所示。土钉一般通过钻孔、插筋和注浆来设置，但也可通过直接打入较粗的钢筋或型钢形成。土钉墙支护结构适用于地下水位以上的黏性土、砂土和碎石土等地层，不宜用于淤泥或淤泥质土等软土层，支护深度不超过 18m。

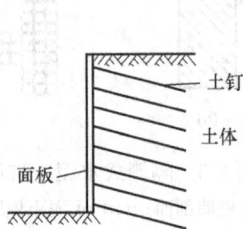

图 6-6　土钉支护结构示意图　　　　　　图 6-7　双排桩支护结构

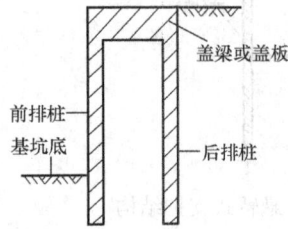

（七）其他支护结构

其他支护结构形式有双排桩支护结构（图 6-7）、连拱式支护结构（图 6-8）、逆作拱墙支护结构（图 6-9）、加筋水泥土拱墙支护结构及各种组合式支护结构。双排桩支护结构通常由钢筋混凝土前排桩和后排桩及盖梁或盖板组成（图 6-7）。其支护深度比单排悬臂式结构要大，且变形相对较小。

连拱式支护结构通常采用钢筋混凝土桩与深层搅拌水泥土拱及支锚结构组合而成，如图 6-8 所示。水泥土抗拉强度很小，抗压强度较大，形成水泥土拱可有效利用材料抗压强度。拱脚采用钢筋混凝土土桩，承受由水泥土拱传递来的土压力。如果采用支锚结构承担一定的荷载，则可取得更好的效果。

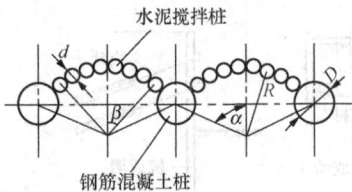

图 6-8　连拱式支护结构平面图　　　　　　图 6-9　逆作拱墙支护结构

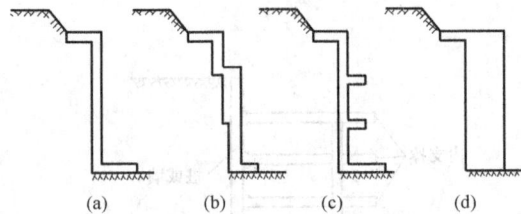

逆作拱墙支护结构采用逆作法建造而成。拱墙截面常采用 Z 字形，如图 6-9（a）所示。当基坑较深且一道 Z 字形拱墙的支护强度不够时，可由数道拱墙叠合组成，如图 6-9（b）、（c）所示，但沿拱墙高度应设置数道肋梁，其竖向间距不宜大于 2.5m。当基坑边坡场地较窄时，可不加肋梁但应加厚拱壁，如图 6-9（d）所示。拱墙平面形状常采用圆形和椭圆形的封闭拱圈，但也有采用局部曲线形拱墙的。为保证拱墙在平面上主要承受压力的条件，逆作拱墙轴线的长跨比不宜小于 1/8。

三、基坑支护工程设计原则和设计内容

（一）基坑支护工程设计的基本原则

（1）在满足支护结构本身强度、稳定性和变形要求的同时，确保周围环境的安全。

（2）在保证安全可靠的前提下，设计方案应具有较好的技术经济和环境效应。

（3）为基坑支护工程施工和基础施工提供最大限度的施工方便，并保证施工安全。

根据《建筑基坑支护技术规程》（JGJ120—1999），基坑支护结构极限状态可分为承载能力极限状态和正常使用极限状态。承载能力极限状态对应于支护结构达到最大承载能力或土体失稳、过大变形导致支护结构或基坑周边环境破坏，正常使用极限状态对应于支护结构的变形已妨碍地下结构施工或影响基坑周边环境的正常使用功能。

基坑侧壁的安全等级按破坏后果分为三级，如表 6-1 所示。

表 6-1   基坑侧壁安全等级

安全等级	破 坏 后 果
一 级	支护结构破坏、土体失稳或过大变形对基坑周边环境及地下结构施工影响很严重
二 级	支护结构破坏、土体失稳或过大变形对基坑周边环境及地下结构施工影响一般
三 级	支护结构破坏、土体失稳或过大变形对基坑周边环境及地下结构施工影响不严重

（二）基坑工程支护体系设计内容

1. 基坑工程设计应具备的资料

（1）岩土工程勘察报告。

（2）建筑总平面图、地下管线图、地下结构的平面图和剖面图。

（3）土建设计和施工对基坑支护结构的要求。

（4）邻近建筑物和地下设施的类型、分布情况和结构质量的检测评价。

2. 基坑工程支护体系设计内容

（1）支护体系方案的技术经济比较和选型。基坑支护工程应根据工程和环境条件提出几种可行的支护方案，通过比较，选出技术经济指标最佳的方案。

（2）支护结构的强度、稳度和变形计算以及基坑内外土体的稳定性验算。基坑支护结构均应进行极限承载力状态的计算，内容包括支护结构和构件的受压、受弯、受剪承载力计算和土体稳定性计算。对于重要基坑工程还应验算支护结构和周围土体的变形。

（3）基坑降水和止水帷幕设计以及支护墙的抗渗设计。同时还包括基坑开挖与地下水变化引起的基坑内外土体的变形验算（如抗渗稳定性验算，坑底突涌稳定性验算等），及其对基础桩邻近建筑物和周边环境的影响评价。

（4）基坑开挖施工方案和施工检测设计。

第二节　基坑围护结构设计

一、悬臂式桩墙

悬臂式桩墙包括悬臂式排桩和地下连续墙，其设计计算常采用极限平衡法和弹性抗力法。

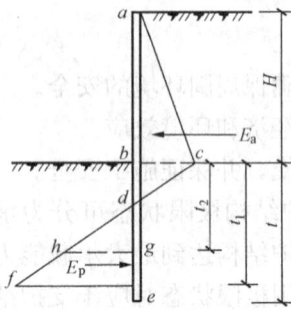

图 6-10　悬臂式支
护桩计算简图

（一）极限平衡法

对于悬臂式支护结构，可采用三角形分布土压力模式，计算简图如图 6-10 所示。当单位宽度桩墙两侧所受的净土压力相等时，桩墙处于稳定状态，相应的桩墙入土深度即为其保证稳定所需的最小入土深度，可根据静力平衡条件求出。具体计算步骤如下：

（1）通过试算确定支护桩埋入深度 t_1。先假定埋入深度为 t_1，然后将净主动土压力 acd 和净被动土压力 def 对 e 点取力矩，要求由 def 产生的抵力矩大于由 acd 所产生的倾覆力矩的 2 倍，即防倾覆的安全系数大于 2。

（2）确定实际所需深度 t。将通过试算求得的 t_1 增加 15％作为 t，以确保支护桩的稳定。

（3）求桩身剪力为零的点 g 处的入土深度 t_2。通过试算求出 g 点，该点净主动土压力 acd 应等于净被动土压力 dgh。

（4）计算最大弯矩 M_{max}，此值应等于土压力 acd 和 dgh 绕 g 点的力矩之差值。

（5）选择支护桩截面，根据求得的桩身最大弯矩和板桩材料的允许应力（钢板桩）计算支护桩配筋（钢板桩选择最小横截面积，确定板桩型号）。

（二）弹性抗力法

极限平衡法是不考虑土与支护结构相互作用的近似方法，实际上，作用在支护桩上的土压力与支护桩的变形有关。

弹性抗力法是将支护桩作为竖置于土中的弹性地基梁，将坑底以下土以连续分布的弹簧来模拟，开挖面以上作用主动土压力，将开挖面以上土体视为超载，其所产生的土压力作用于开挖面以下。其计算模型见图 6-11。这样，坑底以下土对支护桩的反力与支护桩的变形有关。

水平地基反力系数 K 可按 m 法计算

$$K = mz \tag{6-1}$$

式中　m——地基水平反力系数的比例系数；

　　　z——地面或开挖面以下深度。

图 6-11 中坑底以上作用主动土压力，然而某些时候，因土方开挖的空间效应或因水平支撑温度上升产生 Δt 而膨胀，使得支护桩可能产生向坑外的位移，所以此时应对图 6-11 进行改进，支护桩前后的土体均应模拟为连续分布的弹簧，其中水平地基反力系数 K_{s1} 按坑底开始的深度 z 计算，水平地基反力系数 K_{s2} 按坑外地面开始的深度 z 计算。坑底以下应根据支护桩的位移来判断应取 K_{s1} 还是 K_{s2}，如坑底以下支护桩向坑外位移，水平地基反力系数取 K_{s2}，如图 6-12 所示。

可采用杆系有限元法计算图 6-11 中支护桩内力与变形及支撑轴力。

二、单支点桩墙

单支点桩墙支护结构因在顶端附近设有一支撑或拉锚，可认为在支锚点处无水平移动而简化成一简支支撑，但桩墙下端的支承情况则与其入土深度有关，因此，单支点桩墙支护结

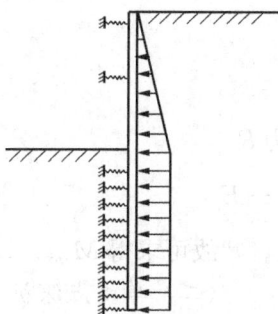

图 6-11 弹性抗力法
的计算简图

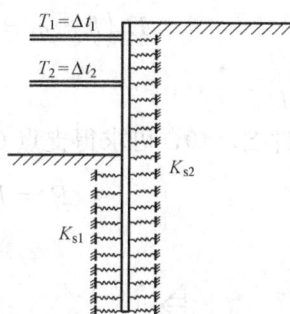

图 6-12 考虑支护桩向坑外
位移的弹性抗力法计算简图

构的计算与桩（墙）的入土深度有关。

（一）单支点浅桩

为了简化计算，单支点桩墙计算时可作以下假定：

（1）将支护结构上端简化为铰支座，下端简化为弹性支座，即把桩身简化为一端铰支，另一端弹性支承的简支梁。

（2）主动土压力和被动土压力分布符合朗肯理论或库仑理论，计算时可用等代内摩擦角 ϕ' 代替 C 和 ϕ，如图 6-13 所示。

ϕ' 可由下述方法确定

$$\sigma = \gamma h + q \tag{6-2}$$

令 $\sigma \tan\phi' = \sigma \tan\phi + c$，则

$$\phi' = \arctan(\tan\phi + c/\sigma) \tag{6-3}$$

（3）不考虑支护结构物的自重及发生在基坑面上的应力由上述假定，可求出单支点浅桩的最小插入深度 D_{min} 和支撑或锚杆的反力 R，如图 6-14 所示。

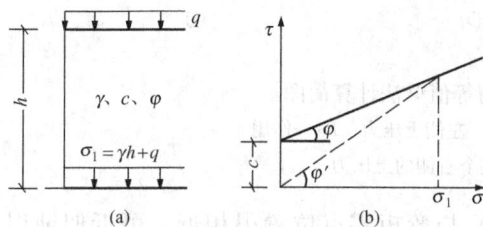

图 6-13 等代内摩擦角 ϕ' 的确定

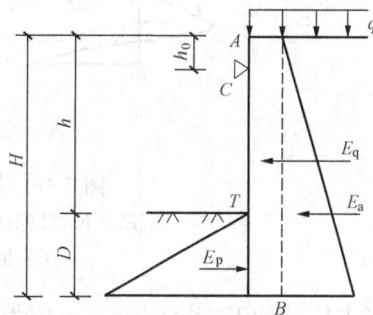

图 6-14 单支点浅桩的受力

由 $\Sigma M_c = 0$ 可得

$$E_q = \left[\frac{h+D}{2} - h_0\right] + E_a\left[\frac{2}{3}(h+D) - h_0\right]$$

$$= E_p\left(h - h_0 + \frac{2}{3}D\right) \tag{6-4}$$

由上式可求得 D。

由静力平衡条件 $\Sigma x = 0$，可求得支点 C 的反力 R

$$R = E_q + E_a - E_p \tag{6-5}$$

故可求得 M_{max}。

（二）单支点深桩

这种形式的支护结构入土较深，在坑底位置出现了反弯点，存在负弯矩，坑底部分位移较小，稳定性好，其桩身的土压力分布、弯矩分布及变形如图6-15所示。

在计算时，可将桩下端当作固定端，采用等值梁法进行计算。为了便于计算，在土压力分布图上将大小相等的压力加在曲线两侧，如图 6-16（a）所示，并用 E_3 代替右侧下部土压力，则桩身所受土压力

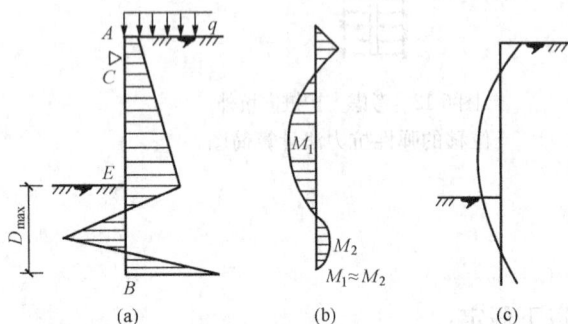

图 6-15　桩身土压力、弯矩分布和变形
（a）土压力分布；（b）弯矩分布；（c）变形

分布可简化为图 6-16（b）所示图形。

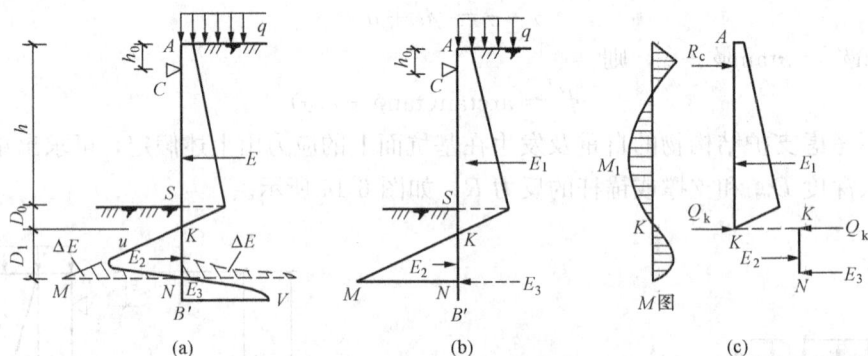

图 6-16　桩身土压力与等值梁法计算简图
E_1—K 点以上总土压力；E_2—左侧土压力；E_3—作用
于支护结构下部的整个右侧的土压力

当支护结构下端固定时，土压力零点位置 K 与弯矩零点位置很相近，可近似地以 K 点作为弯矩零点。这样单支点深桩就可简化为两个简支梁，这种计算方法称为等值梁法。其计算步骤如下：

1. 求 K 点位置

由 $\sigma_a - \sigma_p = 0$ 得 K 点位置，即

$$[q + (h + D_0)\gamma]K_a = D_0\gamma K_p$$

可求得 K 点距坑底距离 D_1 为

$$D_0 = \frac{(q+h\gamma)K_a}{\gamma(K_p - K_a)} \tag{6-6}$$

2. 求桩插入基坑深度

K 点以下深度 D_1，可按下式计算

$$D_1 = \sqrt{\frac{6V_k}{r(k_p - k_a)}} \tag{6-7}$$

式中 V_k——K 点剪力，$V_k = E_1 - R_c$。

桩身总长 L，可按下式计算

$$L = h + (D_0 + D_1)K' \tag{6-8}$$

式中 K'——调整系数，取 $1.1\sim1.2$。

3. 求支点反力 R_c

由 $\Sigma M_k = 0$，可得

$$R_c = \frac{(q+h\gamma)(h^2 + 3hD_0 + 2D_0^2)}{6(h + D_0 - h_0)} \tag{6-9}$$

由式（6-9）即可求得 M_{max}。

三、多支点桩墙

当土质较差，基坑又较深时，通常采用多支点桩墙。多支点桩墙的支锚层数及位置，则根据土层分布及性质、基坑深度、支护结构刚度和材料强度及施工要求等因素确定。

目前对多支点桩墙的计算通常采用分段等值梁法、连续梁法、二分之一荷载分割法、弹性支点法及有限元法等。现将其中主要的几种方法介绍如下：

（一）连续梁法

多支撑支护结构可当做刚性支承（支座无位移）的连续梁，如图 6-17 所示，应按以下各施工阶段的情况分别计算。下面以设置三道支撑基坑为例说明其设计计算步骤：

（1）在设置支撑 A 以前的开挖阶段
[图 6-17（a）]，可将桩（墙）作为一端嵌固在土中的悬臂桩（墙）。

（2）在设置支撑 B 以前的开挖阶段
[图 6-17（b）]，桩（墙）是两个支点的静定梁，两个支点分别是 A 及净土压力为零的一点。

（3）在设置支撑 C 以前的开挖阶段
[图 6-17（c）]，桩（墙）是具有三个支点的连续梁，三个支点分别为 A、B 及净土压力零点。

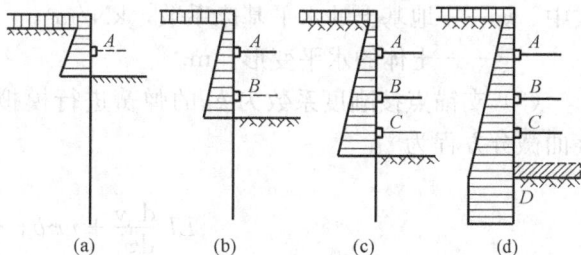

图 6-17 各施工阶段的计算简图

（4）在浇筑底板以前的开挖阶段 [图 6-17（d）]，桩（墙）是具有四个支点的三跨连续梁。

（二）二分之一荷载分割法

对多支点的支护结构，若支护桩（墙）后的主动土压力分布采用太沙基－佩克假定的图式，则支撑或拉锚的内力及其支护桩（墙）的弯矩，可按以下经验法计算（图 6-18）：

（1）每道支撑或拉锚所受的力是相应于相邻两个半跨的土压力荷载值，如图 6-18（b）所示。

（2）假设土压力强度用 q 表示，对于按连续梁计算，最大支座弯矩（三跨以上）为 $M = \dfrac{ql^2}{10}$，最大跨中弯矩为 $M = \dfrac{ql^2}{20}$。

（三）弹性支点法

弹性支点法，又称为弹性抗力法、地基反力法。其计算方法如下：

（1）墙后的荷载既可直接按朗肯主动土压力理论计算，即三角形分布土压力模式，如图 6-19（a）所示；也可按矩形分布的经验土压力模式计算，如图 6-19（b）所示。后者在我国基坑支护结构设计中被广泛采用。

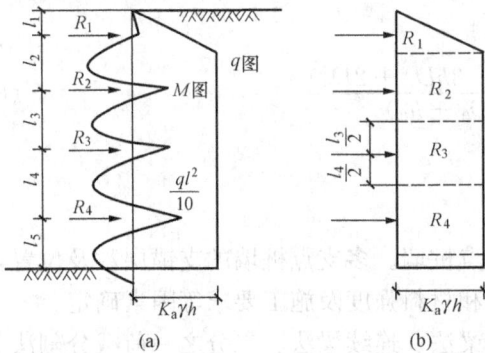

图 6-18　二分之一荷载分割法　　　　图 6-19　弹性支点法计算简图

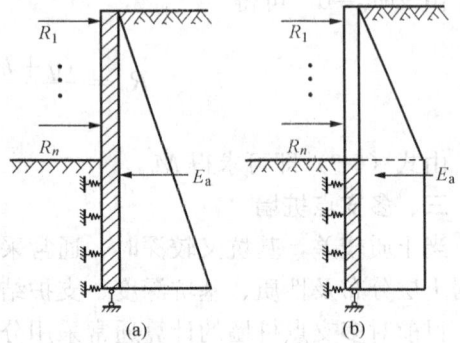

（2）基坑开挖面以下的支护结构受到的土体抗力用弹簧模拟

$$\sigma_x = k_s y \tag{6-10}$$

式中　k_s——地基土的水平基床系数，kN/m^3；

　　　y——土体的水平变形，m。

（3）支锚点按刚度系数为 k_z 的弹簧进行模拟。以"m"法为例，基坑支护结构的基本挠曲微分方程为

$$EI\frac{\mathrm{d}^4 y}{\mathrm{d}z^4} + mzby - e_a b_s = 0 \tag{6-11}$$

式中　EI——支护结构的抗弯刚度，$kN \cdot m^2$；

　　　y——支护结构的水平挠曲变形，m；

　　　z——竖向坐标，m；

　　　e_a——主动侧土压力强度，kPa；

　　　m——地基土的水平抗力系数 k_s 的比例系数，kN/m^4；

b——支护结构计算宽度，m；

b_s——主动侧荷载作用宽度，m。

求解式（6-11）即可得到支护结构的内力和变形，通常可用杆系有限元法求解。首先将支护结构进行离散，支护结构采用梁单元、支撑或锚杆用弹性支撑单元，外荷载为支护结构后侧的主动土压力和水压力，其中水压力既可单独计算，即采用水土分算模式，也可与土压力合并计算，即水土合算模式，但需注意的是水土分算和水土合算时所采用的土体抗剪强度指标不同。

四、土钉支护结构

（一）概述

土钉支护结构是将一系列钢筋或钢索近似水平地设置于被加固的原位土体中，在坡面喷射混凝土面层形成的。这种原位加筋技术可以改良土体的抗剪强度，从而提高边坡的稳定性。

土钉支护结构设计应满足规定的强度、稳定性、变形和耐久性等要求。设计必须自始至终与施工及现场检测相结合，施工中出现的情况及检测数据，应及时反馈修改设计，并指导下一步施工。土钉支护设计内容包括：土钉支护结构参数确定、土钉抗拉力计算及土钉墙内外稳定性计算等。

（二）土钉支护结构参数的确定

土钉墙支护结构参数包括土钉的长度、直径、间距、倾角及支护面层的厚度等。

1. 土钉长度

沿支护高度不同的土钉内力相差较大，一般为中部大、上部和下部小。因此，中部土钉起的作用大。但顶部土钉对限制支护结构水平位移非常重要，而底部土钉对抵抗基础滑动、倾斜或失稳有重要作用，另外当支护结构临近极限状态时，底部土钉的作用会明显加强。因此将上下土钉取成等长，或顶部土钉取的稍长，底部土钉取的稍短是合适的。

对于非饱和土，土钉长度 L 与开挖深度 H 之比取 L/H 等于 0.6～1.2；密实砂土及硬性黏土取小值。为减小变形，顶部土钉长度宜适当增加。非饱和土底部土钉长度可适当减小，但不宜小于 $0.5H$。对于饱和软土，由于土体抗剪能力很低，设计时取 L/H 值大于 1 为宜。

2. 土钉间距

土钉间距的大小影响土体的整体作用效果，目前尚不能给出有足够理论依据的定量指标。土钉的水平间距和垂直间距一般宜为 1.2～2.0m。垂直间距依土层及计算确定，且与开挖深度相对应。上下插筋交错排列，遇局部软弱土层间距可小于 1.0m。

3. 土钉筋材尺寸

土钉中采用的筋材有钢筋、角钢、钢管等。当采用钢筋时，一般为 $\phi18mm$～$\phi32mm$、Ⅱ级以上的螺纹钢筋；当采用角钢时，一般为 L5mm×50mm×50mm 角钢；当采用钢管时，一般为 $\phi50mm$ 的钢管。

4. 土钉倾角

土钉与水平线的倾角称为土钉倾角，一般在 0°～20°之间，其值取决于注浆钻孔工艺与土体分层特点等多种因素。研究表明，倾角越小，支护的变形越小，但注浆质量难以控制；倾角越大，支护的变形越大，但有利于土钉插入下层较好的土层，注浆质量也易于保证。

5. 注浆材料

用水泥砂浆或素水泥浆。水泥采用不低于强度等级 42.5 的普通硅酸盐水泥，水灰比 $(1:0.40) \sim (1:0.50)$。

6. 支护面层

临时性土钉支护面层厚度为 $50 \sim 150mm$ 厚的钢筋网喷射混凝土，混凝土强度等级不低于 C20。钢筋网常用 $\phi 6mm \sim \phi 8mm$ 的 I 级钢筋焊成 $150 \sim 300mm$ 的方格网片。

永久性土钉墙支护厚度为 $150 \sim 250mm$，可设两层钢筋网，分两层喷成。

（三）土钉支护结构抗拉承载力计算

单根土钉抗拉承载力计算应符合下式要求

$$1.25 r_0 T_{jk} \leqslant T_{uj} \tag{6-12}$$

$$T_{jk} = \xi e_{ajk} s_{xj} s_{zj} / \cos a_j \tag{6-13}$$

$$\zeta = \tan \frac{\beta - \varphi_k}{2} \left[\frac{1}{\tan \dfrac{\beta + \varphi_k}{2}} - \frac{1}{\tan \beta} \right] / \tan^2 \left(45° - \frac{\varphi}{2} \right) \tag{6-14}$$

$$T_{uj} = \frac{1}{r_s} \pi d_{nj} \Sigma q_{sik} l_i \tag{6-15}$$

式中　T_{jk}——第 j 根土钉受拉荷载标准值，按式（6-13）确定；

　　　T_{uj}——第 j 根土钉受拉承载力设计值，按式（6-15）确定；

　　　　ξ——荷载折减系数，按式（6-14）确定；

　　e_{ajk}——第 j 个土钉位置处的基坑水平荷载标准值；

s_{xj}、s_{zj}——第 j 个土钉与相邻土钉的平均水平、垂直间距；

　　　a_j——第 j 个土钉与水平面的夹角；

　　　β——土钉墙坡面与水平面的夹角；

　　　r_s——土钉抗拉抗力分项系数，取 1.3；

　　d_{nj}——第 j 根土钉锚固体直径；

　　q_{sik}——土钉穿越第 i 层土土体与锚固体极限摩阻力标准值，应由现场试验确定，如无试验资料，可采用表 6-2 中数值；

　　　l_i——第 j 根土钉在直线破裂面外穿越第 i 稳定土体内的长度，破裂面与水平面的夹角为 $\dfrac{\beta + \varphi_k}{2}$。

对于基坑侧壁安全等级为二级的土钉抗拉承载力设计值应按试验确定，基坑侧壁安全等级为三级时可按式（6-15）计算，如图 6-20 所示：

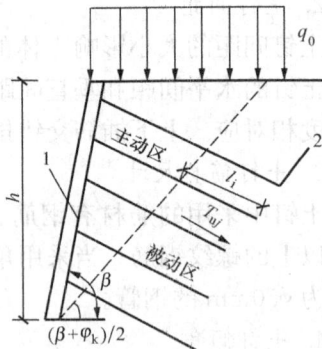

图 6-20　土钉抗拉承载力计算简图

1—喷射混凝土面层；2—土钉

土的名称	土的状态	q_{sik}（kPa）	土的名称	土的状态	q_{sik}（kPa）
填　土		16～20	粉细砂	稍　密	20～40
淤　泥		10～16		中　密	40～60
淤泥质土		16～20		密　实	60～80
黏性土	$I_L>1$	18～30	中　砂	稍　密	40～60
	$0.75<I_L\leqslant1$	30～40		中　密	60～70
	$0.50<I_L\leqslant0.75$	40～53		密　实	70～90
	$0.25<I_L\leqslant0.50$	53～65	粗　砂	稍　密	60～90
	$0.0<I_L\leqslant0.25$	65～73		中　密	90～120
	$I_L\leqslant0.0$	73～80		密　实	120～150
粉　土	$e>0.90$	20～40	砾　砂	中密、密实	130～160
	$0.75<e\leqslant0.90$	40～60			
	$e<0.75$	60～90			

表 6-2 土钉锚固体与土体极限摩阻力标准值

（四）土钉支护结构外部稳定性分析

土钉与原位土体组成复合土体，形成类似重力式挡土墙的土钉墙，其外部整体稳定性分析包括抗滑动稳定、抗倾覆稳定及基坑隆起分析三方面，计算分析简图，如图 6-21 所示。

1. 按倾覆稳定性验算

抗倾覆安全系数 K_q 应满足

$$k_q = \frac{M_R}{M_s} = \frac{\frac{1}{2}B(W+q_0B)+E_{ay}B}{E_{ax}Z_{Ea}} \geqslant 1.3 \quad (6-16)$$

式中　E_{ay}——作用于土钉墙后的主动土压力垂直分量，kN；

Z_{Ea}——土钉墙后主动土压力作用点离墙底的垂直距离，m。

2. 抗滑动稳定性验算

抗滑动安全系数 K_h 应满足

图 6-21　土钉墙外部稳定性分析简图

$$K_h = \frac{F_t}{E_{ax}} \geqslant 1.2 \quad (6-17)$$

$$F_t = (W+q_0B)\tan\phi + cB \quad (6-18)$$

$$B = (11/12)L\cos\alpha \quad (6-19)$$

式中　E_{ax}——作用于土钉墙后主动土压力水平分量，kN；

F_t——土钉墙底面上产生的抗滑力，由式（6-18）计算得出；

W——墙体自重；

B——土钉墙计算宽度，通常由式（6-19）计算确定，m；

α——土钉与水平面之间的夹角。

（五）土钉支护结构内部稳定分析

土钉支护结构的内部稳定性分析采用圆弧破裂面条分法。如图 6-22，在土条 i 上作用有土体自重 W_i，地表荷载 Q，土钉抗拉力 R_k。其中 R_k 取以下较小者：

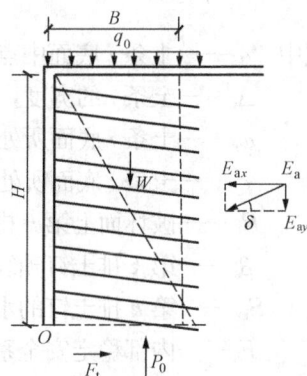

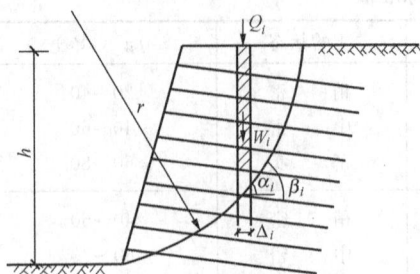

图 6-22 内部稳定性
分析计算简图

1. 按土钉筋材强度，得

$$R_k = 1.1\pi d^2 f_{yk}/4 \tag{6-20}$$

2. 按破坏面外土钉体抗拔出能力，得

$$R_k = \pi d_0 l_a \pi \tag{6-21}$$

式中 l_a——破坏面外土钉锚固长度。

3. 按破坏面内土钉体抗拔出能力，有

$$R_k = \pi d_0(l-l_a)\pi + R_1 \tag{6-22}$$

式中 R_1——土钉端部与混凝土面层连接处的极限抗
拔力。

上钉支护结构内部稳定性安全系数为

$$F_s = \frac{\sum\left[(W_i+Q_i)\cos a_i \tan\varphi_j + \left(\dfrac{R_k}{S_{hk}}\right)\sin\beta_k \tan\varphi_j + c_j(\Delta_i/\cos a_i) + \left(\dfrac{R_k}{S_{hk}}\right)\cos\beta_k\right]}{\sum[(W_i+Q_i)\sin a_i]} \tag{6-23}$$

式中 a_i——土条 i 底面中点切线与水平面之间的夹角，(°)；

Δ_i——土条 i 的宽度，m；

φ_j——土条 i 底面所处第 j 层的内摩擦角，(°)；

c_j——土条 i 底面所处第 j 层土的黏聚力，kPa；

R_k——破坏面上第 k 排土钉的最大抗力，按式(6-16)～式(6-18)中较小者取用；

β_k——第 k 排土钉轴线与该处破坏面切线之间的夹角，(°)；

S_{hk}——第 k 排土钉的水平间距，m；

F_s——内部稳定安全系数，$H \leqslant 6m$，$F_s \geqslant 1.2$；$H = 6 \sim 12m$ 时，$F_s \geqslant 1.3$；$H \geqslant 12m$ 时，
$F_s \geqslant 1.4$。

第 三 节 基 坑 稳 定 分 析

基坑稳定分析具有保证基坑稳定和控制变形的重要意义。目前国内发生的基坑工程事故
有很多是基坑稳定失效引起的，其中包括基坑支护结构的整体稳定、踢脚稳定、基坑底部抗
隆起稳定和基坑抗渗流稳定等，所以全面地进行基坑稳定分析，是基坑围护结构设计的重要
内容之一。

基坑稳定分析的方法主要有工程地质对比法和力学分析法。工程地质对比法是通过大量
工程的调整研究，结合拟设计支护结构的地质条件来确定其嵌固深度，这种方法必须在工程
地质条件基本一致的情况下使用才能得到比较可靠的结果。力学分析是以土力学理论为基
础，验算已拟订的支护结构设计是否稳定和合理，这种方法有一定的局限性，因为实际地质
因素很复杂，简单地用力学分析加以概括，有时不能正确地判断基坑稳定性的安全程度。所
以对具体问题，应通过综合分析判断才能得出最后的结论。

一、基坑整体稳定性分析

基坑整体稳定性分析实际上是对支护结构的直立土坡进行稳定性分析，通过分析确定支
护结构嵌固的深度，如水泥土桩墙、多层点排桩和地下连续墙的嵌固深度。

基坑整体稳定性计算方法，采用圆弧滑动面简单条分法，按总应力法计算。取单位墙宽分析（如图6-23所示），基坑支护结构整体稳定性安全系数应满足

$$K_{SF} = \frac{\sum C_i L_i + \sum (q_0 b_i + W_i)\cos\theta_i \tan\varphi_i}{\sum (q_0 b_i + W_i)\sin\theta_i} \geqslant 1.3$$

(6-24)

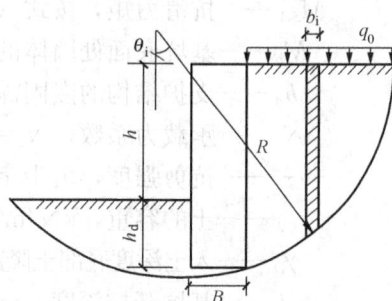

图 6-23　基坑整体稳定性分析

式中　C_i——第 i 土条底面上的黏聚力，kPa；

　　　φ_i——第 i 土条底面上的内摩擦角，(°)；

　　　L_i——第 i 土条底面面积，m²；

　　　W_i——第 i 土条重力，按上覆土层的饱和容重计算；

　　　θ_i——第 i 土条底面倾角，(°)。

式（6-24）中安全系数 K_{SF} 应通过若干滑动面试算后取最小值。可通过计算机编程计算求得。

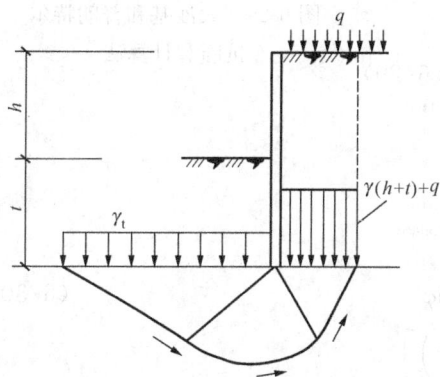

图 6-24　基坑底抗隆起稳定性验算计算简图

当有软弱土夹层，倾斜基岩面等情况时，宜用非圆弧滑动面进行计算。当嵌固深度下部存在软弱土层时，尚应继续验算软弱下卧层的整体稳定性。

二、基坑底部抗隆起稳定性分析

基坑底隆起稳定性的验算方法很多，下面主要介绍墙体极限承载力方法及普朗特尔（Prandtl）与太沙基（Terzaghi）的抗隆起稳定性验算方法。

（一）墙体极限承载力法

墙体极限承载力法是将支护结构的底平面作为求极限承载力的基准面，开挖底面以下的墙体能起到帮助抵抗基底隆起的作用，并假定土体沿墙体底面滑动，墙体底面以下的滑动面为一圆弧，如图6-24所示。

基墙底抗隆起的安全系数应满足

$$K_L = \frac{M_{R,L}}{M_{S,L}} \geqslant 1.2 \sim 1.3 \tag{6-25}$$

$$M_{S,L} = \frac{1}{2}(\gamma h + q_0)h_d^2 \tag{6-26}$$

$$M_{R,L} = \int_0^H \tau_z' h_d dz + \int_0^{s_1} \tau_z'' h_d ds + \int_0^{s_2} \tau_z''' h_d dS + M_h$$

$$= K_a \tan\varphi\left[\left(\frac{\gamma h^2}{2} + q_0 h\right)h_d + \frac{1}{2}(\gamma h + q_0)h_d^2 + \frac{2}{3}\gamma h_d^3\right]$$

$$+ \tan\varphi\left[\frac{\pi}{4}(\gamma h + q_0)h_d^2 + \frac{4}{3}\gamma h_d^3\right] + c(hh_d + \pi h_d^2) + M_h \tag{6-27}$$

$$h_d = \frac{N_c \tau_0 - \gamma_D(\gamma h + q)}{\gamma(\gamma_D - 1)} \tag{6-28}$$

式中　$M_{R,L}$——滑动力矩，按式（6-27）计算；

$M_{S,L}$——抗滑力矩，按式（6-26）计算；

M_h——基坑底面处墙体的极限抵抗弯矩，可取该处墙体设计弯矩；

h_d——支护结构的嵌固深度，按式（6-28）计算；

N_c——承载力系数，$N_c=5.14$；

τ_0——抗剪强度，由十字板剪切试验或三轴不固结不排水试验确定，kPa；

γ——土的容重，kN/m³；

γ_D——入土深度底部土隆起抗力分项系数，$r_D \geqslant 1.6$；

h——基坑开挖深度，m；

q——地面荷载，kPa。

（二）太沙基和普朗特尔法抗隆起稳定性分析

将墙体面的平面作为求极限承载力的基准面，参照普朗特尔和太沙基的地基承载力计算公式，其滑动线形状如图6-25所示。

采用下式进行抗隆起安全系数验算，以求得支护结构的嵌固深度

$$K_L = \frac{r_2 h_d N_q + c N_c}{\gamma(h + h_d) + q_0} \geqslant 1.2 \sim 1.3 \qquad (6\text{-}29)$$

图 6-25　太沙基和普朗特尔抗隆起计算法

式中　N_c、N_q——地基承载力系数，其计算方法如下：

普朗特尔公式

$$N_q = \tan^2\left(45° + \frac{\varphi}{2}\right) e^{\pi \tan\varphi}$$

$$N_c = (N_q - 1)/\tan\varphi \qquad\qquad (6\text{-}30)$$

太沙基公式　　$$N_q = \frac{1}{2}\left[e^{\left(\frac{3}{4}\pi - \frac{\varphi}{2}\right)\tan\varphi} / \cos\left(45° + \frac{\varphi}{2}\right) \right]^2$$

$$N_c = (N_q - 1)/\tan\varphi \qquad\qquad (6\text{-}31)$$

三、基坑渗流稳定性分析

基坑渗流稳定性分析包括坑底抗流砂稳定性验算和抗承压水稳定性验算。

（一）坑底抗流砂稳定性

如图 6-26 所示，地下水由高处向低处渗流，在基坑底部，当向上的动水压力（渗透力）$j \geqslant r'$（r' 为土的有效容重）时，将会产生流砂现象。若近似地按紧贴墙体的最短路线计算最大渗透力 j，则抗流砂稳定安全系数应满足

$$K_{Ls} = \frac{r'}{j} = \frac{(h - h_w + 2h_d)r'}{(h - h_w)\gamma_w} \geqslant 1.5 \sim 2.0 \qquad (6\text{-}32)$$

式中　h_w——墙后地下水位埋深，m；

γ_w——地下水容重，kN/m³。

（二）基坑底土突涌稳定性

如果在基底下的不透水层较薄，而且在不透水层下面存在有较大水压的滞水层或承压水层，当上覆土重不足以抵挡下部的水压时，基坑底土体将会发生突涌破坏。因此，在设计坑底下有承压水的基坑时，应进行突涌稳定性验算。根据压力平衡原理（图 6-27 所示），基坑

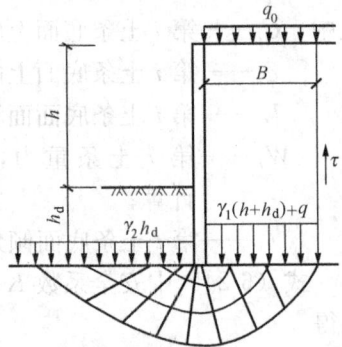

底土突涌稳定性应满足

$$K_{TY} = \frac{rh_s}{rH} \geqslant 1.1 \sim 1.3 \tag{6-33}$$

式中 h_s——不透水层厚度，m；

H——承压水头高于含水层顶板的高度，m。

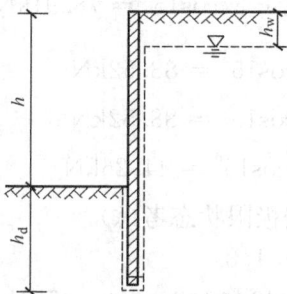

图 6-26 基坑抗流砂验算

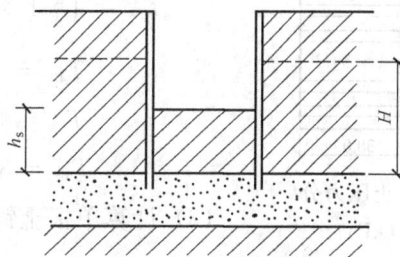

图 6-27 基坑底抗突涌
稳定性验算

若基坑底土抗突涌稳定性不满足要求，可采用隔水挡墙隔断滞水层，加固基坑底部地基等处理措施。

四、基坑支护结构设计计算实例

【例 6-1】 已知某基坑（图 6-28）深 $H = 8m$，基坑外表面有荷载 $q_0 = 10kN/m^2$，土质为粉土，土体参数为：$\gamma = 16.5kN/m^3$，$\varphi = 20°$，$c = 16kPa$。试采用土钉墙支护该基坑。

解 假设土钉布置方式如图 6-29 所示，并设第一排土钉与第二排土钉的水平间距为 2.0m，其余的均为 1.5m，每相邻土钉的垂直间距均为 1.5m，土钉与水平面的夹角均取 15°，土钉锚固体与土体极限摩阻力 q_{sk} 均取为 50kPa，锚固体直径 d_{nj} 取 150mm。

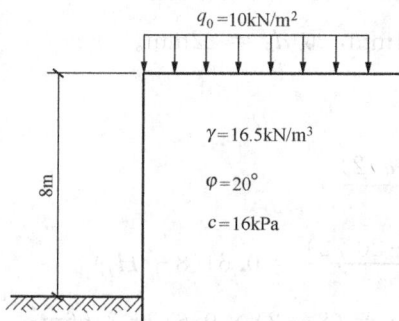

图 6-28 基坑边坡示意图

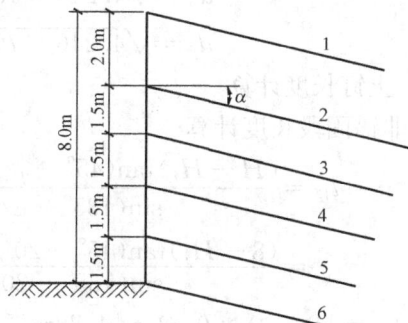

图 6-29 土钉布置示意图

（1）计算土压力

计算模型如图 6-30 所示，按《公路路基设计规范》（JTGD30—200X）取值，取静止土压力系数 $K_0 = 0.5$，则在坡顶的土压力强度为

$$q_0 K_0 = 10 \times 0.5 = 5kN/m^2$$

在支护底面的土压力强度为

$$(q_0 + 0.5\gamma H) K_0 = (10 + 0.5 \times 16.5 \times 8) \times 0.5 = 5 + 33 = 38kN/m^2$$

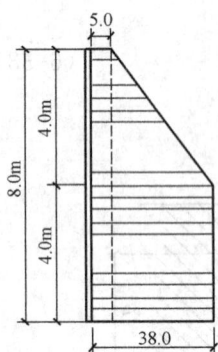

图 6-30　土压力分
布图（kPa）

（2）计算单根土钉受拉荷载标准值

$$T_{1k} = 5 \times 1 \times 1.5/\cos 15° = 7.76 \text{kN}$$

$$T_{2k} = \left(5 + 33 \times \frac{2}{4}\right) \times 1.75 \times 1.5/\cos 15° = 58.43 \text{kN}$$

$$T_{3k} = \left(5 + 33 \times \frac{3.5}{4}\right) \times 1.5 \times 1.5/\cos 15° = 78.91 \text{kN}$$

$$T_{4k} = 38 \times 1.5 \times 1.5/\cos 15° = 88.52 \text{kN}$$

$$T_{5k} = 38 \times 1.5 \times 1.5/\cos 15° = 88.52 \text{kN}$$

$$T_{6k} = 38 \times 0.75 \times 1.5/\cos 15° = 44.26 \text{kN}$$

（3）计算单根土钉抗拉承载力（按极限状态考虑）

$$T_{uj} = T_{jk} \times 1.8$$

$$T_{u1} = 7.76 \times 1.8 = 13.97 \text{kN}, \qquad T_{u2} = 58.43 \times 1.8 = 105.17 \text{kN},$$

$$T_{u3} = 78.91 \times 1.8 = 142.04 \text{kN}, \qquad T_{u4} = 88.52 \times 1.8 = 159.34 \text{kN},$$

$$T_{u5} = 88.52 \times 1.8 = 159.34 \text{kN}, \qquad T_{u6} = 44.26 \times 1.8 = 79.67 \text{kN}。$$

（4）土钉直径计算

$$d_j = \sqrt{\frac{4T_{uj}}{\pi f_y}} = \sqrt{\frac{4 \times T_{uj} \times 10^3}{3.14 \times 300}} = \sqrt{4.246 T_{uj}}$$

$$d_1 = \sqrt{4.246 \times 13.97} = 7.7 \text{mm}, \text{ 取 } d_1 = 18 \text{mm};$$

$$d_2 = \sqrt{4.246 \times 105.17} = 21.1 \text{mm}, \text{ 取 } d_2 = 22 \text{mm};$$

$$d_3 = \sqrt{4.246 \times 142.04} = 24.6 \text{mm}, \text{ 取 } d_3 = 25 \text{mm};$$

$$d_4 = \sqrt{4.246 \times 159.34} = 26 \text{mm}, \text{ 取 } d_4 = 28 \text{mm};$$

$$d_5 = \sqrt{4.246 \times 159.34} = 26 \text{mm}, \text{ 取 } d_5 = 28 \text{mm};$$

$$d_6 = \sqrt{4.246 \times 76.67} = 18.4 \text{mm}, \text{ 取 } d_6 = 22 \text{mm}。$$

（5）土钉长度计算

1）非锚固段长度计算

$$l_{fj} = \frac{(H - H_j)\tan(45° - \varphi/2)\sin(45° + \varphi/2)}{\sin(135° - \varphi/2 - a_j)}$$

$$= \frac{(8 - H_j)\tan(45° - 20°/2)\sin(45° + 20°/2)}{\sin(135° - 20°/2 - 15°)} = 0.61(8 - H_j)$$

$$l_{f1} = (8 - 0) \times 0.61 = 4.88 \text{m}; \qquad l_{f2} = (8 - 2) \times 0.61 = 3.66 \text{m};$$

$$l_{f3} = (8 - 2 - 1.5) \times 0.61 = 2.75 \text{m}; \qquad l_{f4} = (8 - 2 - 1.5 \times 2) \times 0.61 = 1.83 \text{m};$$

$$l_{f5} = (8 - 2 - 1.5 \times 3) \times 0.61 = 0.92 \text{m}; \quad l_{f6} = (8 - 2 - 1.5 \times 4) \times 0.61 = 0 \text{m}。$$

2）有效锚固段长度计算

$$l_{ej} = \frac{r_s T_{uj}}{\pi d_{nj} q_{sjk}} = \frac{1.3 \times T_{uj}}{3.14 \times 0.15 \times 50} = 0.0552 T_{uj}$$

$$l_{e1} = 13.97 \times 0.0552 = 0.77 \text{m}; \qquad l_{e2} = 105.17 \times 0.0552 = 5.81 \text{m};$$

$$l_{e3} = 140.04 \times 0.0552 = 7.84 \text{m}; \qquad l_{e4} = 159.34 \times 0.0552 = 8.80 \text{m};$$

$$l_{e5} = 159.34 \times 0.0552 = 8.80 \text{m}; \qquad l_{e6} = 79.67 \times 0.0552 = 4.40 \text{m}。$$

3) 土钉总长度计算

$$L_j = l_{fj} + l_{ej}$$

$L_1 = 4.88 + 0.77 = 5.65\text{m};$ $\qquad$ $L_2 = 3.66 + 5.81 = 9.47\text{m};$

$L_3 = 2.75 + 7.84 = 10.59\text{m};$ $\qquad$ $L_4 = 1.83 + 8.80 = 10.63\text{m};$

$L_5 = 0.92 + 8.80 = 9.72\text{m};$ $\qquad$ $L_6 = 4.40\text{m}。$

（6）土钉内部稳定性验算

1) 抗拔稳定性验算

单根土钉的抗拔稳定性验算：

显然，土钉与土体界面的抗剪强度小于土钉与砂浆界面的黏结强度，即单根土钉的抗拔稳定性由 F_{j2} 控制，现取 $K_2 = 1.8$，$\tau_f = q_{sjk} = 50\text{kPa}$，则

$$F_{j2} = \pi d_{nj} l_{ej} \tau_f = 3.14 \times 0.15 \times 50 l_{ej} = 23.55 l_{ej}$$

$F_{12} = 23.55 \times 0.77 = 18.13\text{kN},$ $\qquad$ $F_{12}/T_{1k} = 18.13/7.76 = 2.34 > K_2 = 1.8;$

$F_{22} = 23.55 \times 5.81 = 136.83\text{kN},$ $\qquad$ $F_{22}/T_{2k} = 136.83/58.43 = 2.34 > K_2 = 1.8;$

$F_{32} = 23.55 \times 7.84 = 184.63\text{kN},$ $\qquad$ $F_{32}/T_{3k} = 184.63/78.91 = 2.34 > K_2 = 1.8;$

$F_{42} = 23.55 \times 8.80 = 207.24\text{kN},$ $\qquad$ $F_{42}/T_{4k} = 207.24/88.52 = 2.34 > K_2 = 1.8;$

$F_{52} = 23.55 \times 8.80 = 207.24\text{kN},$ $\qquad$ $F_{52}/T_{5k} = 207.24/88.52 = 2.34 > K_2 = 1.8;$

$F_{62} = 23.55 \times 4.40 = 103.62\text{kN},$ $\qquad$ $F_{62}/T_{6k} = 103.62/44.26 = 2.34 > K_2 = 1.8。$

由以上计算可见，单根土钉的抗拔稳定性均满足要求。

总体土钉抗拔稳定性验算

取 $F_j = F_{j2}$，$K_f = 2.0$，E_h 和 H_h 由土压力计算图示计算如下

$$E_h = \left[\frac{1}{2}(5 + 38) \times 4 + 38 \times 4\right] \times 1.5 = (86 + 152) \times 1.5 = 357\text{kN}$$

$$H_h = \frac{86 \times \left(\frac{1}{3} \times 4.0 + 4.0\right) + 152 \times 2.0}{86 + 152} = 3.204\text{m}$$

由 $\{\Sigma F_j (H - H_j) \cos\alpha_j\}/(E_h H_h) \geq K_f$ 可得

$$\frac{(18.13 \times 8 + 136.83 \times 6 + 184.63 \times 4.5 + 207.24 \times 3 + 207.24 \times 1.5) \cos 15°}{357 \times 3.204}$$

$$= \frac{2636.43}{357 \times 3.204} = 2.3 > K_f = 2.0$$

2) 土钉墙内部整体稳定性分析

因为确定圆弧滑裂面的过程很复杂，所以严格按圆弧滑动简单条分法进行手算是很困难的，在本例中仅作近似计算。

设滑裂面近似为一倾角为 $45° + \varphi/2 = 45° + 20°/2 = 55°$ 的直线，因此滑动土体为一三角形，其上部宽度为 $8 \times \cot 55° = 5.6\text{m}$，将其分成 7 个宽度 $b_i = 0.8\text{m}$ 的分条，则可得

$$7 \times 16.5 \times \frac{0.8}{\sin 35°} \times 1.5 + 1.5 \times \left(\frac{1}{2} \times 5.6 \times 8 \times 16.5 + 10 \times 0.8 \times 7\right) \times \cos 55° \tan 20° + 3.14 \times 0.15 \times 50$$

$$(0.77 + 5.81 + 7.84 + 8.80 + 8.80 + 4.40) \times \left[\cos(15° + 55°) + \frac{1}{2}\sin(15° + 55°)\right] - 1.5 \times 1.3 \times 1.0$$

$$\times \left(\frac{1}{2} \times 5.6 \times 8 \times 16.5 + 10 \times 0.8 \times 7\right) \times \sin 55° = 241.64 + 133.28 + 440.02 - 679.83 = 135.11 > 0$$

显然，土钉墙内部整体稳定性满足要求。

思 考 题

6-1 基坑支护结构中土压力的计算模式有哪些？适用条件是什么？

6-2 排桩和地下连续墙支护结构计算中的静力平衡法和等值梁法有何区别？各有什么局限性？

6-3 水泥土桩墙支护结构的抗倾覆稳定和抗滑移稳定，哪个更容易满足？条件是什么？

6-4 土钉墙支护结构与传统的重力式挡土墙及加筋挡土墙有何异同？

6-5 目前基坑工程设计与施工中尚存在哪些问题？

6-6 常用的地下水控制方法有哪些？各有什么特点？

6-7 基坑工程施工为什么要进行现场监测和信息化施工？

习 题

6-1 在某黏土地层中开挖深 5m 的基坑，采用悬臂式灌注桩支护，$\gamma=19.5kN/m^3$，黏聚力 $c=10kPa$，内摩擦角 $\varphi=18°$。地面施工荷载 $q_0=20kPa$。不计地下水影响，试计算支护桩入土深度 t、桩身最大变矩 M_{max} 及最大弯矩点位置 x_m。

6-2 一基坑开挖深度 8m，采用下端自由支撑、上部有锚拉支点的板桩支护结构，锚拉支点距地表 1.5m，水平间距 2.0m。基坑周围土层厚度为 $19kN/m^3$，内摩擦角为 28°，黏聚力为 10kPa。试按静力平衡法计算板桩的插入深度、板桩的最大弯矩和锚拉力。

6-3 有一开挖深度为 $h=6m$ 的基坑，采用一道锚杆的板桩支护，锚杆支点距地表 1.5m，水平间距 2.0m，基坑周围土层容重 $\gamma=20.2kN/m^3$，内摩擦角 $\phi=24°$，黏聚力 $c=0$。地面施工荷载 $q_0=20kPa$。试按等值梁法计算板桩的入土深度、锚杆拉力和最大弯矩。

6-4 有一开挖深度 $h=5m$ 的基坑，采用水泥土桩墙支护，墙体宽度 3.2m，墙体入土深度（基坑开挖面以下）5.5m，墙体容重 $\gamma=20.0kN/m^3$，墙体与土体摩擦系数 $\mu=0.3$。基坑周围土层容重为 $\gamma=18.0kN/m^3$，内摩擦角 $\phi=12°$，黏聚力 $c=10kPa$。试计算水泥土墙抗倾覆稳定和抗滑移稳定性安全系数。

6-5 有一开挖深度 $h=9m$ 的基坑，采用土钉支护结构墙支护，其计算参数和结构简图如图 6-31 所示。基坑边坡土层为砂质黏土，土的容重 $\gamma=18.0kN/m^3$，内摩擦角 $\phi=35°$，黏聚力 $c=12kPa$。边坡坡度为 80°，土钉采用注浆型土钉，其长度为 5m，钻孔直径 100mm，土钉钢筋为 $\phi25mm$，土钉竖横向间距均为 1.25m。地面超载为 12kPa。试验算该土钉墙内、外部稳定性和单个土钉抗拔稳定性。

6-6 有一开挖深度 $h=8m$ 的基抗，采用排桩加一水平支撑支护结构，支护桩入土深度 $t=7.0m$，土层容重为 $\gamma=19.0kN/m^3$，内摩擦角 $\phi=15°$，黏聚力 $c=10kPa$。地面施工荷载 $q_0=20kPa$。桩长范围内无地下水，试验算该基坑抗隆起稳定性。

6-7 某基坑开挖深度为 18m，采用多支点支护结构，其土层参数及地面超载如图 6-32 所示。试计算板桩长度及作用于板桩上的支撑力和最大弯矩。

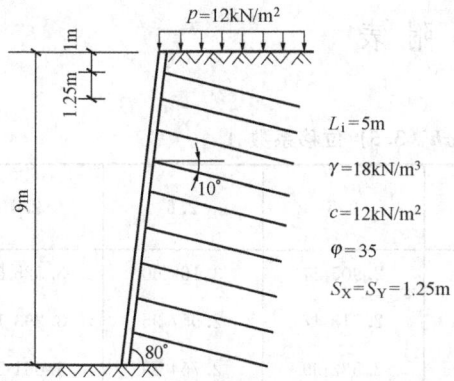

图 6-31　习题 6-5 图

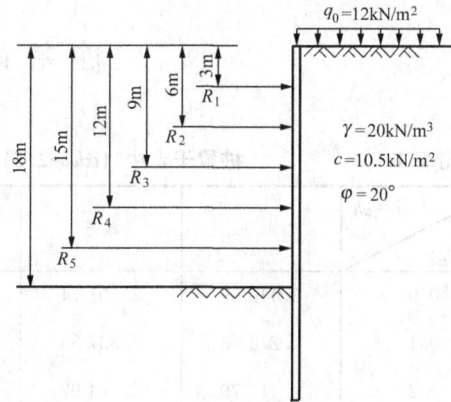

$p=12\text{kN/m}^2$

1m

1.25m

9m

$80°$

$10°$

$L_i=5\text{m}$

$\gamma=18\text{kN/m}^3$

$c=12\text{kN/m}^2$

$\varphi=35$

$S_X=S_Y=1.25\text{m}$

图 6-32　习题 6-7 图

$q_0=12\text{kN/m}^2$

R_1

R_2

R_3

R_4

R_5

3m

6m

9m

12m

15m

18m

$\gamma=20\text{kN/m}^3$

$c=10.5\text{kN/m}^2$

$\varphi=20°$

桩 基 础 计 算 附 表

附表 1　　　　桩置于土中（$\alpha h \geqslant 2.5$）或基岩（$\alpha h \geqslant 3.5$）位移系数 A_x

$\bar{h}=\alpha h$ 　 $\bar{Z}=\alpha Z$	4.0	3.5	3.0	2.8	2.6	2.4
0.0	2.440 66	2.501 74	2.726 58	2.905 24	3.162 60	3.525 62
0.1	2.278 73	2.337 83	2.551 00	2.718 47	2.957 95	3.293 11
0.2	2.117 79	2.174 92	2.376 40	2.532 69	2.754 29	3.061 59
0.3	1.958 81	2.013 96	2.203 76	2.348 86	2.552 58	2.832 01
0.4	1.802 73	1.855 90	2.034 00	2.167 91	2.353 73	2.605 28
0.5	1.650 42	1.701 61	1.868 00	1.990 69	2.158 59	2.382 23
0.6	1.502 68	1.551 87	1.706 51	1.817 96	1.967 90	2.163 55
0.7	1.360 24	1.407 41	1.550 22	1.650 37	1.782 28	1.949 85
0.8	1.223 70	1.268 82	1.399 70	1.488 47	1.602 23	1.741 57
0.9	1.093 61	1.136 64	1.255 43	1.322 71	1.428 16	1.539 06
1.0	0.970 41	1.011 27	1.117 77	1.183 41	1.260 33	1.342 49
1.1	0.854 41	0.893 03	0.986 96	1.040 74	1.098 86	1.151 90
1.2	0.745 88	0.782 15	0.863 15	0.904 81	0.943 77	0.967 24
1.3	0.644 98	0.678 75	0.746 37	0.775 60	0.794 97	0.788 31
1.4	0.551 75	0.582 85	0.636 55	0.652 96	0.652 23	0.614 77
1.5	0.466 14	0.494 35	0.533 49	0.536 62	0.515 18	0.446 16
1.6	0.388 10	0.413 15	0.436 96	0.426 29	0.383 46	0.282 02
1.7	0.317 41	0.339 01	0.346 60	0.321 52	0.256 54	0.121 74
1.8	0.253 86	0.271 66	0.262 01	0.221 86	0.133 87	−0.035 29
1.9	0.197 17	0.210 74	0.182 73	0.126 76	0.014 87	−0.189 71
2.0	0.146 96	0.155 83	0.108 19	0.035 62	−0.101 14	−0.342 21
2.2	0.064 61	0.062 43	−0.028 70	−0.137 06	−0.326 49	−0.643 55
2.4	0.003 48	−0.012 38	−0.153 30	−0.300 98	−0.546 85	−0.943 46
2.6	−0.039 86	−0.072 51	−0.269 99	−0.460 33	−0.765 53	
2.8	−0.069 02	−0.122 02	−0.382 75	−0.618 32		
3.0	−0.087 41	−0.164 58	−0.494 34			
3.5	−0.104 95	−0.258 66				
4.0	−0.107 88					

附表 2 桩置于土中（$\alpha h \geqslant 2.5$）或基岩（$\alpha h \geqslant 3.5$）转角系数 A_ϕ

$\overline{l}=\alpha l_0$ ＼ $\overline{h}=\alpha h$	4.0	3.5	3.0	2.8	2.6	2.4
0.0	1.621 00	1.640 76	1.757 55	1.869 49	2.048 19	2.326 80
0.2	1.991 12	2.012 22	2.141 125	2.267 11	2.470 77	2.792 18
0.4	2.401 23	2.423 67	2.564 95	2.704 82	2.933 35	3.297 56
0.6	2.851 35	2.875 13	3.028 64	3.182 53	3.435 92	3.842 95
0.8	3.341 46	3.366 58	3.532 34	3.700 24	3.978 50	4.428 33
1.0	3.871 58	3.898 04	4.076 04	4.257 95	4.501 08	5.053 71
1.2	4.441 70	4.469 50	4.659 74	4.855 66	5.183 66	5.719 09
1.4	5.051 81	5.080 95	5.283 44	5.493 37	5.846 24	6.424 47
1.6	5.701 93	5.732 41	5.947 13	6.171 08	6.528 81	7.169 86
1.8	6.392 04	6.423 86	6.650 83	6.888 79	7.291 39	7.955 24
2.0	7.122 16	7.155 32	7.394 53	7.646 50	8.073 97	8.180 62
2.2	7.892 28	7.926 78	8.178 23	8.444 21	8.896 55	9.646 00
2.4	8.702 39	8.738 23	9.001 93	9.281 92	9.759 13	10.561 38
2.6	9.552 51	9.589 69	9.865 62	10.159 63	10.661 70	11.496 77
2.8	10.442 62	10.481 14	10.769 32	11.077 34	11.604 28	12.482 15
3.0	11.372 74	11.412 60	11.713 02	12.035 05	12.586 86	13.507 53
3.2	12.342 86	12.384 06	12.696 72	13.032 76	13.609 44	14.572 91
3.4	13.352 97	13.359 51	13.720 42	14.070 47	14.672 02	15.678 29
3.6	14.403 09	14.446 97	14.784 11	15.148 18	15.774 59	16.823 68
3.8	15.493 20	15.538 42	15.887 81	16.265 89	16.917 17	18.009 06
4.0	16.623 32	16.669 88	17.031 51	17.423 60	18.099 75	19.234 44
4.2	17.793 44	17.841 34	18.215 21	18.621 31	19.322 33	20.499 82
4.4	19.003 55	19.052 79	19.438 91	19.869 02	20.584 91	21.305 20
4.6	20.253 67	20.304 25	20.702 60	21.136 73	21.887 48	23.190 59
4.8	21.543 78	21.595 70	22.006 30	22.454 44	23.230 06	24.535 97
5.0	22.873 90	22.927 16	23.350 00	23.812 15	24.612 64	25.961 35
5.2	24.244 02	24.298 62	24.733 70	25.209 86	26.035 22	27.426 73
5.4	25.654 13	25.710 07	25.157 40	26.647 57	27.497 80	28.932 11
5.6	27.104 36	27.161 53	27.621 09	28.152 28	29.000 37	30.477 50
5.8	28.594 36	28.652 98	29.124 79	29.642 99	30.542 95	32.052 88
6.0	30.124 48	30.184 44	30.668 49	31.200 70	32.125 53	38.688 26
6.4	33.304 71	33.367 35	33.875 89	34.486 12	35.410 69	37.059 02
6.8	36.644 94	36.710 26	37.243 28	37.831 54	38.855 84	40.589 79
7.2	40.145 18	40.213 18	40.770 68	41.386 96	42.461 00	44.280 55
7.6	43.805 41	43.876 06	44.458 07	45.102 38	46.226 15	48.131 32
8.0	47.625 64	47.699 00	48.305 47	48.977 80	50.151 31	52.142 08
8.5	52.625 93	52.702 64	53.339 72	54.047 08	55.282 76	57.380 54
9.0	57.876 22	57.956 28	58.623 96	59.366 35	60.664 20	62.868 99
9.5	63.376 51	63.459 92	64.158 21	64.935 63	66.295 65	68.607 45
10.0	69.126 80	69.213 56	69.942 45	70.754 90	72.177 09	74.595 90

注 本表数值均取"—"值。

附表 3   桩置于土中（$\alpha h > 2.5$）或基岩（$\alpha h \geqslant 3.5$）弯矩系数 A_m

$\bar{h} = \alpha h$ $\bar{Z} = \alpha Z$	4.0	3.5	3.0	2.8	2.6	2.4
0.0	0	0	0	0	0	0
0.1	0.099 60	0.099 59	0.099 55	0.099 53	0.099 48	0.099 42
0.2	0.196 96	0.196 89	0.196 60	0.196 38	0.196 06	0.195 61
0.3	0.290 10	0.289 84	0.288 91	0.288 18	0.287 14	0.285 69
0.4	0.377 39	0.376 78	0.374 63	0.372 96	0.370 60	0.367 32
0.5	0.457 52	0.456 35	0.452 27	0.449 13	0.444 71	0.438 59
0.6	0.529 38	0.527 40	0.520 57	0.515 34	0.508 01	0.497 95
0.7	0.592 28	0.589 18	0.578 67	0.570 69	0.559 56	0.544 39
0.8	0.645 61	0.641 07	0.625 88	0.614 45	0.598 59	0.577 13
0.9	0.689 26	0.682 92	0.662 00	0.646 42	0.624 94	0.596 08
1.0	0.723 05	0.714 52	0.686 81	0.666 37	0.638 41	0.601 16
1.1	0.747 14	0.736 02	0.700 45	0.674 51	0.639 30	0.592 85
1.2	0.761 83	0.747 69	0.703 24	0.671 20	0.628 10	0.571 87
1.3	0.767 61	0.750 01	0.695 70	0.657 07	0.605 63	0.539 34
1.4	0.764 98	0.743 49	0.678 45	0.632 85	0.572 80	0.496 54
1.5	0.754 66	0.728 84	0.652 32	0.599 52	0.530 89	0.445 20
1.6	0.737 34	0.706 77	0.618 19	0.558 14	0.481 27	0.387 18
1.7	0.713 81	0.678 09	0.577 07	0.509 96	0.425 51	0.324 66
1.8	0.684 88	0.643 64	0.530 05	0.456 31	0.365 40	0.260 08
1.9	0.651 39	0.604 32	0.478 34	0.398 68	0.302 91	0.196 17
2.0	0.614 13	0.560 97	0.423 14	0.338 64	0.240 13	0.135 88
2.2	0.531 60	0.465 83	0.307 66	0.218 28	0.123 20	0.039 42
2.4	0.443 34	0.365 18	0.194 80	0.110 15	0.035 27	0.000 00
2.6	0.354 58	0.265 60	0.096 67	0.031 00	0.000 01	
2.8	0.269 96	0.173 62	0.026 86	0.000 00		
3.0	0.193 05	0.095 35	0.000 00			
3.5	0.050 81	0.000 01				
4.0	0.000 05					

附表 4 桩置于土中（$\alpha h > 2.5$）或基岩（$\alpha h \geqslant 3.5$）剪力系数 A_Q

$\bar{Z} = \alpha Z$ \ $\bar{h} = \alpha h$	4.0	3.5	3.0	2.8	2.6	2.4
0.0	1.000 00	1.000 00	1.000 00	1.000 00	1.000 00	1.000 00
0.1	0.988 33	0.988 03	0.986 95	0.986 09	0.984 87	0.983 14
0.2	0.955 51	0.954 34	0.950 33	0.946 88	0.945 69	0.935 69
0.3	0.904 68	0.902 11	0.893 04	0.886 01	0.876 04	0.862 21
0.4	0.838 98	0.834 52	0.819 02	0.807 12	0.790 34	0.767 24
0.5	0.761 45	0.754 64	0.731 40	0.713 73	0.689 02	0.655 25
0.6	0.674 86	0.665 29	0.633 23	0.609 13	0.575 69	0.530 41
0.7	0.582 01	0.569 31	0.527 60	0.496 64	0.454 05	0.397 00
0.8	0.485 22	0.469 06	0.417 10	0.379 05	0.327 26	0.258 72
0.9	0.386 89	0.366 98	0.304 41	0.259 32	0.198 65	0.119 49
1.0	0.289 01	0.265 12	0.191 85	0.139 98	0.071 14	−0.017 17
1.1	0.193 88	0.165 32	0.081 54	0.023 40	−0.052 51	−0.147 89
1.2	0.101 53	0.069 17	−0.024 66	−0.088 28	−0.169 76	−0.269 53
1.3	0.014 77	−0.021 97	−0.125 08	−0.193 12	−0.278 24	−0.379 03
1.4	−0.065 86	−0.106 98	−0.218 28	−0.289 39	−0.375 76	−0.473 56
1.5	−0.139 52	−0.184 94	−0.302 97	−0.375 49	−0.460 25	−0.550 31
1.6	−0.205 55	−0.255 10	−0.378 00	−0.449 94	−0.529 70	−0.606 54
1.7	−0.263 59	−0.316 99	−0.442 49	−0.511 47	−0.582 33	−0.639 67
1.8	−0.313 45	−0.370 30	−0.495 62	−0.558 89	−0.616 37	−0.647 10
1.9	−0.355 01	−0.414 76	−0.536 60	−0.590 98	−0.629 96	−0.626 10
2.0	−0.388 39	−0.450 34	−0.564 80	−0.606 65	−0.621 38	−0.574 06
2.2	−0.431 74	−0.495 14	−0.580 52	−0.584 38	−0.530 57	−0.365 92
2.4	−0.446 47	−0.505 79	−0.537 89	−0.482 87	−0.328 89	0.000 00
2.6	−0.436 51	−0.483 79	−0.431 39	−0.291 84	0.000 00	
2.8	−0.406 41	−0.430 66	−0.254 62	0.000 01		
3.0	−0.360 65	−0.347 26	0.000 00			
3.5	−0.199 75	0.000 00				
4.0	−0.000 02					

附表 5 桩置于土中（$\alpha h > 2.5$）或基岩（$\alpha h \geqslant 3.5$）位移系数 B_x

$\overline{Z}=\alpha Z$ ＼ $\overline{h}=\alpha h$	4.0	3.5	3.0	2.8	2.6	2.4
0.0	1.621 00	1.640 76	1.757 55	1.869 40	2.048 19	2.326 80
0.1	1.450 94	1.470 03	1.580 70	1.685 55	1.851 90	2.109 11
0.2	1.290 88	1.309 30	1.413 85	1.511 69	1.665 61	1.901 42
0.3	1.140 79	1.158 54	1.256 97	1.347 80	1.439 28	1.703 68
0.4	1.000 64	1.017 72	1.110 01	1.193 83	1.322 87	1.515 85
0.5	0.870 36	0.886 76	0.972 92	1.049 71	1.166 29	1.337 83
0.6	0.749 81	0.765 53	0.845 53	0.915 28	1.019 37	1.169 41
0.7	0.638 85	0.653 90	0.727 70	0.790 37	0.881 91	1.010 39
0.8	0.537 27	0.551 62	0.619 17	0.674 72	0.753 64	0.860 43
0.9	0.444 81	0.458 46	0.519 67	0.568 02	0.634 21	0.719 15
1.0	0.361 19	0.374 11	0.428 89	0.469 94	0.523 24	0.586 11
1.1	0.286 06	0.298 22	0.346 41	0.380 04	0.420 27	0.460 77
1.2	0.219 08	0.230 45	0.271 87	0.297 91	0.324 82	0.342 61
1.3	0.159 85	0.170 38	0.204 81	0.223 06	0.236 35	0.230 98
1.4	0.107 93	0.117 57	0.144 72	0.154 94	0.154 25	0.125 23
1.5	0.062 88	0.071 55	0.091 08	0.092 99	0.077 90	0.024 64
1.6	0.024 22	0.031 85	0.043 37	0.036 63	0.006 67	$-0.071\ 48$
1.7	$-0.008\ 47$	$-0.001\ 99$	0.001 07	$-0.014\ 70$	$-0.060\ 06$	$-0.163\ 83$
1.8	$-0.035\ 72$	$-0.030\ 49$	$-0.036\ 43$	$-0.061\ 63$	$-0.122\ 98$	$-0.252\ 14$
1.9	$-0.057\ 98$	$-0.054\ 13$	$-0.069\ 65$	$-0.104\ 75$	$-0.182\ 72$	$-0.340\ 07$
2.0	$-0.075\ 72$	$-0.073\ 41$	$-0.099\ 14$	$-0.144\ 65$	$-0.239\ 90$	$-0.425\ 26$
2.2	$-0.099\ 40$	$-0.100\ 69$	$-0.149\ 05$	$-0.216\ 96$	$-0.348\ 81$	$-0.592\ 53$
2.4	$-0.110\ 30$	$-0.116\ 01$	$-0.190\ 23$	$-0.282\ 75$	$-0.453\ 81$	$-0.758\ 33$
2.6	$-0.111\ 36$	$-0.122\ 46$	$-0.226\ 00$	$-0.345\ 23$	$-0.557\ 48$	
2.8	$-0.105\ 44$	$-0.123\ 05$	$-0.259\ 29$	$-0.406\ 82$		
3.0	$-0.094\ 71$	$-0.119\ 99$	$-0.291\ 85$			
3.5	$-0.056\ 98$	$-0.106\ 32$				
4.0	$-0.014\ 87$					

附表 6 桩置于土中 ($\alpha h > 2.5$) 或基岩 ($\alpha h \geqslant 3.5$) 转角系数 B_φ

$\bar{z}=\alpha z$ \ $\bar{h}=\alpha h$	4.0	3.5	3.0	2.8	2.6	2.4
0.0	1.750 58	1.757 28	1.818 49	1.888 55	2.012 89	2.226 91
0.1	1.650 68	1.657 28	1.718 49	1.788 55	1.912 89	2.126 91
0.2	1.550 69	1.557 39	1.618 61	1.688 68	1.813 03	2.027 07
0.3	1.451 06	1.457 77	1.519 01	1.589 11	1.713 51	1.927 61
0.4	1.352 04	1.358 76	1.420 08	1.490 25	1.614 76	1.829 04
0.5	1.253 94	1.260 69	1.322 17	1.392 49	1.517 23	1.731 86
0.6	1.157 25	1.164 05	1.225 81	1.296 38	1.421 52	1.636 77
0.7	1.062 38	1.069 26	1.131 46	1.202 45	1.328 22	1.544 43
0.8	0.969 78	0.976 78	1.039 65	1.111 24	1.237 95	1.455 56
0.9	0.879 87	0.887 04	0.950 84	1.023 27	1.151 27	1.370 80
1.0	0.793 11	0.800 53	0.865 58	0.939 13	1.068 85	1.290 91
1.1	0.709 81	0.717 53	0.784 22	0.859 22	0.991 12	1.216 38
1.2	0.630 38	0.638 81	0.707 26	0.784 08	0.918 69	1.147 89
1.3	0.555 06	0.563 70	0.635 00	0.714 02	0.851 92	1.085 81
1.4	0.484 12	0.493 38	0.567 76	0.649 42	0.791 18	1.030 54
1.5	0.417 70	0.427 71	0.505 75	0.590 48	0.736 71	0.982 28
1.6	0.355 98	0.366 89	0.449 18	0.537 45	0.688 73	0.941 20
1.7	0.298 97	0.310 93	0.398 11	0.490 35	0.647 23	0.907 18
1.8	0.246 72	0.259 90	0.352 62	0.449 27	0.612 24	0.880 10
1.9	0.199 16	0.213 74	0.312 63	0.414 08	0.583 53	0.859 54
2.0	0.156 24	0.172 40	0.278 08	0.384 68	0.560 88	0.844 98
2.2	0.083 65	0.103 55	0.224 48	0.342 03	0.531 79	0.830 56
2.4	0.027 53	0.051 96	0.189 80	0.318 34	0.520 08	0.828 32
2.6	0.014 15	0.015 51	0.170 78	0.308 88	0.528 21	
2.8	0.043 51	0.008 09	0.163 35	0.307 45		
3.0	0.062 96	0.021 55	0.162 17			
3.5	0.082 94	0.029 47				
4.0	0.085 07					

注 本表数值均取 "—" 值。

附表 7 桩置于土中 $(\alpha h \geqslant 2.5)$ 或基岩 $(\alpha h \geqslant 3.5)$ 弯矩系数 B_m

$\bar{Z}=\alpha Z$ ＼ $\bar{h}=\alpha h$	4.0	3.5	3.0	2.8	2.6	2.4
0.0	1.000 00	1.000 00	1.000 00	1.000 00	1.000 00	1.000 00
0.1	0.999 74	0.999 74	0.999 72	0.999 70	0.999 67	0.999 63
0.2	0.998 06	0.998 04	0.997 89	0.997 75	0.997 53	0.997 19
0.3	0.993 82	0.993 73	0.993 25	0.992 79	0.992 07	0.990 96
0.4	0.986 17	0.985 98	0.984 86	0.983 82	0.982 17	0.979 66
0.5	0.974 58	0.974 20	0.972 09	0.970 12	0.967 04	0.962 36
0.6	0.958 61	0.957 97	0.954 43	0.950 56	0.946 07	0.938 35
0.7	0.938 17	0.937 18	0.931 73	0.926 74	0.919 00	0.907 36
0.8	0.913 24	0.911 78	0.903 90	0.896 75	0.885 74	0.869 27
0.9	0.884 07	0.882 04	0.871 20	0.861 45	0.846 53	0.824 40
1.0	0.850 89	0.848 15	0.833 81	0.821 02	0.801 60	0.773 03
1.1	0.814 10	0.810 54	0.792 13	0.775 89	0.751 45	0.715 82
1.2	0.774 15	0.769 63	0.746 63	0.726 58	0.696 67	0.653 54
1.3	0.731 61	0.725 99	0.697 91	0.673 73	0.638 03	0.587 20
1.4	0.686 94	0.680 09	0.646 48	0.617 94	0.576 27	0.517 81
1.5	0.640 81	0.632 59	0.593 07	0.560 03	0.512 42	0.446 73
1.6	0.593 73	0.584 01	0.538 29	0.500 72	0.447 39	0.375 28
1.7	0.546 25	0.534 90	0.482 80	0.440 82	0.382 24	0.304 97
1.8	0.498 89	0.485 82	0.427 29	0.381 15	0.318 12	0.237 45
1.9	0.452 19	0.437 21	0.372 44	0.322 61	0.256 21	0.174 50
2.0	0.406 58	0.389 78	0.318 90	0.266 05	0.197 79	0.118 03
2.2	0.320 25	0.299 56	0.218 44	0.162 55	0.096 75	0.032 82
2.4	0.242 62	0.218 15	0.131 10	0.078 20	0.026 54	−0.000 02
2.6	0.175 46	0.147 78	0.061 99	0.021 01	−0.000 04	
2.8	0.119 79	0.090 07	0.016 38	−0.000 23		
3.0	0.075 95	0.046 19	−0.000 07			
3.5	0.013 54	0.000 04				
4.0	0.000 09					

附表 8　　　　　　　　桩置于土中 $(\alpha h \geqslant 2.5)$ 或基岩 $(\alpha h \geqslant 3.5)$ 剪力系数 B_Q

$\overline{z}=\alpha z$ ＼ $\overline{h}=\alpha h$	4.0	3.5	3.0	2.8	2.6	2.4
0.0	0	0	0	0	0	0
0.1	0.007 53	0.007 63	0.003 19	0.008 73	0.009 58	0.010 96
0.2	0.027 95	0.028 32	0.080 50	0.032 55	0.035 79	0.040 70
0.3	0.058 20	0.059 03	0.163 73	0.068 14	0.075 06	0.685 67
0.4	0.095 54	0.096 98	0.105 02	0.112 47	0.124 12	0.141 85
0.5	0.137 47	0.139 66	0.151 71	0.162 77	0.179 94	0.265 84
0.6	0.181 91	0.184 98	0.201 59	0.216 68	0.239 91	0.274 64
0.7	0.226 85	0.230 92	0.252 53	0.271 91	0.304 18	0.345 24
0.8	0.270 87	0.276 04	0.302 94	0.326 75	0.362 71	0.415 28
0.9	0.312 45	0.318 82	0.351 18	0.379 41	0.421 52	0.482 23
1.0	0.350 59	0.358 22	0.396 09	0.428 56	0.476 34	0.514 05
1.1	0.384 43	0.393 37	0.436 65	0.473 02	0.525 70	0.598 82
1.2	0.413 35	0.423 64	0.472 07	0.511 87	0.568 41	0.644 86
1.3	0.436 90	0.448 56	0.501 72	0.544 29	0.603 33	0.680 54
1.4	0.454 86	0.467 88	0.525 20	0.569 69	0.629 57	0.704 45
1.5	0.467 15	0.481 50	0.542 20	0.587 57	0.646 30	0.715 21
1.6	0.473 78	0.489 39	0.552 50	0.597 49	0.652 72	0.711 43
1.7	0.474 96	0.491 74	0.556 04	0.599 17	0.648 19	0.691 88
1.8	0.471 03	0.488 83	0.552 89	0.592 43	0.632 11	0.655 62
1.9	0.462 23	0.480 92	0.542 99	0.576 95	0.603 74	0.600 35
2.0	0.449 14	0.468 39	0.526 44	0.552 54	0.562 43	0.525 62
2.2	0.411 79	0.431 27	0.473 79	0.476 08	0.438 25	0.311 24
2.4	0.363 12	0.381 01	0.395 38	0.360 78	0.253 25	0.000 02
2.6	0.307 32	0.321 04	0.291 02	0.203 46	0.000 03	
2.8	0.248 53	0.254 52	0.159 80	0.000 18		
3.0	0.190 52	0.184 11	0.000 04			
3.5	0.016 72	0.000 01				
4.0	0.000 45					

注　本表数值均取 "－" 值。

附表 9　　　　　　　桩嵌固于基岩内 （$\alpha h > 2.5$） 土侧向位移系数 A_x^0

$\overline{Z}=\alpha Z$ / $\overline{h}=\alpha h$	4.0	3.5	3.0	2.8	2.6
0	2.401	2.389	2.385	2.371	2.330
0.1	2.248	2.230	2.230	2.210	2.170
0.2	2.080	2.075	2.070	2.055	2.010
0.3	1.926	1.916	1.913	1.896	1.853
0.4	1.773	1.765	1.763	1.745	1.703
0.5	1.622	1.618	1.612	1.596	1.552
0.6	1.475	1.473	1.468	1.450	1.407
0.7	1.336	1.334	1.330	1.314	1.267
0.8	1.202	1.202	1.196	1.178	1.133
0.9	1.070	1.071	1.070	1.050	1.005
1.0	0.952	0.956	0.951	0.930	0.885
1.1	0.831	0.844	0.831	0.818	0.772
1.2	0.732	0.740	0.713	0.712	0.667
1.3	0.634	0.642	0.636	0.614	0.570
1.4	0.543	0.553	0.547	0.524	0.480
1.5	0.460	0.471	0.466	0.443	0.399
1.6	0.380	0.397	0.391	0.369	0.326
1.7	0.317	0.332	0.325	0.303	0.260
1.8	0.257	0.273	0.267	0.244	0.203
1.9	0.203	0.221	0.215	0.192	0.153
2.0	0.157	0.176	0.170	0.148	0.111
2.2	0.082	0.104	0.099	0.078	0.048
2.4	0.030	0.057	0.050	0.032	0.012
2.6	−0.004	0.023	0.020	0.008	0
2.8	−0.022	0.006	0.004	0	
3.0	−0.028	−0.001	0		
3.5	−0.015	0			
4.0	0				

附表 10　　　　　　　桩嵌固于基岩内 （$\alpha h > 2.5$） 土侧向位移系数 B_x^0

$\overline{Z}=\alpha Z$ / $\overline{h}=\alpha h$	4.0	3.5	3.0	2.8	2.6
0	1.600	1.584	1.586	1.593	1.596
0.1	1.430	1.420	1.426	1.430	1.430
0.2	1.275	1.260	1.270	1.275	1.280
0.3	1.127	1.117	1.123	1.130	1.137
0.4	0.988	0.980	0.990	0.998	1.025
0.5	0.858	0.854	0.866	0.874	0.878
0.6	0.740	0.737	0.752	0.760	0.763
0.7	0.630	0.630	0.643	0.654	0.659
0.8	0.531	0.533	0.550	0.561	0.564
0.9	0.440	0.444	0.464	0.473	0.478
1.0	0.359	0.364	0.386	0.396	0.400
1.1	0.285	0.294	0.318	0.327	0.332
1.2	0.220	0.230	0.257	0.267	0.271
1.3	0.163	0.176	0.203	0.214	0.218
1.4	0.113	0.128	0.157	0.169	0.172
1.5	0.070	0.087	0.119	0.129	0.134
1.6	0.034	0.053	0.086	0.097	0.101
1.7	0.003	0.027	0.059	0.070	0.074
1.8	−0.022	0.001	0.037	0.048	0.052
1.9	−0.042	−0.017	0.021	0.032	0.035
2.0	−0.058	−0.031	0.008	0.010	0.023
2.2	−0.077	−0.046	−0.006	0.004	0.007
2.4	−0.083	−0.048	−0.010	−0.001	0.001
2.6	−0.080	−0.043	−0.007	−0.001	0
2.8	−0.070	−0.032	−0.003	0	
3.0	−0.056	−0.020	0		
3.5	−0.018	0			
4.0	0				

附表 11　　　　　　　桩嵌固于基岩内计算 $\phi_{z=0}$ 系数 A_ϕ^0、B_ϕ^0

$\overline{h}=\alpha h$	4.0	3.5	3.0	2.8	2.6
$A_\phi^0 = -B_x^0$	−1.600	−1.581	−1.586	−1.593	−1.596
B_ϕ^0	−1.732	−1.711	−1.691	−1.687	−1.686
A_x^0	2.401	2.389	2.385	2.371	2.330

注　1. 表列为 $\overline{Z}=\alpha Z=0$ 的系数值，$\overline{Z}$ 为其他值的系数不常应用，此处从略。

　　2. A_Q^0、B_Q^0 系数不常应用，此处从略。

附表 12　　　　　　　桩嵌固于基岩内（$\alpha h > 2.5$）弯矩系数 A_m^0、B_m^0

$\overline{Z}=\alpha Z$	$\overline{h}=\alpha h$									
	4.0		3.5		3.0		2.8		2.6	
	A_m^0	B_m^0	A_m^0	B_m^0	A_m^0	B_m^0	A_m^0	B_m^0	A_m^0	B_m^0
0	0	1.000	0	1.000	0	1.000	0	1.000	0	1.000
0.1	0.100	1.000	0.100	1.000	0.100	1.000	0.100	1.000	0.100	1.000
0.2	0.197	0.998	0.197	0.998	0.197	0.998	0.197	0.998	0.197	0.998
0.3	0.290	0.994	0.290	0.994	0.290	0.994	0.290	0.994	0.291	0.994
0.4	0.378	0.986	0.378	0.986	0.378	0.986	0.378	0.986	0.379	0.986
0.5	0.458	0.975	0.458	0.975	0.458	0.975	0.459	0.975	0.460	0.975
0.6	0.531	0.959	0.531	0.960	0.531	0.959	0.532	0.959	0.533	0.959
0.7	0.594	0.939	0.595	0.939	0.595	0.939	0.596	0.939	0.598	0.938
0.8	0.648	0.914	0.649	0.915	0.649	0.914	0.651	0.914	0.654	0.913
0.9	0.693	0.886	0.694	0.886	0.693	0.885	0.696	0.884	0.701	0.884
1.0	0.728	0.853	0.729	0.854	0.729	0.852	0.732	0.850	0.739	0.850
1.1	0.753	0.817	0.754	0.817	0.755	0.815	0.759	0.813	0.769	0.810
1.2	0.770	0.777	0.770	0.778	0.772	0.774	0.777	0.771	0.789	0.770
1.3	0.777	0.735	0.778	0.736	0.779	0.730	0.786	0.727	0.802	0.725
1.4	0.776	0.691	0.777	0.691	0.779	0.684	0.788	0.680	0.808	0.678
1.5	0.768	0.645	0.768	0.645	0.771	0.635	0.782	0.630	0.806	0.628
1.6	0.753	0.598	0.752	0.597	0.756	0.585	0.769	0.578	0.779	0.576
1.7	0.731	0.551	0.730	0.549	0.734	0.533	0.750	0.525	0.786	0.522
1.8	0.705	0.503	0.703	0.500	0.707	0.480	0.727	0.471	0.769	0.467
1.9	0.673	0.456	0.670	0.451	0.676	0.427	0.699	0.416	0.749	0.411
2.0	0.638	0.410	0.633	0.402	0.640	0.373	0.667	0.360	0.725	0.355
2.2	0.559	0.321	0.549	0.307	0.558	0.265	0.595	0.247	0.672	0.246
2.4	0.472	0.239	0.457	0.216	0.468	0.157	0.517	0.135	0.615	0.126
2.6	0.383	0.165	0.358	0.129	0.373	0.051	0.435	0.022	0.556	0.010
2.8	0.294	0.099	0.258	0.047	0.276	-0.055	0.352	-0.091		
3.0	0.207	0.041	0.156	0.032	0.179	-0.161				
3.5	0.005	-0.079	-0.096	-0.221						
4.0	-0.184	-0.181								

确定桩身最大弯矩及其位置的系数表

αZ	C_Q	D_Q	K_Q	K_m
0.0	∞	0.000 00	∞	1.000 00
0.1	131.252 32	0.007 60	131.317 79	1.000 50
0.2	34.186 40	0.029 25	34.317 04	1.003 82
0.3	15.544 33	0.064 33	15.738 37	1.012 48
0.4	8.781 45	0.113 88	9.037 39	1.029 14
0.5	5.539 03	0.180 54	5.855 75	1.057 18
0.6	3.708 96	0.269 55	4.138 32	1.101 30
0.7	2.565 62	0.389 77	2.999 27	1.169 02
0.8	1.791 34	0.558 24	2.281 53	1.273 65
0.9	1.238 25	0.807 59	1.783 96	1.440 71
1.0	0.824 35	1.213 07	1.424 48	1.728 00
1.1	0.503 03	1.987 95	1.156 66	2.299 39
1.2	0.245 63	4.071 21	0.951 98	3.875 72
1.3	0.033 81	29.580 23	0.792 35	23.437 59
1.4	-0.144 79	-6.906 47	0.665 52	-4.596 37
1.5	-0.298 66	-3.348 27	0.563 28	-1.875 85
1.6	-0.433 85	-2.304 94	0.479 75	-1.128 38
1.7	-0.554 97	-1.801 89	0.410 66	-0.739 96
1.8	-0.665 46	-1.502 73	0.352 89	-0.530 30
1.9	-0.767 97	-1.302 13	0.304 12	-0.396 00
2.0	-0.864 74	-1.156 41	0.262 54	-0.303 61
2.2	-1.048 45	-0.953 79	0.195 83	-0.186 78
2.4	-1.229 54	-0.813 31	0.145 03	-0.117 95
2.6	-1.420 38	-0.704 04	0.105 36	-0.074 18
2.8	-1.635 25	-0.611 53	0.074 07	-0.045 30
3.0	-1.892 98	-0.528 27	0.049 28	-0.026 03
3.5	-11.946 8	-0.334 01	0.010 27	-0.003 43
4.0	-0.044 50	-22.500 0	-0.000 08	$+0.011$ 34

附表 14　　　　桩置于土中（$\alpha h > 2.5$）或基岩（$\alpha h \geqslant 3.5$）桩顶位移系数 A_{x1}

$\bar{h}=\alpha h$ / $\bar{l}=\alpha l_0$	4.0	3.5	3.0	2.8	2.6	2.4
0.0	2.440 66	2.501 74	2.726 58	2.905 24	3.162 60	3.525 62
0.2	3.161 75	3.231 00	3.505 01	3.731 21	4.065 06	4.548 08
0.4	4.038 89	4.116 85	4.444 91	4.724 26	5.144 55	5.764 76
0.6	5.088 07	5.175 27	5.562 30	5.900 40	6.417 07	7.191 47
0.8	6.325 30	6.422 28	6.873 16	7.275 62	7.898 62	8.844 39
1.0	7.766 57	7.873 87	8.393 50	8.865 92	9.605 20	10.739 46
1.2	9.427 90	9.546 05	10.139 33	10.687 31	11.552 82	12.892 69
1.4	11.315 26	11.454 80	12.126 63	12.755 78	13.757 46	15.320 07
1.6	13.474 68	13.616 14	14.371 41	15.087 34	16.235 14	18.037 60
1.8	15.892 14	16.046 06	16.889 67	17.697 98	19.001 85	21.061 29
2.0	18.593 65	18.760 57	19.697 41	20.603 71	22.073 59	24.407 13
2.2	21.595 20	21.775 65	22.810 62	23.820 52	25.466 36	28.091 12
2.4	24.912 08	25.107 32	26.245 32	27.364 41	29.196 16	32.129 26
2.6	28.562 45	28.771 57	30.017 50	31.251 38	33.278 99	36.537 56
2.8	32.560 14	32.784 40	34.143 15	35.497 45	37.730 85	41.332 01
3.0	36.921 88	37.161 82	38.638 29	40.118 59	42.567 75	46.528 61
3.2	41.663 67	41.919 82	43.518 90	45.130 82	47.805 68	52.143 36
3.4	46.801 50	47.074 40	48.801 00	50.550 13	53.460 63	58.192 27
3.6	52.351 38	52.641 56	54.500 57	56.392 53	59.548 62	64.691 33
3.8	58.329 30	58.637 31	60.633 62	62.674 01	66.085 64	71.656 55
4.0	64.751 27	65.077 63	67.216 15	69.410 57	73.087 69	79.103 91
4.2	71.633 29	71.978 54	74.264 16	76.618 22	80.573 78	87.049 43
4.4	78.991 35	79.356 03	81.793 65	84.312 95	88.550 89	95.509 10
4.6	86.841 47	87.226 11	89.820 60	92.510 77	97.044 03	104.498 93
4.8	95.199 62	95.604 77	98.361 07	101.227 67	106.066 21	114.034 91
5.0	104.081 83	104.508 01	107.431 00	110.479 65	115.633 42	124.133 04
5.2	113.504 08	113.951 83	117.046 40	120.282 73	125.761 65	134.809 32
5.4	123.482 37	123.952 23	127.223 29	130.652 88	136.466 92	146.079 76
5.6	134.032 71	134.525 22	137.977 65	141.606 11	147.765 22	157.960 34
5.8	145.171 10	145.686 79	149.325 50	153.158 44	159.672 56	170.467 09
6.0	156.913 54	157.452 94	161.282 82	165.325 84	172.204 92	183.615 98
6.4	182.274 55	182.862 99	187.089 90	191.569 90	199.208 74	211.904 23
6.8	210.243 75	210.883 37	215.526 90	220.466 30	228.904 68	242.953 08
7.2	240.949 13	241.642 08	246.721 82	252.143 03	261.420 75	276.890 55
7.6	274.518 69	275.267 12	280.802 66	286.728 10	296.884 95	313.844 63
8.0	311.080 45	311.886 49	317.897 41	324.349 51	335.425 27	353.943 33
8.5	361.185 40	362.066 47	368.699 17	375.841 11	388.121 47	408.683 80
9.0	416.415 64	417.375 10	424.660 17	432.526 99	446.074 11	468.787 73
9.5	477.021 17	478.062 37	486.030 42	494.657 14	509.533 20	534.505 11
10.0	543.251 99	544.378 27	553.059 91	562.481 57	578.798 73	606.085 95

附表 15　　桩置于土中（$\alpha h \geqslant 2.5$）或基岩（$\alpha h \geqslant 3.5$）桩顶转角（位移）系数 $A_{\phi 1} = B_{x1}$

$\bar{h}=\alpha h$ / $\bar{z}=\alpha z$	4.0	3.5	3.0	2.8	2.6	2.4
0.0	1.621 00	1.640 76	1.757 55	1.869 49	2.048 19	2.326 80
0.2	1.991 12	2.012 22	2.141 25	2.267 11	2.470 77	2.792 18
0.4	2.401 23	2.423 67	2.564 95	2.704 82	2.933 35	3.297 56
0.6	2.851 35	2.875 13	3.028 64	3.182 53	3.435 92	3.842 95
0.8	3.341 46	3.366 58	3.532 34	3.700 24	3.978 50	4.428 33
1.0	3.871 58	3.898 04	4.076 04	4.257 95	4.501 08	5.053 71
1.2	4.441 70	4.469 50	4.659 74	4.855 66	5.183 66	5.719 09
1.4	5.051 81	5.080 95	5.283 44	5.493 37	5.846 24	6.424 47
1.6	5.701 93	5.732 41	5.947 13	6.171 08	6.528 81	7.169 86
1.8	6.392 04	6.423 86	6.650 83	6.888 79	7.291 39	7.955 24
2.0	7.122 16	7.155 32	7.394 53	7.646 50	8.073 97	8.180 62
2.2	7.892 28	7.926 78	8.178 23	8.444 21	8.896 55	9.646 00
2.4	8.702 39	8.738 23	9.001 93	9.281 92	9.759 13	10.561 38
2.6	9.552 51	9.589 69	9.865 62	10.159 63	10.661 70	11.496 77
2.8	10.442 62	10.481 14	10.769 32	11.077 34	11.604 28	12.482 15
3.0	11.372 74	11.411 26	11.713 02	12.035 05	12.586 86	13.507 53
3.2	12.342 86	12.384 06	12.696 72	13.032 76	13.609 44	14.572 91
3.4	13.352 97	13.395 51	13.702 42	14.070 47	14.672 02	15.678 29
3.6	14.403 09	14.446 97	14.784 11	15.148 18	15.774 59	16.823 68
3.8	15.493 20	15.538 42	15.887 81	16.265 89	16.917 17	18.009 06
4.4	16.623 32	16.669 88	17.031 51	17.423 60	18.099 75	19.234 44
4.2	17.793 44	17.841 34	18.215 21	18.621 31	19.322 33	20.499 82
4.4	19.003 55	19.052 79	19.438 91	19.869 02	20.584 91	21.305 20
4.6	20.253 67	20.304 25	20.726 0	21.136 73	21.887 48	23.190 59
4.8	21.543 78	21.595 70	22.006 30	22.454 4	23.230 06	24.535 97
5.0	22.873 90	22.927 16	23.350 00	23.812 15	24.612 64	25.961 35
5.2	24.244 02	24.298 62	24.733 70	25.209 86	26.035 22	27.426 73
5.4	25.654 13	25.710 07	26.157 40	26.647 57	27.497 80	28.932 11
5.6	27.104 36	27.161 53	27.621 09	28.125 28	29.000 37	30.477 50
5.8	28.594 36	28.652 98	29.124 79	29.642 99	30.542 95	32.052 88
6.0	30.124 48	30.184 44	30.668 49	31.200 70	32.125 53	38.688 26
6.4	33.304 71	33.367 35	33.875 89	34.486 12	35.410 69	37.059 02
6.8	36.644 94	37.710 26	37.243 28	37.831 54	38.855 84	40.589 79
7.2	40.145 18	40.213 18	40.770 68	41.386 96	42.461 00	44.280 55
7.6	43.805 41	44.876 06	44.458 07	45.102 38	46.226 15	48.131 32
8.0	47.625 64	48.699 00	48.305 47	48.977 80	50.151 31	52.142 08
8.5	52.625 93	52.702 64	53.339 72	54.047 08	54.282 76	57.380 54
9.0	57.876 22	57.956 28	58.623 96	59.366 35	60.664 20	62.868 99
9.5	63.376 51	63.459 92	64.158 21	64.935 63	66.295 65	68.607 45
10.0	69.126 80	69.213 56	69.942 45	70.754 90	72.177 09	74.595 90

附表 16　　　桩置于土中（$\alpha h > 2.5$）或基岩（$\alpha h \geqslant 3.5$）桩顶转角系数 $B_{\phi 1}$

$\overline{l}=\alpha l_0$ ＼ $\overline{h}=\alpha h$	4.0	3.5	3.0	2.8	2.6	2.4
0.0	1.750 58	1.757 28	1.818 49	1.888 55	2.012 89	2.226 91
0.2	1.950 58	1.957 28	2.018 49	2.088 55	2.212 89	2.426 91
0.4	2.150 58	2.157 28	2.218 49	2.288 55	2.412 89	2.626 91
0.6	2.350 58	2.357 28	2.418 49	2.488 55	2.612 89	2.826 91
0.8	2.550 58	2.557 28	2.618 49	2.688 55	2.812 89	3.026 91
1.0	2.750 58	2.757 28	2.818 49	2.888 55	2.012 89	3.226 91
1.2	2.950 58	2.957 28	3.018 49	3.088 55	3.212 89	3.426 91
1.4	3.150 58	3.157 28	3.218 49	3.288 55	3.412 89	3.626 91
1.6	3.350 58	3.357 28	3.418 49	3.488 55	3.612 89	3.826 91
1.8	3.550 58	3.557 28	3.618 49	3.688 55	3.812 89	4.026 91
2.0	3.750 58	3.757 28	3.818 49	3.888 55	4.012 89	4.226 91
2.2	3.950 28	3.957 28	4.018 49	4.088 55	4.212 89	4.426 91
2.4	4.150 58	4.157 28	4.218 49	4.288 55	4.412 89	4.626 91
2.6	4.350 58	4.357 28	4.418 49	4.488 55	4.612 89	4.826 91
2.8	4.550 58	4.557 28	4.618 49	4.688 55	4.812 89	5.026 91
3.0	4.750 58	4.757 28	4.818 49	4.888 55	5.012 89	5.226 91
3.2	4.950 58	4.957 28	5.018 49	5.088 55	5.212 89	5.426 91
3.4	5.150 58	5.157 28	5.218 49	5.288 55	5.412 89	5.626 91
3.6	5.350 58	5.357 28	5.418 49	5.488 55	5.612 89	5.826 91
3.8	5.550 58	5.557 28	5.618 49	5.688 55	5.812 89	6.026 91
4.0	5.750 58	5.757 28	5.818 49	5.888 55	6.012 89	6.226 91
4.2	5.950 58	5.957 28	6.018 49	6.088 55	6.212 89	6.426 91
4.4	6.150 58	6.157 28	6.218 49	6.288 55	6.412 89	6.626 91
4.6	6.350 58	6.357 28	6.414 49	6.488 55	6.612 89	6.826 91
4.8	6.550 58	6.657 28	6.618 49	6.688 55	6.812 89	7.026 91
5.0	6.750 58	6.757 28	6.818 49	6.888 55	7.012 89	7.226 91
5.2	6.950 58	6.957 28	7.018 49	7.088 55	7.212 89	7.426 91
5.4	7.150 58	7.157 28	7.218 49	7.288 55	7.412 89	7.626 91
5.6	7.350 58	7.357 28	7.418 49	7.488 55	7.612 89	7.826 91
5.8	7.550 58	7.557 28	7.618 49	7.688 55	7.812 89	8.026 91
6.0	7.750 58	7.757 28	7.818 49	7.888 55	8.012 89	8.226 91
6.4	8.150 58	8.157 28	8.218 49	8.288 55	8.412 89	8.626 91
6.8	8.550 58	8.557 28	8.618 49	8.688 55	8.812 89	9.026 91
7.2	8.950 58	8.957 28	9.018 49	9.088 55	9.212 89	9.426 91
7.6	9.350 58	9.357 28	9.418 49	9.488 55	9.612 89	9.826 91
8.0	9.750 58	9.757 28	9.818 49	9.888 55	10.012 89	10.226 91
8.5	10.250 58	10.257 28	10.318 49	10.388 55	10.512 89	10.726 91
9.0	10.750 58	10.757 28	10.818 49	10.888 55	11.012 89	11.226 91
9.5	11.250 58	11.257 28	11.318 49	11.388 55	11.512 89	11.726 91
10.0	11.750 58	11.757 28	11.818 49	11.888 55	12.012 89	12.226 91

附表 17   多排桩计算 ρ_2 系数 x_Q

$\bar{l}=\alpha l_0$ ╲ $\bar{h}=\alpha h$	4.0	3.5	3.0	2.8	2.6	2.4
0.0	1.064 23	1.031 17	0.972 83	0.948 05	0.927 22	0.913 70
0.2	0.885 55	0.860 36	0.810 68	0.787 23	0.765 49	0.748 70
0.4	0.736 49	0.717 41	0.675 95	0.654 68	0.633 52	0.615 28
0.6	0.613 77	0.599 33	0.565 11	0.546 34	0.526 63	0.508 31
0.8	0.513 42	0.502 44	0.474 37	0.458 09	0.440 24	0.422 69
1.0	0.431 57	0.423 17	0.400 19	0.386 19	0.370 32	0.354 01
1.2	0.364 76	0.358 29	0.339 45	0.327 49	0.313 53	0.298 66
1.4	0.311 05	0.305 05	0.289 57	0.279 38	0.267 17	0.253 80
1.6	0.265 16	0.261 21	0.248 43	0.229 75	0.229 12	0.217 17
1.8	0.228 07	0.224 94	0.214 35	0.206 94	0.197 69	0.187 07
2.0	0.197 28	0.194 78	0.185 95	0.179 61	0.171 57	0.162 15
2.2	0.171 57	0.169 56	0.162 16	0.156 73	0.149 72	0.141 38
2.4	0.150 00	0.148 36	0.142 13	0.137 46	0.131 34	0.123 95
2.6	0.131 78	0.130 44	0.125 16	0.121 13	0.115 78	0.109 24
2.8	0.116 33	0.115 22	0.110 72	0.107 23	0.102 54	0.096 73
3.0	0.103 14	0.102 22	0.098 37	0.095 33	0.091 21	0.086 04
3.2	0.091 83	0.091 05	0.087 75	0.085 10	0.081 47	0.076 86
3.4	0.082 08	0.081 43	0.078 57	0.076 25	0.073 04	0.068 93
3.6	0.073 64	0.073 09	0.070 61	0.068 57	0.065 72	0.062 04
3.8	0.066 30	0.065 83	0.063 67	0.061 87	0.059 34	0.056 04
4.0	0.059 89	0.059 49	0.057 60	0.056 00	0.053 75	0.050 79
4.2	0.054 27	0.053 92	0.052 26	0.050 85	0.048 83	0.046 16
4.4	0.049 32	0.049 02	0.047 56	0.046 30	0.044 49	0.042 09
4.6	0.044 95	0.044 69	0.043 39	0.042 27	0.040 65	0.038 47
4.8	0.041 08	0.040 85	0.039 70	0.038 69	0.037 23	0.035 26
5.0	0.037 63	0.037 43	0.036 41	0.035 50	0.034 19	0.032 39
5.2	0.034 55	0.034 38	0.033 46	0.032 65	0.031 46	0.029 83
5.4	0.031 80	0.031 65	0.030 83	0.030 10	0.029 01	0.027 53
5.6	0.029 33	0.029 20	0.028 46	0.027 80	0.026 82	0.025 46
5.8	0.027 11	0.026 99	0.026 33	0.025 73	0.024 83	0.023 59
6.0	0.025 11	0.025 00	0.024 40	0.023 85	0.023 04	0.021 90
6.4	0.021 65	0.021 56	0.021 07	0.020 62	0.019 94	0.018 97
6.8	0.018 80	0.018 73	0.018 32	0.017 84	0.017 36	0.016 55
7.2	0.016 42	0.016 86	0.016 00	0.015 50	0.015 22	0.014 52
7.6	0.014 43	0.014 38	0.014 09	0.013 82	0.013 41	0.012 80
8.0	0.012 75	0.012 71	0.012 46	0.012 23	0.011 87	0.011 35
8.5	0.010 99	0.010 96	0.010 76	0.010 56	0.010 27	0.009 83
9.0	0.009 54	0.009 51	0.009 35	0.009 19	0.008 94	0.008 57
9.5	0.008 32	0.008 31	0.008 17	0.008 04	0.007 83	0.007 51
10.0	0.007 32	0.007 30	0.007 19	0.007 07	0.006 89	0.006 62

附表 18　　　　　　　　　　　　　　**多排桩计算 ρ_3 系数 x_m**

$\bar{l}=\alpha l_0$ ＼ $\bar{h}=\alpha h$	4.0	3.5	3.0	2.8	2.6	2.4
0.0	0.985 45	0.962 79	0.940 23	0.938 44	0.943 48	0.954 69
0.2	0.903 95	0.884 51	0.859 98	0.854 54	0.854 69	0.861 38
0.4	0.822 32	0.806 00	0.781 52	0.773 77	0.770 17	0.725 52
0.6	0.744 53	0.730 99	0.707 67	0.698 70	0.692 51	0.691 01
0.8	0.672 62	0.661 45	0.639 93	0.630 46	0.622 66	0.618 39
1.0	0.607 46	0.598 25	0.578 75	0.569 28	0.560 61	0.554 42
1.2	0.549 10	0.541 50	0.524 02	0.514 87	0.505 84	0.498 43
1.4	0.498 75	0.490 92	0.475 36	0.466 69	0.457 66	0.449 56
1.6	0.451 25	0.446 01	0.432 20	0.424 11	0.415 30	0.406 88
1.8	0.410 58	0.406 20	0.393 97	0.3864 8	0.378 04	0.369 56
2.0	0.374 62	0.370 93	0.360 09	0.353 19	0.345 19	0.336 84
2.2	0.342 76	0.339 64	0.330 02	0.323 70	0.316 17	0.308 07
2.4	0.314 50	0.311 84	0.303 29	0.297 50	0.290 46	0.282 67
2.6	0.289 36	0.287 09	0.279 47	0.274 17	0.267 61	0.260 18
2.8	0.266 94	0.264 99	0.258 19	0.253 35	0.247 24	0.240 19
3.0	0.246 91	0.245 21	0.239 12	0.234 70	0.229 03	0.222 36
3.2	0.228 94	0.227 47	0.222 00	0.212 68	0.212 68	0.206 39
3.4	0.212 79	0.211 50	0.206 58	0.197 98	0.197 98	0.192 06
3.6	0.198 22	0.197 09	0.192 65	0.184 71	0.184 71	0.179 14
3.8	0.185 05	0.184 06	0.180 04	0.172 70	0.172 70	0.167 46
4.0	0.173 12	0.172 24	0.168 59	0.161 80	0.161 80	0.156 88
4.2	0.162 27	0.161 49	0.158 17	0.155 51	0.151 88	0.147 25
4.4	0.152 38	0.151 68	0.148 66	0.146 21	0.142 82	0.138 48
4.6	0.143 36	0.142 73	0.139 96	0.137 70	0.134 54	0.130 46
4.8	0.135 09	0.134 52	0.131 99	0.129 90	0.126 95	0.123 11
5.0	0.127 50	0.127 00	0.124 67	0.122 73	0.119 98	0.116 36
5.2	0.120 53	0.120 07	0.117 93	0.116 12	0.113 56	0.110 15
5.4	0.1141 0	0.113 68	0.111 71	0.110 03	0.107 63	0.104 42
5.6	0.108 17	0.107 79	0.105 97	0.104 40	0.102 15	0.099 13
5.8	0.102 68	0.102 32	0.100 64	0.099 19	0.097 08	0.094 22
6.0	0.097 59	0.097 27	0.095 71	0.094 35	0.092 37	0.089 67
6.4	0.088 47	0.088 21	0.086 86	0.085 66	0.083 91	0.081 50
6.8	0.082 56	0.080 34	0.079 16	0.078 11	0.076 56	0.074 40
7.2	0.073 66	0.075 30	0.072 44	0.071 51	0.070 13	0.068 18
7.6	0.067 60	0.067 44	0.066 53	0.065 71	0.064 47	0.062 71
8.0	0.062 25	0.062 11	0.061 31	0.060 58	0.059 46	0.057 87
8.5	0.056 41	0.056 29	0.055 60	0.054 96	0.053 98	0.052 58
9.0	0.051 35	0.051 25	0.050 65	0.050 09	0.049 22	0.047 97
9.5	0.046 94	0.046 85	0.046 33	0.045 83	0.045 07	0.043 95
10.0	0.043 07	0.042 99	0.042 53	0.042 10	0.041 41	0.040 41

附表 19 　　　　　　　　　　　　　多排桩计算 ρ_4 系数 ϕ_m

$\overline{l}=\alpha l_0$ ＼ $\overline{h}=\alpha h$	4.0	3.5	3.0	2.8	2.6	2.4
0.0	1.483 75	1.468 02	1.458 63	1.456 83	1.456 83	1.446 56
0.2	1.435 41	1.420 26	1.407 70	1.406 40	1.406 19	1.403 07
0.4	1.383 16	1.369 08	1.354 32	1.351 47	1.350 74	1.350 22
0.6	1.328 58	1.315 80	1.299 69	1.295 38	1.293 36	1.293 11
0.8	1.273 25	1.261 82	1.245 17	1.239 56	1.236 19	1.235 07
1.0	1.218 58	1.208 44	1.191 11	1.185 36	1.180 59	1.178 18
1.2	1.165 51	1.156 55	1.140 24	1.133 23	1.127 57	1.123 63
1.4	1.117 13	1.106 75	1.091 04	1.083 67	1.076 97	1.072 03
1.6	1.066 37	1.059 40	1.044 42	1.036 88	1.029 57	1.023 62
1.8	1.020 81	1.014 65	1.000 48	0.992 90	0.985 18	0.978 41
2.0	0.978 01	0.972 55	0.959 20	0.951 69	0.943 72	0.936 31
2.2	0.937 88	0.933 04	0.920 50	0.913 13	0.905 04	0.897 15
2.4	0.900 32	0.896 00	0.884 25	0.877 08	0.868 96	0.860 74
2.6	0.865 19	0.861 33	0.850 32	0.843 37	0.835 31	0.826 87
2.8	0.832 33	0.828 86	0.818 55	0.811 85	0.803 89	0.795 33
3.0	0.801 58	0.798 46	0.788 80	0.782 35	0.774 54	0.765 93
3.2	0.772 79	0.769 97	0.760 92	0.754 73	0.747 09	0.738 49
3.4	0.745 80	0.743 25	0.734 75	0.728 82	0.721 38	0.712 84
3.6	0.720 49	0.718 16	0.710 19	0.704 50	0.697 27	0.688 83
3.8	0.696 70	0.694 58	0.689 09	0.681 65	0.674 63	0.666 32
4.0	0.674 33	0.672 39	0.665 35	0.660 14	0.663 34	0.645 17
4.2	0.653 27	0.651 49	0.644 85	0.639 87	0.633 29	0.625 28
4.4	0.633 41	0.631 77	0.625 52	0.620 74	0.614 39	0.606 55
4.6	0.614 67	0.613 15	0.607 24	0.602 68	0.596 53	0.588 88
4.8	0.596 94	0.595 55	0.589 96	0.585 59	0.579 65	0.572 18
5.0	0.580 17	0.578 88	0.573 59	0.569 41	0.563 67	0.556 38
5.2	0.564 29	0.563 08	0.558 07	0.554 06	0.548 53	0.541 42
5.4	0.549 21	0.548 09	0.543 34	0.539 49	0.534 15	0.527 23
5.6	0.534 89	0.533 85	0.529 34	0.525 65	0.520 49	0.513 75
5.8	0.521 28	0.520 31	0.516 02	0.512 48	0.507 49	0.500 94
6.0	0.508 33	0.507 41	0.503 33	0.499 93	0.495 11	0.488 74
6.4	0.484 21	0.488 40	0.479 69	0.476 55	0.472 05	0.466 02
6.8	0.462 22	0.461 51	0.458 12	0.455 22	0.451 01	0.445 31
7.2	0.442 11	0.441 47	0.438 38	0.435 68	0.431 74	0.426 34
7.6	0.423 64	0.423 07	0.420 23	0.417 72	0.414 03	0.408 92
8.0	0.406 63	0.406 12	0.403 50	0.401 16	0.397 70	0.392 86
8.5	0.387 18	0.386 72	0.384 34	0.382 20	0.378 99	0.374 46
9.0	0.369 47	0.369 01	0.366 90	0.364 93	0.361 95	0.357 71
9.5	0.353 30	0.352 94	0.350 96	0.349 14	0.346 37	0.342 39
10.0	0.338 47	0.339 15	0.336 33	0.334 64	0.332 06	0.328 32

参　考　文　献

［1］　赵明华. 基础工程. 北京：高等教育出版社，2003.
［2］　陈希哲. 土力学地基基础. 北京：清华大学出版社，2004.
［3］　华南理工大学、东南大学、浙江大学、湖南大学. 地基及基础.北京：中国建筑工业出版社，1998.
［4］　江祖铭，王崇礼. 墩台与基础. 北京：人民交通出版社，1992.
［5］　王成华. 基础工程学. 天津：天津大学出版社，2002.
［6］　唐芬，唐德兰. 基础工程. 北京：人民交通出版社，2004.
［7］　袁聚云，李镜培，楼晓明. 基础工程设计原理. 上海：同济大学出版社，2001.
［8］　张明义. 基础工程. 北京：中国建材工业出版社，2002.
［9］　刘玉卓. 公路工程软基处理. 北京：人民交通出版社，2002.
［10］　石名磊等. 基础工程. 南京：东南大学出版社，2002.
［11］　王晓谋. 基础工程. 北京：人民交通出版社，2003.
［12］　曾国熙等. 地基处理手册. 北京：中国建筑工业出版社，1988.
［13］　龚晓南. 地基处理手册. 北京：中国建筑工业出版社，2003.
［14］　郭继武. 建筑抗震设计（按新规范 GB 50011—2001）. 北京：中国建筑工业出版社，2002.
［15］　龚晓南，高有潮. 深基坑工程设计施工手册. 北京：中国建筑工业出版社，1998.
［16］　袁聚云. 基础工程设计原理. 上海：同济大学出版社，2001.
［17］　凌治平，易经武. 基础工程. 北京：人民交通出版社，1997.